数理物理シリーズ

超準解析と物理学

【増補改訂版】

中村 徹 著

数理物理シリーズの刊行にあたって

「数理物理シリーズ」の刊行にあたり，数理物理学とは何かを説明し，シリーズの意図を明らかにしておきたい．

物理学は自然の構造と仕組みを見極めようとする．これに対して数学は客観的な知識を目的とするあらゆる科学の理論を，簡単かつ厳密に表現する最上の記述形式を与えるものである．秋月康夫は『現代数学概観』（筑摩書房，1970）において「数学は元来，無限を対象とするもので，経験では得られない超限的な理論だ」ということを強調した．物理は，それを利用している．たとえば速度として測定できるのは有限時間 $\varDelta t$ におこる変位 $\varDelta x$ であるが，数学は極限 $\lim_{\varDelta t \to 0} \varDelta x/\varDelta t$ を発明し，それによって $\varDelta t$ の選択によらない客観性を実現した．力学は，これに負うところが大きい．相転移の統計力学も無限系を考えることで明確に定式化される．

物理学と数学との接点に数理物理学はある．英語でいうと mathematical physics だ．物理数学というものもあるが，これは mathematical methods for physics だろう．

ロシアの R. L. Dobrushin は，統計力学を確率論的に深めた多くの著しい業績をもつが，「仕事は何か」と問われて「応用数学を純粋数学にすること」と答えたとか．これにならって，数理物理学とは物理に用いられた数学を純粋数学にすることだ，といってもよさそうだ．

かつて山内恭彦は，著書『物理数学』（岩波書店，1963）の序文にこう書いた：

> 科学の進歩に応じて，その理論を表わすのに適当な数学が要求され，ときに未熟な形で科学者に考案されて……まだ数学になり切っていない昆虫の幼虫みたいな時期のものがある．それは科学者からみると本質的の部分は間違いなく取り入れられていると思われるのであるが，数学者からみると甚だあ

やしげなものである.

山内は，これを数学に対する大きな栄養源であるとしつつ，その生の形を提示することが物理の学生には数学の理解に役立つと考えたのである．この見解の背景には，自らも開拓に参加した群論の量子力学への応用があり，またP. A. M. Diracが量子力学の表記に用いた δ 関数をL. Schwartzが超関数として数学的に脱皮させたこと（1945）の衝撃がまだ生々しかったということがあるだろう．山内の近くでは佐藤幹夫がハイパー・ファンクションの理論を生みだしていた(1958)．後年，これは局所解析の理論として開花し，物理との交渉をいっそうつよめることになる．

物理学，あるいは広く科学の側からみても，その理論の表現を未熟な形に残すのは本意ではない．たとえば，量子力学で用いられる摂動級数は収束するのか，散乱問題の波動関数は時間 $t \to \infty$ でどう振る舞うのかなど，だれでも気になることである．これも山内の近くで，加藤敏夫はJ. von Neumann作の『量子力学の数学的基礎』という額縁に細密画を描き入れ始め，それは世界的に大きな潮流をよびおこすにいたった．

場の量子論では，発散の困難に促された数学的な分析がA. S. WightmannやR. Haagらによって1950年前後から始められた．彼らは数学的な注意深さなしには一歩も前進できないと考えたのである．その努力の中で物理的にも興味深い多くの数学的現象が次々に発見された．それは量子力学の定式化に反省を促したばかりでなく，今日では無限自由度の多体問題，統計力学をとおして物性物理にも波及している．

Dobrushinのいう「純粋数学にすること」は，単に数学のためばかりではないのである．

こうして，数理物理学の発展は始まった．上の例は量子力学の方面に偏っているが，ほかにも相対論あり，非線型問題ありで及ぶところは広くかつ深い．最近では，わが国でも物理学者の関心が高まり，数学者の参加も急増している．

しかし，新興分野の常として，これから勉強を始める学生や多分野の研究者がこれについて知ろうとすると，すぐ読める教科書がなく，個々のトピックスについて専門誌から探し集めた断片的な情報を自己流にまとめるほかない．

この「数理物理シリーズ」は，このような状況に応えるために企画した．研究の第一線につながる入門書を提供し，さらには数理物理学の動きを生き生きとした姿で広い層に伝えたい．

この目的のためには，シリーズ全体としても，また一冊一冊においても，基礎的な部分のわかりやすい解説と，主題の雰囲気を伝える中心的な概念構成や理論の展開，その分野の展望とその中での位置づけなど，いろいろの要素がバランスよく混ざっていることが望ましい．それを読みやすい長さにまとめるには，題材の選択も必要となろうし，証明や説明にも，細部にこだわらず本質を突くわかりやすさを狙った工夫が必要になることも多かろう．細部まで完全なていねいな説明が望まれる場合には，躊躇しない．

このシリーズは，物理学の人には数学を，数学の人には物理を近づきやすくするものでなければならない．物理の理論の数学的展開はもとより，数理物理学でよく使われる数学や，物理学に触発されて進展した数学のトピックスも取り入れて，物理と数学が有機的に混じり合ったものにしたい．山内のいう「昆虫の幼虫」も，それとわかる形にすれば入れてよいだろう．理論の発展史も役に立つだろう．物理の理論の新展開に数学の側からの自由なコメントを組み合わせて一冊とすることも試みたい．

こうして，「数理物理シリーズ」は，基礎的なテーマに時の話題を加えて，特に若い人々の興味をかきたて，物理と数学の両方の人々の役に立つようなものに育ててゆきたい．このシリーズに終わりはない．物理，数学にも数理物理にも終わりはないはずだから．

御声援を心からお願いする．

1998年4月

編者／荒木 不二洋　(東京理科大学)
江沢　洋　(学習院大学)

まえがき

「実無限，いいかえれば，あらゆる限界を超えようとする可能性あるのみならず，実際それを超えてしまったとみなされる如き量」という表現がポアンカレの『科学と方法』（吉田洋一訳，岩波文庫）にある．ただし，彼は同じ本の中で「実無限は存在しない」と断定している．当時，集合論と論理学における二律背反（逆理）という深刻な問題があり，彼はその問題に対する深い考察からこのような断定をした．

彼が用いた意味とは異なるが数体系の中に，ある意味での（その意味は本書の第1章で具体化されるが）“実無限”を導入し，新しい数体系を提案した人がいる．その人こそ A. Robinson で，彼の理論は現在では超準解析（nonstandard analysis）とよばれている．「超準」という命名は『超積と超準解析』の著者である齋藤正彦氏によるものである．

解析学でしばしば n を無限大とした極限を考える．この場合 n は極限の数を表すのでなく，つねに有限数である．有限の n に関する操作をかぎりなく続けたと考えたときに，n を無限大にする極限をとったとみなすのであって，無限大の n を定まった量，すなわち実無限としてとらえたわけではない．この操作の極限自体を1つの量として定式化し，それを含む新しい数体系を考えてみたとき，それがどのような構造をもつかを明らかにしたのが，Robinson の仕事である．

このように旧来の数体系 $\boldsymbol{R}$ を拡大した，新しい数体系 ${}^*\boldsymbol{R}$ で考えると，$\boldsymbol{R}$ では抽象性の高い概念が ${}^*\boldsymbol{R}$ では初等的な概念におきかわることは，当然予想されることである．実際

超関数 $\Longrightarrow$ ${}^*\boldsymbol{R}$ 上の関数

ブラウン運動 $\Longrightarrow$ 無限小酔歩運動

完全加法的測度 $\Longrightarrow$ 有限集合上の測度

のような現象が起こる．このような概念の初等化と代数化（有限化）が，超準解

析が諸分野に応用される所以である．

本書では第1章で，具体的に $^*\boldsymbol{R}$ を構成するという立場に立って，超準解析の基礎理論を展開した．E. Nelson 流の公理論的な方向のほうが，一般性があり数学者にとってわかりやすいかとも思うが，数学以外の分野の人にとっては必ずしも親しみ深いものとは思わないので，ここでは具体的に構成するという方向をとった．

第2章では物理学のエルゴード理論とボルツマン方程式への応用を，第3章では量子力学の基礎をなす経路積分への応用を述べた．いずれも日本では初めてのものである．第4章は物理そのものではないが，量子力学の定式化に欠かせないヒルベルト空間上のスペクトル分解定理と超関数論への応用に当てた．

各章のはじめの部分で，測度論，エルゴード理論，ボルツマン方程式，経路積分，ヒルベルト空間論，超関数論などその章で問題とする理論を概説して，読者の資に供することにした．最後の章の超関数論への応用は，故木下素夫氏の晩年の労作の紹介である．氏は経路積分の合理化に超準解析を用いてみようと提案し，倉田令二朗氏と合わせ3人で共同研究にとりかかって間もない頃にご逝去された．そして，その提案が第3章の理論としてここに実現した．

末尾ながら，本書を著すことを推薦していただいた監修の荒木不二洋先生，江沢 洋先生および十分の頁数を与えていただいた編集者の亀井哲治郎氏と丁寧に校正していただいた渡部美奈子さんに心からの謝意を表したい．あわせて，長年にわたり数学とくに数学基礎論をご指導いただいた倉田令二朗先生，経路積分はもとより物理学，数学全般にわたりご指導いただいた江沢 洋先生にこの場をかりてお礼申し上げたい．

1998年5月　　　　中村　徹

増補改訂版にあたって

超準解析にローブ測度論が登場して以来，その確率論への応用は目覚ましいものであった．今回増補改訂版を出す機会に恵まれたので，有限の時間内にほとんどの見本経路が無限遠に爆発するような確率微分方程式に対して，超準解析を用いてその経路空間上に測度を構成するという試みを付録3として書いた．そこにも述べたが，完全に完成した理論とは言えず，まだ解決すべきことが課題として残されている．

2017年8月　　　　中村　徹

目　次

数理物理シリーズの刊行にあたって …… i
まえがき …… iv
増補改訂版にあたって …… vi

第 1 章　超準解析 …… 1
1-1 節　超実数体 $^*\boldsymbol{R}$ …… 1
1-2 節　$\boldsymbol{R}$, $^*\boldsymbol{R}$ の上部構造 …… 7
1-3 節　移行原理 …… 11
1-4 節　内的と外的 …… 22
1-5 節　$^*\boldsymbol{R}$ の具体的な構造 …… 28
1-6 節　広大化と飽和性 …… 35
1-7 節　極限，連続，微分積分 …… 44
1-8 節　位相 …… 53

第 2 章　超準解析による積分論とその応用 …… 60
2-1 節　ローブ測度 …… 60
2-2 節　積分 …… 76
2-3 節　ブラウン運動 …… 92
2-4 節　エルゴード定理 …… 101
2-5 節　ボルツマン方程式 …… 110

第 3 章　超準解析による経路積分の構成 …… 135
3-1 節　経路積分公式の直観的な導出 …… 138
3-2 節　関数解析による合理化 …… 144

3-3 節　測度論による合理化 ……………………………………………151
3-4 節　ディラック方程式と＊-測度 ……………………………………162
3-5 節　＊-測度からスタンダードな測度へ ……………………………188
3-6 節　シュレーディンガー方程式と＊-測度 …………………………199

第 4 章　超準解析からみたヒルベルト空間と超関数 ……………………214
4-1 節　ヒルベルト空間とスペクトル分解 ……………………………214
4-2 節　超関数論からの準備 ……………………………………………230
4-3 節　$\mathscr{D}'(\Omega)$の超準表現 ……………………………………………238
4-4 節　$\mathscr{S}'(\boldsymbol{R})$の超準表現 ……………………………………………258

付録 1　非有界の場合のローブ測度の構成 ………………………………269
付録 2　ウィナー測度の構成 …………………………………………………278
付録 3 (増補)　超準解析と解が爆発する確率微分方程式 ………………283
A-1 節　確率微分方程式の基礎知識 ……………………………………283
A-2 節　有限の時間で解が爆発する確率微分方程式 …………………288
A-3 節　まとめと課題 ……………………………………………………306

文献・参考書 ……………………………………………………………………308
事項・記号索引 …………………………………………………………………317

第1章

超準解析

この章の目的は実数体 $\boldsymbol{R}$ を超実数体 ${}^*\boldsymbol{R}$ に拡大し，その基本的な性質を調べることである．超準解析の理論は ${}^*\boldsymbol{R}$ とその上部構造とよばれる $\mathcal{U}({}^*\boldsymbol{R})$ の中で展開される．

1-1節　超実数体 ${}^*\boldsymbol{R}$

超準解析の特徴

有限からの極限として定式化された無限でなく，「無限そのもの」としての実無限を数体系にとりこみ，解析学を実無限として記述する理論が超準解析（non-standard analysis）である．その結果，数学の諸概念が著しく初等化される．たとえば積分が $*$-有限和になってしまうとか，超関数が ${}^*\boldsymbol{R}$ 上の関数になるなど概念の初等化がおこる．この“概念の初等化”こそが超準解析の特徴であり，いろいろな分野への応用が試みられる所以である．

ここにでてきた“$*$-有限和”は文字通り $*$-有限個のものの和であり，通常の有限和の法則に従う．しかし，$*$-有限を集合論的にみると実は非可算無限であり，したがって $*$-有限和は

非可算無限個の和を有限和の法則に従って計算している

のである．

超準解析でもう１つ特徴的なのは飽和定理，広大化定理とよばれる一群の定理である．詳細はあとで述べるとして，ごく大雑把にいうと

$\forall x \exists y$（……）　を　$\exists y \forall x$（……）に

することができる，つまり $\forall$ と $\exists$ の順序が交換できるという定理である．たとえば，普通の実数体 $\boldsymbol{R}$ において

$$\forall x\in\boldsymbol{R}\ \ \exists y\in\boldsymbol{R}\ \ y>x$$

は真な命題である．$\forall$ と $\exists$ を入れかえると（$y\in\boldsymbol{R}$ だけ $y\in{}^*\boldsymbol{R}$ に変えて）

$$\exists y\in{}^*\boldsymbol{R}\ \ \forall x\in\boldsymbol{R}\ \ y>x$$

となるが，これは超準解析で真な命題である．この y が無限大数である．

また

$$\forall x>0\ \ \exists y\in\boldsymbol{R}\ \ 0<y<x$$

は真な命題で，これも $\forall$ と $\exists$ を入れかえると（$y\in\boldsymbol{R}$ だけ $y\in{}^*\boldsymbol{R}$ に変えて）

$$\exists y\in{}^*\boldsymbol{R}\ \ \forall x>0\ \ 0<y<x$$

となるが，これも真な命題となる．この y が無限小数である．

＊-有限和は第 2 章以降のすべての章で，飽和定理は第 3, 4 章で利用される．

実数体 $\boldsymbol{R}$ とその拡大

周知のように実数体 $\boldsymbol{R}$ は，外延的には

有理数体 $\boldsymbol{Q}$ の切断の全体（デデキント流）

有理数のコーシー列[1] の同値類（カントール流）

などで構成されるが，内包的にはアルキメデス的順序完備体として規定される．つまり

（i） 可換体である．

（ii） 全順序集合．つまり任意の $x, y\in\boldsymbol{R}$ に対して

$$x<y,\qquad x=y,\qquad x>y$$

のいずれか 1 つのみが必ず成り立つような順序の公理をみたす 2 項関係が定義されている．

（iii） $a<b$ なら $a+c<b+c$,

（$a<b$ かつ $c>0$）なら $ac<bc$.

（iv） （アルキメデスの公理） 任意の $a>0$，$b>0$ に対して，$nb>a$ をみたす自然数 n が存在する．

（v） 完備である．つまり $\boldsymbol{R}$ の任意のコーシー列は $\boldsymbol{R}$ のある要素に収束する．

1） 数列 $\{a_n\}$ がコーシー列とは，$\lim_{n,m\to\infty}|a_m-a_n|=0$ が成り立つことである．

の5つの公理によって規定される．ここに規定されるとは，この5つの公理をみたす集合は（同型を除いて）ただ1つに限ることが証明されるという意味である．

ただ1つに限るという事実は $^*\boldsymbol{R}$ への拡大を考えるうえで重大な支障をきたす．$^*\boldsymbol{R}$ が $\boldsymbol{R}$ の真の拡大である以上，5つの公理のうちのいくつかは放棄せざるを得なくなるからである．無限小数を有限回加えても無限小でしかないだろうから，（iv）のアルキメデスの公理が破れるのは仕方ないとしても，事態はもっと深刻で，実は（v）の完備性も破れてしまう．まだ $^*\boldsymbol{R}$ の定義すらしてない段階なので直観的な議論にすぎないが，次のようにしてそのことがわかる：

無限小数の全体 I は $^*\boldsymbol{R}$ の有界な部分集合である．I が上限をもつと仮定しそれを a とすると，$\frac{1}{2}a\in I$，$2a\notin I$ である．a を無限小数と仮定すると $2a\notin I$ に矛盾し，a を無限小数でないと仮定すると $\frac{1}{2}a\in I$ に矛盾する．したがって I は上限をもたない．つまり $^*\boldsymbol{R}$ は完備でない．

解析学で完備性の重要さはいうまでもなく，この問題は深刻である．次節以降で説明するが，

$$\mathcal{U}(^*\boldsymbol{R}) \quad \text{と} \quad \widetilde{\mathcal{U}}(\boldsymbol{R}) \quad \text{の二重構造}$$

を利用して，公理に適用限界を合理的に設定することができ，制限つきで完備性を論じることができるようになる．

超実数体 $^*\boldsymbol{R}$ の構成

数体の拡大としてまず思い浮かぶのは

$$\text{整数 } \boldsymbol{Z} \to \text{ 有理数 } \boldsymbol{Q} \to \text{ 実数 } \boldsymbol{R} \to \text{ 複素数 } \boldsymbol{C}$$

という拡大の系列であろう．ごく手短かにこれらの拡大の仕方をふりかえってみよう．

例1　$\boldsymbol{Z} \to \boldsymbol{Q}$

直積集合 $\boldsymbol{Z}\times(\boldsymbol{Z}\backslash\{0\})$ を[1] 同値関係

$$\langle m_1, m_2\rangle \sim \langle n_1, n_2\rangle \iff m_1n_2 = m_2n_1$$

で類別した集合 $\{\boldsymbol{Z}\times(\boldsymbol{Z}\backslash\{0\})\}/\sim$ が $\boldsymbol{Q}$ であり，和，積は，代表元を用いて次のように定義される．

$$[\langle m_1, m_2\rangle]+[\langle n_1, n_2\rangle] = [\langle m_1n_2+m_2n_1, m_2n_2\rangle]$$ [2]

---

1)　集合 A,B に対して $A\backslash B=\{x : x\in A \text{ かつ } x\notin B\}$

2)　a を代表元とする類 $\{x : x\sim a\}$ を $[a]$ で表す．

$$[\langle m_1, m_2\rangle]\cdot[\langle n_1, n_2\rangle] = [\langle m_1 n_1, m_2 n_2\rangle]$$

例 2　$\boldsymbol{Q} \to \boldsymbol{R}$

有理数の列 $\{r_n\}$ のうち，コーシー列をなすものの全体を C とし，同値関係

$$\{r_n\}\sim\{s_n\} \overset{\text{定義}}{\Longleftrightarrow} \lim_{n\to\infty}(r_n - s_n) = 0$$

で同値類別してできる類の全体の集合 $C/\sim$ が実数体 $\boldsymbol{R}$ である．和，積は代表元を用いて

$$[\{r_n\}]+[\{s_n\}] = [\{r_n+s_n\}], \qquad [\{r_n\}]\cdot[\{s_n\}] = [\{r_n s_n\}]$$

で定義される．

例 3　$\boldsymbol{R} \to \boldsymbol{C}$

実数係数の 1 変数多項式の全体 $\boldsymbol{R}(x)$ を同値関係

$$f(x)\sim g(x) \overset{\text{定義}}{\Longleftrightarrow} f(x)-g(x) \text{ が } x^2+1 \text{ で割り切れる}$$

で類別した集合 $\boldsymbol{R}(x)/\sim$ が $\boldsymbol{C}$ で，和，積は

$$[f(x)]+[g(x)] = [f(x)+g(x)],$$
$$[f(x)][g(x)] = [f(x)g(x)]$$

で定義される．

以上の拡大において共通することが 2 つある．

（ i ）　既知のもののみを用いて定義される集合 X を考える．

（ ii ）　X を何らかの同値関係で類別する．

$\boldsymbol{R}$ から ${}^*\boldsymbol{R}$ への拡大も同じ方法をとる．まず集合 X として

$$\text{実数列の全体 } \boldsymbol{R}^{\boldsymbol{N}} = \{f : f \text{ は } \boldsymbol{N} \text{ から } \boldsymbol{R} \text{ への写像}\}^{1)}$$

をつくる．この上に同値関係をどう定義するかが問題である．

2 つの実数列 $(r_1, r_2, \cdots)$，$(s_1, s_2, \cdots)$ について

$$\text{すべての } k \text{ について } r_k = s_k \text{ なら，} (r_1, r_2, \cdots)\sim(s_1, s_2, \cdots)$$

は当然であろう．つまり r_k と s_k が同じであるような添字の集合 $\{k : r_k = s_k\}$ が全体集合 $\boldsymbol{N}$ のときは $(r_1, r_2, \cdots)\sim(s_1, s_2, \cdots)$ と考える．次に集合 $\{k : r_k = s_k\}$ がどの程度大きければ $(r_1, r_2, \cdots)\sim(s_1, s_2, \cdots)$ とみなし，どの程度小さければ $(r_1, r_2, \cdots)\nsim(s_1, s_2, \cdots)$ とみなすかといった具合に，$\{k : r_k = s_k\}$ の大きさいかんで，同値であるか否かを定めると考えることにする．そこで，“大きい” とみ

1)　集合 A から集合 B への写像の全体を B^A で表す．

なすべき添字の集合の全体を $\mathscr{F}$ とおいて，この集合族 $\mathscr{F}$ がどんな性質をもつべきかを調べてみる．

まず，前に述べたことから全体集合 $\boldsymbol{N}$ について $\boldsymbol{N}\in\mathscr{F}$ は当然である．次に“大きい”なら同値とみなすということを命題として述べると，$\boldsymbol{N}$ の部分集合 A,B について

$$(A\in\mathscr{F} \text{ かつ } B\supseteqq A) \text{ ならば } B\in\mathscr{F} \tag{1.1}$$

となる．さらに同値関係とは

（i）$(r_1, r_2, \cdots)\sim(r_1, r_2, \cdots)$

（ii）$(r_1, r_2, \cdots)\sim(s_1, s_2, \cdots) \Longrightarrow (s_1, s_2, \cdots)\sim(r_1, r_2, \cdots)$

（iii）$\{(r_1, r_2, \cdots)\sim(s_1, s_2, \cdots) \text{ かつ } (s_1, s_2, \cdots)\sim(t_1, t_2, \cdots)\}$
$\Longrightarrow (r_1, r_2, \cdots)\sim(t_1, t_2, \cdots)$

をみたす2項関係だから，これらが成り立つために $\mathscr{F}$ はどんな性質をみたすべきか考えてみる．（i）は $\boldsymbol{N}\in\mathscr{F}$ によって保証済みだし，（ii）は $r_k=s_k\Longrightarrow s_k=r_k$ が成り立つことから自動的に成り立つ．（iii）について，集合の包含関係

$$\{k : r_k=s_k\}\cap\{k : s_k=t_k\}\subseteqq\{k : r_k=t_k\}$$

が成り立つことと（1.1）を考え合せると

$$(A\in\mathscr{F} \text{ かつ } B\in\mathscr{F}) \Longrightarrow A\cap B\in\mathscr{F}$$

という性質を $\mathscr{F}$ がみたしていれば（iii）が成り立つことがわかる．以上の性質をみたす集合族 $\mathscr{F}$ を，$\boldsymbol{N}$ 上のフィルターという：

1.1　定義　自然数全体の集合 $\boldsymbol{N}$ の部分集合の族 $\mathscr{F}$ が

（i）$\boldsymbol{N}\in\mathscr{F}$,　$\emptyset\notin\mathscr{F}$　(1.2)

（ii）$(A\in\mathscr{F} \text{ かつ } A\subseteqq B) \Longrightarrow B\in\mathscr{F}$　(1.3)

（iii）$(A\in\mathscr{F} \text{ かつ } B\in\mathscr{F}) \Longrightarrow A\cap B\in\mathscr{F}$　(1.4)

をみたすとき，$\mathscr{F}$ を $\boldsymbol{N}$ 上の**フィルター**という．

$\mathscr{F}$ が空集合でない限り（ii）から $\boldsymbol{N}\in\mathscr{F}$ が導かれ，$\mathscr{F}$ が $\boldsymbol{N}$ の部分集合の全体 $\mathscr{P}(\boldsymbol{N})$ と一致しない限り（ii）から $\emptyset\notin\mathscr{F}$ が導かれる．つまり（i）は $\mathscr{F}$ が空集合でも $\mathscr{P}(\boldsymbol{N})$ でもないことを保証している．$\mathscr{F}$ が空集合ならどの2つの列も同値でなく（したがって $X/\mathscr{F}=X$），$\mathscr{F}=\mathscr{P}(X)$ ならすべての列が互いに同値となって $X/\mathscr{F}$ はただ1つの要素のみから成る．これらを避けるために（i）が設けてある．

$\mathscr{F}$ にさらに次の条件を課すことにする．

1.2 定義 $\boldsymbol{N}$ 上のフィルター $\mathcal{F}$ が

(iv) 任意の $A \subseteq \boldsymbol{N}$ に対して，$A \in \mathcal{F}$ または $A^c (= \boldsymbol{N} \backslash A) \in \mathcal{F}$ (1.5)

をみたすとき，$\boldsymbol{N}$ 上の**超フィルター** (ultra filter) という．

このとき，(iii) と $\emptyset \notin \mathcal{F}$ から $A \in \mathcal{F}$，$A^c \in \mathcal{F}$ の一方のみが成り立つ．

単なるフィルターでなく超フィルターを考える理由はもう少しあとで明らかになる．以下，超フィルターに関して2つの命題を準備する．

1.3 命題 集合 $\boldsymbol{N}$ 上のフィルター $\mathcal{F}$ に対して，$\mathcal{F}$ を真に含む $\boldsymbol{N}$ 上のフィルターが存在しないとき，$\mathcal{F}$ を**極大フィルター**という．$\mathcal{F}$ が極大フィルターであることと，超フィルターであることは同値である．

証明 $\mathcal{F}$ を超フィルターとして，$\mathcal{F}' \supseteq \mathcal{F}$ をみたす $\mathcal{F}'$ を考える．$A \in \mathcal{F}'$ に対して A か A^c が $\mathcal{F}$ に入るが，仮に $A^c \in \mathcal{F}$ とすると $\emptyset = A \cap A^c \in \mathcal{F}'$ となって矛盾するので，$A \in \mathcal{F}$ である．したがって $\mathcal{F}' \subseteq \mathcal{F}$ となり $\mathcal{F} \subseteq \mathcal{F}'$ と合せて $\mathcal{F} = \mathcal{F}'$ が得られる．したがって $\mathcal{F}$ は極大フィルターである．

逆に極大フィルター $\mathcal{F}$ に対して，$A \subseteq \boldsymbol{N}$，$A \notin \mathcal{F}$ のとき $\mathcal{F}_A$ を

$$\mathcal{F}_A = \{F \subseteq \boldsymbol{N} : A^c \cap G \subseteq F \text{ をみたす } G \in \mathcal{F} \text{ が存在する}\}$$

で定義すると，$\mathcal{F}_A$ が $\mathcal{F}$ を部分として含むフィルターであることが容易に確かめられる．よって $\mathcal{F}$ の極大性から $\mathcal{F}_A = \mathcal{F}$ となる．とくに $G = \boldsymbol{N}$ にとれば $A^c \in \mathcal{F}_A$ となるので $A^c \in \mathcal{F}$ である．こうして $\mathcal{F}$ が超フィルターであることがわかる．（証明終り）

1.4 命題 $\boldsymbol{N}$ 上の任意のフィルター $\mathcal{F}$ に対して，$\mathcal{F}$ を含む極大フィルターが存在する．

証明 この証明には集合論におけるツォルン (Zorn) の補題；

> 半順序集合 M の任意の全順序部分集合 $M' \subseteq M$ が M の中に上界をもてば，M は極大元をもつ

を用いる．

$\mathcal{F}$ を含むフィルターの全体を $\boldsymbol{F}$ とし，$\mathcal{F}_1 < \mathcal{F}_2 \Longleftrightarrow \mathcal{F}_1 \subseteq \mathcal{F}_2$ によって $\boldsymbol{F}$ に半順序 $<$ を定義する．$\boldsymbol{F}$ の全順序部分集合 $\boldsymbol{F}'$ に対して $\bar{\mathcal{F}} = \bigcup_{\mathcal{F}' \in \boldsymbol{F}'} \mathcal{F}'$ とおくと，$\bar{\mathcal{F}}$ は $\mathcal{F}$ を含むフィルターであり，$\boldsymbol{F}'$ の上界である．したがってツォルンの補題から $\mathcal{F}$ を含む極大フィルターが存在する．（証明終り）

$\boldsymbol{N}$ 上のフィルターとして

$$\mathscr{F}_0 = \{A \subseteqq \boldsymbol{N} : \boldsymbol{N} \backslash A \text{ は有限集合}\} \tag{1.6}$$

がある．これはフレシェ（Fréchet）フィルターとよばれ，超フィルターではない．たとえば $A=\{2,4,6,8,\cdots\}$ を考えると A も A^c も $\mathscr{F}_0$ に属さない．この $\mathscr{F}_0$ に対して命題1.4を適用して $\mathscr{F}_0$ を含む超フィルターをつくることができる．

以下ではもっぱらこの超フィルターを用いるので，単に超フィルター $\mathscr{F}$ といった場合は特にことわらない限り $\mathscr{F} \supset \mathscr{F}_0$ であるとする．以上の準備の下で $^*\boldsymbol{R}$ を定義する．

1.5　定義　$\mathscr{F}$ を $\boldsymbol{N}$ 上の超フィルターとし，実数列の全体集合

$$\boldsymbol{R}^N = \{(r_1, r_2, \cdots) : r_k \in \boldsymbol{R}\} = \{f : f \text{ は } \boldsymbol{N} \text{ から } \boldsymbol{R} \text{ への写像}\}$$

の上に

$$(r_1, r_2, \cdots) \sim (s_1, s_2, \cdots) \iff \{k : r_k = s_k\} \in \mathscr{F} \tag{1.7}$$

で同値関係を定義する[1)]．$\boldsymbol{R}^N$ を $\sim$ で同値類別してできる集合 $\boldsymbol{R}^N/\sim$ を $\boldsymbol{R}$ の超巾（ultra power）といい $\prod_{\mathscr{F}} \boldsymbol{R}$ もしくは $^*\boldsymbol{R}$ で表す．

定数数列 $(m, m, m, \cdots)$ を代表元とする類を $m \in \boldsymbol{R}$ と同一視することで $^*\boldsymbol{R}$ は $\boldsymbol{R}$ を部分集合として含んでいる．

1-2節　$\boldsymbol{R}, {}^*\boldsymbol{R}$ の上部構造

$\boldsymbol{R}$ の上部構造 $\mathscr{U}(\boldsymbol{R})$

集合論の観点からは，解析学に現れる諸概念——関数，微分，積分，位相等々はすべて集合とみなされる．たとえば関数 $e^z : \boldsymbol{C} \longrightarrow \boldsymbol{C}$ を順序対 $\langle z, e^z \rangle$ の全体と同一視して

$$\text{関数 } e^z = \text{集合 } \{\langle z, e^z \rangle : z \in \boldsymbol{C}\}$$

と考える．2変数関数 $f(x, y)$ は3重対の集合

$$\{\langle x, y, f(x, y) \rangle : \langle x, y \rangle \in f \text{ の定義域}\}$$

とみなされるし，微分は関数の集合から関数の集合への写像，したがってそれ自身1つの集合である等々，集合としての構造が複雑になるだけで，集合としてとらえることができるという点では同じである．

---

1)　これが同値関係になっていることは $\mathscr{F}$ がフィルターであることから容易に導かれる．

こうして，実数の集合 $\boldsymbol{R}$ から出発してその部分集合の全体，さらにその部分集合の全体……を次々にくり返して，解析学を展開するために必要なすべての集合をその要素としてとりこんでしまうような大きな集合をつくることができる．それが $\boldsymbol{R}$ の上部構造とよばれるものであり，$\mathcal{U}(\boldsymbol{R})$ で表される．

したがって通常の解析学に現れるものはすべて $\mathcal{U}(\boldsymbol{R})$ の要素である．

2.1　定義　（1）　集合 X の部分集合の全体の集合を X の巾集合といい，$\mathcal{P}(X)$ で表す．このとき

$$\mathcal{U}_0(\boldsymbol{R}) = \boldsymbol{R},$$

$$\mathcal{U}_{n+1}(\boldsymbol{R}) = \mathcal{U}_n(\boldsymbol{R}) \cup \mathcal{P}(\mathcal{U}_n(\boldsymbol{R})) \quad (n=0, 1, 2, \cdots) \tag{1.8}$$

$$\mathcal{U}(\boldsymbol{R}) = \bigcup_{n=0}^{\infty} \mathcal{U}_n(\boldsymbol{R}) \tag{1.9}$$

によって定義される $\mathcal{U}(\boldsymbol{R})$ を $\boldsymbol{R}$ の**上部構造**（super structure）という．

（2）　$x \in \mathcal{U}(\boldsymbol{R})$ に対して $x \in \mathcal{U}_n(\boldsymbol{R})$ をみたす最小の n を x の**ランク**といい，$\mathrm{rank}(x)$ で表す．$\mathrm{rank}(x)$ は $\mathcal{U}(\boldsymbol{R})$ の構成手順（1.8），（1.9）の何回目で x がつくられるかを表す数である．

系　（1）　$\mathcal{U}_n(\boldsymbol{R}) \subseteqq \mathcal{U}_{n+1}(\boldsymbol{R})$　かつ　$\mathcal{U}_n(\boldsymbol{R}) \in \mathcal{U}_{n+1}(\boldsymbol{R})$

（2）　$x, y \in \mathcal{U}_n(\boldsymbol{R})$ について $x \in y$ なら $\mathrm{rank}(x) < \mathrm{rank}(y)$

証明　省略

解析学にでてくるいくつかのものについて，そのランクを求めてみよう．

例 1　関数 e^x のランクは 3 である．

一般に $a_1, a_2, \cdots, a_n$ を要素とする集合を $\{a_1, a_2, \cdots, a_n\}$ で表すとき，順序対 $\langle a, b\rangle$ とは集合 $\{a, \{a, b\}\}$ のことであり，n 重の順序対 $\langle a_1, a_2, \cdots, a_n\rangle$ は集合 $\{\langle 1, a_1\rangle, \langle 2, a_2\rangle, \cdots, \langle n, a_n\rangle\}$ として定義されるので $\langle a, e^a\rangle \in \mathcal{U}_2(\boldsymbol{R})$ となり，したがって，関数 $e^x = \{\langle x, e^x\rangle : x \in \boldsymbol{R}\} \in \mathcal{U}_3(\boldsymbol{R})$ となる．

例 2　加法のランクは 4 である．

$\boldsymbol{R}$ 上の加法は 3 重対 $\langle a, b, a+b\rangle$ の集合とみなされ，各 3 重対は $\mathcal{U}_3(\boldsymbol{R})$ の要素なので，$\boldsymbol{R}$ 上の加法 $=\{\langle x, y, x+y\rangle : x \in \boldsymbol{R},\ y \in \boldsymbol{R}\} \in \mathcal{U}_4(\boldsymbol{R})$ となる．

例 3　$\boldsymbol{R}$ 上の位相 $\mathcal{O}$ のランクは 2 である．

$\mathcal{O}$ は $\boldsymbol{R}$ の開集合 $\in \mathcal{U}_1(\boldsymbol{R})$ の全体なので $\mathcal{O} \in \mathcal{U}_2(\boldsymbol{R})$ である．

例 4　複素数の集合 $\boldsymbol{C}$ における積の演算のランクは 6 である．

複素数 $x+iy$ は実数の順序対 $\langle x, y\rangle$ なので，そのランクは 2 である．$\boldsymbol{C}$ 上の

積は3重対 $\langle z_1, z_2, z_1z_2\rangle=\{\langle 1, z_1\rangle, \langle 2, z_2\rangle, \langle 3, z_1z_2\rangle\}$ の全体であり，右辺の集合の要素のランクは4なので3重対のランクは5，したがってその全体のランクは6である．

このように通常の解析学に登場する概念はすべて有限のランクをもち，$\mathcal{U}(\boldsymbol{R})$ の要素となる．こうして集合論が，解析学が展開される舞台を提供するのである．

$\mathcal{U}_0(\boldsymbol{R})=\boldsymbol{R}$ を出発点として上部構造 $\mathcal{U}(\boldsymbol{R})$ が定義されたのと全く同じ方法で $^*\boldsymbol{R}$ を出発点として $^*\boldsymbol{R}$ の上部構造 $\mathcal{U}(^*\boldsymbol{R})$ が定義される：

2.2　定義　（1）

$$\mathcal{U}_0(^*\boldsymbol{R}) = {}^*\boldsymbol{R}, \qquad \mathcal{U}_{n+1}(^*\boldsymbol{R}) = \mathcal{U}_n(^*\boldsymbol{R}) \cup \mathcal{P}(\mathcal{U}_n(^*\boldsymbol{R})) \tag{1.10}$$

$$\mathcal{U}(^*\boldsymbol{R}) = \bigcup_{n=0}^{\infty} \mathcal{U}_n(^*\boldsymbol{R}) \text{ [1)]} \tag{1.11}$$

（2）　$x\in\mathcal{U}(^*\boldsymbol{R})$ のランクとは $x\in\mathcal{U}_n(^*\boldsymbol{R})$ をみたす最小の n のことである．

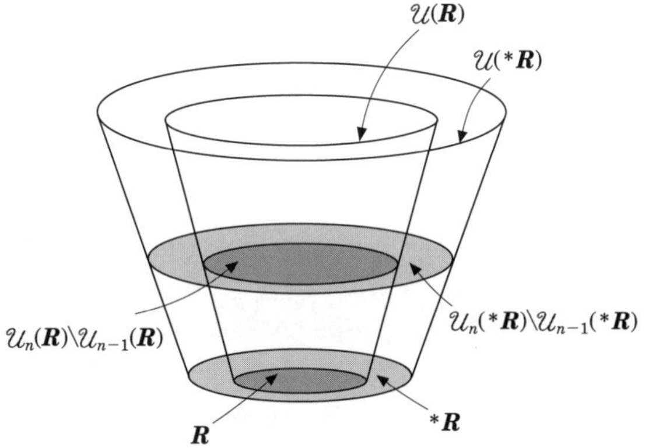

図 1-1

$\mathcal{U}(\boldsymbol{R})$ の論理式

どんな命題も，分解していくと最も簡単な命題に帰着し，逆にそれらから，

1)　$\mathcal{U}_n(^*\boldsymbol{R})$ の n は自然数 $\in\boldsymbol{N}$ であって，超自然数 $\in{}^*\boldsymbol{N}$ ではない．

$\neg$（…でない），$\vee$（または），$\wedge$（かつ），$\to$（ならば），$\forall x$（すべての x について），$\exists x$（ある x が存在して）の論理記号を用いると，どんな複雑な命題でもつくり上げることができる．このような手順に従って構成された命題を以下では論理式とよぶことにする：

2.3　定義　（1）　以下の手順で帰納的に構成されたものを **$\mathcal{U}(\boldsymbol{R})$ の論理式**という．

（i）　x, y を $\mathcal{U}(\boldsymbol{R})$ の各要素を表す定項（constant term）もしくは $\mathcal{U}(\boldsymbol{R})$ の要素をとって変化する変項（variable term）[1] とするとき，

$$x \in y, \quad x = y \tag{1.12}$$

は論理式である．これらをとくに基本論理式という．

（ii）　Φ と Ψ が論理式のとき，$\neg \Phi$，$\Phi \vee \Psi$，$\Phi \wedge \Psi$，$\Phi \to \Psi$ も論理式である．

（iii）　$\Phi(x)$ が変項 x を含む論理式のとき，$\forall x\ \Phi(x)$，$\exists x\ \Phi(x)$ も論理式である．

（iv）　以上の操作を有限回くり返してつくられるもののみを**論理式**という．

（2）　論理式 Φ の中に現れる変項 x のうち $\exists x$，$\forall x$ の形で現れるものを**束縛変項**（bounded variable），そうでないものを**自由変項**（free variable）といい，自由変項を含まない論理式を**閉論理式**（closed formula）という．閉論理式に対してのみ真偽を考えることができる．もし自由変項 x を含んでいたら「すべての x について」と解釈すべきか「ある x について」と解釈すべきか確定しないからである．

（3）　y のすべての要素 x に対して $\Psi(x)$ が成り立つという命題，すなわち，$\forall x\{x \in y \to \Psi(x)\}$ を $\forall x \in y\ \Psi(x)$ で表す．また，$\Psi(x)$ をみたすような $x \in y$ が存在するという論理式すなわち $\exists x\{(x \in y) \wedge \Psi(x)\}$ を $\exists x \in y\ \Psi(x)$ で表す．論理式 Φ の中に $\forall$ や $\exists$ の記号が全く現れないか，現れたとしても $\forall x \in y$，$\exists x \in y$ の形でのみ現れるとき Φ を**限定論理式**（bounded formula）という．通常の解析学では限定論理式しか登場しない．

基本論理式が述語記号 $=$ と $\in$ で表されるものに限られていることを奇妙に思うかもしれない．たとえば不等式 $x < y$ も基本論理式として必要なのではない

---

1)　x, y は数のみでなく $\mathcal{U}(\boldsymbol{R})$ の要素をとるので，定数，変数とよばず定項，変項という．

かとの疑問をいだくかもしれないが，実は集合論を用いて $\boldsymbol{R}$ の上部構造 $\mathcal{U}(\boldsymbol{R})$ を用意しているからそこには $\boldsymbol{R}$ から出発して集合論で許される方法でつくった集合がすべて含まれており，そのすべてを定項として用いることができる．その中には集合

$$I = \{\langle x, y\rangle : x\in\boldsymbol{R},\ \ y\in\boldsymbol{R},\ \ x<y\}$$

も入っているので，不等式 $x<y$ は

$$x<y \iff \exists z\in I\ (z=\langle x, y\rangle)$$

と表される．右辺に現れる $z=\langle x, y\rangle$ は

$$\begin{aligned} z=\langle x, y\rangle \iff & \forall w\ \{w\in z \to (w=x \vee w=\{x, y\})\} \\ & \wedge \forall w\ \{(w=x \vee w=\{x, y\}) \to w\in z\} \end{aligned}$$

と変形され，さらに右辺に現れる $w=\{x, y\}$ は

$$\begin{aligned} w=\{x, y\} \iff & \forall v\{v\in w \to (v=x \vee v=y)\} \\ & \wedge \forall v\{(v=x \vee v=y) \to v\in w\} \end{aligned}$$

と変形される．こうして不等式 $x<y$ も定義2.3で定義された $\mathcal{U}(\boldsymbol{R})$ の論理式で表されることがわかる．

不等式に限らず，$\mathcal{U}(\boldsymbol{R})$ のすべての要素を定項として用いることができるので，定義2.3の基本論理式は実際は非常に豊富な内容を表現しているのである．

全く同様に $\mathcal{U}({}^*\boldsymbol{R})$ の論理式も定義される．

2.4　定義　定義2.3の $\mathcal{U}(\boldsymbol{R})$ を $\mathcal{U}({}^*\boldsymbol{R})$ におきかえたものを **$\mathcal{U}({}^*\boldsymbol{R})$ の論理式**の定義とする．

こうして $\mathcal{U}(\boldsymbol{R})$ の論理式，$\mathcal{U}({}^*\boldsymbol{R})$ の論理式が定義された．前者もしくはそれに関する議論を「スタンダードな世界の話」，後者の場合を「ノンスタンダードな世界の話」という言い方をする．

1-3節　移行原理

写像 *

1-1節では $\boldsymbol{R}$ の超巾として ${}^*\boldsymbol{R}$ を定義し，集合論の助けをかりてその上部構造 $\mathcal{U}({}^*\boldsymbol{R})$ を構成した．したがってたとえば $x, y\in{}^*\boldsymbol{R}$ に対して $x=y$ であるか否かという問題に対しては

$$x = [(x_1, x_2, \cdots)], \qquad y = [(y_1, y_2, \cdots)]$$ [1)]

と代表元をとったうえで，添字の集合 $\{k : x_k = y_k\}$ が超フィルター $\mathcal{F}$ に属するか否かで判断できる．しかし，たとえば $x < y$ であるか否かを判断する手段を未だもっていない．つまり $^*\boldsymbol{R}$ 上に大小関係という 2 項関係がまだ定義されていないのである．のみならず，和や積などの四則演算すら未だ定義されていない．

これらを個別に

$$x + y \overset{\text{定義}}{=} (x_1 + y_1, x_2 + y_2, x_3 + y_3, \cdots) \text{ の入っている類} \tag{1.13}$$

$$xy \overset{\text{定義}}{=} (x_1 y_1, x_2 y_2, x_3 y_3, \cdots) \text{ の入っている類} \tag{1.14}$$

$$x < y \overset{\text{定義}}{\Longleftrightarrow} \{k : x_k < y_k\} \in \mathcal{F} \tag{1.15}$$

などと定義することはできる．もちろんこれらが代表元の選び方によらない定義になっているとか，通常の演算法則等をみたしていることなどを証明する必要はある．

しかし $\boldsymbol{R}$ 上には四則，大小関係以外にも多くの演算，関係があり，それらすべてを $^*\boldsymbol{R}$ 上に導入しなければならない．したがって (1.13)，(1.14)，(1.15) のように個別に定義することはしない．さらに $\boldsymbol{R}$ 上の関係のみならず，その上部構造 $\mathcal{U}(\boldsymbol{R})$ 上の諸関係についても $\mathcal{U}(^*\boldsymbol{R})$ 上に導入しなければならず，その際に次のような問題が生じる．

$^*\boldsymbol{R} = \mathcal{U}_0(^*\boldsymbol{R})$ の要素は $a = [(a_1, a_2, \cdots)]$ のように $\boldsymbol{R} = \mathcal{U}_0(\boldsymbol{R})$ の要素の列を代表元にもっていたので，(1.13)，(1.14)，(1.15) のような定義を考えることができた．しかし，$\mathcal{U}_n(^*\boldsymbol{R})$ $(n \geqq 1)$ の要素はこのような形をしていなく，$\mathcal{U}_{n-1}(^*\boldsymbol{R})$ の要素か，その部分集合である．つまり $\mathcal{U}_n(\boldsymbol{R})$ の要素の列を代表元にもつようにはなっていない．したがって (1.13) 等の形の定義を考えることすらできないのである．

これらの問題は写像 $*$ というものを導入することで解決されるのだが，その前にこれまで曖昧に用いてきた「演算」，「関係」という概念を厳密に定義しておく．これらはすべて集合として次のように定義される．

3.1 定義 (1) $A_1, A_2, \cdots, A_n \in \mathcal{U}(\boldsymbol{R})$ に対して，直積集合 $A_1 \times A_2 \times \cdots \times A_n$ の部分集合 R を，$A_1 \times \cdots \times A_n$ の上の (n 項) **関係** (relation) といい，順序対 $\langle x_1, \cdots, x_n \rangle$ が R の要素であるとき，$x_1, \cdots, x_n$ の間に関係 R が成り立つと

1) 実数列 $(x_1, x_2, \cdots)$ を代表元とする同値類を $[(x_1, x_2, \cdots)]$ で表す．

いう．

とくに $A_1=A_2=\cdots=A_n$ $(=A)$ のとき R を単に **A 上の(n 項)関係**という．

（2）　$A_1, \cdots, A_{n+1}$ の上の $n+1$ 項関係 R が，すべての $x_1\in A_1, x_2\in A_2, \cdots, x_n\in A_n$ に対して

$$(\langle x_1, \cdots, x_n, y\rangle\in R \text{ かつ } \langle x_1, \cdots, x_n, z\rangle\in R) \to y=z$$

をみたすとき，関係 R をとくに $A_1\times\cdots\times A_n$ から A_{n+1} への（n 項）**演算**といい，$\langle x_1, \cdots, x_n, y\rangle\in R$ のとき $y=R(x_1, \cdots, x_n)$ と記す．とくに $A_1=\cdots=A_n=A_{n+1}$ $(=A)$ のとき，R を **A 上の（n 項）演算**という．

（3）　$\mathcal{U}(^*\boldsymbol{R})$ の上の関係や演算も同様に定義される．

例1　和

$$S=\{\langle x, y, z\rangle : x, y, z\in \boldsymbol{R},\ \ x+y=z\}$$

は $\boldsymbol{R}$ 上の2項演算である．

例2　大小関係

$$I=\{\langle x, y\rangle : x, y\in \boldsymbol{R},\ \ x<y\}$$

は $\boldsymbol{R}$ 上の2項関係ではあるが，$\boldsymbol{R}$ 上の演算ではない．

さて $\mathcal{U}(\boldsymbol{R})$ のすべての関係を一挙に $\mathcal{U}(^*\boldsymbol{R})$ に導入する件に戻ろう．鍵となるのは，

$$\mathcal{U}(\boldsymbol{R}) \text{ の関係はすべて } \mathcal{U}(\boldsymbol{R}) \text{ に属する集合で表される}$$

という事実である．たとえば和と大小関係は集合 $S, I\in\mathcal{U}(\boldsymbol{R})$ を用いて

$$x+y=z \iff \langle x, y, z\rangle\in S, \qquad x<y \iff \langle x, y\rangle\in I$$

と表される．そこで $\mathcal{U}(^*\boldsymbol{R})$ の中にこの S や I の役割を果たしそうな集合をうまくみつけることができれば，$\mathcal{U}(^*\boldsymbol{R})$ の上に和と大小関係が導入できるであろう．和と大小関係の場合はそれらとして

$$^*S=\{\langle x, y, z\rangle : x=[(x_1, x_2, \cdots)],\ \ y=[(y_1, y_2, \cdots)],\ \ z=[(z_1, z_2, \cdots)],\ \ \{k : \langle x_k, y_k, z_k\rangle\in S\}\in\mathcal{F}\} \tag{1.16}$$

$$^*I=\{\langle x, y\rangle : x=[(x_1, x_2, \cdots)],\ \ y=[(y_1, y_2, \cdots)],\ \ \{k : \langle x_k, y_k\rangle\in I\}\in\mathcal{F}\} \tag{1.17}$$

ととればよくて，$^*\boldsymbol{R}$ の和と大小関係を

$$x+y=z \overset{\text{定義}}{\iff} \langle x, y, z\rangle\in {}^*S$$

$$x<y \overset{\text{定義}}{\iff} \langle x,y\rangle\in{}^*I$$

によって定義すると，これが (1.13)，(1.15) の定義を再現している．このようにして問題は $\mathcal{U}(\boldsymbol{R})$ の関係 R が一般に与えられたとき，R を表す集合 $R\in\mathcal{U}(\boldsymbol{R})$ から $\mathcal{U}({}^*\boldsymbol{R})$ の関係を表すような集合 ${}^*R\in\mathcal{U}({}^*\boldsymbol{R})$ をいかにして見出すかという問題に集約される．S や I のように $\boldsymbol{R}=\mathcal{U}_0(\boldsymbol{R})$ の上の関係に対しては，(1.13)，(1.15) から (1.16)，(1.17) の ${}^*S, {}^*I$ をつくったと同じ方法が通用するが，$n\geqq 1$ の $\mathcal{U}_n(\boldsymbol{R})$ 上の関係の場合には，以前に述べたように $\mathcal{U}_n({}^*\boldsymbol{R})$ の要素が $\mathcal{U}_n(\boldsymbol{R})$ の要素の列を代表元にもつような類でないから，この方法は通用しない．$n=1$ の場合を例にとって $\boldsymbol{R}$ の部分集合どうしの間の包含関係 R を考えてみよう．

$\mathcal{U}(\boldsymbol{R})$ では集合

$$R=\{\langle X,Y\rangle : X\subseteqq\boldsymbol{R},\ \ Y\subseteqq\boldsymbol{R},\ \ X\subseteqq Y\}\in\mathcal{U}(\boldsymbol{R})$$

が $\boldsymbol{R}$ の部分集合の間の包含関係を与える．一方，${}^*\boldsymbol{R}$ の部分集合

$$A=\{a\in{}^*\boldsymbol{R} : \cdots\cdots\},\qquad B=\{b\in{}^*\boldsymbol{R} : \cdots\cdots\}$$

を考えると，これらは決して $\boldsymbol{R}$ の部分集合 $A_1, A_2, \cdots$；$B_1, B_2, \cdots$を並べた列

$$(A_1, A_2, \cdots),\qquad (B_1, B_2, \cdots)$$

を代表元とする類でなく，集合論でいうところの ${}^*\boldsymbol{R}$ の部分集合にすぎない．したがって (1.16)，(1.17) で ${}^*S, {}^*I$ を定義したようなわけにはいかない．そこで ${}^*\boldsymbol{R}$ の部分集合 $A=\{a\in{}^*\boldsymbol{R} : \cdots\cdots\}$ を $\boldsymbol{R}$ の部分集合の列 $(A_1, A_2, \cdots)$ $(A_k\subseteqq\boldsymbol{R})$ を代表元とする類に読みかえる工夫が必要となる．いまは $\mathcal{U}(\boldsymbol{R})$ 上のすべての関係を $\mathcal{U}({}^*\boldsymbol{R})$ 上に導入しようというわけだから，その読みかえは $n=1$ のみならず，すべての n においてなされなければならない．したがってその作業はランクに関して帰納的に実行される：

3.2　定義　$\mathcal{U}(\boldsymbol{R})$ のランク n の要素つまり $\mathcal{U}_n(\boldsymbol{R})\backslash\mathcal{U}_{n-1}(\boldsymbol{R})$ の要素を並べた列の全体を考え，これを同値関係

$$(A_1, A_2, \cdots)\sim(B_1, B_2, \cdots)\iff\{k : A_k=B_k\}\in\mathcal{F}\tag{1.18}$$

で類別してできる類の全体を $\widetilde{\mathcal{U}}_n(\boldsymbol{R})$ とし，$\widetilde{\mathcal{U}}(\boldsymbol{R})=\bigcup_{n=0}^{\infty}\widetilde{\mathcal{U}}_n(\boldsymbol{R})$ とする：

$$\widetilde{\mathcal{U}}(\boldsymbol{R})=\bigcup_{n=0}^{\infty}\widetilde{\mathcal{U}}_n(\boldsymbol{R}),\qquad \widetilde{\mathcal{U}}_n(\boldsymbol{R})=(\mathcal{U}_n(\boldsymbol{R})\backslash\mathcal{U}_{n-1}(\boldsymbol{R}))^N/\mathcal{F}$$

2つの上部構造 $\mathcal{U}(\boldsymbol{R})$ と $\mathcal{U}({}^*\boldsymbol{R})$ の中間に第3の構造 $\widetilde{\mathcal{U}}(\boldsymbol{R})$ を導入した．懸

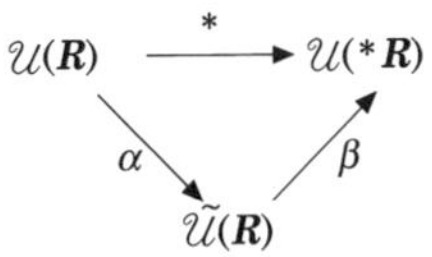

図1-2

案の写像$*:\mathcal{U}(\boldsymbol{R})\longrightarrow\mathcal{U}(^*\boldsymbol{R})$はこの3つの構造を用いて定義される．

3.3　定義　（1）$x\in\mathcal{U}(\boldsymbol{R})$に対して，列$(x,x,x,\cdots)$を代表元とする類$[(x,x,x,\cdots)]\in\widetilde{\mathcal{U}}(\boldsymbol{R})$を対応させる写像を$\alpha$とする．

（2）写像$\beta:\widetilde{\mathcal{U}}(\boldsymbol{R})\longrightarrow\mathcal{U}(^*\boldsymbol{R})$を次のように定義する．

（i）$(^*\boldsymbol{R}=)$ $\widetilde{\mathcal{U}}_0(\boldsymbol{R})$の上では$\beta$は恒等写像とする．

（ii）$\widetilde{\mathcal{U}}_0(\boldsymbol{R})\cup\cdots\cup\widetilde{\mathcal{U}}_n(\boldsymbol{R})$の要素に対して写像$\beta$が定義されているとして，$\widetilde{\mathcal{U}}_{n+1}(\boldsymbol{R})$の任意の要素$x=[(x_1,x_2,\cdots)]$ $(x_k\in\mathcal{U}_{n+1}(\boldsymbol{R})\backslash\mathcal{U}_n(\boldsymbol{R}),$ $k=1,2,3,\cdots)$に対して

$$\beta(x)=\{\beta(y):y=[(y_1,y_2,\cdots)]\in\widetilde{\mathcal{U}}_0(\boldsymbol{R})\cup\cdots\cup\widetilde{\mathcal{U}}_n(\boldsymbol{R}),\ \{k:y_k\in x_k\}\in\mathcal{F}\} \tag{1.19}$$

で$\beta(x)$を定義する．

（3）合成写像$\beta\circ\alpha:\mathcal{U}(\boldsymbol{R})\longrightarrow\mathcal{U}(^*\boldsymbol{R})$を$*$で表し，$x\in\mathcal{U}(\boldsymbol{R})$の写像$*$による像$*(x)$を$^*x$で表す．

ランクに関して帰納的な定義なので，低いランクのxに対しては$^*x$を具体的に書き下すことができる．定義を理解するために練習として実行してみよう．

例1　$a\in\boldsymbol{R}$のとき，定義より明らかに$^*a=[(a,a,a,\cdots)]$である．

例2　$A\subseteq\boldsymbol{R}$のとき，まず定義より$\alpha(A)=[(A,A,A,\cdots)]$であり，$\beta$が$(^*\boldsymbol{R}=)$ $\widetilde{\mathcal{U}}_0(\boldsymbol{R})$の上で恒等写像だから

$$\begin{aligned}^*A&=\beta(\alpha(A))\\&=\{y\in{}^*\boldsymbol{R}:y=[(y_1,y_2,\cdots)],\ \{k:y_k\in A\}\in\mathcal{F}\}\end{aligned} \tag{1.20}$$

となる．とくに$A=\boldsymbol{R}$にとると，この意味での$^*\boldsymbol{R}$と定義1.5における$^*\boldsymbol{R}$が一致することがわかる．

例3　$I=\{\langle x,y\rangle:x<y,\ x,y\in\boldsymbol{R}\}\in\mathcal{U}_3(\boldsymbol{R})$のとき，

$$\begin{aligned}\alpha(I)&=[(I,I,\cdots)],\\\beta(\alpha(I))&=\{\beta(y):y=[(y_1,y_2,\cdots)]\in\widetilde{\mathcal{U}}_0(\boldsymbol{R})\cup\widetilde{\mathcal{U}}_1(\boldsymbol{R})\cup\widetilde{\mathcal{U}}_2(\boldsymbol{R}),\\&\qquad\{n:y_n\in I\}\in\mathcal{F}\}\end{aligned}$$

$$= \{\beta(y) : y = [(\langle a_1, b_1\rangle, \langle a_2, b_2\rangle, \cdots)] \in \widetilde{\mathscr{U}}_2(\boldsymbol{R}),$$
$$\{n : \langle a_n, b_n\rangle \in I\} \in \mathscr{F}\}. \qquad (1.21)$$

ここで順序対 $\langle a_n, b_n\rangle$ とは集合 $\{a_n, \{a_n, b_n\}\}$ のことであることに注意すると，$z=[(z_1, z_2, \cdots)] \in \widetilde{\mathscr{U}}_0(\boldsymbol{R}) \cup \widetilde{\mathscr{U}}_1(\boldsymbol{R})$ に対して

$$z_n \in \langle a_n, b_n\rangle \iff z_n = a_n \text{ または } z_n = \{a_n, b_n\}$$

となる．よって $y=[(\langle a_1, b_1\rangle, \langle a_2, b_2\rangle, \cdots)]$ に対して

$$\beta(y) = \{\beta(z) : z=[(z_1, z_2, \cdots)] \in \widetilde{\mathscr{U}}_0(\boldsymbol{R}) \cup \widetilde{\mathscr{U}}_1(\boldsymbol{R}),$$
$$\{n : z_n \in \langle a_n, b_n\rangle\} \in \mathscr{F}\}$$
$$= \{\beta(u) : u=[(u_1, u_2, \cdots)] \in \widetilde{\mathscr{U}}_0(\boldsymbol{R}),\ \{n : u_n = a_n\} \in \mathscr{F}\}$$
$$\cup \{\beta(v) : v=[(v_1, v_2, \cdots)] \in \widetilde{\mathscr{U}}_1(\boldsymbol{R}),$$
$$\{n : v_n = \{a_n, b_n\}\} \in \mathscr{F}\}^{1)}. \qquad (1.22)$$

(1.22) の右辺の 1 番目の集合は $\beta([(a_1, a_2, \cdots)]) = [(a_1, a_2, \cdots)] \in {}^*\boldsymbol{R}$ のみを要素とする 1 元集合である．2 番目の集合について，$\{n : v_n = \{a_n, b_n\}\} \in \mathscr{F}$ をみたす $v=[(v_1, v_2, \cdots)]$ は類として $[(\{a_1, b_1\}, \{a_2, b_2\}, \cdots)]$ と同一なので，2 番目の集合は $\beta([(\{a_1, b_1\}, \{a_2, b_2\}, \cdots)])$ のみを要素とする 1 元集合である．定義に従ってこれを求めると

$$\beta([(\{a_1, b_1\}, \{a_2, b_2\}, \cdots\cdots)])$$
$$= \{[(u_1, u_2, \cdots)] : \{n : u_n = a_n \text{ または } u_n = b_n\} \in \mathscr{F}\}$$
$$= \{[(u_1, u_2, \cdots)] : \{n : u_n = a_n\} \in \mathscr{F} \text{ または } \{n : u_n = b_n\} \in \mathscr{F}\}$$
$$= \{[(a_1, a_2, \cdots)], [(b_1, b_2, \cdots)]\}$$

となる．したがって

$$\beta(y) = \{[(a_1, a_2, \cdots)], \{[(a_1, a_2, \cdots)], [(b_1, b_2, \cdots)]\}\}$$
$$= \langle [(a_1, a_2, \cdots)], [(b_1, b_2, \cdots)]\rangle \qquad (1.23)$$

が成り立つ．(1.23) を (1.21) に代入して

$${}^*I = \{\langle [(a_1, a_2, \cdots)], [(b_1, b_2, \cdots)]\rangle : \{n : \langle a_n, b_n\rangle \in I\} \in \mathscr{F}\}$$

が得られる．こうして (1.17) が一般的な定義3.3から再現された．

例 4　$S=\{\langle x, y, z\rangle : x, y, z \in \boldsymbol{R},\ x+y=z\}$ は $\mathscr{U}_4(\boldsymbol{R})$ の要素なので例 3 よりも面倒であるが，丹念に定義3.3を用いることで式 (1.16)

$${}^*S = \{\langle [(a_1, a_2, \cdots)], [(b_1, b_2, \cdots)], [(c_1, c_2, \cdots)]\rangle :$$
$$\{n : \langle a_n, b_n, c_n\rangle \in S\} \in \mathscr{F}\}$$

1)　ここで $\mathscr{F}$ が超フィルターであることを用いた．

が得られる．

写像 $*:\mathcal{U}(\boldsymbol{R})\longrightarrow\mathcal{U}(^*\boldsymbol{R})$ が定義されたので，懸案になっている $\mathcal{U}(\boldsymbol{R})$ の関係を $\mathcal{U}(^*\boldsymbol{R})$ 上に導入する問題が解決できる．

3.4　定義　$R\in\mathcal{U}(\boldsymbol{R})$ が n 項関係なら $^*R\in\mathcal{U}(^*\boldsymbol{R})$ も n 項関係であることが，すぐあとにでてくる定理3.6によって保証される．そこでこの $^*R$ をもって n 項関係 R の $\mathcal{U}(^*\boldsymbol{R})$ への拡張とする．

移行原理（transfer principle）

写像$*$を用いてスタンダードな世界 $\mathcal{U}(\boldsymbol{R})$ の関係 R をノンスタンダードな世界 $\mathcal{U}(^*\boldsymbol{R})$ に拡張することができた．では，この拡張によって $\mathcal{U}(\boldsymbol{R})$ で成り立っていた性質，たとえば，大小関係における推移律（$x<y$ かつ $y<z$)$\to x<z$ とか，四則演算における諸法則が，$\mathcal{U}(^*\boldsymbol{R})$ に伝播するであろうか．この問題に対する答が次の定理3.5，3.6である．

以下 $(x_1, x_2, \cdots)$ を代表元とする類 $[(x_1, x_2, \cdots)]$ を $[(x_n)]$ と略記する．

3.5　定理（Łoś（ウォッシュ）の定理）

$\Phi(a, b, \cdots, c)$ を $\mathcal{U}(\boldsymbol{R})$ の限定閉論理式，$a, b, \cdots, c\in\mathcal{U}(\boldsymbol{R})$ をその中に現れるすべての定項とする．

$[(u_n)], [(v_n)], \cdots, [(w_n)]\in\widetilde{\mathcal{U}}(\boldsymbol{R})$ から $\mathcal{U}(^*\boldsymbol{R})$ の定項

$$u=\beta([(u_n)]),\quad v=\beta([(v_n)]),\quad \cdots,\quad w=\beta([(w_n)])$$

をつくり，Φ の中の $a, b, \cdots, c$ を $u, v, \cdots, w$ におきかえて得られる論理式を $\Phi(u, v, \cdots, w)$ とするとこれは $\mathcal{U}(^*\boldsymbol{R})$ の限定閉論理式であるが，このとき次の同値関係が成り立つ．

$$\begin{aligned}&\Phi(u, v, \cdots, w)\text{ が }\mathcal{U}(^*\boldsymbol{R})\text{ で真である}\\&\quad\Longleftrightarrow \{n:\Phi(u_n, v_n, \cdots, w_n)\text{ が }\mathcal{U}(\boldsymbol{R})\text{ で真}\}\in\mathcal{F}\end{aligned}\tag{1.24}$$

証明　論理式の構成手順（定義2.3 (1)）に関する帰納法で示す．

(i)　Φ が基本論理式のとき

$\Phi: u\in v$ の場合，写像 β の定義から明らかに

$$\beta([(u_n)])\in\beta([(v_n)])\iff\{n: u_n\in v_n\}\in\mathcal{F}$$

である．

$\Phi: u=v$ の場合，β が単射つまり1対1の写像であることを示せばよい．$\widetilde{\mathcal{U}}_k(\boldsymbol{R})$（$k<n$）上で β を単射と仮定し，$u, v\in\widetilde{\mathcal{U}}_n(\boldsymbol{R})$（$n\geqq1$）とする．

いま $[(u_n)]$ と $[(v_n)]$ が異なるとすると，$\{n: u_n = v_n\} \notin \mathcal{F}$ なので $\mathcal{F}$ が超フィルターであることから，$\{n: u_n \neq v_n\} \in \mathcal{F}$ となる．ところが

$$\begin{aligned}\{n: u_n \neq v_n\} &= \{n: x_n \in u_n \text{ かつ } x_n \notin v_n \text{ となる } x_n \text{ が存在する}\} \\ &\quad \cup \{n: x_n \notin u_n \text{ かつ } x_n \in v_n \text{ となる } x_n \text{ が存在する}\}\end{aligned} \tag{1.25}$$

なので，$\mathcal{F}$ が超フィルターなことから右辺の2つの集合のいずれかが $\mathcal{F}$ の要素となる．いま，前者がそうであるとしよう．選択公理を用いて列 $(y_1, y_2, \cdots)$ を

$$y_n = \begin{cases} x_n & (x_n \in u_n \text{ かつ } x_n \notin v_n \text{ をみたす } x_n \text{ が存在するとき}) \\ 0 & (\text{それ以外のとき}) \end{cases}$$

によって定義すると，β が $\widetilde{\mathcal{U}}_k(\boldsymbol{R})$ $(k < n)$ 上で単射なので

$$\beta([(y_n)]) \in \beta([(u_n)]) \quad \text{かつ} \quad \beta([(y_n)]) \notin \beta([(v_n)])$$

が成り立つ．したがって $\beta([(u_n)]) \neq \beta([(v_n)])$ となり β は単射である．

(ii)　Φ が $\neg \Psi$ のとき

$\neg \Psi(\beta([(u_n)]), \beta([(v_n)]), \cdots, \beta([(w_n)]))$ が $\mathcal{U}(^*\boldsymbol{R})$ で真である

$\Longleftrightarrow$ $\Psi(\beta([(u_n)]), \beta([(v_n)]), \cdots, \beta([(w_n)]))$ が $\mathcal{U}(^*\boldsymbol{R})$ で偽である

(帰納法の仮定より)

$\Longleftrightarrow$ $\{n: \Psi(u_n, v_n, \cdots, w_n)$ が $\mathcal{U}(\boldsymbol{R})$ で真である$\} \notin \mathcal{F}$

($\mathcal{F}$ が超フィルターなので $A \notin \mathcal{F} \Longleftrightarrow A^c \in \mathcal{F}$ となるから)

$\Longleftrightarrow$ $\{n: \Psi(u_n, v_n, \cdots, w_n)$ が $\mathcal{U}(\boldsymbol{R})$ で偽である$\} \in \mathcal{F}$

$\Longleftrightarrow$ $\{n: \neg \Psi(u_n, v_n, \cdots, w_n)$ が $\mathcal{U}(\boldsymbol{R})$ で真である$\} \in \mathcal{F}$.

(iii)　Φ が $\Psi \vee \Omega$ のとき

$(\Psi \vee \Omega)(\beta([(u_n)]), \cdots, \beta([(w_n)]))$ が $\mathcal{U}(^*\boldsymbol{R})$ で真である

$\Longleftrightarrow$ $\Psi(\beta([(u_n)]), \cdots, \beta([(w_n)]))$ が $\mathcal{U}(^*\boldsymbol{R})$ で真，または
$\Omega(\beta([(u_n)]), \cdots, \beta([(w_n)]))$ が $\mathcal{U}(^*\boldsymbol{R})$ で真である

(帰納法の仮定より)

$\Longleftrightarrow$ $\{n: \Psi(u_n, \cdots, w_n)$ が $\mathcal{U}(\boldsymbol{R})$ で真$\} \in \mathcal{F}$　または
$\{n: \Omega(u_n, \cdots, w_n)$ が $\mathcal{U}(\boldsymbol{R})$ で真$\} \in \mathcal{F}$

($\mathcal{F}$ が超フィルターなので $A \in \mathcal{F}$ または $B \in \mathcal{F} \Longleftrightarrow A \cup B \in \mathcal{F}$ となるから)

$\Longleftrightarrow$ $\{n: (\Psi \vee \Omega)(u_n, \cdots, w_n)$ が $\mathcal{U}(\boldsymbol{R})$ で真$\} \in \mathcal{F}$.

Φ が $\Psi \wedge \Omega$，$\Psi \rightarrow \Omega$ のときは

$$\Psi \wedge \Omega \iff \neg((\neg \Psi) \vee (\neg \Omega)), \qquad \Psi \to \Omega \iff (\neg \Psi) \vee \Omega$$

によって，$\neg$ と $\vee$ に還元される．

(iv)　Φ が $\exists x \in \beta([(u_n)])\ \Psi(x) \equiv \exists x(x \in \beta([(u_n)]) \wedge \Psi(x))$ の形のとき[1)]

$\exists x \in \beta([(u_n)])\ \Psi(x, \beta([(v_n)]), \cdots, \beta([(w_n)]))$ が $\mathcal{U}(^*\boldsymbol{R})$ で真である

$\iff$ ある $x \in \beta([(u_n)])$ があって

$\Psi(x, \beta([(v_n)]), \cdots, \beta([(w_n)]))$ が $\mathcal{U}(^*\boldsymbol{R})$ で真である

（β の定義から x は $\beta([(x_n)])$ の形になって）

$\iff$ ある $\beta([(x_n)]) \in \beta([(u_n)])$ があって

$\Psi(\beta([(x_n)]), \beta([(v_n)]), \cdots, \beta([(w_n)]))$ が $\mathcal{U}(^*\boldsymbol{R})$ で真である

（帰納法の仮定より）

$\iff$ ある $\beta([(x_n)]) \in \beta([(u_n)])$ があって

$\{n : \Psi(x_n, v_n, \cdots, w_n)$ が $\mathcal{U}(\boldsymbol{R})$ で真$\} \in \mathcal{F}$

$\iff$ ある $(x_1, x_2, \cdots)$ があって，$\{n : x_n \in u_n\} \in \mathcal{F}$　かつ

$\{n : \Psi(x_n, v_n, \cdots, w_n)$ が $\mathcal{U}(\boldsymbol{R})$ で真$\} \in \mathcal{F}$

（$\mathcal{F}$ がフィルターなので $A \in \mathcal{F}$ かつ $B \in \mathcal{F} \iff A \cap B \in \mathcal{F}$ となるから）

$\iff$ ある $(x_1, x_2, \cdots)$ があって

$\{n : x_n \in u_n$ かつ $\Psi(x_n, v_n, \cdots, w_n)$ が $\mathcal{U}(\boldsymbol{R})$ で真$\} \in \mathcal{F}$

$\iff \{n : \exists x \in u_n\ \Psi(x, v_n, \cdots, w_n)$ が $\mathcal{U}(\boldsymbol{R})$ で真$\} \in \mathcal{F}$.

(v)　Φ が $\forall x \in \beta([(u_n)])\ \Psi(x)$ の形のとき

$$\Phi \iff \neg\{\exists x \in \beta([(u_n)]) \neg \Psi(x)\}$$

を用いて $\neg$ と $\exists$ に還元される．　（証明終り）

Łoś の定理の特別な場合として，次の移行原理が得られる．

3.6　定理（移行原理（transfer principle））

1)　$\Phi \equiv \exists x(x \in y \wedge \Psi(x, y))$ における y が定項 $\beta([(u_n)])$ でなく変項の場合も考えなければならないが，いまは閉論理式を考えているので帰納法のより前の段階で $\exists y(y \in a \wedge \Phi(y))$ の形に定項 a で y が限定されている．その段階で

$\exists y(y \in \beta([(a_n)]) \wedge \Phi(y))$ が $\mathcal{U}(^*\boldsymbol{R})$ で真である

$\iff$ ある $\beta([(y_n)]) \in \beta([(a_n)])$ があって $\Phi(\beta([(y_n)]))$ が $\mathcal{U}(^*\boldsymbol{R})$ で真である

となっているから (iv) の形についてのみ議論すれば充分である．

$\Phi=\Phi(a, b, \cdots, c)$ を $\mathcal{U}(\boldsymbol{R})$ の限定閉論理式，$a, b, \cdots, c\in\mathcal{U}(\boldsymbol{R})$ を Φ の中に現れる定項とするとき，

$$\begin{aligned}&\Phi(a, b, \cdots, c) \text{ が } \mathcal{U}(\boldsymbol{R}) \text{ で真である}\\ &\quad\Longleftrightarrow \Phi({}^*a, {}^*b, \cdots, {}^*c) \text{ が } \mathcal{U}({}^*\boldsymbol{R}) \text{ で真である}\end{aligned} \tag{1.26}$$

が成り立つ．

証明　${}^*a=\beta(\alpha(a))$，${}^*b=\beta(\alpha(b))$，${}^*c=\beta(\alpha(c))$ なので定理3.5から

$$\begin{aligned}&\Phi({}^*a, {}^*b, \cdots, {}^*c) \text{ が } \mathcal{U}({}^*\boldsymbol{R}) \text{ で真である}\\ &\quad\Longleftrightarrow \{n : \Phi(a, b, \cdots, c) \text{ が } \mathcal{U}(\boldsymbol{R}) \text{ で真}\}\in\mathcal{F}\\ &(\{n : \Phi(a, b, \cdots, c) \text{ が } \mathcal{U}(\boldsymbol{R}) \text{ で真}\}=\boldsymbol{N} \text{ または } =\varnothing \text{（空集合）なので）}\\ &\quad\Longleftrightarrow \{n : \Phi(a, b, \cdots, c) \text{ が } \mathcal{U}(\boldsymbol{R}) \text{ で真}\}=\boldsymbol{N}\\ &\quad\Longleftrightarrow \Phi(a, b, \cdots, c) \text{ が } \mathcal{U}(\boldsymbol{R}) \text{ で真である．}\end{aligned}$$

（証明終り）

${}^*\boldsymbol{R}$ での四則法則など

移行原理（定理3.6）を用いると，スタンダードな世界で成り立っていた性質のうちの多くの部分が，ノンスタンダードな世界においても成り立つことがわかる．その最も簡単な例として，${}^*\boldsymbol{R}$ でも和，積，大小関係が確定することおよび分配法則が成り立つことを確認してみよう．和，積，大小関係は集合

$$\begin{aligned}S &= \{\langle x, y, z\rangle : x, y, z\in\boldsymbol{R},\ \ x+y=z\}\\ P &= \{\langle x, y, z\rangle : x, y, z\in\boldsymbol{R},\ \ xy=z\}\\ I &= \{\langle x, y\rangle : x, y\in\boldsymbol{R},\ \ x<y\}\end{aligned} \tag{1.27}$$

で表される．

3.7　命題　（１）　$x, y\in{}^*\boldsymbol{R}$ に対して $\langle x, y, z\rangle\in{}^*S$ をみたす $z\in{}^*\boldsymbol{R}$ がただ１つ存在する．

（２）　$x, y\in{}^*\boldsymbol{R}$ に対して $\langle x, y, z\rangle\in{}^*P$ をみたす $z\in{}^*\boldsymbol{R}$ がただ１つ存在する．

（３）　$x, y\in{}^*\boldsymbol{R}$，$x\neq y$ に対して $\langle x, y\rangle\in{}^*I$，$\langle y, x\rangle\in{}^*I$ の一方のみが成り立つ．

（４）　(1)，(2) の z をそれぞれ $x+y$，xy で表すとき，任意の $x, y, z\in{}^*\boldsymbol{R}$ に対して

$$x(y+z)=xy+xz$$

が成り立つ．

証明　（１）　$\mathcal{U}(\boldsymbol{R})$ の限定閉論理式

$$\Phi(S, \boldsymbol{R}) \equiv \forall x \in \boldsymbol{R} \forall y \in \boldsymbol{R} \exists ! z \in \boldsymbol{R} \langle x, y, z \rangle \in S$$ [1)]

は $\mathcal{U}(\boldsymbol{R})$ で真だから，移行原理から $\Phi({}^*S, {}^*\boldsymbol{R})$ は $\mathcal{U}({}^*\boldsymbol{R})$ で真である．つまり

$$\forall x \in {}^*\boldsymbol{R} \forall y \in {}^*\boldsymbol{R} \exists ! z \in {}^*\boldsymbol{R} \langle x, y, z \rangle \in {}^*S$$

（2）$\Phi(P, \boldsymbol{R}) \equiv \forall x \in \boldsymbol{R} \forall y \in \boldsymbol{R} \exists ! z \in \boldsymbol{R} \langle x, y, z \rangle \in P$

に移行原理を用いる．

（3）$\Phi(I, \boldsymbol{R}) \equiv \forall x \in \boldsymbol{R} \forall y \in \boldsymbol{R} [\{x \neq y \to (\langle x, y \rangle \in I \vee \langle y, x \rangle \in I)\} \wedge \{\neg (\langle x, y \rangle \in I \wedge \langle y, x \rangle \in I)\}]$

に移行原理を用いる．

（4）$\Phi(S, P, \boldsymbol{R}) \equiv \forall x \in \boldsymbol{R} \forall y \in \boldsymbol{R} \forall z \in \boldsymbol{R} \exists ! u \in \boldsymbol{R} \exists ! v \in \boldsymbol{R} \exists ! w \in \boldsymbol{R} \exists ! s \in \boldsymbol{R} \exists ! t \in \boldsymbol{R} (\langle y, z, u \rangle \in S \wedge \langle x, u, v \rangle \in P \wedge \langle x, y, w \rangle \in P \wedge \langle x, z, s \rangle \in P \wedge \langle w, s, t \rangle \in S \wedge v = t)$

に移行原理を用いる．（証明終り）

ここでは簡単のために ${}^*\boldsymbol{R}$ における四則と大小関係を例にとったが，ランクが1以上の $\mathcal{U}({}^*\boldsymbol{R})$ における関係に対しても論理式 Φ が複雑になるだけで事情は変わらず，結局，スタンダードな解析学で成り立つ多くの性質がノンスタンダードな世界に伝播する．そのことを移行原理が保証するのである．ここで「多くの」とつけたことには意味があって，第1章の冒頭でもふれたように，たとえば「$\boldsymbol{R}$ は完備である」という性質は ${}^*\boldsymbol{R}$ にまでは伝播しない．つまり ${}^*\boldsymbol{R}$ は完備でない．これは $\mathcal{U}({}^*\boldsymbol{R})$ が $\mathcal{U}(\boldsymbol{R})$ よりも複雑な構造をしていることに起因しているのだが，そのことは次節で論じることにする．

最後に，以前残しておいた問題

「なぜ単なるフィルターでなく超フィルターを用いるのか」

をとりあげよう．Łoś の定理の証明の中で頻繁に超フィルターの性質が用いられた．たとえば $\Phi = \neg \Psi$ のとき

$$A = \{n : \Psi(u_n, v_n, \cdots, w_n) \text{ が } \mathcal{U}(\boldsymbol{R}) \text{ で真}\} \notin \mathcal{F}$$
$$\Longleftrightarrow A^c = \{n : \Psi(u_n, v_n, \cdots, w_n) \text{ が } \mathcal{U}(\boldsymbol{R}) \text{ で偽}\} \in \mathcal{F}$$

の同値性に $\mathcal{F}$ が超フィルターであること（$A \notin \mathcal{F} \Longleftrightarrow A^c \in \mathcal{F}$）が用いられている．

1)　$\exists ! z P(z)$ は「$P(z)$ をみたす z がただ1つ存在する」という命題，すなわち $\exists ! z P(z) \equiv \exists z \{P(z) \wedge \forall u \forall v (P(u) \wedge P(v) \to u = v)\}$ を表す．

もし $\mathcal{F}$ が超フィルターでなく単なるフィルターであったら

$$A\notin\mathcal{F} \text{ かつ } A^c\notin\mathcal{F}$$

という事態がおこって

$$\{n : \Psi(u_n, v_n, \cdots, w_n) \text{ が } \mathcal{U}(\boldsymbol{R}) \text{ で真}\}\notin\mathcal{F} \quad \text{かつ}$$

$$\{n : \neg\Psi(u_n, v_n, \cdots, w_n) \text{ が } \mathcal{U}(\boldsymbol{R}) \text{ で真}\}\notin\mathcal{F}$$

となってしまう．このことが論理上の矛盾をひきおこすわけではないが，理論をはなはだしく不透明にする．1つの例として $\mathcal{F}$ をフレシェ・フィルター $\mathcal{F}_0$ にとったとする．これは超フィルターでない．

$$u = [(1, -1, 1, -1, \cdots)] = [(-1)^{n-1}], \qquad v = [(0, 0, 0, \cdots)]$$

とすると，フレシェ・フィルターの定義から

$$\begin{aligned} &\{k : u_k = v_k\} = \emptyset\notin\mathcal{F}, \\ &\{k : u_k < v_k\} = \{2, 4, 6, \cdots\}\notin\mathcal{F}, \\ &\{k : u_k > v_k\} = \{1, 3, 5, \cdots\}\notin\mathcal{F} \end{aligned} \tag{1.28}$$

である．等号を表す $\boldsymbol{R}$ 上の2項関係を

$$E = \{\langle x, y\rangle : x, y\in\boldsymbol{R},\ x=y\}\in\mathcal{U}(\boldsymbol{R})$$

とおくと（1.28）は

$$\langle u, v\rangle\notin{}^*E \quad \text{かつ} \quad \langle u, v\rangle\notin{}^*I \quad \text{かつ} \quad \langle v, u\rangle\notin{}^*I$$

を意味し，定義3.4から ${}^*\boldsymbol{R}$ において

$$u=v \quad \text{も} \quad u<v \quad \text{も} \quad u>v \quad \text{も不成立} \tag{1.29}$$

となる．このことは論理的な矛盾を意味するわけではなく，$\boldsymbol{R}$ で成立していた

$$x=y \text{ または } x<y \text{ または } y<x \quad (x, y\in\boldsymbol{R})$$

という性質が ${}^*\boldsymbol{R}$ に伝播しないことを意味する．つまり超フィルターを用いた理由は移行原理の成立にあったのである．数学基礎論でいうところの初等拡大（elementary extension）となるために単なるフィルターでなく超フィルターを用いなければならなかったのである．

1-4節　内的と外的

内的集合，外的集合

$\mathcal{U}({}^*\boldsymbol{R})$ に属する集合を内的（internal）な集合と，外的（external）な集合に分類する．A. Robinson［1］はもとより，斎藤正彦［3］，A. E. Hurd & P. A. Loeb［2］などほとんどの本が，すぐあとにでてくる命題4.2を定義とし，そこ

から出発している．その方が超巾以外の方法での超準拡大や竹内外史［5］のような公理論的な展開の場合に都合が良いからで，それは命題 4.2 がモデルの構成法に依存しない形だからである．しかしここではあくまで超巾による構成に限定して話を進めるので 4.1 を定義として採用して話を進める．

4.1　定義　$\mathcal{U}({}^*\boldsymbol{R})$ の要素のうち，写像 $*$ の値域に入っているものを**標準元** (standard element)，写像 β の値域に入っているものを**内的**な元 (internal element)，$\mathcal{U}({}^*\boldsymbol{R})$ の要素のうち内的でないものを**外的**な元 (external element) という[1]．

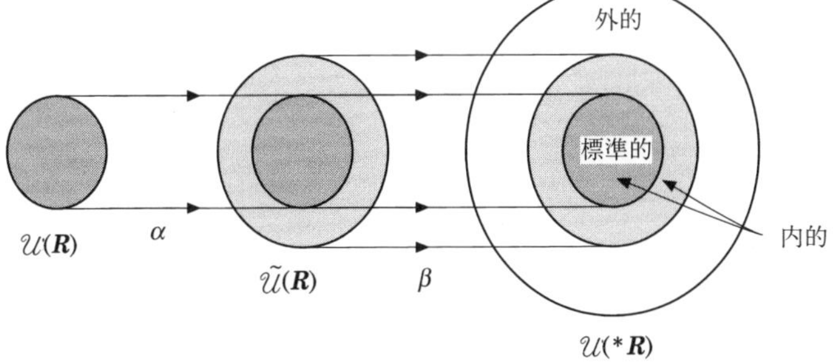

図 1-3

例 1　$A=\{x\in{}^*\boldsymbol{R}:[(0,0,\cdots)]\leqq x\leqq[(1,1,\cdots)]\}\in\mathcal{U}({}^*\boldsymbol{R})$ は標準元である．

実際 $A_0=\{x\in\boldsymbol{R}:0\leqq x\leqq 1\}\in\mathcal{U}_1(\boldsymbol{R})$ とおくとき

$$\alpha(A_0)\ \text{は列}(A_0, A_0, A_0, \cdots)\ \text{を代表元とする類}$$

だから，

$$\begin{aligned}*(A_0)&=\{[(a_n)]\in{}^*\boldsymbol{R}:\{n:a_n\in A_0\}\in\mathcal{F}\}\\&=\{[(a_n)]\in{}^*\boldsymbol{R}:\{n:0\leqq a_n\leqq 1\}\in\mathcal{F}\}\end{aligned}$$

となり，定理 3.5 によりこれは A に一致する．したがって A は標準元である．同様に，${}^*\boldsymbol{R}=*(\boldsymbol{R})$ も標準元である．

例 2　列 $(1,2,3,\cdots)$ を代表元とする類を a とするとき，$\mathcal{U}_1({}^*\boldsymbol{R})$ の要素 $B=\{x\in{}^*\boldsymbol{R}:[(0,0,0,\cdots)]\leqq x\leqq a\}$ は内的な集合だが，標準的ではない．

---

1)　$\mathcal{U}_0({}^*\boldsymbol{R})={}^*\boldsymbol{R}$ の要素はすべて内的だから，実際は $\mathcal{U}_n({}^*\boldsymbol{R})$ $(n\geqq 1)$ の要素のみが問題となる．したがって内的，外的な元というかわりに，内的，外的な集合ということが多い．

実際，$\mathcal{U}_1(\boldsymbol{R})$ の要素 $B_k=\{x\in \boldsymbol{R}:0\leqq x\leqq k\}$ を並べた列 $(B_1, B_2, B_3, \cdots)$ を代表元とする類を $\tilde{B}$ とすると $\tilde{B}\in\widetilde{\mathcal{U}_1}(\boldsymbol{R})$ であって，例1と同様にして $\beta(\tilde{B})=B$ であることがわかるので，B は内的な集合である．

次に B は標準的でないことを証明する．仮に標準的な集合と仮定すると，$B=*(B_0)$ をみたす $B_0\subseteqq\boldsymbol{R}$ が存在し，定理3.5から

$$B=\{[(x_n)]\in{}^*\boldsymbol{R}:\{n:x_n\in B_0\}\in\mathcal{F}\} \tag{1.30}$$

となる．一方，B の定義と定理3.5から

$$B=\{[(x_n)]\in{}^*\boldsymbol{R}:\{n:0\leqq x_n\leqq n\}\in\mathcal{F}\} \tag{1.31}$$

である．$\mathcal{F}$ がフレシェ・フィルターの拡大なので $\boldsymbol{N}$ の有限部分集合の補集合はすべて $\mathcal{F}$ の要素となるから，すべての $b\in\boldsymbol{R}$ $(b>0)$ に対して $[(b, b, b, \cdots)]$ は (1.31) の右辺に属する．したがって (1.30) より $b\in B_0$ となる．こうして $B_0=\boldsymbol{R}$ となるが，このとき $B=*(B_0)={}^*\boldsymbol{R}$ となって不合理である．よって B は標準元でない．

例3　$C=\{x\in{}^*\boldsymbol{R}:\exists r\in\boldsymbol{R}[(0,0,0,\cdots)]\leqq x<[(r, r, r, \cdots)]\}$ は外的な集合である．

これはのちの命題4.7でより一般的な形として証明されるが，ここでは定義の理解のための練習として，定義に戻って証明しよう．

C を内的と仮定すると，$\beta([(C_n)])=C$，$C_n\subseteqq\boldsymbol{R}$ をみたす列 (C_n) が存在する．実数列 (r_n) を

$$r_n\in C_n \quad \text{かつ} \quad r_n>\sup C_n-1$$

をみたすように選ぶ．ただし $C_n=\emptyset$ のときは $r_n=0$ とし，$\sup C_n=\infty$ のときは $r_n>n$，$r_n\in C_n$ をみたすように選んでおく．

$\{n:C_n=\emptyset\}\notin\mathcal{F}$ なので，このように選んだ (r_n) は $[(r_n)]\in\beta([(C_n)])=C$ をみたし，したがってある定数 $r_0\in\boldsymbol{R}$ が存在して $\{n:r_n\leqq r_0\}\in\mathcal{F}$ が成り立つ．

$$\{n:r_n\leqq r_0\}\subseteqq\{n:\sup C_n-1<r_0\}\cup\{n:C_n=\emptyset\}\cup\{n:n<r_0\}$$

の右辺の2番目と3番目の集合は $\mathcal{F}$ に入らないので

$$\{n:\sup C_n-1<r_0\}\in\mathcal{F}$$

である．したがって $[(r_0+1, r_0+1, r_0+1, \cdots)]\notin\beta([(C_n)])=C$ となるが，これは C の定め方に矛盾する．以上より C は外的である．　(証明終り)

$\mathcal{U}({}^*\boldsymbol{R})$ における内的，外的という概念は $\mathcal{U}(\boldsymbol{R})$ にはなかったもので，このために $\mathcal{U}({}^*\boldsymbol{R})$ の内容が豊富になる．もし内的集合だけであったなら Łoś の定

理から $\mathcal{U}(\boldsymbol{R})$ で成り立つすべてのことが，そしてそれのみが $\mathcal{U}({}^*\boldsymbol{R})$ でも成り立ち，実質的には $\mathcal{U}(\boldsymbol{R})$ と何も変わりがなくなって，新たに $\mathcal{U}({}^*\boldsymbol{R})$ を導入する積極的理由がなくなる．外的集合を用いてはじめて，$\mathcal{U}(\boldsymbol{R})$ における複雑な概念を $\mathcal{U}({}^*\boldsymbol{R})$ における初等的な概念におきかえることが可能になるのである．のちにでてくる標準化写像，モナド，ローブ測度などはいずれも外的集合であり，応用上，これらが重要な役割を果たす．

4.2　命題（内的集合の特徴づけ 1）

$a\in\mathcal{U}({}^*\boldsymbol{R})$ が内的であるためには，$a\in{}^*b$ をみたす $b\in\mathcal{U}(\boldsymbol{R})$ が存在することが必要かつ十分である．つまり内的な元とは，ある標準元の要素となっているもののことである．

証明　十分性は，定義から明らか．必要性について，$a\in\mathcal{U}({}^*\boldsymbol{R})$ を内的とすると $a=\beta([(a_k)])$，$a_k\in\mathcal{U}_n(\boldsymbol{R})\backslash\mathcal{U}_{n-1}(\boldsymbol{R})$ をみたす列 (a_k) が存在する．$\mathcal{U}_n(\boldsymbol{R})\in\mathcal{U}_{n+1}(\boldsymbol{R})$ より $\mathcal{U}_n(\boldsymbol{R})\in\mathcal{U}(\boldsymbol{R})$ であることに注意して，$\mathcal{U}_n(\boldsymbol{R})$ を並べた列 $(\mathcal{U}_n(\boldsymbol{R}),\mathcal{U}_n(\boldsymbol{R}),\cdots)$ を代表元とする類 $\alpha(\mathcal{U}_n(\boldsymbol{R}))$ を考えると，これは $\widetilde{\mathcal{U}}_{n+1}(\boldsymbol{R})$ の要素である．$\{k: a_k\in\mathcal{U}_n(\boldsymbol{R})\}=\boldsymbol{N}\in\mathcal{F}$ だから

$$a=\beta([(a_k)])\in\beta(\alpha(\mathcal{U}_n(\boldsymbol{R})))={}^*(\mathcal{U}_n(\boldsymbol{R}))$$

となり，a は標準元の要素となっている．（証明終り）

この証明をみると命題 4.2 は次のように言いかえられることがわかる：

系　内的な元の全体は $\bigcup_{n=0}^{\infty}{}^*(\mathcal{U}_n(\boldsymbol{R}))$ と一致する．

4.3　命題（内的集合の特徴づけ 2）

内的な集合の要素は内的である．

証明　a が内的集合で $b\in a$ とする．命題 4.2 の系から，ある n に対して $a\in{}^*(\mathcal{U}_n(\boldsymbol{R}))$ となるが，次に述べる補題から $b\in{}^*(\mathcal{U}_{n-1}(\boldsymbol{R}))$ となり，したがって b は内的である．（証明終り）

補題　$a\in{}^*(\mathcal{U}_n(\boldsymbol{R}))$ かつ $b\in a$ なら $b\in{}^*(\mathcal{U}_{n-1}(\boldsymbol{R}))$ である．

証明　$a=\beta([(a_k)])$，$a_k\in\mathcal{U}_n(\boldsymbol{R})\backslash\mathcal{U}_{n-1}(\boldsymbol{R})$ とおく．$b\in\beta([(a_k)])$ なので β の定義より

$$b=\beta([(b_k)]),\qquad \{k: b_k\in a_k\}\in\mathcal{F}$$

となる．一方，$\{k: a_k \in \mathcal{U}_n(\boldsymbol{R})\} \in \mathcal{F}$ なので $\{k: b_k \in \mathcal{U}_{n-1}(\boldsymbol{R})\} \in \mathcal{F}$ が成り立ち，$b \in {}^*(\mathcal{U}_{n-1}(\boldsymbol{R}))$ となる．（証明終り）

4.4 定義 $\mathcal{U}({}^*\boldsymbol{R})$ の論理式 Φ について，その中に現れる定項がすべて内的な元であるとき，Φ を $\mathcal{U}({}^*\boldsymbol{R})$ の**内的な論理式**という．

4.5 命題（内的集合の特徴づけ 3）[1]

$\Phi(x)$ を，x のみを自由変項として含む $\mathcal{U}({}^*\boldsymbol{R})$ の内的な限定論理式とし，A を内的な集合とするとき，集合

$$\{x \in A : \Phi(x) \text{ は } \mathcal{U}({}^*\boldsymbol{R}) \text{ で真である}\}$$

は内的である．

証明 $\Phi(x)$ に現れる定項を $c_1, \cdots, c_m$ として $\Phi(x)$ を $\Phi(c_1, \cdots, c_m, x)$ と表す．$c_1, \cdots, c_m, A$ は内的なので命題 4.2 の系から，ある ${}^*(\mathcal{U}_n(\boldsymbol{R}))$ にすべて含まれる．そこで $\mathcal{U}(\boldsymbol{R})$ の限定論理式

$$\forall x_1 \in \mathcal{U}_n(\boldsymbol{R}) \cdots \forall x_m \in \mathcal{U}_n(\boldsymbol{R})\ \forall y \in \mathcal{U}_n(\boldsymbol{R})\ \exists z \in \mathcal{U}_{n+1}(\boldsymbol{R})$$
$$\forall x \in \mathcal{U}_n(\boldsymbol{R})\ (x \in z \leftrightarrow (x \in y \wedge \Phi(x_1, \cdots, x_m, x)))$$

を考えると，これは $\mathcal{U}(\boldsymbol{R})$ で真である（集合論の分出公理にあたる）．移行原理から

$$\forall x_1 \in {}^*(\mathcal{U}_n(\boldsymbol{R})) \cdots \forall x_m \in {}^*(\mathcal{U}_n(\boldsymbol{R}))\ \forall y \in {}^*(\mathcal{U}_n(\boldsymbol{R}))$$
$$\exists z \in {}^*(\mathcal{U}_{n+1}(\boldsymbol{R}))\ \forall x \in {}^*(\mathcal{U}_n(\boldsymbol{R}))$$
$$(x \in z \leftrightarrow (x \in y \wedge \Phi(x_1, \cdots, x_m, x)))$$

が真である．ここで $x_1 = c_1$，$\cdots$，$x_m = c_m$，$y = A$ とおくと

$$\exists z \in {}^*(\mathcal{U}_{n+1}(\boldsymbol{R}))\ \forall x \in {}^*(\mathcal{U}_n(\boldsymbol{R}))$$
$$(x \in z \leftrightarrow (x \in A \wedge \Phi(c_1, \cdots, c_m, x)))$$

が真となる．この z が集合 $\{x \in A : \Phi(c_1, \cdots, c_m, x)$ が $\mathcal{U}({}^*\boldsymbol{R})$ で真である$\}$ であり，$z \in {}^*(\mathcal{U}_{n+1}(\boldsymbol{R}))$ なので，命題 4.2 の系より z は内的である．（証明終り）

内的な集合の性質が明らかになったので，残しておいた疑問

"${}^*\boldsymbol{R}$ はなぜ完備でないか，移行原理を用いて証明しようとすると，どこでつまずくか"

1) Keisler の定理

が解決できる．

$\boldsymbol{R}$ が完備であることを表す $\mathcal{U}(\boldsymbol{R})$ の限定論理式 $\Phi(\boldsymbol{R}, \mathcal{P}(\boldsymbol{R}))$ は[1] 具体的には

$$\forall x \in \mathcal{P}(\boldsymbol{R}) \{ (\exists y \in \boldsymbol{R}\ \forall z \in x\ z \leqq y) \\ \to \exists w \in \boldsymbol{R}\ (w \text{ は } x \text{ の上限である}) \} \tag{1.32}$$

である．「w は x の上限である」の部分もきちんと書くことはできるが，以降の議論に関係しないのでこのままにしておく．(1.32) に移行原理を用いると

$$\forall x \in {}^*(\mathcal{P}(\boldsymbol{R})) \{ (\exists y \in {}^*\boldsymbol{R}\ \forall z \in x\ z \leqq y) \\ \to \exists w \in {}^*\boldsymbol{R}\ (w \text{ は } x \text{ の上限である}) \} \tag{1.33}$$

が $\mathcal{U}({}^*\boldsymbol{R})$ で真である．ここで $\forall x \in {}^*(\mathcal{P}(\boldsymbol{R}))$ の部分に注目する．$\mathcal{U}({}^*\boldsymbol{R})$ における ${}^*\boldsymbol{R}$ の部分集合 x は $\mathcal{P}({}^*\boldsymbol{R})$ の要素ではあるが，それは，必ずしも ${}^*(\mathcal{P}(\boldsymbol{R}))$ の要素になるとは限らない．x が内的ならば ${}^*(\mathcal{P}(\boldsymbol{R}))$ に入るが，外的ならば入らないのである．したがって (1.33) からわかることは

"x を ${}^*\boldsymbol{R}$ の内的な部分集合に限れば，x が有界なら上限がある"

であって，外的な部分集合については何も言えていない．すぐあとの命題 4.7 から，スタンダードな $\boldsymbol{N}$ や $\boldsymbol{R}$ を ${}^*\boldsymbol{R}$ の部分集合とみなしたとき，これらは ${}^*\boldsymbol{R}$ に上限をもたない外的集合であることがわかる．このように，外的集合まで考えると ${}^*\boldsymbol{R}$ は完備でなくなるのである．

では，どのような集合が外的だろうか．次節およびそれ以降に頻繁にでてくるモナド，標準化写像，ローブ測度などはその代表例であるが，実はスタンダードな世界の無限集合をノンスタンダードな世界に埋めこんだものはすべて外的となる．このことを証明しよう．

4.6　定義　$A \in \mathcal{U}(\boldsymbol{R})$ に対して，${}^{\mathrm{st}}A = \{{}^*a : a \in A\}$ とする．これは $\mathcal{U}({}^*\boldsymbol{R})$ の要素である．混乱のおそれのない限り $A \in \mathcal{U}(\boldsymbol{R})$ と ${}^{\mathrm{st}}A \in \mathcal{U}({}^*\boldsymbol{R})$ を同一視して単に A で表すことが多い．

4.7　命題　(1)　${}^{\mathrm{st}}\boldsymbol{N}$ は外的な集合である．

(2)　一般に $A \in \mathcal{U}(\boldsymbol{R})$ が無限集合なら，${}^{\mathrm{st}}A$ は外的な集合である．

(3)　${}^{\mathrm{st}}\boldsymbol{R}$ は ${}^*\boldsymbol{R}$ で上に有界かつ ${}^*\boldsymbol{R}$ に上限をもたない外的集合である．

証明　(1)　${}^{\mathrm{st}}\boldsymbol{N}$ を内的な集合と仮定すると，${}^*\boldsymbol{N} \backslash {}^{\mathrm{st}}\boldsymbol{N}$ も内的である．したがって，移行原理からこれは整列集合となり，${}^*\boldsymbol{N} \backslash {}^{\mathrm{st}}\boldsymbol{N}$ は最初の要素 a をもつ．

1)　以前にも述べたが $\mathcal{P}(A)$ は集合 A の巾集合，つまり A の部分集合の全体からなる集合のこと．

$a-1<a$ なので $a-1\notin {}^*\boldsymbol{N}\backslash {}^{\mathrm{st}}\boldsymbol{N}$，つまり $a-1\in {}^{\mathrm{st}}\boldsymbol{N}$ である．ところが ${}^{\mathrm{st}}\boldsymbol{N}$ の定義から，$a=(a-1)+1$ はまた ${}^{\mathrm{st}}\boldsymbol{N}$ に属するが，これは $a\in {}^*\boldsymbol{N}\backslash {}^{\mathrm{st}}\boldsymbol{N}$ に矛盾する．以上より ${}^{\mathrm{st}}\boldsymbol{N}$ は外的である．

（2） ${}^{\mathrm{st}}A$ を内的と仮定する．A が $\mathcal{U}(\boldsymbol{R})$ の無限集合なので，全射 $f: A\longrightarrow \boldsymbol{N}$，$f\in\mathcal{U}(\boldsymbol{R})$ が存在する．その ∗-拡大 ${}^*f: {}^*A\longrightarrow {}^*\boldsymbol{N}$ の定義域を内的集合 ${}^{\mathrm{st}}A$ に制限した写像 ${}^*f|_{{}^{\mathrm{st}}A}$ も内的なので，その値域 $R({}^*f|_{{}^{\mathrm{st}}A})$ も内的である．ところが任意の $a\in A$ に対して ${}^*f({}^*a)=f(a)$ であるから $R({}^*f|_{{}^{\mathrm{st}}A})=\boldsymbol{N}$ $(={}^{\mathrm{st}}\boldsymbol{N})$ となり，(1) の結果に矛盾する．したがって ${}^{\mathrm{st}}A$ は外的である．

（3） (2) より ${}^{\mathrm{st}}\boldsymbol{R}$ は外的である．$(1,2,3,\cdots,n,\cdots)$ を代表元とする ${}^*\boldsymbol{R}$ の要素を p とすると，${}^{\mathrm{st}}\boldsymbol{R}$ の要素はすべて p より小さいので ${}^{\mathrm{st}}\boldsymbol{R}$ は ${}^*\boldsymbol{R}$ で上に有界である．その上限 $\alpha\in {}^*\boldsymbol{R}$ があると仮定する．α が ${}^*\boldsymbol{R}$ での ${}^{\mathrm{st}}\boldsymbol{R}$ の上限なので $\alpha-1\in {}^*\boldsymbol{R}$ より大きい ${}^{\mathrm{st}}\boldsymbol{R}$ の要素 β が存在するが，${}^{\mathrm{st}}\boldsymbol{R}$ の定義から $\beta+1\in {}^{\mathrm{st}}\boldsymbol{R}$ である．$\beta+1>\alpha$ であるが，これは α が ${}^{\mathrm{st}}\boldsymbol{R}$ の上限であることに矛盾する．以上より ${}^{\mathrm{st}}\boldsymbol{R}$ は ${}^*\boldsymbol{R}$ に上限をもたない．　（証明終り）

1-5 節　${}^*\boldsymbol{R}$ の具体的な構造

超実数体 ${}^*\boldsymbol{R}$ は内部に無限大数と無限小数を含みしかも通常の四則演算ができる世界である．さらに，スタンダードでの有限集合，有限和に対応して ∗-有限集合，∗-有限和という概念が定義され，これらを用いて，スタンダードでの極限の計算がノンスタンダードでの代数計算におきかえられる．

以下，$A\in\mathcal{U}(\boldsymbol{R})$ に対する ${}^{\mathrm{st}}A$（定義 4.6）を単に A で表すことにする．

無限大数と無限小数

5.1　定義　（1） ${}^*\boldsymbol{N}$，${}^*\boldsymbol{Z}$，${}^*\boldsymbol{R}$ の要素をそれぞれ**超自然数**，**超整数**，**超実数**[1)] という．

（2） すべての $n\in\boldsymbol{N}$ に対して $|x|>n$ が成り立つような $x\in {}^*\boldsymbol{R}$ を（正，負の）**無限大数**という．

（3） $|x|<n$ をみたす $n\in\boldsymbol{N}$ が存在するとき，$x\in {}^*\boldsymbol{R}$ を**有限数**という．

1) ∗-自然数，∗-整数，∗-実数ともいうし，ノンスタンダードな自然数などということもあって必ずしも統一されていない．

（4）　すべての $n \in \boldsymbol{N}$ に対して $|x| < \dfrac{1}{n}$ が成り立つとき，$x \in {}^*\boldsymbol{R}$ を**無限小数**という．

（5）　$x, y \in {}^*\boldsymbol{R}$ に対して $x - y$ が無限小数のとき，x と y は**無限に近い**といい，$x \simeq y$ で表す．

（6）　$a \in {}^*\boldsymbol{R}$ に対して ${}^*\boldsymbol{R}$ の部分集合 $\{x \in {}^*\boldsymbol{R} : x \simeq a\}$ を a の**モナド**（monad）といい，$\mu(a)$ で表す．したがって x が無限小とは $x \in \mu(0)$ が成り立つことである．

（7）　$x, y \in {}^*\boldsymbol{R}$ に対して，$x < y$ または $x \simeq y$ が成り立つことを $x \lesssim y$ で表す．

（8）　a を正の無限小数とする．$x \in {}^*\boldsymbol{R}$ に対して $\left|\dfrac{x}{a}\right|$ が有限数であり，かつ，無限小数でないとき，x は a と**同位の無限小数**であるといい，$x = O(a)$ で表す．また $\left|\dfrac{x}{a}\right|$ が無限小数のとき，x は a より**高位の無限小数**であるといい，$x = o(a)$ で表す．

（9）　$a \in {}^*\boldsymbol{R}$ に対して，$G(a) = \{x \in {}^*\boldsymbol{R} : x - a$ は有限数$\}$ を a の**星雲**（galaxy）という．したがって x が有限数であるとは $x \in G(0)$ が成り立つことである．

例1　$[(1, 2, 3, \cdots k, \cdots)]$ は無限大数である．実際，任意に $n \in \boldsymbol{N}$ が与えられたとき $\{k : k > n\} = \{n+1, n+2, \cdots\} \in \mathscr{F}$ だから（$\mathscr{F}$ はフレシェ・フィルターの拡大であったことに注意），定理3.5から

$$[(1, 2, 3, \cdots, k, \cdots)] > [(n, n, n, \cdots)]$$

が成り立つ．

例2　$\left[\left(1, \dfrac{1}{2}, \dfrac{1}{3}, \cdots, \dfrac{1}{k}, \cdots\right)\right]$ が無限小数であることも（1）と同様にしてわかる．

5.2　命題　（1）　$\mu(0)$ および $G(0)$ は ${}^*\boldsymbol{R}$ の部分環をなす．つまり ${}^*\boldsymbol{R}$ での和，差，積に関して閉じている．

（2）　$\mu(0)$ は $G(0)$ のイデアルになる．つまり $x \in \mu(0)$ かつ $y \in G(0)$ なら $xy \in \mu(0)$ が成り立つ．

（3） $\mu(x), G(x)$ は外的な集合である．

証明 (1)，(2) は容易なので省略する．(3) について，$\mu(x)$，$G(x)$ を仮に内的な集合と仮定すると，移行原理からこれらは $^*\boldsymbol{R}$ の中にそれぞれ上限 a, b をもつ．$a \in \mu(x)$ なら $a' = a + \left[\left(1, \frac{1}{2}, \frac{1}{3}, \cdots\right)\right]$ を考えると $a' > a$ かつ $a' \in \mu(x)$ となって矛盾するし，$a \notin \mu(x)$ なら $a - \left[\left(1, \frac{1}{2}, \frac{1}{3}, \cdots\right)\right] < a'' < a$ をみたす $a'' \in \mu(x)$ が存在して $a'' \simeq a$ であるからやはり矛盾する．b についても $b \in G(x)$ なら $b' = b+1$ を，$b \notin G(x)$ なら $b-1 < b'' < b$ をみたす b'' を考えると同様に矛盾が生じる．以上より $\mu(x), G(x)$ は外的である．（証明終り）

5.3 命題 $a \in {}^*\boldsymbol{R}$ が有限数のとき，$a \simeq r$ をみたす $r \in \boldsymbol{R}$ がただ1つ存在する．

証明 $A = \{x \in \boldsymbol{R} : x < a\}$[1]，$B = \{x \in \boldsymbol{R} : x \geqq a\}$ とおくと，$a \in {}^*\boldsymbol{R}$ が有限数なので A も B も空集合でない．したがって $A \subset \boldsymbol{R}$ を下組，$B \subset \boldsymbol{R}$ を上組とした (A, B) は $\boldsymbol{R}$ の1つの切断となる．これが定める実数を $r \in \boldsymbol{R}$ とすると，任意の $n \in \boldsymbol{N}$ に対して $r + \frac{1}{n} \in B$，$r - \frac{1}{n} \in A$ であるから $r - \frac{1}{n} < a < r + \frac{1}{n}$ が成り立つ．したがって $a \simeq r$ が成り立つ．このような $r \in \boldsymbol{R}$ がただ1つであることは明らかであろう．（証明終り）

5.4 定義 命題5.3の $r \in \boldsymbol{R}$ を $a \in {}^*\boldsymbol{R}$ の**標準部分**（standard part）といい，${}^\circ a$ で表す．a に対して ${}^\circ a$ を対応させる写像を $\circ$ で表し，**標準化写像**（standard map）という．写像 $\circ$ を st で表し，${}^\circ a = \mathrm{st}(a)$ と記すこともある．

さらに，後の便利のために，$a \in {}^*\boldsymbol{R}$ が有限数でないとき，$a > 0$ なら ${}^\circ a = \infty$，$a < 0$ なら ${}^\circ a = -\infty$ と標準化写像 $\circ$ の定義を拡張しておく．

系 商体 $G(0)/\mu(0)$ は $\boldsymbol{R}$ と同型である．

証明 標準化写像 $\circ$ が同型対応を与える．（証明終り）

1） この書き方はやや不明確で，丁寧にいうと次のような意味である：x はスタンダードな実数 $\in \boldsymbol{R}$ であるが，それを $^*\boldsymbol{R}$ の要素とみたとき，つまり x を $[(x, x, x, \cdots)]$ と同一視したとき，$^*\boldsymbol{R}$ の順序関係に関して $x < a$ が成り立つ．B についても同様である．

5.5　命題　(1)　$^*\boldsymbol{R}$ は実数論の公理をみたさない．

(2)　$^*\boldsymbol{N}$ は自然数論の公理をみたさない．

証明　(1)　$\mu(0)$ は $^*\boldsymbol{R}$ の部分集合で上に有界であるが，命題5.2 (3) の証明から明らかなように $\mu(0)$ の上限は $^*\boldsymbol{R}$ の中に存在しない．したがって $^*\boldsymbol{R}$ は完備でない．

(2)　$^*\boldsymbol{N}\backslash\boldsymbol{N}$ は $^*\boldsymbol{N}$ の部分集合であるが，任意の $x\in{}^*\boldsymbol{N}\backslash\boldsymbol{N}$ に対して $x-1\in{}^*\boldsymbol{N}\backslash\boldsymbol{N}$ が成り立つので最小元をもたない．したがって $^*\boldsymbol{N}$ は自然数の公理系をみたさない．（証明終り）

∗-有限集合と ∗-有限和

5.6　定義　(1)　$A\in\mathcal{U}(\boldsymbol{R})$ の有限部分集合の全体を $\mathcal{P}_F(A)$ とするとき，写像 ∗ による $\mathcal{P}_F(A)$ の像を $^*\mathcal{P}_F(A)$ で表し，その要素を $^*\boldsymbol{A}$ **の ∗-有限部分集合**という．

(2)　$\bigcup_{n=0}^{\infty}{}^*\mathcal{P}_F(\mathcal{U}_n(\boldsymbol{R}))$ の要素を **∗-有限部分集合**という．

$\mathcal{U}(\boldsymbol{R})$ の限定閉論理式

$$\forall a\in\mathcal{P}_F(A)\ \exists n\in\boldsymbol{N}\ (\{1,2,\cdots,n\}\text{から } a \text{ への全単射が存在する}) \tag{1.34}$$

は $\mathcal{U}(\boldsymbol{R})$ で真だから，移行原理より

$$\forall a\in{}^*\mathcal{P}_F(A)\ \exists n\in{}^*\boldsymbol{N}(\{1,2,\cdots,n\}\text{から } a \text{ への全単射が存在する})$$

も真である．

(1.34) の“全単射が存在する”という部分は，$\boldsymbol{N}$ の部分集合から A への写像の全体の集合を M として

$$\exists f\in M\ (\mathrm{dom}\, f=\{1,2,\cdots,n\}\text{ かつ } \mathrm{range}\, f=a \text{ かつ } f \text{ は全単射である})$$[1]

と $\mathcal{U}(\boldsymbol{R})$ の限定閉論理式で表される．これを移行原理でうつすと

$$\exists f\in{}^*M\ (\mathrm{dom}\, f=\{1,2,\cdots,n\}\text{ かつ } \mathrm{range}\, f=a \text{ かつ } f \text{ は全単射である})$$

という $\mathcal{U}({}^*\boldsymbol{R})$ の内的な命題になり，命題4.2から f は内的な集合となる．し

1)　写像 f の定義域を $\mathrm{dom}\, f$ で，値域を $\mathrm{range}\, f$ で表す．

たがって a を $^*A$ の $*$-有限部分集合とすると

“a は内的な集合でかつある $n\in{}^*\boldsymbol{N}$ に対して $\{1, 2, \cdots, n\}$ から a への**内的な**全単射 f が存在する”

が成り立つ．この f による k（$k=1, 2, \cdots, n$）の像 $f(k)$ を x_k で表すことにすると，$^*A$ の $*$-有限部分集合 a は，$a=\{x_1, x_2, \cdots, x_n\}$（$n\in{}^*\boldsymbol{N}$）の形に表すことができる．

スタンダードな世界 $\mathcal{U}(\boldsymbol{R})$ において，とくに $A=\boldsymbol{R}$（または $\boldsymbol{C}$）のとき，有限部分集合 $a=\{x_1, \cdots, x_n\}$ についての和 $\sum_{k=1}^{n} x_k\in\boldsymbol{R}$（または $\boldsymbol{C}$）が通常の計算法則，たとえば $\sum_{k=1}^{n}(x_k+y_k)=\sum_{k=1}^{n}x_k+\sum_{k=1}^{n}y_k$ などをみたすように定まっているが，移行原理を用いると，これをノンスタンダードな世界での $*$-有限和という概念に拡張することができる：

$\mathcal{P}_F(\boldsymbol{R})$ から $\boldsymbol{R}$ への写像 $\{x_1, \cdots, x_m\}\longmapsto\sum_{k=1}^{m}x_k$（$m\in\boldsymbol{N}$）を S_F とすると，$*$ によるこの像 $^*S_F$ は，移行原理によって $^*\mathcal{P}_F(\boldsymbol{R})$ から $^*\boldsymbol{R}$ への写像となる．そこで $X=\{x_1, \cdots, x_n\}\in{}^*\mathcal{P}_F(A)$（$n\in{}^*\boldsymbol{N}$）の写像 $^*S_F$ による像 $^*S_F(X)\in{}^*\boldsymbol{R}$ を $\{x_1, \cdots, x_n\}$ の **$*$-有限和**と定義し，$\sum_{k=1}^{n}x_k$ で表すことにする．

$$\sum_{k=1}^{n}x_k={}^*S_F(X), \qquad X=\{x_1, \cdots, x_n\} \tag{1.35}$$

以下，証明は省略するが，移行原理を用いることで $*$-有限和に関してもスタンダードな世界の有限和の計算法則がそのまま成り立つことがわかる．

こうしてスタンダードな世界からみると無限大である諸量を，スタンダードにおける有限の計算公式にしたがって計算することができる．これがノンスタンダードアナリシスによってスタンダードアナリシスが初等化できる所以の１つである．

$*$-有限和という言葉を使っているが，$x_1+x_2+\cdots+x_n$，$n\in{}^*\boldsymbol{N}\backslash\boldsymbol{N}$ はすぐあとに述べる命題5.7からわかるように，実際は非可算無限個の項からなる級数の和である．つまり $*$-有限和は集合論的には

非可算無限個の和を，有限和の計算公式にしたがって計算して

いるのである．

5.7　命題　$*$-有限集合 $\{1, 2, \cdots, n\}$，$n\in{}^*\boldsymbol{N}\backslash\boldsymbol{N}$ は非可算集合である．

証明　$A=\left\{\frac{1}{n},\frac{2}{n},\cdots,\frac{n}{n}=1\right\}$が非可算集合であることをいえばよい．$r\in\boldsymbol{R}$, $0<r<1$に対して$\left\{\frac{k}{n}\in A:\frac{k}{n}\geqq r\right\}$は内的な $*$-有限集合だから，移行原理によって最小元が存在する．それを r に対する値として関数 $\varphi(r)$ を定義すると，$\frac{1}{n}$が無限小数なので φ は区間 $(0,1)\subset\boldsymbol{R}$ から A への1対1の写像となる．したがって，A は非可算集合である．　　　　（証明終り）

これまであまり強調しなかったが，$*$-有限和の定義（1.35）における集合 X は ${}^*\mathcal{P}_F(A)$ の要素なので，命題4.2から内的である．つまり（1.35）で定義された $*$-有限和は，内的な集合に対してのみ適用される．たとえば，無限大の超自然数 $N\in{}^*\boldsymbol{N}\backslash\boldsymbol{N}$ を1つ固定するとき，内的な $*$-有限集合

$$X=\{k\in{}^*\boldsymbol{N}:k\leqq N\}$$

の要素の $*$-有限和（$\sum_{a\in X}a=$）$\sum_{k=1}^{N}k$ は計算できて，$\frac{1}{2}N(N+1)$ となる．一方，$\boldsymbol{N}$ はこの X の部分集合であるにもかかわらず，外的な集合のために和 $\sum_{a\in\boldsymbol{N}}a$ を考えることはできない．このように $*$-有限和といっても，計算上，制約があることを忘れてはならない．

この本では以下の記号を用いることにする．${}^*\boldsymbol{R}^+$ を除いていずれも外的な集合である．

$$\boldsymbol{R}^+=\{x\in\boldsymbol{R}:x>0\},\qquad {}^*\boldsymbol{R}^+=\{x\in{}^*\boldsymbol{R}:x>0\},$$
$${}^*\boldsymbol{R}_\infty=\{x\in{}^*\boldsymbol{R}:x\text{は無限大数，つまり}\ \forall n\in\boldsymbol{N}\ |x|>n\}$$
$${}^*\boldsymbol{R}_\infty^+={}^*\boldsymbol{R}^+\cap{}^*\boldsymbol{R}_\infty,$$
$${}^*\boldsymbol{R}_{\mathrm{fin}}={}^*\boldsymbol{R}\backslash{}^*\boldsymbol{R}_\infty$$
$${}^*\boldsymbol{R}_{\mathrm{fin}}^+={}^*\boldsymbol{R}^+\backslash{}^*\boldsymbol{R}_\infty$$
$${}^*\boldsymbol{N}_\infty=\{n\in{}^*\boldsymbol{N}:n\text{は無限大数つまり}\ \forall m\in\boldsymbol{N}\ \ n>m\}={}^*\boldsymbol{N}\backslash\boldsymbol{N}$$

延長定理

応用上，次の定理は重要であり，$\boldsymbol{N}$ や $\boldsymbol{R}$ が外的な集合であることから導かれる．

5.8　定理（延長定理）

$\Phi(x)$ を $\mathcal{U}({}^*\boldsymbol{R})$ の内的な限定論理式で，自由変項として x のみ含んでいる

とする．

（1） $\Phi(x)$ がすべての $x \in \boldsymbol{N}$ に対して真ならば，ある $k \in {}^*\boldsymbol{N}_\infty$ が存在して，k 以下のすべての $x \in {}^*\boldsymbol{N}$ に対して $\Phi(x)$ は真である．

（2） $\Phi(x)$ がすべての $x \in {}^*\boldsymbol{R}^+_{\mathrm{fin}}$ に対して真ならば，ある $k \in {}^*\boldsymbol{R}^+_\infty$ が存在して，k 以下のすべての $x \in {}^*\boldsymbol{R}^+$ に対して $\Phi(x)$ は真である．

（3） $\Phi(x)$ がすべての $x \in {}^*\boldsymbol{N}_\infty$ に対して真ならば，ある $k \in \boldsymbol{N}$ が存在して，k 以上のすべての $x \in {}^*\boldsymbol{N}$ に対して $\Phi(x)$ は真である．

（4） $\Phi(x)$ がすべての $x \in {}^*\boldsymbol{R}^+_\infty$ に対して真ならば，ある $k \in \boldsymbol{R}^+$ が存在して，k 以上のすべての $x \in {}^*\boldsymbol{R}^+$ に対して $\Phi(x)$ は真である．

（5） $\Phi(x)$ がすべての無限小数 x に対して真ならば，ある正の数 $r \in \boldsymbol{R}$ が存在して，$|x| \leqq r$ をみたすすべての $x \in {}^*\boldsymbol{R}$ に対して $\Phi(x)$ は真である．

証明 （1） $A = \{x \in {}^*\boldsymbol{N} : \forall y \in {}^*\boldsymbol{N}(y \leqq x \to \Phi(y))\}$ とおくと $A \supseteqq \boldsymbol{N}$ である．命題4.5より A は内的であり，$\boldsymbol{N}$ は外的だから $A \setminus \boldsymbol{N}$ は空集合でない．その要素を k ととる．

（2） $A = \{x \in {}^*\boldsymbol{R}^+ : \forall y \in {}^*\boldsymbol{R}^+(y \leqq x \to \Phi(y))\}$ に対して（1）と同様の議論をする．

（3） $A = \{x \in {}^*\boldsymbol{N} : \forall y \in {}^*\boldsymbol{N}(y \geqq x \to \Phi(y))\}$ ととる．

（4） $A = \{x \in {}^*\boldsymbol{R}^+ : \forall y \in {}^*\boldsymbol{R}^+(y \geqq x \to \Phi(y))\}$ ととる．

（5） $A = \{x \in {}^*\boldsymbol{R}^+ : \forall y \in {}^*\boldsymbol{R}(|y| \leqq x \to \Phi(y))\}$ ととる．

（証明終り）

延長定理の命題 $\Phi(x)$ に相当する部分を集合 A で言いかえると（集合 A に対して命題 $\Phi(x) \equiv$「$x \in A$」を考えると），次のようになる．

系1 A を ${}^*\boldsymbol{R}$ の内的な部分集合とするとき

（1） $A \supseteqq \boldsymbol{N}$ なら A はある無限大超自然数（${}^*\boldsymbol{N}_\infty$ の要素）を含む．

（2） $A \supseteqq {}^*\boldsymbol{R}^+_{\mathrm{fin}}$ なら A はある無限大超実数（${}^*\boldsymbol{R}^+_\infty$ の要素）を含む．

（3） $A \supseteqq {}^*\boldsymbol{N}_\infty$ なら A はある自然数（$\boldsymbol{N}$ の要素）を含む．

（4） $A \supseteqq {}^*\boldsymbol{R}^+_\infty$ なら A はある正の実数（$\boldsymbol{R}^+$ の要素）を含む．

（5） $A \supseteqq \{r \in {}^*\boldsymbol{R} : r$ は正の無限小数$\}$ なら A はある正の実数（$\boldsymbol{R}^+$ の要素）を含む．

系2（Robinsonの補題）

$\langle s_n : n \in {}^*\boldsymbol{N} \rangle$ を内的な ${}^*\boldsymbol{R}$-値の数列とする．すべての $n \in \boldsymbol{N}$ に対して $s_n \simeq 0$

ならば，ある $\omega\in{}^*\boldsymbol{N}_\infty$ が存在して ω 以下のすべての $n\in{}^*\boldsymbol{N}$ に対して $s_n\simeq 0$ が成り立つ．

証明　n に関する論理式 $\Phi(n)$ として $s_n\simeq 0\equiv\left(\forall m\in\boldsymbol{N}\,|s_n|<\dfrac{1}{m}\right)$ を考えてみても $\boldsymbol{N}$ が外的なので，$\Phi(n)$ は内的な論理式でない．したがって定理5.8をそのまま適用することはできない．その難点を次のようにして回避する．

内的な論理式 $\Phi(n)\equiv|s_n|<\dfrac{1}{n}$ がすべての $n\in\boldsymbol{N}$ に対して成り立つから，定理5.8 (1) より，ある $\omega\in{}^*\boldsymbol{N}_\infty$ があって，すべての $n\leqq\omega$ に対して $|s_n|<\dfrac{1}{n}$ が成り立つ．$n\leqq\omega$ が ${}^*\boldsymbol{N}_\infty$ の要素のときは $\dfrac{1}{n}\simeq 0$ より $s_n\simeq 0$ であるし，$n\in\boldsymbol{N}$ のときは条件より $s_n\simeq 0$ であった．したがってすべての $n\leqq\omega$ に対して $s_n\simeq 0$ となる．

（証明終り）

1-6 節　広大化と飽和性

ここまではもっぱら移行原理から導かれることを調べてきた．そしてつねに結論は，$\mathcal{U}(\boldsymbol{R})$ から $\mathcal{U}({}^*\boldsymbol{R})$ に拡大しても内的な集合を考える限り，$\mathcal{U}(\boldsymbol{R})$ におけると同様の性質が $\mathcal{U}({}^*\boldsymbol{R})$ でも成り立つという形であった．この節では，$\mathcal{U}({}^*\boldsymbol{R})$ が $\mathcal{U}(\boldsymbol{R})$ と本質的に異なるものであることを表す定理――広大化と飽和性および拡大定理――について述べる．これらの定理は応用上重要で，実際，第2章以降でしばしば用いられる．

${}^*\boldsymbol{R}$ から ${}^*V$ へ

これまでは $\boldsymbol{R}$ の拡大 ${}^*\boldsymbol{R}$ およびその上部構造 $\mathcal{U}({}^*\boldsymbol{R})$ を扱ってきたが，ここでは $\boldsymbol{R}$ のみでなく，もっと一般の集合 V を出発点として，その拡大 ${}^*V$ およびその上部構造 $\mathcal{U}({}^*V)$ について考える．たとえば V として代数体，位相空間，多様体，層などいろいろなものを出発点にとることができるようにしたい．${}^*\boldsymbol{R}$ を構成するときは列による拡大つまり $\boldsymbol{N}$ から $\boldsymbol{R}$ への写像の全体の集合 $\boldsymbol{R}^{\boldsymbol{N}}$ を考えて，それを $\boldsymbol{N}$ 上の超フィルター $\mathcal{F}$ で割った．ここでは $\boldsymbol{R}^{\boldsymbol{N}}$ のかわりにより一般化した V^I（I は一般の集合）をとり，これを I 上の超フィルターで割ることを考える．

6.1　定義　(1)　I を無限集合とするとき，I のある部分集合族 $\mathcal{F}$ が **I 上のフィルター**であるとは，I が次の3つの性質

（i） 空集合 $\emptyset \notin \mathcal{F}$，　全体集合 $I \in \mathcal{F}$

（ii） $(A \in \mathcal{F}$ かつ $A \subseteq B \subseteq I)$ なら $B \in \mathcal{F}$

（iii） $(A \in \mathcal{F}$ かつ $B \in \mathcal{F})$ なら $A \cap B \in \mathcal{F}$

をみたすことである．さらに

（iv） 任意の $A \subseteq I$ に対して $A \in \mathcal{F}$，$I \setminus A \in \mathcal{F}$ の一方が成り立つ

をみたすとき，$\mathcal{F}$ を ***I* 上の超フィルター**という．

（2） I の有限部分集合の補集合の全体がつくるフィルター $\mathcal{F}_0$ を，I 上のフレシェ・フィルターという．すなわち

$$\mathcal{F}_0 = \{A \subset I : I \setminus A \text{ は有限集合}\}$$

である．

6.2 定義 （1） I から集合 V への写像の全体の集合を V^I で表す．I 上のフレシェ・フィルター $\mathcal{F}_0$ の拡大である超フィルター $\mathcal{F}$ を1つ固定し，$f, g \in V^I$ に対して

$$f \sim g \overset{\text{定義}}{\Longleftrightarrow} \{i \in I : f(i) = g(i)\} \in \mathcal{F} \tag{1.36}$$

によって V^I の上の同値関係を定義する．$\sim$ で V^I を同値類別してできる類の集合を ***V* の超巾**（べき）といい，$\prod_{\mathcal{F}} V$ または $^*V$ で表す．

（2） V の上部構造 $\mathcal{U}(V)$ は次のように帰納的に定義される．

$$\mathcal{U}_0(V) = V, \qquad \mathcal{U}_{n+1}(V) = \mathcal{U}_n(V) \cup \mathcal{P}(\mathcal{U}_n(V)) \quad (n = 0, 1, 2, \cdots)$$

$$\mathcal{U}(V) = \bigcup_{n=0}^{\infty} \mathcal{U}_n(V) \tag{1.37}$$

（3） $^*V$ の上部構造 $\mathcal{U}(^*V)$ も同様に定義される．

6.3 定義 （1） I から $\mathcal{U}_n(V) \setminus \mathcal{U}_{n-1}(V)$ への写像の全体の集合を同値関係

$$f \sim g \Longleftrightarrow \{i \in I : f(i) = g(i)\} \in \mathcal{F}$$

で類別した類の全体を $\widetilde{\mathcal{U}}_n(V)$ とし，$\bigcup_{n=0}^{\infty} \widetilde{\mathcal{U}}_n(V) = \widetilde{\mathcal{U}}(V)$ とする．

（2） $\mathcal{U}(^*V)$ の要素に対して，定義3.3，4.1と同様にして，**標準元**，**内的**な集合，**外的**な集合が定義される．

こうして1.4節までと同じ議論が $\mathcal{U}(^*V)$ に対して展開される．このように一般化したことの効果は，のちの $\varkappa$-級飽和定理（定理6.9）で現れる．

広大化定理と飽和定理

6.4　定義　（1）　直積集合 $A\times B$ 上の2項関係 R に対して，$\{a\in A : \exists b\in B\ \langle a, b\rangle\in R\}$ を R の**定義域**（domain）といい，$\mathrm{dom}\,R$ で表す．$\{b\in B : \exists a\in A\ \langle a, b\rangle\in R\}$ を R の**値域**（range）といい，$\mathrm{range}\,R$ で表す．

（2）　$A\times B$ 上の2項関係 R について，$\mathrm{dom}\,R$ の任意の有限部分集合 $\{a_1, a_2, \cdots, a_n\}$ に対し，$\langle a_1, b\rangle\in R$，$\langle a_2, b\rangle\in R$，…，$\langle a_n, b\rangle\in R$ を同時にみたす $b\in B$ が必ず存在する場合，R は**有限共起的**（finitely concurrent）という．

例1　$\boldsymbol{R}$ 上の大小関係 $R_1=\{\langle a, b\rangle : a, b\in\boldsymbol{R},\ a<b\}$ は2項関係で，有限共起的である．

例2　X を集合とする．その有限部分集合の全体 $\mathcal{P}_F(X)$ の上の包含関係 $R_2=\{\langle A, B\rangle : A, B\in\mathcal{P}_F(X),\ A\subseteqq B\}$ は2項関係である．これも有限共起的である．

例3　$(X, \mathcal{O})$ を位相空間とし，$\mathcal{O}(x_0)$ を $x_0\in X$ を含む開集合の全体とする．$\mathcal{O}(x_0)$ 上の包含関係 $R_3=\{\langle A, B\rangle : A\in\mathcal{O}(x_0),\ B\in\mathcal{O}(x_0),\ A\supseteqq B\}$ は2項関係で，有限共起的である．

広大化と飽和定理について，ごく制限された形からはじめることにする．ここでいう制限とは2項関係の定義域を可算集合に限るという意味であり，この制限のために証明が非常に簡単になる．さらに，出発点の集合 V は一般でよいが，超巾に用いられる集合 I は自然数全体の集合 $\boldsymbol{N}$ でよい．また，$\boldsymbol{N}$ 上の超フィルター $\mathcal{F}$ は例によってフレシェ・フィルターを拡大したものとする．

広大化定理，飽和定理を一言でいうと，

全称記号 $\forall$ と存在記号 $\exists$ の順序が交換できる，つまり，

$\forall x\in A\ \ \exists y\in B$ （……）　ならば　$\exists y\in{}^*B\ \ \forall x\in{}^{\mathrm{st}}A$ （……）

が成り立つという定理であり，正確には次の定理6.5，6.6のようになる．

6.5　定理（可算級広大化（enlargement）定理）

$\mathcal{U}(V)$ における2項関係 R が有限共起的であって，かつ集合 $\mathrm{dom}\,R$ の濃度が高々可算ならば，ある $b\in\mathcal{U}({}^*V)$ が存在してすべての $a\in\mathrm{dom}\,R$ に対して $\langle {}^*a, b\rangle\in{}^*R$ をみたす．

証明　$\mathrm{dom}\,R$ の要素に番号をつけて $\mathrm{dom}\,R=\{a_1, a_2, \cdots, a_n, \cdots\}$ とする．R が有限共起的なので $a_1, a_2, \cdots, a_k$ に対して $\langle a_1, b_k\rangle\in R$，$\langle a_2, b_k\rangle\in R$，…，$\langle a_k,$

$b_k\rangle\in R$ を同時にみたす b_k が存在する．この b_k を並べた列 $(b_1, b_2, \cdots, b_k, \cdots)$ を代表元とする $\widetilde{\mathcal{U}}(V)$ の要素 $[(b_k)]$ の写像 β による像 $\beta([(b_k)])$ を b とすると，各 $a_n\in\mathrm{dom}\,R$ に対して

$$\{k\in\boldsymbol{N}: \langle a_n, b_k\rangle\in R\} \supseteqq \{n, n+1, n+2, \cdots\}\in\mathcal{F}$$

より $\{k: \langle a_n, b_k\rangle\in R\}\in\mathcal{F}$ が成り立ち，定理3.5から $\langle {}^*a_n, b\rangle\in{}^*R$ である．

（証明終り）

応用 1[1]　$V=\boldsymbol{R}$，2項関係 R として $\boldsymbol{N}$ $(\subset\boldsymbol{R})$ 上の大小関係 $\{\langle m, n\rangle\in\boldsymbol{N}\times\boldsymbol{N}: m<n\}$ をとると，R は有限共起的であり $\mathrm{dom}\,R$ は可算集合なので定理6.5が適用できる．したがって

すべての $n\in\boldsymbol{N}$ に対して　$n<b$

をみたす $b\in{}^*\boldsymbol{R}$ が存在する．明らかに b は無限大数である．

また，R として集合 $\left\{1, \frac{1}{2}, \frac{1}{3}, \cdots, \frac{1}{n}, \cdots\right\}\subset\boldsymbol{R}$ 上の2項関係 $\left\{\left\langle\frac{1}{m}, \frac{1}{n}\right\rangle: m<n\right\}$ を考えると同様にして無限小数の存在がわかる．

応用 2　$X\in\mathcal{U}(V)$ を可算集合として，その有限部分集合の全体の集合 $\mathcal{P}_F(X)$ の上の包含関係 $R=\{\langle a, b\rangle: a\subset X,\ b\subset X,\ a\subseteqq b\}$ に定理6.5を適用すると

${}^*\mathcal{P}_F(X)$ の要素 b で，すべての $a\in\mathcal{P}_F(X)$ に対して　$b\supseteqq{}^*a$

をみたすものの存在がわかる．とくに a として1元集合 $a=\{x\}$，$x\in X$ を考えると，すべての $x\in X$ に対して $\{{}^*x\}\subseteqq b$ つまり ${}^*x\in b$ が成り立つ．つまり次の命題6.6が成り立つ．

6.6　命題　任意の可算集合 $X\in\mathcal{U}(V)$ に対して，${}^{\mathrm{st}}X$ を部分集合として含むような $*$-有限集合 $b\in\mathcal{U}({}^*V)$ が存在する．

応用1，2からわかるように，$\mathcal{U}({}^*V)$ は $\mathcal{U}(V)$ にないような集合，たとえば無限大数，無限小数，さらにはその部分として可算無限集合を含むような $*$-有限集合等々を要素としてもっている．つまり $\mathcal{U}({}^*V)$ が $\mathcal{U}(V)$ の真の拡大にな

1）　この本のように ${}^*\boldsymbol{R}$ を具体的に構成していく立場では，応用1の結論は ${}^*\boldsymbol{R}$ の定義から自明であって，あえて広大化定理に依拠する必要はない．しかし別の立場，たとえば公理的方法から理論を展開する立場では，自明でなくなり，広大化定理に依拠することになる．

っていることを定理6.5が保証している．その意味で広大化定理とよばれている．

広大化定理では2項関係 R はスタンダードな集合，つまり $R\in\mathcal{U}(V)$ に限られる．しかし応用上はノンスタンダードな $R\in\mathcal{U}({}^*V)$ を考えたいことが多く，その場合は次の定理を用いることになる．

6.7　定理（可算級飽和（saturation）定理）

R を $\mathcal{U}({}^*V)$ の内的な2項関係とする．$A\in\mathcal{U}({}^*V)$ を $A\subseteqq \mathrm{dom}\,R$ をみたす可算集合とし，R は A 上で有限共起的とする．A は内的でも外的でもよい．

このとき，ある $b\in\mathcal{U}({}^*V)$ が存在して，すべての $a\in A$ に対して $\langle a, b\rangle\in R$ をみたす．

証明　可算集合 A を $A=\{a^1, a^2, \cdots, a^n, \cdots\}$ とおくと，$a^n\in\mathrm{dom}\,R$[1)] なので，命題4.3から a^n は内的である．R も内的なので

$$a^n = \beta([(a^n{}_k)]),\qquad [(a^n{}_k)]=[(a^n{}_1, a^n{}_2, \cdots)]\in\widetilde{\mathcal{U}}(V),$$
$$R = \beta([(R_k)]),\qquad [(R_k)]=[(R_1, R_2, \cdots)]\in\widetilde{\mathcal{U}}(V)$$

とおける．R が A 上で有限共起的なので $n\in\boldsymbol{N}$ に対して $\langle a^1, x^n\rangle\in R$，$\langle a^2, x^n\rangle\in R$，$\cdots$，$\langle a^n, x^n\rangle\in R$ を同時にみたす内的な $x^n=\beta([(x^n{}_k)])\in\mathcal{U}({}^*V)$ が存在する．したがってŁośの定理より

$$\{k : \exists x_k\in\mathrm{range}\,R_k\ \langle a^i{}_k, x_k\rangle\in R_k,\ \ i=1, \cdots, n\}\in\mathcal{F} \tag{1.38}$$

が成り立つ．この左辺の集合を I_n で表すことにする．

k に対して

$$\exists x_k\in\mathrm{range}\,R_k\ (\langle a^i{}_k, x_k\rangle\in R_k,\ \ i=1, \cdots, n)$$

をみたす $n\leqq k$ の最大値を $\varDelta_k$ とする．ただしこれをみたす n が存在しないとき $\varDelta_k=0$ とする．$\{k : \varDelta_k\neq 0\}=J$ とすると $J\supseteqq I_1$ なので（1.38）より $J\in\mathcal{F}$ である．$k\in J$ に対して

$$\langle a^1{}_k, b_k\rangle\in R_k\ \text{かつ}\ \cdots\ \text{かつ}\ \langle a^{\varDelta_k}{}_k, b_k\rangle\in R_k\ \text{かつ}\ \varDelta_k\leqq k \tag{1.39}$$

をみたす $b_k\in\mathrm{range}\,R_k$ があるからこれを用いて $b=\beta([(b_k)])\in\mathcal{U}({}^*V)$ で b を定義する．$J\in\mathcal{F}$ なので $k\notin J$ に対する b_k は適当に定めておけばよい．

$I_n\cap\{k : k\geqq n\}\cap J=J_n$ とおくと $J_n\in\mathcal{F}$ である．$k\in J_n$ なら $n\leqq\varDelta_k$ なので，（1.39）より $\langle a^n{}_k, b_k\rangle\in R_k$ が成り立つ．したがって $J_n\subseteqq\{k : \langle a^n{}_k, b_k\rangle\in R_k\}$ と

1)　R は内的な集合 $P\times Q$ 上の内的な2項関係なので，$\mathrm{dom}\,R=\{x\in P : \exists y\in Q\ \langle x, y\rangle\in R\}$ は命題4.5より内的である．

なり，$\{k : \langle a^n{}_k, b_k\rangle \in R_k\} \in \mathscr{F}$ となる．よって Łoś の定理からすべての n に対して $\langle a^n, b\rangle \in R$ となる．（証明終り）

応用上で定理 6.5，6.7 における可算級という制約が障害となる場合がある．実際，第 3，4 章では連続体濃度に対する飽和定理が必要となる．定理 6.5，6.7 の証明をみるとわかるように，可算という制約は $\mathcal{U}(^*V)$，$\widetilde{\mathcal{U}}(V)$ の構成の際の添字集合 I として $\boldsymbol{N}$ を用いたことに起因している．したがってこの制約を除くためには，I をもっと大きな濃度の集合にとらなければならない．

結論を先に述べると，広大化定理については濃度の制限を完全にとりのぞくことができるし，その証明も比較的わかりやすい．これに対し，飽和定理は濃度を任意とすることはできず，濃度 $\varkappa$ を指定するごとに $\varkappa$-級の飽和定理をみたすような $*$-拡大をつくることができる，という形になる．こちらの方の証明には集合論の知識が必要となる．

6.8 定理（広大化定理）

適当な無限集合 I を用いた超巾によって $\mathcal{U}(^*V)$ をつくると次の性質が成り立つ．

$\mathcal{U}(V)$ における 2 項関係 R が有限共起的なら，ある $s \in \mathcal{U}(^*V)$ が存在してすべての $t \in \mathrm{dom}\, R$ に対して $\langle ^*t, s\rangle \in {}^*R$ をみたす．

証明　$I = \{x \subset \mathcal{U}(V) : x$ は有限集合$\}$ とする．$x \in I$ に対して $I_x = \{y \in I : x \subseteqq y\}$ とし，I_x の全体で生成される I 上のフィルターを $\mathscr{F}_0$ とする．すなわち

$$\mathscr{F}_0 = \{A \subseteqq I : \exists x \in I\ A \supseteqq I_x\} \tag{1.40}$$

とする．$\mathscr{F}_0$ がフィルターとなることの検証は容易で，たとえば積集合（共通集合）をとる操作について閉じていることについては，$A_1, A_2 \in \mathscr{F}_0$ なら $A_1 \supseteqq I_{x_1}$，$A_2 \supseteqq I_{x_2}$ より $A_1 \cap A_2 \supseteqq I_{x_1} \cap I_{x_2} = I_{x_1 \cup x_2}$ なので $A_1 \cap A_2 \in \mathscr{F}_0$ となる．他の条件の検証は省略する．$\mathscr{F}_0$ を含む超フィルター（の 1 つ）を $\mathscr{F}$ とする．その存在は命題 1.4 で保証されている．

このように選んだ I と $\mathscr{F}$ からつくられる $\mathcal{U}(^*V)$ が定理に述べた性質を満足することを以下に示す．R が有限共起的なので，$x \in I$ に対して適当な $u \in \mathcal{U}(V)$ を選んで，すべての $t \in x \cap \mathrm{dom}\, R$ に対して $\langle t, u\rangle \in R$ が成り立つようにできる．このような u をとり，$f(x) = u$ によって $f : I \longrightarrow \mathrm{range}\, R$ を定義し，$[f] \in \widetilde{\mathcal{U}}(V)$ の β による像 $\beta([f])$ を s とする．任意の $t \in \mathrm{dom}\, R$ に対し

て t のみを要素とする1元集合 $\{t\}\in I$ を考えると，f の定め方から

$$\{x\in I : \langle t, f(x)\rangle \in R\} \supseteq I_{\{t\}}$$

となるので，$\{x\in I : \langle t, f(x)\rangle\in R\}\in\mathscr{F}$ となる．したがって Łoś の定理から $\langle {}^*t, s\rangle\in{}^*R$ が成り立つ．（証明終り）

系　任意の $A\in\mathcal{U}(V)$ に対して，$B\supseteq\{{}^*a : a\in A\}$ をみたす ∗-有限集合 $B\in{}^*\mathcal{P}_F(A)$ が存在する1)．

証明　$A\in\mathcal{U}(V)$ に対し

$$R=\{\langle t,s\rangle : t\in\mathcal{P}_F(A),\ s\in\mathcal{P}_F(A),\ t\subseteq s\}$$

とおくと，R は有限共起的である．広大化定理よりある $B\in\mathcal{U}({}^*V)$ が存在して，すべての $t\in\mathcal{P}_F(A)$ に対して $\langle {}^*t, B\rangle\in{}^*R$ が成り立つ．とくに $a\in A$ のみを要素とする1元集合 $\{a\}$ を t としてとると，${}^*t=\{{}^*a\}$ なので $\langle\{{}^*a\}, B\rangle\in{}^*R$ が成り立つ．一方，

$${}^*R=\{\langle u,v\rangle : u\in{}^*\mathcal{P}_F(A),\ v\in{}^*\mathcal{P}_F(A),\ u\subseteq v\}$$

なので $\{{}^*a\}\subseteq B$ つまり ${}^*a\in B$ となる．（証明終り）

この系から，任意の $A\in\mathcal{U}(V)$ を実質的に含むような ∗-有限集合 B が存在することになり，したがって ∗-有限集合といっても集合としての濃度は非可算でかつ非常に大きな濃度のものであることが知られる．

飽和定理の方は広大化定理と事情が異なって，濃度の条件を無制限にすることはできず次のようになる．証明には集合論の知識が要る．

6.9　定理（$\varkappa$-級飽和定理）

$\varkappa$ を与えられた無限濃度とするとき，次の性質をみたすような V の拡大 ${}^*V$ を構成することができる．

R を $\mathcal{U}({}^*V)$ の内的な2項関係とする．$A\in\mathcal{U}({}^*V)$ を $A\subseteq\mathrm{dom}\,R$ をみたす集合でその濃度が $\varkappa$ 以下とし，R は A 上で有限共起的とする．A は内的でも外的でもよい．このとき，ある $b\in\mathcal{U}({}^*V)$ が存在して，すべての $a\in A$ に対し $\langle a, b\rangle\in R$ が成り立つ．

証明2)　定理6.8の系の性質をもつ ∗-拡大を広大化とよぶ．すなわち V^1 と V^2 の上部構造をそれぞれ $\mathcal{U}(V^1), \mathcal{U}(V^2)$ とするとき，$\iota_1^2 : \mathcal{U}(V^1)\longrightarrow\mathcal{U}(V^2)$

1)　$B\in{}^*\mathcal{P}_F(A)$ なので命題4.2から B は内的である．

2)　斎藤正彦［3］には $\varkappa$-善良超フィルターを用いた別証明がある．

が広大化とは

（i）　$V^1 \subset V^2$

（ii）　$\mathcal{U}(V^1)$ と $\mathcal{U}(V^2)$ の間に移行原理が成り立つ．

（iii）　$\forall A_1 \in \mathcal{U}(V^1)\ \exists A_2 \in \mathcal{U}(V^2)$

$$(A_2 \text{ は } \iota_1^2\text{-有限 かつ } \{\iota_1^2(x) : x \in A_1\} \subset A_2 \subset \iota_1^2(A_1))$$

が成り立つことである．ここに

$$A \text{ が } \iota_1^2\text{-有限} \overset{\text{定義}}{\iff} \iota_1^2\text{-内的な } f : A \longrightarrow A \text{ が } 1 \text{ 対 } 1 \text{ なら，} f \text{ は上への写像である．}$$

$$B \in \mathcal{U}(V^2) \text{ が } \iota_1^2\text{-内的} \overset{\text{定義}}{\iff} \exists C \in \mathcal{U}(V^1)\ \ B \in \iota_1^2(C)$$

とする（定理 4.2 参照）．このような広大化がいつでも可能なことは定理 6.8 で保証されており，また，$\iota_1^2 : \mathcal{U}(V^1) \longrightarrow \mathcal{U}(V^2)$ と $\iota_2^3 : \mathcal{U}(V^2) \longrightarrow \mathcal{U}(V^3)$ がともに広大化なら $\iota_2^3 \circ \iota_1^2 : \mathcal{U}(V^1) \longrightarrow \mathcal{U}(V^3)$ が広大化となることも容易にわかる．無限濃度 $\varkappa$ に対してこの広大化を $\varkappa^+$ 回[1] くり返すことで $\varkappa$-級飽和定理をみたす拡大が得られるのである．以下，それを実行する．

順序数 λ は $\varkappa^+$ より小さいとし，λ より小さいすべての順序数 α, β $(\alpha < \beta < \lambda)$ に対して広大化 $\iota_\alpha^\beta : \mathcal{U}(V^\alpha) \longrightarrow \mathcal{U}(V^\beta)$ が定義されていて，

$$\alpha < \beta < \gamma\ (<\lambda) \text{ なら } \iota_\alpha^\gamma = \iota_\beta^\gamma \circ \iota_\alpha^\beta$$

が成り立っているとする．ただし $V^0 = V$ とする．

λ が極限順序数（limit ordinal）でないとき（すなわち $\lambda = \beta + 1$ をみたす順序数 β があるとき）

$$\iota_\alpha^\lambda = \iota_\beta^{\beta+1} \circ \iota_\alpha^\beta$$

によって ι_α^λ を定義する．

λ が極限順序数のときは上部構造のランクに関して次のように帰納的に定義する．まずランク 0 に対して

$$V_0{}^\lambda = \bigcup_{\alpha < \lambda} V_0^\alpha$$

$$(\text{ただし } x \in V_0{}^\alpha,\ y \in V_0{}^\beta \text{ に対し } x \equiv y \Longleftrightarrow \iota_\alpha^\beta(x) = y \text{ の同一視の下で})$$

とする．次にランク m まで定義されたとして，ランク $m+1$ の A に対して

$$\iota_\alpha^\lambda(A) = \{\iota_\beta^\lambda(x) : x \in \iota_\alpha^\beta(A)\}$$

1）　$\varkappa$ の濃度より真に大きい濃度のうち最小のものを $\varkappa^+$ で表す．したがって $1^+ = 2$, $2^+ = 3, \cdots$ である．$\omega^+ = 2^\omega$ か否かが連続体仮説の問題である．

で ι_α^λ を定める．これは β の選び方に依存しない．

こうして定義された $\{\mathcal{U}(V^\alpha), \iota_\alpha^\beta\}$ の帰納的極限として

$$\mathcal{U}(^*V) = \varinjlim \mathcal{U}(V^\lambda), \qquad * = \iota_0^{\varkappa^+}$$

を定義する．次の命題が証明されれば，その中の F，f_a として

$$F = \{f_a : a \in A\}, \qquad f_a = \{x : \langle a, x\rangle \in R\}$$

をとると，定理の結論がでてくる．

"F が $\mathcal{U}(^*V)$ の内的集合 M の部分集合の族で有限交叉性をもつとき[1]，F の濃度が $\varkappa$ 以下なら，$\bigcap F \neq \emptyset$ である"

$\varkappa^+$ は正則な濃度（regular cardinal）[2] であることが集合論で知られているので，F の濃度 card(F) は $\varkappa^+$ と共終でない．したがって $\varkappa^+$ より小さい順序数 α と $F_\alpha \subseteqq V_m{}^\alpha$ の組で

$$F = \{\iota_\alpha^{\varkappa^+}(x) : x \in F_\alpha\} \subseteqq \iota_\alpha^{\varkappa^+}(F_\alpha)$$

をみたすものが存在する．$\iota_\alpha^{\varkappa^+}$ は広大化なので

$$F \subseteqq E \subseteqq \iota_\alpha^{\varkappa^+}(F_\alpha)$$

をみたす $\iota_\alpha^{\varkappa^+}$-有限な $E \in \mathcal{U}(^*V)$ が存在する．$\iota_\alpha^{\varkappa^+}$ は広大化なので移行原理が成り立ち，$\iota_\alpha^{\varkappa^+}(F_\alpha)$ は $\iota_\alpha^{\varkappa^+}$-有限交叉性をもつ．したがって $\bigcap E \neq \emptyset$ が成り立つ．$\bigcap F \supseteqq \bigcap E$ だから $\bigcap F \neq \emptyset$ である．　（証明終り）

拡大定理

この節の最後に，応用上よく用いられる定理を示しておく．

6.10　定理（拡大定理）

$A, B \in \mathcal{U}(V)$ と写像 $f : A \longrightarrow {}^*B$ が与えられたとき，内的な写像 $\tilde{f} : {}^*A \longrightarrow {}^*B$ で，すべての $a \in A$ に対して $\tilde{f}(^*a) = f(a)$ をみたすものが存在する．この $\tilde{f}$ を f の $*$-拡大という．

とくに $A = \boldsymbol{N}$ にとると，任意の列 $\{b_n : n \in \boldsymbol{N}\}$（$b_n \in {}^*B$）に対して，内的な列 $\{c_n : n \in {}^*\boldsymbol{N}\}$（$c_n \in {}^*B$）で，すべての $n \in \boldsymbol{N}$ に対して $c_n = b_n$ をみたすものが存在する．

---

1)　F に属する任意の有限個の $f_1, \cdots, f_n$ に対して $f_1 \cap \cdots \cap f_n \neq \emptyset$ が成り立つとき，F は有限交叉性をもつという．いまの場合 F は内的でも外的でもよい．

2)　α が正則である $\overset{\text{定義}}{\Longleftrightarrow}$ α より小さい順序数は α と共終でない

β が α と共終である $\overset{\text{定義}}{\Longleftrightarrow}$ $\beta \leqq \alpha$ かつ（順序数上の，順序関係を保つ写像 f で $\forall \gamma < \alpha\ \exists \delta < \beta\ f(\delta) \geqq \gamma$ をみたすものが存在する）

証明　$^*V$ を超巾でつくるときの添字集合を I とする．$a \in A$ に対して $f(a) \in {}^*B$ なので $f(a) = \beta([b])$（b は $I \longrightarrow B$ の写像）とおける．なぜなら $\{i \in I : b(i) \in B\} \in \mathscr{F}$ なので，$b(i)$ が B に属さない i に対して $b(i) \in B$ となるように b を変更しても類 $[b]$ は変わらないからである．そのように変更したうえで，$i \in I$ に対して $f_i : A \longrightarrow B$ を $f_i(a) = b(i)$ で定義する．$F(i) = f_i$ で定まる F を代表元とする類 $[F]$ の β による像を $\tilde{f}$ とすると，この $\tilde{f}$ が求めるものであることはその定義から明らかである．（証明終り）

$\mathcal{U}(^*V)$ が κ-級飽和定理をみたしている場合，定理 6.10 の A を $\mathcal{U}(^*V)$ の要素に変えることができる．

6.11　定理（κ-級拡大定理）

$\mathcal{U}(^*V)$ が κ-級飽和定理をみたすとする．$A \in \mathcal{U}(^*V)$ は濃度 $^\#(A)$ が κ 以下のある内的集合の内的または外的な部分集合とし，$B \in \mathcal{U}(^*V)$ は内的とする．

写像 $f : A \longrightarrow B$ が与えられたとき，その内的な拡大 $\tilde{f}$ が存在する．すなわち，内的な集合 $\tilde{A} \supseteqq A$ と内的な写像 $\tilde{f} : \tilde{A} \longrightarrow B$ で，すべての $a \in A$ に対して $\tilde{f}(a) = f(a)$ をみたすものが存在する．

証明　A を含む内的集合 X を 1 つ固定する．内的集合 B に対して，X から B への内的写像の全体を F とし，その上の内的な 2 項関係 R を

$$R = \{\langle \phi, \tilde{\phi} \rangle : \phi, \tilde{\phi} \in F \text{ かつ } \tilde{\phi} \text{ は } \phi \text{ の拡大である}\}$$

で定義する．$a \in A$ に対して内的な写像 f_a を

$$\operatorname{dom} f_a = \{a\}, \qquad f_a(a) = f(a)$$

で定義し，f_a の全体を C とすると $^\#(C) = {}^\#(A) \leqq \kappa$ である．明らかに R は C 上で有限共起的だから定理 6.9 によってすべての f_a の内的な拡大 $\tilde{f}$ が存在する．これが f の拡大となっていることは明らかである．（証明終り）

1-7 節　極限，連続，微分積分

1-7 節と 1-8 節で古典解析学および一般位相空間論の基本的な概念を超準解析を用いて表現する．その際に延長定理，飽和定理，拡大定理が有効に働き，$\mathcal{U}(\boldsymbol{R})$ における概念——たとえば極限，連続性，リーマン積分，コンパクト性等々——が $\mathcal{U}(^*\boldsymbol{R})$ でのより初等的な概念におきかわる．

極限

まず数列の極限から入ろう．スタンダードな数列 $\{a_n : n \in \boldsymbol{N}\}$ に対して定理6.10によるその $*$-拡大を $\{{}^*a_n : n \in {}^*\boldsymbol{N}\}$ で表すことにする．

7.1　命題　次の (i) と (ii) は同値である．

(i)　$\lim_{n\to\infty} a_n = a, \quad a \in \boldsymbol{R}$

(ii)　任意の $n \in {}^*\boldsymbol{N}_\infty$ に対して ${}^*a_n \simeq a,\ a \in \boldsymbol{R}$ が成り立つ．

証明　(i)$\Longrightarrow$(ii):　$\varepsilon \in \boldsymbol{R}^+$ が与えられたとき，$N \in \boldsymbol{N}$ が存在して，

$$\forall n \in \boldsymbol{N}\ \ n \geqq N \to |a_n - a| < \varepsilon$$

が成り立つので，移行原理から

$$\forall n \in {}^*\boldsymbol{N}\ \ n \geqq N \to |{}^*a_n - a| < \varepsilon$$

が成り立つ．$n \in {}^*\boldsymbol{N}_\infty$ は $n \geqq N$ をみたすので $|{}^*a_n - a| < \varepsilon$ が成り立つ．これがすべての $\varepsilon \in \boldsymbol{R}^+$ に対して成り立つから ${}^*a_n \simeq a$ である．

(ii)$\Longrightarrow$(i):　$\varepsilon \in \boldsymbol{R}^+$ が与えられたとき，内的な命題 $\Phi(n) \equiv |{}^*a_n - a| < \varepsilon$ はすべての $n \in {}^*\boldsymbol{N}_\infty$ に対して真である．延長定理（定理5.8）よりある $N \in \boldsymbol{N}$ があって，N 以上のすべての $n \in {}^*\boldsymbol{N}$ に対して $|{}^*a_n - a| < \varepsilon$ が成り立つ．とくに $n \in \boldsymbol{N}$，$n \geqq N$ に対して $|a_n - a| < \varepsilon$ が成り立つ．（証明終り）

7.2　命題　$\boldsymbol{R}$ の数列 $\{a_n\}$ の集積点の全体を L とする．つまり

$$L = \{a \in \boldsymbol{R} : \forall \varepsilon \in \boldsymbol{R}^+\ \ \forall N \in \boldsymbol{N}\ \ \exists n \geqq N\ \ |a_n - a| < \varepsilon\}$$

である．このとき

$$L = \{{}^\circ({}^*a_n) \in \boldsymbol{R} : n \in {}^*\boldsymbol{N}_\infty,\ {}^*a_n \in {}^*\boldsymbol{R}_{\mathrm{fin}}\}$$

が成り立つ．ここに $x \in {}^*\boldsymbol{R}$ に対して ${}^\circ x$ は x の標準部分である（定義5.4）．

証明　$L \subseteqq \{{}^\circ({}^*a_n) \in \boldsymbol{R} : n \in {}^*\boldsymbol{N}_\infty,\ {}^*a_n \in {}^*\boldsymbol{R}_{\mathrm{fin}}\}$ であることは命題7.1の (i)$\Longrightarrow$(ii) とほぼ同様にできるので省略する．逆に $a = {}^\circ({}^*a_m) \in \boldsymbol{R}$，$m \in {}^*\boldsymbol{N}_\infty$ とする．$\varepsilon \in \boldsymbol{R}^+$ と $N \in \boldsymbol{N}$ が与えられたとき，$|{}^*a_m - a| < \varepsilon$ かつ $m > N$ が成り立つので論理式 $\exists n \in {}^*\boldsymbol{N}$（$n > N$ かつ $|{}^*a_n - a| < \varepsilon$）は $\mathcal{U}({}^*\boldsymbol{R})$ で真である．移行原理から $\exists n \in \boldsymbol{N}$（$n > N$ かつ $|a_n - a| < \varepsilon$）も $\mathcal{U}(\boldsymbol{R})$ で真となるので，$a \in L$ が成り立つ．（証明終り）

命題7.2を用いるとボルツァーノ-ワイエルストラスの定理の簡潔な証明が得られる．

7.3 定理 有界な実数列 $\{a_n\}$ は少なくとも1つの集積点をもつ.

証明 ある定数 $b\in \boldsymbol{R}^+$ があって, $(\forall n\in \boldsymbol{N}\ |a_n|<b)$ が $\mathcal{U}(\boldsymbol{R})$ で真なので, $(\forall n\in {}^*\boldsymbol{N}\ |{}^*a_n|<b)$ が $\mathcal{U}({}^*\boldsymbol{R})$ で真である. したがって ${}^*a_n\in {}^*\boldsymbol{R}_{\mathrm{fin}}$ となり ${}^*a_n$ は標準部分をもち, 命題7.2より L は空集合でない. (証明終り)

7.4 命題 次の (i) と (ii) は同値である.

(i) 実数列 $\{a_n\}$ はコーシー列である.

(ii) 任意の $m, n\in {}^*\boldsymbol{N}_\infty$ に対して ${}^*a_m\simeq {}^*a_n$ が成り立つ.

証明 (i)$\Longrightarrow$(ii): $\varepsilon\in \boldsymbol{R}^+$ が与えられたとき, ある $N\in \boldsymbol{N}$ をとると論理式

$$\forall m\in \boldsymbol{N}\ \ \forall n\in \boldsymbol{N}\ (m\geqq N \text{ かつ } n\geqq N\rightarrow |a_m-a_n|<\varepsilon)$$

が $\mathcal{U}(\boldsymbol{R})$ で真である. 移行原理で

$$\forall m\in {}^*\boldsymbol{N}\ \ \forall n\in {}^*\boldsymbol{N}\ (m\geqq N \text{ かつ } n\geqq N\rightarrow |{}^*a_m-{}^*a_n|<\varepsilon)$$

が $\mathcal{U}({}^*\boldsymbol{R})$ で真となるので, とくに $m\in {}^*\boldsymbol{N}_\infty$, $n\in {}^*\boldsymbol{N}_\infty$ をとると $|{}^*a_m-{}^*a_n|<\varepsilon$ が成り立つ. $\varepsilon\in \boldsymbol{R}^+$ は任意なので ${}^*a_m\simeq {}^*a_n$ である.

(ii)$\Longrightarrow$(i): $\varepsilon\in \boldsymbol{R}^+$ が与えられたとき, 内的な論理式

$$\Phi(N)\equiv \forall m\in {}^*\boldsymbol{N}\ \ \forall n\in {}^*\boldsymbol{N}\ (m\geqq N \text{ かつ } n\geqq N\rightarrow |{}^*a_m-{}^*a_n|<\varepsilon)$$

がすべての $N\in {}^*\boldsymbol{N}_\infty$ に対して成り立つので, 延長定理から $\Phi(N)$ をみたす $N\in \boldsymbol{N}$ が存在する. とくに $m\in \boldsymbol{N}$, $n\in \boldsymbol{N}$ にとると $m\geqq N$ かつ $n\geqq N\rightarrow |a_m-a_n|<\varepsilon$ が成り立つので, $\{a_n\}$ はコーシー列である. (証明終り)

7.5 定理 (Cauchy)

実数列 $\{a_n\}$ が収束するための必要十分な条件は, $\{a_n\}$ がコーシー列であることである.

証明 $\{a_n\}$ が収束するならコーシー列になることは命題7.1と命題7.4から明らかである.

逆に, $\{a_n\}$ をコーシー列とする. $\varepsilon\in \boldsymbol{R}^+$ に対して適当な $N\in \boldsymbol{N}$ をとると

$$\forall n\in \boldsymbol{N}\ (n\geqq N\rightarrow |a_n-a_N|<\varepsilon)$$

が真だから, 移行原理より

$$\forall n\in {}^*\boldsymbol{N}\ (n\geqq N\rightarrow |{}^*a_n-a_N|<\varepsilon)$$

が成り立つ. とくに任意の $n\in {}^*\boldsymbol{N}_\infty$ に対して, $|{}^*a_n-a_N|<\varepsilon$ が, したがって, $|{}^*a_n|<|a_N|+\varepsilon$ が成り立つ. つまり ${}^*a_n\in {}^*\boldsymbol{R}_{\mathrm{fin}}$ となり標準部分 ${}^\circ({}^*a_n)\in \boldsymbol{R}$ がある. 命題7.4よりすべての ${}^\circ({}^*a_n)$ $(n\in {}^*\boldsymbol{N}_\infty)$ は同一なので, それを $a\in \boldsymbol{R}$ とす

ると，任意の $n\in{}^*\boldsymbol{N}_\infty$ に対して ${}^*a_n\simeq a$ が成り立つ．したがって命題7.1より $\lim_{n\to\infty} a_n=a$ が成り立つ．（証明終り）

連続関数

区間 I から $\boldsymbol{R}$ への関数 f を集合 $F=\{\langle x, f(x)\rangle : x\in I\}$ と同一視してその＊による像 ${}^*F$ を考える．F が関数を表す集合であることは，論理式

$$\{\forall a\in F\ \ \exists x\in \mathrm{dom}\, F\ \ \exists y\in \mathrm{range}\, F\ \ a=\langle x, y\rangle\}$$
$$\wedge\{\forall x\in \mathrm{dom}\, F\ \ \forall y\in \mathrm{range}\, F\ \ \forall z\in \mathrm{range}\, F$$
$$(\langle x, y\rangle\in F \wedge \langle x, z\rangle\in F) \to y=z\}$$

によって表現され，集合 $\mathrm{dom}\, F$ が F の定義域，$\mathrm{range}\, F$ が F の値域であることは，論理式

$$(\forall x\in \mathrm{dom}\, F\ \ \exists y\in \mathrm{range}\, F\ \ \langle x, y\rangle\in F)$$
$$\wedge(\forall a\in F\ \ \exists x\in \mathrm{dom}\, F\ \ \exists y\in \mathrm{range}\, F\ \ \langle x, y\rangle=a)$$

によって表現されるので，これらに移行原理を適用すると

${}^*F$ は関数を表す集合であり，かつその定義域は ${}^*(\mathrm{dom}\, F)$ である

ことがわかる．

こうして，たとえば実数値関数 $f(x)=x^2$，$\sin x$，e^x，$\log x$ なども ${}^*\boldsymbol{R}$ における関数 ${}^*f(x)$ に拡張され，$f(x)$ の定義域が $\boldsymbol{R}$，$\boldsymbol{R}^+$ であるに応じて ${}^*\boldsymbol{R}$，${}^*\boldsymbol{R}^+$ となる．また，$f(x)$ に対して成り立つ法則，たとえば加法定理とかテイラー展開などが拡張された ${}^*f(x)$ に対して同様に成り立つことも，同じ方法で示すことができる．もちろん複素関数 $f(z)$ も ${}^*\boldsymbol{C}$ 上の ${}^*f(z)$ に拡張される．これらはすべて標準元であり，スタンダードな解析学におけると全く同様の扱いをすることが許される．一方，標準化写像

$$f(x)={}^\circ x, \qquad x\in{}^*\boldsymbol{R}_{\mathrm{fin}}$$

は外的なので，これに対して通常の解析学での法則をそのまま適用することは許されない．

7.6　命題　$x_0, a\in\boldsymbol{R}$ とすると，次の (i) と (ii) は同値である．

(i)　$\lim_{x\to x_0} f(x) = a$

(ii)　$x\simeq x_0$ なら ${}^*f(x)\simeq a$　　つまり ${}^*f$ は x_0 のモナド $\mu(x_0)$ を a のモナド $\mu(a)$ の中へ写す（すなわち，${}^*f(\mu(x_0))\subseteqq\mu(a)$ が成り立つ）．

証明　(i)$\Longrightarrow$(ii):　$\varepsilon\in\boldsymbol{R}^+$ に対して適当な $\delta\in\boldsymbol{R}^+$ をとると，論理式

$$\forall x \in \boldsymbol{R}\ (|x-x_0|<\delta \to |f(x)-a|<\varepsilon)$$

が成り立つ．移行原理から

$$\forall x \in {}^*\boldsymbol{R}\ (|x-x_0|<\delta \to |{}^*f(x)-a|<\varepsilon).$$

とくに $x\in\mu(x_0)$ をとると $|x-x_0|<\delta$ をみたすので，$|{}^*f(x)-a|<\varepsilon$ が成り立つ．ε は任意であったから，${}^*f(x)\simeq a$ となる．

(ii)$\Longrightarrow$(i): $\varepsilon\in\boldsymbol{R}^+$ が与えられたとき，内的な論理式

$$\Phi(h) \equiv \forall x \in {}^*\boldsymbol{R}\ (|x-x_0|<h \to |{}^*f(x)-a|<\varepsilon)$$

はすべての正の無限小数 h に対して真なので，延長定理5.8 (5) から，$\Phi(h)$ をみたす $h\in\boldsymbol{R}^+$ が存在する．その1つを δ にとると

$$\forall x \in {}^*\boldsymbol{R}\ (|x-x_0|<\delta \to |{}^*f(x)-a|<\varepsilon)$$

が成り立つ．とくに $x\in\boldsymbol{R}$ に対して ${}^*f(x)=f(x)$ なので

$$|x-x_0|<\delta \to |f(x)-a|<\varepsilon$$

となる． (証明終り)

7.7 命題 次の (i) と (ii) は同値である．

(i) $f(x)$ が $x=x_0$ で連続である．

(ii) $x\simeq x_0$ なら ${}^*f(x)\simeq{}^*f(x_0)$ である (つまり ${}^*f(\mu(x_0))\subseteqq\mu(f(x_0))$).

証明 命題7.6から明らかである． (証明終り)

以上のように，スタンダードな世界での関数の連続性が，ノンスタンダードな世界でのモナドについての性質に還元された．これを用いることで，古典解析学の基本定理の簡潔な証明が得られる．以下，それらを列記しよう．

7.8 定理 (中間値の定理)

$f(x)$ が閉区間 $[a,b]$ で連続で，$f(a)<0$ かつ $f(b)>0$ なら，$f(c)=0$ をみたす $c\in(a,b)$ が存在する．

証明 $N\in{}^*\boldsymbol{N}_\infty$ を1つ固定して，区間 ${}^*[a,b]$ を N 等分割しその分点を x_0 $(=a), x_1, x_2, \cdots, x_N(=b)$ とすると $\{x_0, x_1, \cdots, x_N\}$ は内的な $*$-有限列である．したがって ${}^*f(x_i)\leqq 0$ をみたす最大の x_i が存在する．${}^\circ x_i=c$ とおくと ($x_i\simeq c$ かつ $x_{i+1}\simeq c$) なので，($f(c)\simeq{}^*f(x_i)\leqq 0$ かつ $f(c)\simeq{}^*f(x_{i+1})\geqq 0$) となり，$f(c)=0$ が得られる． (証明終り)

7.9 定理 有界閉区間 $[a,b]$ で連続な関数 $f(x)$ は $[a,b]$ 内で最大値をと

る．

証明　前の定理の証明と同じ $\{x_0, x_1, \cdots, x_N\}$ をとると，$\{{}^*f(x_0), {}^*f(x_1), \cdots, {}^*f(x_N)\}$ は内的な $*$-有限列なので最大値がある．それを ${}^*f(x_i)$ とし，${}^\circ x_i = c$ とする．任意の実数 $x \in [a, b]$ に対して，x に最も近い x_j をとると $f(x) \simeq {}^*f(x_j)$ と $f(c) \simeq {}^*f(x_i)$ より $f(x) = {}^\circ({}^*f(x_j)) \leqq {}^\circ({}^*f(x_i)) = f(c)$ となる．

（証明終り）

7.10　定理　有界閉区間 $[a, b]$ で $f(x)$ が連続なら，$f(x)$ は一様連続である．

証明　$\varepsilon \in \boldsymbol{R}^+$ が与えられたとき，内的な論理式

$$\begin{aligned}\Phi(h) \equiv\ & \forall x \in {}^*[a, b]\ \ \forall y \in {}^*[a, b] \\ & (|x-y| < h \to |{}^*f(x) - {}^*f(y)| < \varepsilon)\end{aligned}$$

はすべての正の無限小数 h に対して真なので，延長定理によってある $\delta \in \boldsymbol{R}^+$ に対しても真である．とくに x, y を閉区間 $[a, b]$ 内の実数とすると ${}^*f(x) = f(x)$，${}^*f(y) = f(y)$ より $|x-y| < \delta \to |f(x) - f(y)| < \varepsilon$ となる．（証明終り）

注　上の証明の中の，すべての正の無限小数 h に対して $\Phi(h)$ が真であることを確認するところに $[a, b]$ が有界であることが効いている．すなわち，$x, y \in {}^*[a, b]$ でこれが有界だから $(c=)\,{}^\circ x = {}^\circ y \in [a, b]$ が存在し，f の連続性から ${}^*f(x) \simeq {}^*f({}^\circ x) = f(c)$，${}^*f(y) \simeq {}^*f({}^\circ y) = f(c)$ となって ${}^*f(x) \simeq {}^*f(y)$ が成り立つ．したがって $|{}^*f(x) - {}^*f(y)| < \varepsilon$ となる．$[a, b]$ が有界でなく，たとえば $[a, \infty)$ なら x, y が無限大数の場合も考えなければならず，このような議論ができない．また閉区間なので $c \in [a, b]$ が成り立つ．

微分

7.11　命題　次の (i) と (ii) は同値である．

(i)　$f(x)$ は $x = a$ で微分可能である．

(ii)　ある $c \in \boldsymbol{R}$ があって，すべての $x \in \mu(a)$ に対して $\dfrac{{}^*f(x) - f(a)}{x-a} \simeq c$ $(x \neq a)$ が成り立つ．このとき

$$f'(a) = {}^\circ\!\left(\frac{{}^*f(x) - f(a)}{x-a}\right)$$

となる．

証明　命題7.6から明らかである．　（証明終り）

0のモナド $\mu(0)$ を走る変数を dx, ${}^*f(a+dx)-f(a)$ を dy とおくと，命題7.6から，${}^*\boldsymbol{R}$ における商の意味で

$$\frac{dy}{dx}\simeq f'(a)$$

が成り立つ．

高階の微分を扱うために，$n\in\boldsymbol{N}$ に対して帰納的に $d^ny=d(d^{n-1}y)$ によって高階の微分 d^ny を定義し，$(dx)^n$ を dx^n で表すことにする．これらはいずれも ${}^*\boldsymbol{R}$ に属する数，もしくはそこを走る変数である．

7.12　命題　f が C^n 級（n 階までの導関数が存在してかつ $f^{(n)}(x)$ が連続）なら ${}^*\boldsymbol{R}$ での商の意味で，$\dfrac{d^ny}{dx^n}\simeq f^{(n)}(a)$ が成り立つ．

証明　実数 $x, h\in\boldsymbol{R}$ に対して

$$\Delta f(x)=f(x+h)-f(x), \qquad \Delta^nf(x)=\Delta(\Delta^{n-1}f)(x)$$

で高階差分を定義すると，平均値の定理から $\dfrac{\Delta^nf(a)}{h^n}=f^{(n)}(a+n\theta_nh)$（$0<\theta_n<1$）が n に関する帰納法で証明される．これに移行原理を用いてから h に dx を代入すると

$$\frac{d^ny}{dx^n}={}^*f^{(n)}(a+n\theta_ndx)\quad(0<\theta_n<1)$$

となるが，$f^{(n)}(x)$ が連続であることと $n\theta_ndx\simeq 0$ から

$$\frac{d^ny}{dx^n}={}^*f^{(n)}(a+n\theta_ndx)\simeq{}^*f^{(n)}(a)=f^{(n)}(a)$$

が得られる．（証明終り）

多変数関数 $f(x_1,\cdots,x_n)$ の全微分も次のようにして超準解析のことばで表現される．

有限個の $r_1,\cdots,r_n\in{}^*\boldsymbol{R}$ に対して

$$o(r_1,\cdots,r_n)=\left\{\sum_{i=1}^n\varepsilon_ir_i:\varepsilon_i\simeq 0\right\}$$

とおき，$\alpha,\beta\in{}^*\boldsymbol{R}$ に対して

$$\alpha\equiv\beta\ \ (\mathrm{mod}\ o(r_1,\cdots,r_n))\ \overset{\text{定義}}{\Longleftrightarrow}\ \alpha-\beta\in o(r_1,\cdots,r_n)$$

と定義すると，これは ${}^*\boldsymbol{R}$ 上の同値関係になる．さらに $|r_1|,\cdots,|r_n|$ の最大値を

r とすると，$o(r_1, \cdots, r_n) = o(r)$ となり，$r \neq 0$ のとき

$$\alpha \equiv \beta \pmod{o(r)} \iff \frac{\alpha}{r} \simeq \frac{\beta}{r}$$

が成り立つ．

点 $(a_1, \cdots, a_n) \in \boldsymbol{R}^n$ の近傍で定義された n 変数の実数値関数 $f(x_1, \cdots, x_n)$ が C^1-級であるとき，$\mu(0)$ を動く変数 $dx_1, \cdots, dx_n$ に対して，全微分 df を

$$df(a_1, \cdots, a_n) = {}^*f(a_1 + dx_1, \cdots, a_n + dx_n) - f(a_1, \cdots, a_n)$$

で定義すると次の命題が成り立つ．

7.13　命題　$df \equiv \dfrac{\partial f}{\partial x_1} dx_1 + \cdots + \dfrac{\partial f}{\partial x_n} dx_n \pmod{o(dx_1, \cdots, dx_n)}$

証明　平均値の定理を用いると直ちにできるので省略する．

リーマン積分

測度論に基づいた積分論は第2章で展開される．ここでは有界閉区間上の連続関数のリーマン積分に限る．

7.14　命題　$f(x)$ が閉区間 $[a, b]$ で連続とする．$N \in {}^*\boldsymbol{N}_\infty$ を1つ固定して，${}^*[a, b]$ を N 等分して $x_0 = a < x_1 < \cdots < x_N = b$ とすると

$$\int_a^b f(x)\,dx = {}^\circ\left(\sum_{k=0}^{N-1} {}^*f(x_k)\Delta x\right), \qquad \Delta x = \frac{b-a}{N}$$

が成り立つ．

証明　$S_n = \displaystyle\sum_{k=0}^{n-1} f\left(a + k\frac{b-a}{n}\right)\frac{b-a}{n}$ とおくと，$f(x)$ が連続なので $\displaystyle\lim_{n \to \infty} S_n = \int_a^b f(x)\,dx$ が成り立つ．これに命題7.1を適用する．（証明終り）

通常の証明と大差ないが，1つの応用として微積分の基本定理を超準解析で証明しよう．

7.15　定理　$F'(x) = f(x)$ が $[a, b]$ で連続のとき $\displaystyle\int_a^b f(x)\,dx = F(b) - F(a)$ となる．

証明　$(a=)\,x_0 < x_1 < \cdots < x_N\,(=b)$ と N および $\Delta x = \dfrac{b-a}{N}$ を命題7.14と同じとする．$\boldsymbol{R}$ での平均値の定理に移行原理を適用すると

$$ {}^*F(x_{k+1}) - {}^*F(x_k) = {}^*f(y_k)\varDelta x, \qquad x_k < y_k < x_{k+1} $$

をみたす $y_k \in {}^*\boldsymbol{R}$ が存在するが，$y_k \simeq x_k$ なので ${}^*f(y_k) \simeq f({}^\circ y_k) = f({}^\circ x_k) \simeq {}^*f(x_k)$，したがって ${}^*f(y_k) = {}^*f(x_k) + \varepsilon_k$，$\varepsilon_k \simeq 0$ とおける．よって

$$ {}^*F(x_{k+1}) - {}^*F(x_k) = {}^*f(x_k)\varDelta x + \varepsilon_k \varDelta x, \qquad \varepsilon_k \simeq 0 $$

が成り立つ．

$$ \begin{aligned} F(b) - F(a) &= \sum_{k=0}^{N-1} ({}^*F(x_{k+1}) - {}^*F(x_k)) \\ &= \sum_{k=0}^{N-1} {}^*f(x_k)\varDelta x + \sum_{k=0}^{N-1} \varepsilon_k \varDelta x \end{aligned} $$

において $\left| \sum_{k=0}^{N-1} \varepsilon_k \varDelta x \right| \leqq \max_k |\varepsilon_k| \cdot (b-a) \simeq 0$ なので，命題 7.14 より

$$ F(b) - F(a) \simeq \int_a^b f(x)\,dx \qquad \text{つまり} $$

$$ F(b) - F(a) = \int_a^b f(x)\,dx $$

が成り立つ．　　　　（証明終り）

簡単な微分方程式への応用

常微分方程式におけるコーシー-ピアノの定理を，超準解析を用いて証明しよう．

7.16　定理（Cauchy-Peano の定理）

$f(x, y)$ が $D = \{(x, y) \in \boldsymbol{R}^2 : |x - x_0| \leqq a,\ |y - y_0| \leqq b\}$ で連続なら，閉区間 $I = \{x : |x - x_0| \leqq c\}$ （$c = \min\left\{a, \dfrac{b}{M}\right\}$，$M = \max_{(x, y) \in D} |f(x, y)|$）で定義された C^1-級の関数 $u(x)$ で，$u'(x) = f(x, u(x))$，$u(x_0) = y_0$ をみたすものが存在する．

証明　$[x_0, x_0 + c]$ を n 等分して $x_0 < x_1 < \cdots < x_n = x_0 + c$ とし，

$$ \begin{aligned} u_n(x_0) &= y_0, \\ u_n(x) &= u_n(x_k) + f(x_k, u_n(x_k))(x - x_k), \quad x_k \leqq x < x_{k+1} \end{aligned} $$

によって関数 u_n を定義すると，与えられた条件から u_n のグラフは D に含まれ，かつ $|u_n(x) - u_n(x')| \leqq M|x - x'|$ が成り立つ．

移行原理から，すべての $n \in {}^*\boldsymbol{N}$ と $x, x' \in {}^*[x_0, x_0 + c]$ に対して

$$ |{}^*u_n(x) - y_0| \leqq b \quad \text{かつ} \quad |{}^*u_n(x) - {}^*u_n(x')| \leqq M|x - x'| $$

が成り立つ．そこで $N \in {}^*\boldsymbol{N}_\infty$ を1つ固定し，$\boldsymbol{R}$ の閉区間 $[x_0, x_0 + c]$ から $\boldsymbol{R}$ への関数 $u(x)$ を $u(x) = {}^\circ({}^*u_N(x))$ で定めると，

$$|u(x)-u(x')| \simeq |{}^*u_N(x)-{}^*u_N(x')| \leqq M|x-x'|$$

より $u(x)$ は連続である．この $u(x)$ の ${}^*[x_0, x_0+c]$ への拡張 ${}^*u(x)$ をとると，$x \in {}^*[x_0, x_0+c]$ に対して

$${}^*u(x) \simeq u({}^\circ x) \simeq {}^*u_N({}^\circ x) \simeq {}^*u_N(x)$$

が成り立つから，f の D 上での連続性より

$${}^*f(x, {}^*u(x)) \simeq {}^*f(x, {}^*u_N(x)), \qquad x \in {}^*[x_0, x_0+c] \tag{1.41}$$

が成り立つ．

$x \in [x_0, x_0+c]$ に対して $x_k \leqq x < x_{k+1}$ をみたす x_k をとると

$$\begin{aligned} u(x) &\simeq {}^*u_N(x_k) \\ &= y_0 + \sum_{i=0}^{k-1} {}^*f(x_i, {}^*u_N(x_i))(x_{i+1}-x_i) \end{aligned}$$

となるが，(1.41) より

$$\begin{aligned} &\left| \sum_{i=0}^{k-1} {}^*f(x_i, {}^*u_N(x_i))(x_{i+1}-x_i) - \sum_{i=0}^{k-1} {}^*f(x_i, {}^*u(x_i))(x_{i+1}-x_i) \right| \\ &\leqq c \max_{0 \leqq i \leqq k-1} |{}^*f(x_i, {}^*u_N(x_i)) - {}^*f(x_i, {}^*u(x_i))| \simeq 0 \end{aligned}$$

となるから

$$u(x) \simeq y_0 + \sum_{i=0}^{k-1} {}^*f(x_i, {}^*u(x_i))(x_{i+1}-x_i)$$

が成り立つ．この右辺の第2項と，${}^*[x_0, x]$ の k 等分 $x_0 = x_0' < x_1' < \cdots < x_k' = x$ に対する $\sum_{i=0}^{k-1} {}^*f(x_i', {}^*u(x_i'))(x_{i+1}'-x_i')$ との差も無限小なので，命題7.14より

$$u(x) = y_0 + \int_{x_0}^{x} f(t, u(t))\,dt$$

が成り立ち，したがって $u'(x) = f(x, u(x))$ となる．

区間 $[x_0-c, x_0]$ に対しても同様である．　（証明終り）

1-8節　位相

この節では位相空間の一般論を超準解析の言葉で表現する．X を位相空間，$\mathcal{O}$ をその開集合の全体とし，X の上部集合 $\mathcal{U}(X)$ と超巾による拡大 $\mathcal{U}({}^*X)$ を考える．可算基をもたない位相空間 X も扱うことができるように，ここでは列の全体を類別してつくった超巾でなく，定義6.1，6.2，6.3で導入した集合 I を用いた超巾モデル $\mathcal{U}({}^*X)$ を用いることにする．さらに定理6.8の広大化定理

が成り立つとする.

基本概念の超準解析による表現

$\mathcal{O}$ は X 上の位相であるが，${}^*\mathcal{O}$ は ${}^*X$ 上の $*$-位相ではあっても位相にはならない（外的集合が ${}^*\mathcal{O}$ に含まれないから）. しかし ${}^*X$ 上の位相の基底にはなりうるので，X の位相的性質を超準解析の言葉で表すことができる.

8.1 定義 （1） $a\in X$ に対し，${}^*X$ の部分集合

$$\mu(a)=\bigcap_{\substack{A\in\mathcal{O}\\ A\ni a}} {}^*A$$

を**点 a のモナド**という. $x\in{}^*X$ が $x\in\mu(a)$ をみたすとき，$x\simeq a$ で表し，x は a に無限に近いという.

（2） $x\in{}^*X$ に対して $x\in\mu(a)$ をみたす $a\in X$ が存在するとき，x を**近標準点**（near standard point）といい，その全体を $N_s({}^*X)$ で表す. 近標準でない点を**遠標準点**（remote point）という.

8.2 命題 各 $a\in X$ に対し，$a\in U$，$U\in{}^*\mathcal{O}$，$U\subset\mu(a)$ をみたす U が存在する. このような U を**a の無限小近傍**という.

証明 $\mathcal{O}$ 上の 2 項関係 $R(U', U)\equiv(a\in U'$ かつ $a\in U$ かつ $U'\supseteqq U)$ は有限共起性をもち，$\mathcal{U}({}^*X)$ は広大化定理 6.8 をみたすので，$U'\ni a$ をみたすすべての $U'\in\mathcal{O}$ に対して，$U\ni a$ かつ $U\subseteqq{}^*U'$ をみたすような $U\in{}^*\mathcal{O}$ が，U' に関して一様にとれる. この U に対して $U\subseteqq\mu(a)$ が成り立つことは明らかだろう.

（証明終り）

8.3 命題 A を X の部分集合とする.

（1） A が開集合である必要十分条件は，すべての $a\in A$ に対して $\mu(a)\subseteqq{}^*A$ が成り立つことである.

（2） A が閉集合である必要十分条件は，A の補集合 A^c のすべての $b\in A^c$ に対して $\mu(b)\cap{}^*A=\varnothing$ が成り立つことである.

証明 （1） A が開集合のとき $a\in U\subseteqq A$ をみたす $U\in\mathcal{O}$ が存在するので，移行原理によって $a\in{}^*U\subseteqq{}^*A$ が成り立つ. $\mu(a)\subseteqq{}^*U$ より $\mu(a)\subseteqq{}^*A$ となる.

逆に $\mu(a)\subseteqq{}^*A$ なら命題 8.2 から $a\in U_a\subseteqq\mu(a)$ をみたす $U_a\in{}^*\mathcal{O}$ が存在し，$U_a\subseteqq{}^*A$ が成り立つ. したがって論理式 $\exists U\in{}^*\mathcal{O}\ (a\in U\subseteqq{}^*A)$ に移行原理を

用いると $\exists U \in \mathcal{O}$ $(a \in U \subseteqq A)$ がいえて A が開集合であることがわかる．

（2） (1) より明らかである．（証明終り）

8.4　命題　$A \subseteqq X$ の閉包を $\bar{A}$ とすると

$$\bar{A} = \{x \in X : \mu(x) \cap {}^*A \neq \emptyset\}$$

が成り立つ．

証明　$\bar{A}$ は閉集合なので $x \notin \bar{A}$ なら命題8.3より $\mu(x) \cap {}^*(\bar{A}) = \emptyset$，したがって $\mu(x) \cap {}^*A = \emptyset$ となる．$x \in \bar{A}$ なら論理式 $\forall U \in \mathcal{O}$ $(x \in U \rightarrow U \cap A \neq \emptyset)$ に移行原理を用いて $\forall U \in {}^*\mathcal{O}$ $(x \in U \rightarrow U \cap {}^*A \neq \emptyset)$ が成り立つ．とくに x の無限小近傍（命題8.2）を U としてとると，$U \cap {}^*A \neq \emptyset$ となる．$\mu(x) \supseteqq U$ なので，$\mu(x) \cap {}^*A \neq \emptyset$ である．（証明終り）

以上を用いるとコンパクト性[1]のノンスタンダードでの表現が得られる．

8.5　命題　位相空間 X の部分集合 $A \subseteqq X$ がコンパクトであるための必要十分な条件は，任意の $x \in {}^*A$ に対して $x \in \mu(y)$ をみたす $y \in A$ が存在することである．

証明　必要条件であること：A がコンパクトでかつある $a \in {}^*A$ がどんな $\mu(y)$ $(y \in A)$ にも属さないと仮定すると，$y \in A$ に対して $a \notin {}^*U_y$ をみたす y の近傍 $U_y \in \mathcal{O}$ が存在する．$\{U_y : y \in A\}$ は A の開被覆なのでそのうちの有限個 $U_{y_1}, \cdots, U_{y_n}$ が A を被覆する．すると移行原理から ${}^*U_{y_1} \cup \cdots \cup {}^*U_{y_n}$ が ${}^*A$ を被覆することになり $a \notin \bigcup_{y \in A} {}^*U_y$ に矛盾する．

十分条件であること：A の開被覆 $A \subseteqq \bigcup_{\lambda \in \Lambda} U_\lambda$ のどの有限個をとっても，A が被覆されないと仮定する．$\{U_\lambda : \lambda \in \Lambda\} \times A$ 上の2項関係 R を $R(U_\lambda, x) \equiv x \notin U_\lambda$ で定義するとこれは有限共起性をもつ．よって広大化定理（定理6.8）から，ある $x \in {}^*A$ が存在して，すべての λ に対して $x \notin {}^*U_\lambda$ となる．したがって x はどんな $\mu(y)$ $(y \in A)$ にも属さない．（証明終り）

1）$A \subseteqq X$ が次の性質をみたすとき A はコンパクトであるという．$\{U_\alpha : \alpha \in I\}$ を A の任意の開被覆とする．すなわち，$U_\alpha \in \mathcal{O}$ かつ $\bigcup_{\alpha \in I} U_\alpha \supseteqq A$ が成り立つとする．このとき必ず有限個の $U_{\alpha_1}, U_{\alpha_2}, \cdots, U_{\alpha_n}$ によって A は被覆される，すなわち $U_{\alpha_1} \cup U_{\alpha_2} \cup \cdots \cup U_{\alpha_n} \supseteqq A$ が成り立つ．n 次元ユークリッド空間においては，$A \subseteqq \boldsymbol{R}^n$ がコンパクトであることと，有界閉集合であることとは同値である．

8.6 命題 写像 $f: X \longrightarrow Y$ が $x \in X$ で連続であるための必要十分な条件は，$x \simeq y$ なら ${}^*f(x) \simeq {}^*f(y)$ が成り立つこと，つまり ${}^*f(\mu(x)) \subseteqq \mu(f(x))$ が成り立つことである．

証明 f が $x \in X$ で連続とする．$f(x)$ の開近傍を任意に1つとって $U \in \mathcal{O}_Y$ とおくと，連続の定義から $x \in f^{-1}(U) \in \mathcal{O}_X$ なので $\mu(x) \subseteqq {}^*(f^{-1}(U))$ が成り立つ．一般に ${}^*(f(A)) = {}^*f({}^*A)$ が成り立つので（**注** 参照），とくに $A = f^{-1}(U)$ として ${}^*U = {}^*f({}^*(f^{-1}(U)))$ つまり ${}^*(f^{-1}(U)) = ({}^*f)^{-1}({}^*U)$ となる．よって，$\mu(x) \subseteqq ({}^*f)^{-1}({}^*U)$ つまり ${}^*f(\mu(x)) \subseteqq {}^*U$ である．U は任意なので ${}^*f(\mu(x)) \subseteqq \mu(f(x))$ である．

逆に ${}^*f(\mu(x)) \subseteqq \mu(f(x))$ が成り立つとする．x の1つの無限小近傍 U_0 をとると ${}^*f(U_0) \subseteqq {}^*f(\mu(x)) \subseteqq \mu(f(x))$ なので，$f(x)$ の任意の開近傍 $U \in \mathcal{O}_Y$ に対して ${}^*f(U_0) \subseteqq {}^*U$ が成り立つ．よって $\exists W \in {}^*\mathcal{O}_X[x \in W$ かつ ${}^*f(W) \subseteqq {}^*U]$ が $\mathcal{U}({}^*X)$ で真となり，移行原理から $\exists W \in \mathcal{O}_X[x \in W$ かつ $f(W) \subseteqq U]$ が $\mathcal{U}(X)$ で真となる．これは f が x で連続であることを意味する．（証明終り）

注 ${}^*f({}^*A) = {}^*(f(A))$ は次のようにして証明される:

$\mathcal{U}(X)$ で真である2つの論理式

$$\forall x \in A \ f(x) \in f(A) \quad \text{および} \quad \forall y \in f(A) \ \exists x \in A \ y = f(x)$$

に移行原理を用いると

$$\forall x \in {}^*A \ {}^*f(x) \in {}^*(f(A)) \quad \text{と}$$
$$\forall y \in {}^*(f(A)) \ \exists x \in {}^*A \ y = {}^*f(x)$$

が $\mathcal{U}({}^*V)$ で真となる．それぞれ ${}^*f({}^*A) \subseteqq {}^*(f(A))$，${}^*(f(A)) \subseteqq {}^*f({}^*A)$ を意味するので ${}^*f({}^*A) = {}^*(f(A))$ が成り立つ．

次に積位相空間におけるモナドについて考察する．はじめにスタンダードな世界における積位相の定義を述べる．

8.7 定義 位相空間の族 $\{(X_j, \mathcal{O}_j) : j \in J\}$ に対して，直積集合 $\prod_{j \in J} X_j$ を X とする．X から X_j への写像の族 $\{\phi_j : X \longrightarrow X_j,\ j \in J\}$ が与えられたとき，$\{\phi_j : j \in J\}$ に関する X 上の**弱位相** $\mathcal{O}$ とは，すべての ϕ_j を連続にするような X 上の位相のうち，最も弱い位相のことである．具体的には

$$\{G : \exists \alpha_1 \cdots \exists \alpha_n \ G = \phi_{\alpha_1}^{-1}(U_1) \cap \cdots \cap \phi_{\alpha_n}^{-1}(U_n),\ U_j \in \mathcal{O}_{\alpha_j},\ n \in \boldsymbol{N}\}$$

を基底とする位相である．とくに ϕ_j を X から X_j への射影（つまり $x = (x_j)_{j \in J}$

$\in \prod_{j \in J} X_j$ に対して，$\phi_j(x) = x_j$ で定まる ϕ_j）とするとき，この $\{\phi_j : j \in J\}$ に関する弱位相 $\mathcal{O}$ を位相とする位相空間 $(X, \mathcal{O})$ を $\{(X_j, \mathcal{O}_j) : j \in J\}$ の**直積位相空間**という．

8.8　命題　定義8.7の $(X, \mathcal{O})$ において，$a \in X$ のモナド $\mu(a)$ は次のようになる．

$$\mu(a) = \{x \in {}^*X : \text{すべての } j \in J \text{ に対し } {}^*\phi_j(x) \in \mu_j(\phi_j(a))\}$$

証明　$a \in X$ に対して，$\phi_j(a)$ の任意の開近傍を U とする．$\phi_j^{-1}(U)$ は a の開近傍なので

$$\begin{aligned}\mu(a) &\subseteqq \{x \in {}^*X : \phi_j(a) \text{ の任意の近傍 } U \in \mathcal{O} \text{ に対して } x \in {}^*\phi_j^{-1}({}^*U)\} \\ &= \{x \in {}^*X : {}^*\phi_j(x) \in \mu_j(\phi_j(a))\}\end{aligned}$$

がすべての $j \in J$ に対して成り立つ．よって

$$\mu(a) \subseteqq \{x \in {}^*X : \text{すべての } j \in J \text{ に対して } {}^*\phi_j(x) \in \mu_j(\phi_j(a))\}$$

となる．この右辺を $m(a)$ とおく．

一方，$a \in X$ の任意の開近傍を V とすると，$\mathcal{O}$ の定義から

$$G = \phi_{\alpha_1}^{-1}(U_1) \cap \cdots \cap \phi_{\alpha_n}^{-1}(U_n) \subseteqq V, \qquad U_j \in \mathcal{O}_j,\ \phi_j(a) \in U_j$$

をみたす a の開近傍 G がある．明らかに $m(a) \subseteqq {}^*\phi_{\alpha_j}^{-1}({}^*U_j)$ なので，$m(a) \subseteqq {}^*G \subseteqq {}^*V$ となり，したがって $m(a) \subseteqq \mu(a)$ となる．

以上より $\mu(a) = m(a)$ が成り立つ．　（証明終り）

ここまで，一般位相空間論における諸概念をノンスタンダードの世界の言葉におきかえるとどのようになるかを見てきた．整理しておこう．

まず，定義として

（1）　位相空間 $(X, \mathcal{O})$（$\mathcal{O}$ は X の開集合全体）を定理6.8の方法で ＊-拡大したものを ${}^*X$ とする．したがって $\mathcal{U}({}^*X)$ は制限なしの広大化定理をみたす．

（2）　$a \in X$ のモナド：$\mu(a) = \bigcap\{{}^*A : A \ni a,\ A \in \mathcal{O}\}$

（3）　$x \in {}^*X$ が近標準点である $\Longleftrightarrow$ $x \in \mu(a)$ をみたす $a \in X$ が存在する

近標準点以外の点を遠標準点という．

（4）　位相空間の族 $\{(X_j, \mathcal{O}_j) : j \in J\}$ の直積位相空間 $(X, \mathcal{O})$ とは次のように定義される．

X は直積集合 $\prod_{j\in J} X_j$ であり，X から X_j への射影 ϕ_j に関する弱位相が $\mathcal{O}$ である．つまりすべての ϕ_j を連続とする最も弱い位相のことで，具体的には，

$$\{G : \exists\,\alpha_1 \cdots \exists\,\alpha_n \ \ G = \phi_{\alpha_1}^{-1}(U_1) \cap \cdots \cap \phi_{\alpha_n}^{-1}(U_n),\ \ U_j \in \mathcal{O}_{\alpha_j},\ \ n \in \boldsymbol{N}\}$$

を基底とする位相のこと．

このとき，X と $^*X$ は以下のように対応している．

(i) $A \subseteqq X$ が開集合である $\Longleftrightarrow$ すべての $a \in A$ に対して $\mu(a) \subseteqq {}^*A$ である

(ii) $A \subseteqq X$ が閉集合である $\Longleftrightarrow$ すべての $b \in X \backslash A$ に対して $\mu(b) \cap {}^*A = \emptyset$ である

(iii) $A \subseteqq X$ の閉包 $\bar{A} = \{x \in X : \mu(x) \cap {}^*A \neq \emptyset\}$

(iv) $A \subseteqq X$ がコンパクトである $\Longleftrightarrow$ すべての $x \in {}^*A$ について，$x \in \mu(y)$ となる $y \in A$ が存在する

(v) $f : X \longrightarrow Y$ が $x \in X$ で連続である $\Longleftrightarrow$ ${}^*f(\mu(x)) \subseteqq \mu(f(x))$

(vi) $(X, \mathcal{O}) = \prod_{j\in J} (X_j, \mathcal{O}_j)$（直積位相空間）のとき，$a \in X$ のモナドは

$$\mu(a) = \{x \in {}^*X : \text{すべての } j \in J \text{ に対して } {}^*\phi_j(x) \in \mu_j(\phi_j(a))\}$$

これらを用いて，一般位相空間論のいくつかの基本定理の超準解析による証明を行なう．$^*X$ に拡大していわば X を外から眺めることができるようになったので，証明は驚くほど簡単である．もちろん，難しい部分を X から $^*X$ への $*$-拡大のプロセスに押しこめてしまったために一見，簡単にみえるということにすぎないが，$X \longleftrightarrow {}^*X$ の一般的な対応関係に習熟すれば，個々の定理の証明のかなりの部分が見通しよくなるのは事実である．

8.9 定理 X はコンパクト，A はその部分集合で閉集合とすると，A はコンパクトである．

証明 $a \in {}^*A$ とする．X がコンパクトなので (iv) より，$a \in \mu(x)$ をみたす $x \in X$ がある．A が閉集合なので (ii) より $x \in A$ であり，したがって (iv) から A はコンパクトである．（証明終り）

次の定理は，実数から実数への関数のときに「有界閉集合上で連続な関数は最大値と最小値をもつ」として知られている定理である．

8.10 定理 X がコンパクトで $f : X \longrightarrow Y$ が連続なら，X の像 $f(X)$ もコ

ンパクトである．

証明　$y \in {}^*(f(X))$ をとる．${}^*(f(X)) = {}^*f({}^*X)$ だから，${}^*f(x) = y$ をみたす $x \in {}^*X$ があるが，X がコンパクトなので（iv）より $x \in \mu(a)$ をみたす $a \in X$ がある．f は連続なので（v）より $y \in \mu(f(a))$ となり，（iv）より $f(X)$ はコンパクトとなる．（証明終り）

8.11　定理（Tychonoff（チコノフ）の定理）

$\{(X_j, \mathcal{O}_j) : j \in J\}$ を空でない位相空間の族とする．その直積位相空間 X がコンパクトであるためには，すべての X_j がコンパクトであることが必要十分である．

証明　十分性:　すべての X_j がコンパクトであるとする．$x \in {}^*X$ を $x = (x_j : j \in {}^*J)$ で表すとき，$j \in J$ に対して $x_j \in {}^*X_j$ なので X_j のコンパクト性から $x_j \in \mu(a_j)$ をみたす $a_j \in X_j$ が存在する．$a = (a_j : j \in J) \in X$ とすると（vi）から $x \in \mu(a)$ が成り立つ．したがって（iv）から X はコンパクトである．

必要性:　写像 ϕ_j が連続だから定理8.10よりすべての X_j はコンパクトである．（証明終り）

第2章

超準解析による積分論とその応用

1975年に P. A. Loeb がローブ測度論を発表して以降，超準解析はその応用面において飛躍的な進歩をとげた．彼の理論は次の点においてそれまでの理論と方向を異にしている．彼以前は，モナドなどの外的集合はあくまでスタンダードな理論のノンスタンダードな解釈を得るために用いられるにとどまっていた．ところが，ローブ測度理論はいわばその逆で，外的集合の上にスタンダードな測度を構成する．その意味で画期的であり，真に外的集合に市民権を与えるものである．

ここではローブ測度の基礎理論をはじめに解説し，次にブラウン運動，エルゴード定理およびボルツマン方程式への応用について述べる．エルゴード定理への応用は釜江哲朗［17］に，ボルツマン方程式への応用は L. Arkeryd［23］，［24］に基づいている．

2-1節　ローブ測度

測度論からの準備1

測度と積分に関する基礎知識を要約する．

1.1　定義　（1）　X の部分集合のある族 $\mathfrak{A}$ が**有限加法族**であるとは，次の3つの条件をみたすことである．

（i）　$X\in\mathfrak{A}$

（ii）　$A\in\mathfrak{A}$ なら $A^c=X\setminus A\in\mathfrak{A}$

（iii）　$A, B\in\mathfrak{A}$ なら $A\cup B\in\mathfrak{A}$

（２）　$\mathfrak{A}$ がさらに次の（iv）をみたすとき**σ-加法族**または**完全加法族**という．

（iv）　$A_1, A_2, \cdots \in \mathfrak{A}$ なら $\bigcup_{n\in \boldsymbol{N}} A_n \in \mathfrak{A}$　(2.1)

（３）　有限加法族 $\mathfrak{A}$ に対して，$\mathfrak{A}$ を部分族として含む σ-加法族のなかで最小のものを $\mathfrak{A}$ から生成された σ-加法族といい，$\sigma(\mathfrak{A})$ で表す．

系１　有限加法族 $\mathfrak{A}$ に対して $\sigma(\mathfrak{A})$ は必ず存在する．

証明　$\mathfrak{A}$ を含む σ-加法族は少なくとも１つ存在する（X の部分集合の全体 $\mathcal{P}(X)$ がその１つである）．そこで，$\mathfrak{A}$ を含むすべての σ-加法族の共通集合

$$\bigcap_{\substack{\mathfrak{B}\supseteqq\mathfrak{A}\\ \mathfrak{B}:\,\sigma\text{-加法族}}} \mathfrak{B} = \{A \subseteqq X : \mathfrak{A} \text{ を含むすべての } \sigma\text{-加法族 } \mathfrak{B} \text{ に対して } A\in\mathfrak{B}\}$$

をとると，明らかにこれが $\mathfrak{A}$ を含む最小の σ-加法族となる．（証明終り）

系２　（１）　$\mathfrak{A}$ が有限加法族のとき，$A, B \in \mathfrak{A}$ なら $A \cap B \in \mathfrak{A}$ となる．

（２）　$\mathfrak{A}$ が σ-加法族のとき，$A_1, A_2, \cdots \in \mathfrak{A}$ なら $\bigcap_{n\in \boldsymbol{N}} A_n \in \mathfrak{A}$ となる．

証明　(1)，(2) とも $A \cap B = (A^c \cup B^c)^c$，$\bigcap_{n\in \boldsymbol{N}} A_n = (\bigcup_{n\in \boldsymbol{N}} A_n{}^c)^c$ より明らか．

（証明終り）

1.2　定義　（１）　有限加法族 $\mathfrak{A}$ を定義域とする関数 μ が次の条件をみたすとき，μ を**有限加法的な測度**という．

（ i ）　$A \in \mathfrak{A}$ のとき，$0 \leqq \mu(A) \leqq \infty$

（ ii ）　$A, B \in \mathfrak{A}$，$A \cap B = \emptyset$ なら $\mu(A \cup B) = \mu(A) + \mu(B)$

(i) でとくにすべての A に対して $\mu(A) < c$ をみたす定数 c が存在するとき，μ は**有界である**という．

（２）　σ-加法族 $\mathfrak{A}$ を定義域とする関数 μ が次の条件をみたすとき，μ を **σ-加法的測度**，または**完全加法的測度**という．単に**測度**ということもある．

（ i ）　$A \in \mathfrak{A}$ のとき，$0 \leqq \mu(A) \leqq \infty$

（ ii ）　$A_i \cap A_j = \emptyset$（$i \neq j$）のとき，$\mu(\bigcup_{n\in \boldsymbol{N}} A_n) = \sum_{n\in \boldsymbol{N}} \mu(A_n)$　(2.2)

また，$(X, \mathfrak{A}, \mu)$ を**完全加法的測度空間**という．

通常は完全加法性の下で積分論が展開されるが，この本では，測度に有限加法性だけを要求して積分を定義する．ノンスタンダードな ＊-測度に ＊-有限加法性だけを要求するからである．

有限加法族$\mathfrak{A}$とその上の有限加法的測度μが与えられたとき，前述の系1によって集合族$\mathfrak{A}$をσ-加法族$\sigma(\mathfrak{A})$に拡大することはできる．しかし，μはσ-加法的測度に拡張できるとは限らない．μの拡張可能性に関しては次のHopf(ホップ)の拡張定理(Carathéodory(カラテオドリー)の拡張定理ともいう)がある．

1.3 定理 $(X, \mathfrak{A}, \mu)$を有限加法的測度空間とする．μがさらに条件

$$\{A_i \cap A_j = \emptyset\ (i \neq j)\ \text{かつ}\ \bigcup_{n\in\boldsymbol{N}} A_n \in \mathfrak{A}\}\ \text{なら}\quad \mu(\bigcup_{n\in\boldsymbol{N}} A_n) = \sum_{n\in\boldsymbol{N}} \mu(A_n) \tag{2.3}$$

をみたしているならば，μはX上のσ-加法族$\sigma(\mathfrak{A})$の上にσ-加法的測度として拡張される．さらに，Xの部分集合の列$\{X_n\}$で，$X_n \in \mathfrak{A}$かつ各nごとに$\mu(X_n)$は有限かつ$\bigcup_{n\in\boldsymbol{N}} X_n = X$をみたすものが存在するなら（このとき$\mu$は$\sigma$-有限であるという)，拡張はただ1つに限る．

この定理の証明は概略，次のとおりである[1)]．

任意の$A \subseteqq X$に対して高々可算個の集合$E_n \in \mathfrak{A}$でAをおおう，つまり$A \subseteqq \bigcup_{n=1}^{\infty} E_n$をみたすような可算個の集合$E_n \in \mathfrak{A}$をとる．このようなすべてのおおい方に対する$\mu$の値の和の下限として，集合関数$\Gamma$を定義する．すなわち

$$\Gamma(A) = \inf \sum_{n=1}^{\infty} \mu(E_n) \quad (\inf\text{はおおい方のすべてに関する下限})$$

とする．すると，ΓはXの部分集合の全体$\mathcal{P}(X)$を定義域とする集合関数で，

(i) $0 \leqq \Gamma(A) \leqq \infty, \quad \Gamma(\emptyset) = 0$ （非負性）

(ii) $A \subseteqq B$ ならば $\Gamma(A) \leqq \Gamma(B)$ （単調性）

(iii) $\Gamma\left(\bigcup_{n=1}^{\infty} A_n\right) \leqq \sum_{n=1}^{\infty} \Gamma(A_n)$ （劣加法性）

をみたすことがいえる．一般に (i)，(ii)，(iii) をみたす集合関数を**外測度**という．

このようにして定義された外測度Γを用いて

$$\mathfrak{B}_\Gamma = \{A \subseteqq X : \text{任意の}\ E \subseteqq X\ \text{に対して}\ \Gamma(E \cap A) + \Gamma(E \cap A^c) = \Gamma(E)\}$$

によってXの部分集合族$\mathfrak{B}_\Gamma$を定義すると$\mathfrak{B}_\Gamma$は$\mathfrak{A}$を含むσ-加法族となり，したがって$\mathfrak{B}_\Gamma \supseteqq \sigma(\mathfrak{A})$となる．さらに$A \in \mathfrak{B}_\Gamma$に対して

1) たとえば，伊藤清三［18］参照．

$$\mu(A) = \Gamma(A)$$

で μ を定義すると[1] μ は σ-加法的測度となることが証明でき，$(X, \mathfrak{B}_\Gamma, \mu)$ は σ-加法的測度空間になる．この μ を $\sigma(\mathfrak{A})$ に制限してできる $(X, \sigma(\mathfrak{A}), \mu)$ が定理 1.3 で求められたものである．

$\mathfrak{B}_\Gamma$ は必ずしも $\mathfrak{A}$ を含む最小の σ-加法族 $\sigma(\mathfrak{A})$ と一致せず，一般には $\sigma(\mathfrak{A})$ よりも大きくなる．そして$(X, \mathfrak{B}_\Gamma, \mu)$ は次の定義 1.4 の意味で完備な測度空間になる．

1.4　定義　測度空間 $(X, \mathfrak{B}, \mu)$ が

$$(A \subset N \text{ かつ } N \in \mathfrak{B} \text{ かつ } \mu(N)=0) \text{ ならば } \quad A \in \mathfrak{B}$$

をみたすとき，$(X, \mathfrak{B}, \mu)$ は**完備**であるという．

このように，定理 1.3 の条件 (2.3) をみたす有限加法的測度空間 $(X, \mathfrak{A}, \mu)$ から出発して，外測度 Γ を経由してつくった $(X, \mathfrak{B}_\Gamma, \mu)$ は自動的に完備な測度空間になる．一般に完備でない σ-加法的測度空間 $(X, \mathfrak{B}, \mu)$ が与えられたときも

$$\bar{\mathfrak{B}} = \{A : \exists B \in \mathfrak{B} \ \ \exists N \in \mathfrak{B} \ ((A \setminus B) \cup (B \setminus A) \subseteqq N \text{ かつ } \mu(N)=0)\}$$

$$\bar{\mu}(A) = \mu(B) \quad (\text{ただし，} B \text{ は } \bar{\mathfrak{B}} \text{ の定義式の中の } B)$$

によって $(X, \mathfrak{B}, \mu)$ の拡張 $(X, \bar{\mathfrak{B}}, \bar{\mu})$ をつくると完備になる．この $(X, \bar{\mathfrak{B}}, \bar{\mu})$ を測度空間 $(X, \mathfrak{B}, \mu)$ の**完備化**という．

$\boldsymbol{R}^N$ の上の測度空間の例を 2 つあげる．

例 1　$\boldsymbol{R}^N$ 上のルベーグ測度

$$I = \{(x_1, \cdots, x_N) : a_i \leqq x_i < b_i \ (i=1, \cdots, N)\}$$
$$= [a_1, b_1) \times \cdots \times [a_N, b_N) \quad (a_i, b_i \text{ は} \pm\infty \text{でもよい})$$

なる形の集合を $\boldsymbol{R}^N$ の**区間**といい，有限個の区間の直和（互いに素な集合の和集合）として表される集合を**区間塊**という．区間塊の全体を $\mathfrak{A}$ とし，区間 I に対して

$$m(I) = \prod_{i=1}^{N} (b_i - a_i)$$

で m の値を定義する．直和 $J = I_1 + \cdots + I_l \in \mathfrak{A}$ に対しては

1) $\mathfrak{A}$ を定義域とするときの有限加法的測度とは定義域が違うので，本来なら異なる文字を用いるべきだが，拡張になっているので同じ文字を用いることにする．

$$m(J) = \sum_{i=1}^{l} m(I_i)$$

によって m を定義すると，$(\boldsymbol{R}^N, \mathfrak{A}, m)$ は有限加法的測度空間となり，かつ定理1.3の条件（2.3）を満足する．したがってこれから出発して，$\boldsymbol{R}^N$ 上の外測度 Γ を経由して完備な測度空間 $(\boldsymbol{R}^N, \mathfrak{B}_\Gamma, \mu)$ が構成される．こうして得られた $(\boldsymbol{R}^N, \mathfrak{B}_\Gamma, \mu)$ を $\boldsymbol{R}^N$ 上の**ルベーグ測度空間**という．

積分の定義は次項で述べることになるが，ルベーグ測度空間に関する積分 $\int_E f(x)\mu(dx)$ を通常，$\int_E f(x)\,dx$ と書く．E 上でリーマン積分可能な関数はルベーグ積分可能となり，どちらで計算しても積分値は一致する．

例2　$\boldsymbol{R}$ 上のディラック測度

$\boldsymbol{R}$ の部分集合全体を $\mathfrak{B}$，$A \in \mathfrak{B}$ に対して

$$\mu(A) = \begin{cases} 0 & (0 \notin A) \\ 1 & (0 \in A) \end{cases}$$

とすると，$(\boldsymbol{R}, \mathfrak{B}, \mu)$ は測度空間となる．これをディラック測度といい，$\boldsymbol{R}$ 上の関数 $f(x)$ に対して $\int_{\boldsymbol{R}} f(x)\mu(dx) = f(0)$ が成り立つ．$\mu(dx)$ を形式的に $\delta(x)\,dx$ とおけば

$$\int_{\boldsymbol{R}} f(x)\,\delta(x)\,dx = f(0)$$

と表される．

測度論からの準備2[1)]

前に述べたように，ローブ理論は $*$-有限加法的測度 μ から出発してスタンダードな σ-加法的測度（ローブ測度）μ_L を構成するので，この準備2が必要になる．ただし，μ が定義される集合が $*$-有限集合の場合（たとえば2-3節のブラウン運動の場合）μ に関する積分といってもそれは $*$-有限和

$$\int_A f(x)\mu(dx) = \sum_{x \in A} f(x)\mu(x)$$

に過ぎないので，定理1.13までの議論は必要ない．

有限加法的測度空間 $(X, \mathfrak{A}, \mu)$ が与えられたとき，μ に関する積分は以下のようにして定義される．

1）　Dunford & Schwartz [20] Part 1 Chapter 3の理論の特別な場合である．ここではほとんどの証明を省略するので，[20] を参照してもらいたい．

［1］ 零集合と距離 ρ_μ の定義

1.5　定義　(i)　$A \subseteq X$ に対して，$\overline{\mu}(A) = \inf\{\mu(E) \mid E \supseteq A,\ E \in \mathfrak{A}\}$ とする．

(ii)　$\overline{\mu}(A) = 0$ である $A \subseteq X$ を**零集合**（正確には μ-零集合）という．

(iii)　ある μ-零集合の補集合上で性質 P が成り立つとき，$P(\mu$-a.e.$)$ という．以下で，集合 $\{x \in X : |f(x)| > a\}$ 等を $\{|f| > a\}$ 等と略記することにする．

(iv)　X 上の複素数値関数 f に対して

$$\|f\|_\mu = \inf_{\alpha > 0} \arctan(\alpha + \overline{\mu}(\{|f| > \alpha\}))$$

で $\|\ \|_\mu$ を定義する[1]．

(v)　$\|f\|_\mu = 0$ が成り立つとき，f を μ-零関数という．

1.6　補題　$\|f+g\|_\mu \leqq \|f\|_\mu + \|g\|_\mu$

この補題から

$$f \sim g \iff \|f-g\|_\mu = 0$$

によって定義される $\sim$ は同値関係になる．$\{f \mid f : X \longrightarrow \boldsymbol{C}\}$ を $\sim$ で類別した空間を $\mathcal{F}(X)$ で表すとき，$[f], [g] \in \mathcal{F}(X)$ に対して

$$\rho_\mu([f],[g]) = \|f-g\|_\mu$$

で定義される ρ_μ は $\mathcal{F}(X)$ 上の距離となる．

以降，類 $[f]$ と代表元 f を区別せず同じ記号 f で表すことにする．距離 ρ_μ に関する関数列 $\{f_n\}$ の収束を μ-測度収束といい，$\lim_{n\to\infty} f_n = f$ (in μ) で表す．

$\|\ \|_\mu$ は α に関する下限 (inf) によって定義されたが，次の命題から各 α ごとに考えればよいことがわかる．

1.7　命題　(i)　f が μ-零関数であるためには，任意の $\alpha > 0$ に対して $\{|f| > \alpha\}$ が μ-零集合であることが必要十分である．

(ii)　$\lim_{n\to\infty} f_n = f$ (in μ) であるためには，任意の $\alpha > 0$ に対して

$$\lim_{n\to\infty} \overline{\mu}(\{|f_n - f| > \alpha\}) = 0$$

であることが必要十分である．

---

1)　arctangent をとったのは $\|f\|_\mu = \infty$ を避けるためで，本質的でない．

［2］ 例

X を半開区間 $[0,1)$，$\mathfrak{A}$ を X に含まれる区間塊の全体のつくる有限加法族とする．区間塊 $I=[a_1, b_1)\cup\cdots\cup[a_n, b_n)$（各区間どうし互いに素）に対して

$$\mu(I) = \sum_{k=1}^{n}(b_k-a_k)$$

で μ を定義すると，$(X,\mathfrak{A},\mu)$ は有限加法的測度空間になる．この空間は次のような性質をもっている．

（i） $A\subseteqq X$ が有限集合なら，A は μ-零集合である．

（ii） $A\subseteqq X$ が可算集合であっても，A は μ-零集合とは限らない．

反例： $Q=\{x\in X\mid x$ は有理数$\}$ は可算集合だが，$\overline{\mu}(Q)=1$ である．

（iii） f が μ-零関数であっても，$f(x)=0\,(\mu\text{-a.e.})$ とは限らない（逆は成り立つ）．

反例：
$$f(x) = \begin{cases} \dfrac{1}{q} & \left(x=\dfrac{p}{q}: \text{既約分数}\right) \\ 0 & (x\notin Q) \end{cases}$$

とすると，$\{|f|>\alpha\}$ は有限集合なので μ-零集合である．したがって命題1.7から f は μ-零関数である．しかし $\overline{\mu}(\{f\neq 0\})=1$ なので，$f(x)=0$（μ-a.e.）ではない．

（iv） $f_n(x)\to f(x)$（各点）であっても $f_n\to f$（in μ）とは限らない．

反例： Q の要素を一列に並べて $Q=\{r_n : n=1,2,\cdots\}$ とする．

$$f_n(x) = \begin{cases} 1 & (x=r_n, r_{n+1}, \cdots) \\ 0 & (\text{それ以外}) \end{cases}$$

を考えると，$f_n\to 0$（各点）だが，$\overline{\mu}\left(\left\{|f_n|>\dfrac{1}{2}\right\}\right)=1$ なので，$f_n\to 0$（in μ）ではない．

［3］ 積分の定義

有限加法的測度空間 $(X,\mathfrak{A},\mu)$ での積分は，$\mathfrak{A}$-単関数を用いて定義される．前に述べたように $\mathcal{F}(X)$ は関数の同値類からなるが，代表元の選び方に依存しない形で議論できるので，つねに代表元で話を進める．

1.8 定義 （i） $f(x)=\sum_{k=1}^{n} c_k\chi_{E_k}(x)$（$c_k\in\boldsymbol{C}$ は定数，$\chi_{E_k}(x)$ は $E_k\in\mathfrak{A}$ の特性関数）の形の関数を **$\mathfrak{A}$-単関数**（または単に単関数）という．

（ii） 距離空間 $(\mathcal{F}(X), \rho_\mu)$ の中で $\mathfrak{A}$-単関数の全体がつくる部分空間の閉包

を $M(X)$ で表し，それに属する関数を $\mathfrak{A}$-可測関数という．

(iii)　X の部分集合 A の特性関数が $\mathfrak{A}$-可測関数のとき，A を $\mathfrak{A}$-可測集合という．

注　[2] の例における集合 Q は $\mathfrak{A}$-可測集合でない．どんな $\mathfrak{A}$-単関数 $f(x)$ に対しても $\overline{\mu}\left(\left\{|f-\chi_Q|>\dfrac{1}{2}\right\}\right)=1$ となるからである．

1.9　定義　$\mathfrak{A}$-単関数 $f(x)=\sum_{i=1}^{n} c_i\chi_{E_i}$ が，$(\mu(E_i)=+\infty \to c_i=0)$ をみたすとき，f は μ-可積分であるといい，その積分値を $\int_X f(x)\,\mu(dx)=\sum_{i=1}^{n} c_i\mu(E_i)$ で定義する．

このとき次の補題が成り立つ（証明は省略）．

1.10　補題　$\{f_n^{(1)}\}$，$\{f_n^{(2)}\}$ が μ-可積分単関数の列で次の条件をみたすとする．

(i)　$f_n^{(1)} \to f$ (in μ)，　$f_n^{(2)} \to f$ (in μ)

(ii)　$\left\{\int_X f_n^{\{k\}}(x)\,\mu(dx) : n=1,2,\cdots\right\}$ $(k=1,2)$ はどちらもコーシー列である．

このとき，$\lim_{n\to\infty}\int_X f_n^{(1)}(x)\,\mu(dx)=\lim_{n\to\infty}\int_X f_n^{(2)}(x)\,\mu(dx)$ が成り立つ．

補題1.10が成立するので，次のような定義が可能である．

1.11　定義　$f\in\mathcal{F}(X)$ に対して次の条件をみたす μ-可積分単関数の列 $\{f_n\}$ が存在するとき，f は μ-可積分であるという．

(i)　$f_n \to f$ (in μ)

(ii)　$\left\{\int_X f_n(x)\,\mu(dx)\right\}$ はコーシー列である．

このとき $\{f_n\}$ を f を決定する単関数列とよび，f の積分値を

$$\int_X f(x)\,\mu(dx) = \lim_{n\to\infty}\int_X f_n(x)\,\mu(dx)$$

で定義する．$\mathfrak{A}$-可測集合 A 上での f の積分値は，$f(x)\chi_A(x)$ が μ-可積分のとき

$$\int_A f(x)\,\mu(dx)=\int_X f(x)\,\chi_A(x)\,\mu(dx)$$

で定義する．

［4］ 積分の諸性質

有限加法性しかない場合でも，完全加法性の下で展開される積分論のうちの多くの部分が同様に展開できる．以下，証明は抜きにして結果だけ述べよう．

1.12 命題 （1） f が μ-可積分なら $|f|$ も μ-可積分である．

（2） $\{f_n\}$ が f を決定する単関数列なら，$\{|f_n|\}$ は $|f|$ を決定する単関数列である．

（3） 積分は線形汎関数である．

（4） f が $\mathfrak{A}$-可測のとき，f が μ-可積分であるためには $|f|$ が μ-可積分であることが必要かつ十分である．

（5） f が $\mathfrak{A}$-可測かつ g が μ-可積分かつ $|f(x)| \leqq |g(x)|$ （μ-a.e.） なら，f は μ-可積分である．

（6） $|f|^p$ が μ-可積分のとき，$\|f\|_p = \left(\int_X |f(x)|^p \mu(dx)\right)^{1/p}$ （$1 \leqq p < \infty$） とすると，$\| \ \|_p$ はノルムとなる．さらに $f \in \mathcal{F}(X)$ に対して

$$\|f\|_p = 0 \iff f \text{ は零関数である}$$

が成り立つ．

$|f|^p$ が μ-可積分である f の全体の空間上でこの $\| \ \|_p$ をノルムとしたとき，このノルム空間を $L^p(X, \mu)$ で表す．

1.13 定理（有界収束定理）

（1） $L^p(X, \mu)$ は線形ノルム空間である．

（2） $1 \leqq p < \infty$，$g \in L^p(X, \mu)$，$f_n \in L^p(X, \mu)$，$|f_n(x)| \leqq |g(x)|$ （μ-a.e.） とする．このとき

$$f_n \to f \ (\text{in } \mu) \iff f \in L^p(X, \mu) \text{ かつ } \lim_{n\to\infty} \|f_n - f\|_p = 0$$

が成り立つ．

注 ［2］の例における有限加法的測度空間 $([0,1), \mathfrak{A}, \mu)$ について，$[0,1)$ での連続関数は $\mathfrak{A}$-可測である．

このことの証明は Dunford & Schwartz ［20］にないので，証明しておく．

証明 n を自然数とする．$\left[0, 1-\dfrac{1}{n}\right]$ で f は一様連続だから，$\delta_n > 0$ を

$$|x - x'| < \delta_n \implies |f(x) - f(x')| < \frac{1}{n}$$

をみたすように選ぶことができる．この δ_n を幅として $\left[0, 1-\dfrac{1}{n}\right]$ を等分割し

$$0 = x_0 < x_1 < \cdots < x_{N_n} = 1-\frac{1}{n}$$

とおく．$f_n(x) = \sum_{i=0}^{N_n-1} f(x_i)\chi_{A_i}(x)$，$A_i = [x_i, x_{i+1})$ によって $\mathfrak{A}$-単関数列を定義すると，すべての $x \in \left[0, 1-\dfrac{1}{n}\right]$ に対して $|f_n(x) - f(x)| < \dfrac{1}{n}$ が成り立つ．

$\alpha > 0$ と $\varepsilon > 0$ が与えられたとき，$\dfrac{1}{n} \leqq \min\{\alpha, \varepsilon\}$ をみたす n をとると

$$\forall m \geqq n \quad \overline{\mu}(\{|f_m - f| > \alpha\}) < \varepsilon$$

が成り立つので $f_n \to f$ (in μ) となる．したがって f は $\mathfrak{A}$-可測である．

（証明終り）

注　有限加法性と完全加法性は次の点で異なる．

（i）　完全加法性の下では $L^p(X, \mu)$ は完備であるが，有限加法性の下では一般には完備でない．

（ii）　有限加法性の下では，$f_n \to f$ (μ-a.e.) が成り立っていても，必ずしも $f_n \to f$ (in μ) が成り立たない．

スペクトル理論などにおいて (i) の相異点は決定的である．しかし個々の積分を考えるだけなら，有限加法性だけで充分事足りることも多い．

ローブ測度（有界の場合）

第1章7節で連続関数のリーマン積分を $*$-有限和の標準部分として実現した．具体的には，区間 $[a, b]$ に対し，無限小間隔の $*$-格子

$$\boldsymbol{L} = \{a = x_0, x_1, x_2, \cdots, x_N = b\}, \qquad x_k - x_{k-1} = \frac{b-a}{N}, \quad N \in {}^*\boldsymbol{N}_\infty$$

をとると，$*$-有限和 $\sum_{k=0}^{n-1} {}^*f(x_k)\dfrac{b-a}{N}$ の標準部分が積分値 $\int_a^b f(x)\,dx$ と一致する．ところがルベーグ積分をこのような方法で表すことはできない．簡単な反例を1つあげよう．

$$\boldsymbol{L} = \left\{0, \frac{1}{N}, \frac{2}{N}, \cdots, \frac{N}{N} = 1\right\}, \qquad N \in {}^*\boldsymbol{N}_\infty$$

をとり，区間 $[0, 1]$ を定義域にする関数

$$f(x) = \begin{cases} 0 & (x \text{ が有理数のとき}) \\ 1 & (x \text{ が無理数のとき}) \end{cases}$$

を考えると，この関数のルベーグ積分値は $\int_0^1 f(x)\,dx=1$ となる．一方，

$$^*f(x) = \begin{cases} 0 & (x \in {}^*\boldsymbol{Q}) \\ 1 & (x \notin {}^*\boldsymbol{Q}) \end{cases}$$

なので $\sum_{k=0}^{N-1} {}^*f\left(\frac{k}{N}\right)\frac{1}{N}=0$ となって ${}^\circ\sum_{k=0}^{N-1} {}^*f\left(\frac{k}{N}\right)\frac{1}{N}$ は $f(x)$ のルベーグ積分値と一致しない．

この問題は P. A. Loeb の理論によって解決される．

定義からはじめる．

1.14 定義 以下の (i) から (vi) をみたす $(X, \mathfrak{A}, \mu)$ を**内的な *-有限加法的測度空間**という．これがさらに (vii) をみたすとき，$(X, \mathfrak{A}, \mu)$ は**有界**であるという．

（i） $X, \mathfrak{A}, \mu$ はいずれも内的な集合である．

（ii） $\mathfrak{A}$ の要素は X の内的な部分集合である．

（iii） μ は $\mathfrak{A}$ から ${}^*\boldsymbol{R}^+ \cup \{0, {}^*\infty\}$ への写像である．

（iv） $\emptyset \in \mathfrak{A}$ であり，$(A \in \mathfrak{A}$ なら $A^c \in \mathfrak{A})$ である．

（v） $n \in {}^*\boldsymbol{N}$ とするとき，$\mathfrak{A}$ の要素の内的な *-有限列 $\langle A_1, A_2, \cdots, A_n \rangle$ に対して $\bigcup_{k \leqq n} A_k$ は $\mathfrak{A}$ の要素である．

（vi） （v）の $\langle A_1, A_2, \cdots, A_n \rangle$ が $A_i \cap A_j = \emptyset$ $(i \neq j)$ をみたしているなら，

$$\mu\left(\bigcup_{k \leqq n} A_k\right) = \sum_{k \leqq n} \mu(A_k) \tag{2.4}$$

（vii） $\mu(X)$ は有限数である．

$(X, \mathfrak{A}, \mu)$ が内的な *-有限加法的測度空間で有界のとき，$(X, \mathfrak{A}, {}^\circ\mu)$ は有限加法的測度空間となり，次に述べる命題 1.15 によって定理 1.3 の (2.3) をみたすことがわかる．したがって，Carathéodory の方法で $\sigma(\mathfrak{A})$ 上の σ-加法的測度に拡張される．こうして得られた測度空間 $(X, \sigma(\mathfrak{A}), \mu)$ を完備化した測度空間をローブ測度空間といい，$(X, L(\mathfrak{A}), \mu_L)$ で表す．

P. A. Loeb 以前はスタンダードな理論をノンスタンダードな世界で解釈することでスタンダードな理論の初等的な解釈を得るという研究が主流であった．それと反対に，P. A. Loeb は外的な集合族 $L(\mathfrak{A})$ 上にスタンダードな測度空間を構成した．これが彼の論文 [13] の題 “Conversion from nonstandard to standard…” の意味であろうし，この点で彼の仕事は画期的である．たとえばのちに

登場するLoeb-Andersonのブラウン運動における経路 $b(\omega,t)$ の1つ1つは $\boldsymbol{R}^2$ 内のスタンダードな経路だが，ω の全体集合 Ω はノンスタンダードな世界に属する．

1.15　命題　$(X,\mathfrak{A},\mu)$ を内的な $*$-有限加法的測度空間で有界とする．$A\in\mathfrak{A}$ に対して $^\circ(\mu(A))$ を対応させる写像 $^\circ\mu$ は $\mathfrak{A}$ から $\boldsymbol{R}$ への有限加法的な測度であり，こうしてつくられた外的な有限加法的測度空間 $(X,\mathfrak{A},{}^\circ\mu)$ は，定理1.3の条件

$$(A_i\cap A_j=\varnothing\,(i\neq j)\ \text{かつ}\ \bigcup_{n\in\boldsymbol{N}}A_n\in\mathfrak{A})\ \text{なら}$$
$$^\circ\mu(\bigcup_{n\in\boldsymbol{N}}A_n)=\sum_{n\in\boldsymbol{N}}{}^\circ\mu(A_n) \tag{2.3再掲}$$

をみたす．

証明　$A_n\in\mathfrak{A}$ $(n\in\boldsymbol{N})$ が $A_i\cap A_j=\varnothing\,(i\neq j)$ と $A=\bigcup_{n\in\boldsymbol{N}}A_n\in\mathfrak{A}$ をみたすとする．第1章の拡大定理（定理6.10）を用いて外的な列 $\langle A_n:n\in\boldsymbol{N}\rangle$ を内的な列 $\langle A_n:n\in{}^*\boldsymbol{N}\rangle$ に拡大しておいて，内的な論理式 $\Phi(n)\equiv$「$\bigcup_{k\leqq n}A_k\supseteqq A$」を考えると，$\Phi(n)$ はすべての $n\in{}^*\boldsymbol{N}_\infty$ に対して成り立つ．したがって第1章の延長定理（定理5.8 (3)）から，$\Phi(n_0)$ を真にするような $n_0\in\boldsymbol{N}$ が存在する．すなわち，$A=A_1\cup\cdots\cup A_{n_0}$ が成り立つ．$\{A_i:i\in\boldsymbol{N}\}$ は互いに素だから $k>n_0$ $(k\in\boldsymbol{N})$ に対しては $A_k=\varnothing$ であることがわかる．よって $^\circ\mu$ の有限加法性から

$$^\circ\mu(A)=\sum_{k=1}^{n_0}{}^\circ\mu(A_k)=\sum_{k\in\boldsymbol{N}}{}^\circ\mu(A_k)$$

が成り立つ．　（証明終り）

1.16　定義　定理1.3の条件（2.3）が成り立ち，かつ $^\circ\mu(X)$ は有限なので，有限加法的測度空間 $(X,\mathfrak{A},{}^\circ\mu)$ は σ-加法的測度空間に一意的に拡張できる．その完備化を**ローブ測度空間**といい，$(X,L(\mathfrak{A}),\mu_L)$ で表す．

以上がP. A. Loeb [13] やR. M. Anderson [14] におけるローブ測度空間のつくり方で，Hopfの拡張定理（定理1.3）を経由している．それを経由せず直接に構成することもできるので，$\mu(X)$ が有限でない場合との対比も考慮して，重複を厭わず再構成しよう．

出発点は有界な内的 $*$-有限加法的測度空間 $(X,\mathfrak{A},\mu)$ である．X の任意の内的または外的な部分集合 E に対して

$$\overline{{}^\circ\mu}(E) = \inf\{{}^\circ\mu(A) : E \subseteqq A,\ A \in \mathfrak{A}\} \tag{2.5}$$

$$\underline{{}^\circ\mu}(E) = \sup\{{}^\circ\mu(A) : A \subseteqq E,\ A \in \mathfrak{A}\} \tag{2.6}$$

によって**外測度** $\overline{{}^\circ\mu} : \mathcal{P}(X) \longrightarrow [0, \infty)$ と**内測度** $\underline{{}^\circ\mu} : \mathcal{P}(X) \longrightarrow [0, \infty)$ を定義する．μ が X の内的な部分集合に正または 0 の超実数を対応させる写像であるのに対して，$\overline{{}^\circ\mu}$，$\underline{{}^\circ\mu}$ は外的集合も含めて X の任意の部分集合に正または 0 のスタンダードな実数を対応させる写像である．$\mathfrak{A}$ を含む最小の σ-加法族を $\sigma(\mathfrak{A})$ で表すことにする．

1.17　定義　X の内的または外的な部分集合 E が $\overline{{}^\circ\mu}(E) = \underline{{}^\circ\mu}(E)$ をみたすとき，E は**ローブ可測集合**であるといい，その全体を $L(\mathfrak{A})$ で表す：

$$L(\mathfrak{A}) = \{E \subseteqq X : \overline{{}^\circ\mu}(E) = \underline{{}^\circ\mu}(E)\} \tag{2.7}$$

また，$L(\mathfrak{A})$ から $[0, \infty)$ への写像 μ_L を

$$\mu_L(E) = \overline{{}^\circ\mu}(E) = \underline{{}^\circ\mu}(E) \tag{2.8}$$

で定義する．ローブ可測集合のことを $L(\mathfrak{A})$-可測集合ともいう．

1.18　命題　（1）　$E \subseteqq X$ が $L(\mathfrak{A})$-可測であるためには，任意の $\varepsilon \in \boldsymbol{R}^+$ に対して

$$B \subseteqq E \subseteqq A \text{ かつ } \mu(A \backslash B) < \varepsilon \tag{2.9}$$

をみたす $A, B \in \mathfrak{A}$ が存在することが必要十分である．

（2）　$L(\mathfrak{A})$ は有限加法族である，つまり，$E, F \in L(\mathfrak{A})$ なら $X \backslash E$，$E \cup F$ も $L(\mathfrak{A})$ の要素である．

証明　いずれも定義から直ちに導かれるので省略する．

1.19　命題　$L(\mathfrak{A})$ は完備な σ-加法族であり，かつ，μ_L はその上の σ-加法的測度である．

証明　$L(\mathfrak{A})$ に属する集合の可算列 $\{E_k\}$ に対して，$E = \bigcup_{k \in \boldsymbol{N}} E_k$ が $L(\mathfrak{A})$ に属することを示す．$L(\mathfrak{A})$ は有限加法族だから，$\{E_k\}$ を互いに素として一般性を失わない．

$\varepsilon \in \boldsymbol{R}^+$ に対して，命題 1.18（1）より $B_k \subseteqq E_k \subseteqq A_k$，$\mu(A_k \backslash B_k) < \dfrac{\varepsilon}{2^{k+1}}$ をみたす組 (B_k, A_k)（$k \in \boldsymbol{N}$）をとることができる．これに第 1 章の定理 6.10 を用いて内的な列 (B_k, A_k)（$k \in {}^*\boldsymbol{N}$）に拡大したうえで第 1 章定理 5.8 の延長定理を用いると，無限大の超自然数 $N \in {}^*\boldsymbol{N}_\infty$ が存在して，$1 \leqq k \leqq N$ をみたすすべて

の $k\in{}^*\boldsymbol{N}$ に対して

$$B_k\subseteqq A_k \text{ かつ } \mu(A_k\backslash B_k) < \frac{\varepsilon}{2^{k+1}}$$

が成り立つ．n を N 以下の無限大超自然数とすると

$$\begin{aligned}\overline{{}^\circ\mu}(E) &\lesssim^{1)} \mu\left(\bigcup_{k=1}^n A_k\right) = \mu\left(\bigcup_{k=1}^n (A_k\backslash B_k)\cup\left(\bigcup_{k=1}^n B_k\right)\right)\\ &\leqq \sum_{k=1}^n \mu(A_k\backslash B_k)+\sum_{k=1}^n \mu(B_k)\\ &< \frac{\varepsilon}{2}+\sum_{k=1}^n \mu(B_k)\end{aligned}$$

となる．最初に現れた $\lesssim$ を考慮すると $\overline{{}^\circ\mu}(E)<\frac{3}{4}\varepsilon+\sum_{k=1}^n \mu(B_k)$ が成り立つ．この不等式に延長定理を用いると，$\overline{{}^\circ\mu}(E)<\frac{3}{4}\varepsilon+\sum_{k=1}^m \mu(B_k)$ をみたす $m\in\boldsymbol{N}$ が存在し，$\sum_{k=1}^m \mu(B_k)=\mu\left(\bigcup_{k=1}^m B_k\right)\lesssim{}^\circ\underline{\mu}(E)$ に注意すると

$$\overline{{}^\circ\mu}(E)<\varepsilon+{}^\circ\underline{\mu}(E)$$

がわかる．$\varepsilon\in\boldsymbol{R}^+$ は任意なので $\overline{{}^\circ\mu}(E)\leqq{}^\circ\underline{\mu}(E)$．したがって，$\overline{{}^\circ\mu}(E)={}^\circ\underline{\mu}(E)$ が成り立つ．したがって，$E\in L(\mathfrak{A})$ である．

さらに，上式より $\mu_L(E)-\varepsilon<\sum_{k=1}^m \mu(B_k)\lesssim\sum_{k=1}^m \mu_L(E_k)$，したがって，$\mu_L(E)<\sum_{k=1}^m \mu_L(E_k)+2\varepsilon$ となる．$\mu_L(E_k)$ は正または0だから，$\mu_L(E)<\sum_{k\in\boldsymbol{N}}\mu_L(E_k)+2\varepsilon$．$\varepsilon$ は任意なので，$\mu_L(E)\leqq\sum_{k\in\boldsymbol{N}}\mu_L(E_k)$ が成り立つ．一方，すべての $m\in\boldsymbol{N}$ に対して

$$\sum_{k=1}^m \mu_L(E_k) = \mu_L(\bigcup_{k=1}^m E_k) \leqq \mu_L(E)$$

なので $\sum_{k\in\boldsymbol{N}}\mu_L(E_k)\leqq\mu_L(E)$ が成り立ち，したがって，$\mu_L(E)=\sum_{k\in\boldsymbol{N}}\mu_L(E_k)$ が成り立つ．つまり，μ_L は σ-加法的測度である．$L(\mathfrak{A})$ の完備性はその定義から明らかである．（証明終り）

μ_L を $\sigma(\mathfrak{A})$ に制限したものを同じ記号 μ_L で表すとして，3つの空間

$$(X,\mathfrak{A},{}^\circ\mu) \to (X,\sigma(\mathfrak{A}),\mu_L) \to (X,L(\mathfrak{A}),\mu_L)$$

1)　$a,b\in{}^*\boldsymbol{R}$ が $a\leqq b$ または $a-b\simeq0$ をみたすとき，$a\lesssim b$ で表す．

ができた．命題1.19から，あとの2つはσ-加法的測度空間になっていて，$(X, L(\mathfrak{A}), \mu_L)$ は $(X, \sigma(\mathfrak{A}), \mu_L)$ の完備化になっている．

有限加法的測度 $(X, \mathfrak{A}, {}^\circ\mu)$ から σ-加法的測度 $(X, \sigma(\mathfrak{A}), \mu_L)$ への拡張がただ1通りであることは次のようにしていえる（実は ${}^\circ\mu(X)<\infty$ なので定理1.3を前提にすれば明らかなのだが，いまは定理1.3に依拠せず，より具体的に再構成するという立場に立つので証明を行なう）．

いま $(X, \mathfrak{A}, {}^\circ\mu)$ の $\sigma(\mathfrak{A})$ への σ-加法的な拡張の任意の1つを $(X, \sigma(\mathfrak{A}), \nu)$ とすると，任意の $E\in\sigma(\mathfrak{A})$ に対して，命題1.18より増大列 $\{B_k\}$ と減少列 $\{A_k\}$ の組で

$$B_k \subseteqq E \subseteqq A_k, \qquad \mu(A_k \backslash B_k) < \frac{1}{k}, \qquad A_k \in \mathfrak{A},\ \ B_k \in \mathfrak{A}$$

をみたすものがとれる．

$$\mu_L(B_k) = {}^\circ\mu(B_k) \leqq \mu_L(E) \leqq {}^\circ\mu(A_k) = \mu_L(A_k),\ \ \mu_L(A_k \backslash B_k) < \frac{1}{k}$$

と

$$\nu(B_k) = {}^\circ\mu(B_k) \leqq \nu(E) \leqq {}^\circ\mu(A_k) = \nu(A_k), \qquad \nu(A_k \backslash B_k) < \frac{1}{k}$$

において $k\to\infty$ にすると，$\mu_L(E)=\nu(E)$ が導かれる．

以上を定理としてまとめておく．

1.20　定理　有界な $*$-有限加法的測度空間 $(X, \mathfrak{A}, \mu)$ から定義1.17の方法で構成される $(X, \sigma(\mathfrak{A}), \mu_L)$ および $(X, L(\mathfrak{A}), \mu_L)$ は σ-加法的測度空間で，後者は前者の完備化になっている．さらに $\mathfrak{A}$ 上の有限加法的測度 ${}^\circ\mu$ の $\sigma(\mathfrak{A})$ 上の σ-加法的測度への拡張はただ1通りでこの μ_L に限る．

$L(\mathfrak{A})$ は X の外的な部分集合も含んでいるが，実は任意の $E\in L(\mathfrak{A})$ に対してこれを測度0の誤差で近似するような内的な集合 $A\in\mathfrak{A}$ が存在する，すなわち次の近似定理が成り立つ．この定理のおかげで $(X, L(\mathfrak{A}), \mu_L)$ に関する議論を，$(X, \mathfrak{A}, \mu)$ に関する議論に還元することができる．

1.21　定理　$E\subseteqq X$ が $L(\mathfrak{A})$-可測であるためには，$\overline{{}^\circ\mu}(E \triangle A)=0$ をみたす内的な $A\in\mathfrak{A}$ が存在することが必要かつ十分である．

ここに $E\triangle A=(E\backslash A)\cup(A\backslash E)$ である．

証明　E を $L(\mathfrak{A})$-可測とすると，命題1.18 (1) から $\mathfrak{A}$ の要素の列 $\{E_n\}$, $\{E_n{}'\}$ $(n\in\boldsymbol{N})$ で

$$E_n \subseteqq E \subseteqq E_n', \quad E_n \subseteqq E_{n+1},\ E_n' \supseteqq E_{n+1}', \quad \mu(E_n' \setminus E_n) < \frac{1}{n} \tag{2.10}$$

をみたすものが存在する．これらを内的な列 $\{E_n\}$，$\{E_n'\}$ $(n \in {}^*\boldsymbol{N})$ に拡大する．$k \in {}^*\boldsymbol{N}$ に関する内的な論理式

$$\Phi(k) \equiv \forall n \leqq k\ (E_n \subseteqq E_n' \text{ かつ } E_{n-1} \subseteqq E_n \text{ かつ } E_n' \subseteqq E_{n-1}' \text{ かつ}$$
$$\mu(E_n' \setminus E_n) < \frac{1}{n} \text{ かつ } E_n \in \mathfrak{A} \text{ かつ } E_n' \in \mathfrak{A})$$

がすべての $k \in \boldsymbol{N}$ に対して成り立つので，延長定理より，ある $N \in {}^*\boldsymbol{N}_\infty$ でも成り立つ．$A = E_N$ とおくと任意の $n \in \boldsymbol{N}$ に対して

$$E_n \subseteqq A \subseteqq E_n' \quad \text{かつ} \quad E_n \subseteqq E \subseteqq E_n' \quad \text{かつ} \quad \mu(E_n' \setminus E_n) < \frac{1}{n}$$

が成り立つ．この式から $E \triangle A \subseteqq E_n' \setminus E_n$ および

$$\mu_L(E \triangle A) \leqq \mu_L(E_n' \setminus E_n) \lesssim \mu(E_n' \setminus E_n) < \frac{1}{n} \tag{2.11}$$

となる．$n \in \boldsymbol{N}$ は任意なので $\overline{{}^\circ\mu}(E \triangle A) = 0$ である．

逆にこのような $A \in \mathfrak{A}$ が存在するとする．$\overline{{}^\circ\mu}(A \setminus E) = 0 = \overline{{}^\circ\mu}(E \setminus A)$ なので，任意に指定された $\varepsilon \in \boldsymbol{R}^+$ に対して

$$A \setminus E \subseteqq B, \quad E \setminus A \subseteqq C, \quad \mu(B) < \varepsilon, \quad \mu(C) < \varepsilon$$

をみたす $B, C \in \mathfrak{A}$ が存在する．$E \subseteqq A \cup C \in \mathfrak{A}$ なので

$$\mu(A \cup C) < \mu(A) + \mu(C) < \mu(A) + \varepsilon$$

である．ε は任意なので，$\overline{{}^\circ\mu}(E) \leqq {}^\circ\mu(A)$ が成り立つ．また $E \supseteqq A \setminus B \in \mathfrak{A}$ から

$$\mu(A) - \varepsilon \leqq \mu(A) - \mu(B) \leqq \mu(A \setminus B) \leqq \mu(E)$$

となり，${}^\circ\mu(A) \leqq \underline{{}^\circ\mu}(E)$ が成り立つ．以上から $\underline{{}^\circ\mu}(E) = \overline{{}^\circ\mu}(E)$ となり E は $L(\mathfrak{A})$-可測である．（証明終り）

ローブ測度（非有界の場合）

$\mu(X)$ が無限大数のとき，$*$-有限加法的測度空間 $(X, \mathfrak{A}, \mu)$ からローブ測度空間を構成しようとすると，σ-有限性が成り立たないために σ-加法的測度への拡張の一意性が破れてしまう．詳細な証明は巻末の付録1にまわして，ここでは定義と結果だけを述べる．

非有界のために $L(\mathfrak{A})$-可測集合を定義1.17のように

$$\{A \subseteqq X : \overline{{}^\circ\mu}(A) = \underline{{}^\circ\mu}(A)\}$$

で定義しても σ-加法族とならないので，次のように修正することになる．

1.22 定義 (1) $E \subseteqq X$ が $\underline{{}^\circ\mu}(E) = \overline{{}^\circ\mu}(E) < \infty$ をみたすとき **μ_L-可積分集合**といい，その全体を $I(\mathfrak{A})$ で表す.

(2) $M \subseteqq X$ が **μ_L-可測集合**であるとは，すべての $E \in I(\mathfrak{A})$ に対して $M \cap E \in I(\mathfrak{A})$ が成り立つことである. μ_L-可測集合の全体を $L(\mathfrak{A})$ で表す.

実は，外測度 $\overline{{}^\circ\mu}$ の $L(\mathfrak{A})$ への制限も，内測度 $\underline{{}^\circ\mu}$ の $L(\mathfrak{A})$ への制限もともに完備な σ-加法的測度となり，しかも両者は必ずしも一致しない. これは上で定義した $L(\mathfrak{A})$ が大きすぎることが原因であって，$\mathfrak{A}$ を含む最小の σ-加法族 $\sigma(\mathfrak{A})$ の上に制限すれば，両者は一致するのである. つまり $*$-有限加法的測度空間 $(X, \mathfrak{A}, {}^\circ\mu)$ から $\sigma(\mathfrak{A})$ までの拡張は一意的であるが，そこをこえてさらに $L(\mathfrak{A})$ にまで拡張しようとすると一意性が破れてしまう.

定理としてまとめておく.

1.23 定理 $*$-有限加法的な $(X, \mathfrak{A}, \mu)$ が非有界とする.

(1) $(X, L(\mathfrak{A}), \overline{{}^\circ\mu})$ も $(X, L(\mathfrak{A}), \underline{{}^\circ\mu})$ も完備な σ-加法的測度空間である.

(2) $\overline{{}^\circ\mu}$ と $\underline{{}^\circ\mu}$ は $\mathfrak{A}$ を含む最小の σ-加法族 $\sigma(\mathfrak{A})$ の上では一致する. したがって $(X, \mathfrak{A}, {}^\circ\mu)$ の $\sigma(\mathfrak{A})$ 上への拡張は一意的である.

(3) X を $*$-有限集合，$\mathfrak{A}$ は X の内的な部分集合の全体とする. X から ${}^*\boldsymbol{R}^+ \cup \{0\}$ への内的な関数 $\rho(x)$ を用いて，$\mu(A) = \sum_{x \in A} \rho(x)$ $(A \in \mathfrak{A})$ によって μ が定義されているとする. このとき，すべての $x \in X$ に対して $\rho(x) \simeq 0$ が成り立つなら，$\underline{{}^\circ\mu}(M) = 0$ かつ $\overline{{}^\circ\mu}(M) = +\infty$ をみたす $M \in L(\mathfrak{A})$ が存在する. したがって $(X, \mathfrak{A}, {}^\circ\mu)$ の $L(\mathfrak{A})$ への拡張は一意的でない.

2-2 節　積分

測度空間が構成されたので次は積分である. 測度空間に関する

$$*\text{-有限加法的な}\,(X, \mathfrak{A}, \mu) \leftrightarrow \sigma\text{-加法的な}\,(X, L(\mathfrak{A}), \mu_L)$$

の対応関係に応じて，積分についても

$$(X, \mathfrak{A}, \mu)\text{ に関する }*\text{-積分} \leftrightarrow (X, L(\mathfrak{A}), \mu_L)\text{ に関する積分}$$

の対応関係を調べる必要がある.

前節において有限加法性の下での積分が定義された (定義 1.11). これに移行原理を適用すれば，内的な $*$-有限加法的測度空間 $(X, \mathfrak{A}, \mu)$ での $*$-可測性,

$*$-可積分性および $*$-積分が定義される．以下ではこの意味での $*$-可積分関数 $F(x)$ の $*$-積分を ${}^*\!\!\int F(x)\,\mu(dx)$ で表すことにする．ただし命題 2.3 以降は $F(x)$ として $*$-単関数のみ考えれば十分である（定理 2.3 の注[1] 参照）．

一方，$(X, L(\mathfrak{A}), \mu_L)$ はスタンダードな σ-加法的測度空間なので，通常のように可測性，可積分性および積分が定義される．ただし前節で述べたように非有界の場合には $L(\mathfrak{A})$ までの拡張は一般には一意的でないから，μ_L を複数個の拡張のうちのどれにするかを決めておく必要がある．どれを選ぶべきかに必然性はないが，ここでは μ_L として $\overline{{}^\circ\mu}$ を選ぶことにしておく．

問題は次のように立てられる．

問題 1：内的な $F: X \longrightarrow {}^*\boldsymbol{R}$ から[1] $f = {}^\circ F: X \longrightarrow \boldsymbol{R} \cup \{\pm\infty\}$ をつくったとき，f が $L(\mathfrak{A})$-可測になるような F はどのような関数か．

問題 2：逆に $f: X \longrightarrow \boldsymbol{R} \cup \{\pm\infty\}$ が与えられたとき，

$$ {}^\circ F(x) = f(x) \quad \text{かつ} \quad {}^\circ\!\left({}^*\!\!\int_X F(x)\,\mu(dx)\right) = \int_X f(x)\,\mu_L(dx) $$

をみたす内的な $F: X \longrightarrow {}^*\boldsymbol{R}$ は，f がどのような関数のときに存在するか．

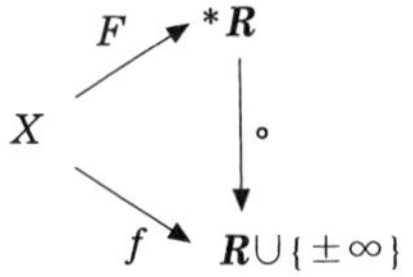

図 2-1

もちあげ

問題 1 は簡単に解決できる．

2.1　命題　$F: X \longrightarrow {}^*\boldsymbol{R}$ が内的な $\mathfrak{A}$-可測関数[2] ならば，$f(x) = {}^\circ F(x)$ は $L(\mathfrak{A})$-可測関数である．

証明　F が $\mathfrak{A}$-可測関数なので定義 1.8 より $\lim_{n \to {}^*\infty} F_n = F$ (in μ) をみたす $*$-単関数の列 $\{F_n\}$ が存在する．つまり，任意の $\alpha \in {}^*\boldsymbol{R}^+$ と $\varepsilon \in {}^*\boldsymbol{R}^+$ に対して適当な $N \in {}^*\boldsymbol{N}$ を選ぶと $n \geqq N$ をみたすすべての $n \in {}^*\boldsymbol{N}$ に対して

1)　$F: X \longrightarrow {}^*\boldsymbol{C}$ に対しては実部と虚部に分けて，各々に以下の議論を適用すればよい．

2)　本来なら $\mathfrak{A}$-$*$-可測関数と書くべきだが，煩雑になるので $*$ を省略する．

$$\overline{\mu}(\{|F_n - F| > \alpha\}) < \varepsilon$$

が成り立つ．とくに α と ε を無限小数として固定し $n=N$ にとると $\overline{\mu}(\{|F_N - F| > \alpha\}) < \varepsilon$ である．$\overline{\mu}$ の定義1.5から

$$\{|F_N - F| > \alpha\} \subseteqq E, \qquad \mu(E) < 2\varepsilon$$

をみたす $E \in \mathfrak{A}$ が存在するので，$\overline{{}^\circ\mu}$ の定義（(2.5) 式）から

$$\overline{{}^\circ\mu}(\{|F_N - F| > \alpha\}) = 0$$

となる．したがって，$(X, L(\mathfrak{A}), \mu_L)$ の定義1.17，1.22から

$$\{|F_N - F| > \alpha\} \in L(\mathfrak{A}), \qquad \mu_L(\{|F_N - F| > \alpha\}) = 0$$

である．以下，$\{|F_N - F| > \alpha\}$ を A で表すことにする．$x \notin A$ をとる．${}^\circ F(x) < r$ $(r \in \boldsymbol{R})$ なら $F(x) < r - \dfrac{1}{k}$ をみたす $k \in \boldsymbol{N}$ が存在する．このとき $x \notin A$ より $F_N(x) < r - \dfrac{1}{k} + \alpha$ となり，${}^\circ F_N(x) < r$ が成り立つ．逆に ${}^\circ F_N(x) < r$ から ${}^\circ F(x) < r$ も同様にいえるので

$$\{{}^\circ F(x) < r\} \triangle \{{}^\circ F_N(x) < r\} \subseteqq A.$$

したがって $L(\mathfrak{A})$ の完備性から

$$\{{}^\circ F(x) < r\} \triangle \{{}^\circ F_N(x) < r\} \in L(\mathfrak{A}),$$
$$\mu_L(\{{}^\circ F(x) < r\} \triangle \{{}^\circ F_N(x) < r\}) = 0 \tag{2.12}$$

が成り立つ．ところが

$$\{{}^\circ F_N(x) < r\} = \bigcup_{k \in \boldsymbol{N}} \left\{F_N(x) < r - \frac{1}{k}\right\}$$

であり，右辺の各々の集合は $\mathfrak{A}$ に属するからその和集合は $L(\mathfrak{A})$ に属する．したがって左辺も $L(\mathfrak{A})$ に属する．このことと (2.12) から $\{{}^\circ F(x) < r\}$ は $L(\mathfrak{A})$ に属することがわかる．したがって $f = {}^\circ F$ は $L(\mathfrak{A})$-可測関数である．

（証明終り）

上の証明から次のことがわかる．すなわち，$\mathfrak{A}$-可測関数 F は $*$-測度空間ではあくまで $*$-単関数列の $*$-極限であるが，その標準部分として得られるスタンダードな関数 ${}^\circ F$ は，ある $*$-単関数 F_N の標準部分 ${}^\circ F_N$ と同一視できる．

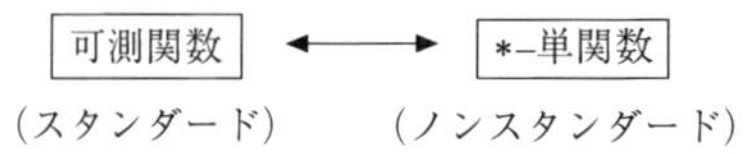

図 2-2

同様のことが第2の問題でもでてくる．第2の問題はもちあげ定理（lifting theorem）とよばれる定理2.3と定理2.9によって解決される．

2.2　定義　$L(\mathfrak{A})$-可測関数 $f: X \longrightarrow \boldsymbol{R} \cup \{\pm\infty\}$ に対して

$$ {}^{\circ}F(x) = f(x) \qquad (\mu_L\text{-a. e.}) \tag{2.13} $$

をみたす $\mathfrak{A}$-可測関数 $F: X \longrightarrow {}^*\boldsymbol{R}$ が存在するとき，F を f の**もちあげ**（lifting）という．

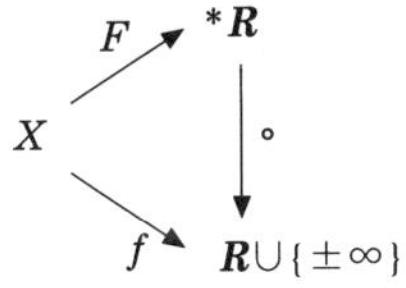

図 2-3

2.3　定理（もちあげ定理）

$L(\mathfrak{A})$-可測関数 $f: X \longrightarrow \boldsymbol{R} \cup \{\pm\infty\}$ がすべての $m \in \boldsymbol{N}$ に対して

$$ \mu_L\left(\left\{x : |f(x)| > \frac{1}{m}\right\}\right) < +\infty $$

をみたすとき，f はもちあげ $F: X \longrightarrow {}^*\boldsymbol{R}$ をもつ．

さらに $|f(x)| \leqq c$ (μ_L-a. e.) が成り立つなら，$|F(x)| \leqq c$ をみたすように F を選ぶことができる[1)]．

証明　$\alpha \in {}^*\boldsymbol{N}_\infty$ を固定し，$d_0 = -\alpha$，$d_1 = \alpha$ とする．有理数の全体 $\boldsymbol{Q}$ を一列に並べて $\boldsymbol{Q} = \{d_n : n \geqq 2,\ n \in \boldsymbol{N}\}$ とする（もし $|f(x)| \leqq c$（μ_L-a. e.）なら，$\boldsymbol{Q}$ のかわりに区間 $[-c, c]$ に含まれる有理数の全体を一列に並べて番号をつける）．自然数 $m \in \boldsymbol{N}$ に対して X の部分集合 F_i^m を次式で定義する．

$$ F_0^m = \{x : f(x) = -\infty\}, \qquad F_1^m = \{x : f(x) = +\infty\}, $$

$$ F_i^m = \left\{x : |f(x)| \geqq \frac{1}{m} \text{ かつ } |f(x) - d_i| < \frac{1}{m}\right\} \qquad (i \geqq 2). $$

仮定よりこれらは $L(\mathfrak{A})$-可測かつ $\mu_L\left(\bigcup_{i \in \boldsymbol{N}} F_i^m\right) < +\infty$ である．さらに $F_0^m, F_1^m,$ …を互いに素にするために

$$ G_0^m = F_0^m, \qquad G_i^m = F_i^m \setminus \left(\bigcup_{k=0}^{i-1} F_k^m\right) $$

1)　証明をみるとわかるように $F(x)$ は $*$-単関数にとれる．

としても $L(\mathfrak{A})$-可測性は失われず，かつ，$\sum_{i\in \boldsymbol{N}} \mu_L(G_i{}^m) < +\infty$ も成り立つ．したがって $m\in\boldsymbol{N}$ に対して $\sum_{i>h_m} \mu_L(G_i{}^m) < \dfrac{1}{m}$ をみたす $h_m\in\boldsymbol{N}$ がとれる．

$\mu_L(G_i{}^m) < +\infty$ なので，$G_i{}^m \in I(\mathfrak{A})$ となり[1]，したがってこれを内側から内的な集合 $A_i{}^m$ で近似できる，つまり，$i=0,\cdots,h_m$ に対して $A_i{}^m\in\mathfrak{A}$ を

$$A_i{}^m \subseteqq G_i{}^m \quad \text{かつ} \quad \sum_{i=0}^{h_m} \mu_L(G_i{}^m \backslash A_i{}^m) < \frac{1}{m}$$

をみたすように選ぶことができる．この $A_i{}^m$ を用いて内的な関数 F_m を

$$F_m(x) = \begin{cases} -\alpha & (x\in A_0{}^m \text{ のとき}) \\ \alpha & (x\in A_1{}^m \text{ のとき}) \\ d_i & (x\in A_i{}^m,\ 2\leqq i\leqq h_m \text{ のとき}) \\ 0 & (x\in X\backslash \bigcup_{i=0}^{h_m} A_i{}^m \text{ のとき}) \end{cases}$$

によって定義する．定義から明らかに

$$\mu_L\left(\left\{x : |{}^\circ F_m(x) - f(x)| \geqq \frac{1}{m}\right\}\right) < \frac{2}{m} \tag{2.14}$$

が成り立つ．したがって $\{{}^\circ F_m : m\in\boldsymbol{N}\}$ は f に μ_L-測度収束する．

$$\left\{x : |{}^\circ F_n(x) - {}^\circ F_m(x)| \geqq \frac{2}{m}\right\} \subseteqq \left\{x : |{}^\circ F_n(x) - f(x)| \geqq \frac{1}{m}\right\}$$
$$\cup \left\{x : |{}^\circ F_m(x) - f(x)| \geqq \frac{1}{m}\right\}$$

なので，$n\geqq m$，$n\in\boldsymbol{N}$ に対し，(2.14) より

$$\mu_L\left(\left\{x : |{}^\circ F_n(x) - {}^\circ F_m(x)| \geqq \frac{2}{m}\right\}\right) < \frac{4}{m}$$

が成り立つ．したがって

$$\mu\left(\left\{x : |F_n(x) - F_m(x)| \geqq \frac{2}{m}\right\}\right) < \frac{4}{m}$$

も成り立つ．列 $\{F_n : n\in\boldsymbol{N}\}$ を内的な列 $\{F_n : n\in{}^*\boldsymbol{N}\}$ に拡大したうえで，内的な論理式

$$\Phi(n) \equiv \forall k\leqq n \left\{\mu\left(\left\{x : |F_n(x) - F_k(x)| \geqq \frac{2}{k}\right\}\right) < \frac{4}{k} \text{ かつ } F_k \text{ は } *\text{-単関数}\right\}$$

を考えると，すべての $n\in\boldsymbol{N}$ に対して $\Phi(n)$ は真である．したがって延長定理

1) $\mu(X)$ が有限数のときには $I(\mathfrak{A})$ を $L(\mathfrak{A})$ と読みかえることにする．

から，ある $N\in{}^*\boldsymbol{N}_\infty$ において $\Phi(N)$ は真になる．N は無限大数なので，すべての $m\in\boldsymbol{N}$ に対して

$$\mu\left(\left\{x:|F_N(x)-F_m(x)|>\frac{2}{m}\right\}\right)<\frac{4}{m}$$

が成り立ち，したがって

$$\mu_L\left(\left\{x:|{}^\circ F_N(x)-{}^\circ F_m(x)|>\frac{2}{m}\right\}\right)<\frac{4}{m}$$

も成り立つ．つまり $\{{}^\circ F_m : m\in\boldsymbol{N}\}$ は ${}^\circ F_N$ に μ_L-測度収束する．同じものが f にも μ_L-測度収束していたから ${}^\circ F_N=f$ （μ_L-a. e.）が成り立つ．こうして F_N が f のもちあげであることがわかる．（証明終り）

μ_L-積分と $*$-積分

はじめに，内的な関数の全体は非常に大きな集合であることを注意しておく．第4章で明らかにされるが，$*$-単関数に限っても実質的にはスタンダードな世界の超関数の集合 $\mathscr{D}'(\Omega)$，$\mathscr{S}'(\boldsymbol{R})$ をもその一部分として含んでいるのである．そのこともあって必ずしも

$$\int_X {}^\circ F(x)\,\mu_L(dx)\simeq {}^*\!\!\int_X F(x)\,\mu(dx)$$

は成立しない．

反例：　$X=\left\{\frac{k}{n}:-n^2\leqq k\leqq n^2,\ k\in{}^*\boldsymbol{N}\right\}$ （$n\in{}^*\boldsymbol{N}_\infty$）とし，$X$ の内的な部分集合の全体を $\mathfrak{A}$ とする．$A\in\mathfrak{A}$ に対し，A の要素の個数を $|A|$ で表すことにして $\mu(A)=\frac{|A|}{n}$ で μ を定義すると，$(X,\mathfrak{A},\mu)$ は内的な $*$-有限加法的測度空間になる．そこで

$$F(x)=\begin{cases}n & (x=0)\\ 0 & (x\neq 0)\end{cases}$$

によって $*$-単関数 $F(x)$ を定義すると，${}^\circ F(x)=0$ （μ_L-a. e.）となるので，$\int_X {}^\circ F(x)\,\mu_L(dx)=0$ である．一方 μ の定義から ${}^*\!\!\int_X F(x)\,\mu(dx)=n\times\frac{1}{n}=1$ なので，$\int_X {}^\circ F(x)\,\mu_L(dx)$ と ${}^\circ\left({}^*\!\!\int_X F(x)\,\mu(dx)\right)$ は一致しない[1]．

1）第4章にでてくるが，この $F(x)$ はディラックのデルタ関数のノンスタンダードな表現である．

このような理由から，問題 2 に対してはノンスタンダードな関数の全体でなくその一部分に制限しなくてはならない．したがって問題は次のようになる．

“$^\circ F$ が μ_L-可積分で，その μ_L-積分の値が F の μ-積分の標準部分と一致するような $\mathfrak{A}$-可測関数 F の族を決定せよ”

これに対する答えが次の S-可積分関数の全体 $SL^1(X)$ である．

2.4　定義　次の 3 つの性質 (a)，(b)，(b′) を同時にみたす内的な $\mathfrak{A}$-可測関数 $F: X \longrightarrow {}^*\boldsymbol{R}$ を **S-可積分関数**といい，その全体を $SL^1(X)$ で表す．

(a)　$\displaystyle {}^*\!\!\int_X |F(x)|\,\mu(dx)$ は有限数である．

(b)　$A \in \mathfrak{A}$ が $\mu(A) \simeq 0$ をみたすなら，$\displaystyle {}^*\!\!\int_A |F(x)|\,\mu(dx) \simeq 0$

(b′)　$A \in \mathfrak{A}$ の上で $F(x) \simeq 0$ なら，$\displaystyle {}^*\!\!\int_A |F(x)|\,\mu(dx) \simeq 0$

$^\circ\mu(X) < +\infty$ のときは明らかに (b′) は成り立つので (a) と (b) だけでよい．μ が非有界の場合，すぐ前の反例において用いた

$$X = \left\{ \frac{k}{n} : -n^2 \leqq k \leqq n^2,\ k \in {}^*\boldsymbol{N} \right\} \qquad (n \in {}^*\boldsymbol{N}_\infty)$$

$$\mathfrak{A} = {}^*\mathcal{P}(X)$$

$$\mu(A) = \frac{|A|}{n}$$

において，定数関数 $F(x) = \dfrac{1}{n}$ を考えると，(a) と (b) は成り立つが，(b′) は成り立たない．したがって $^\circ\mu(X) = +\infty$ のときは (b′) が必要になる．

おおざっぱにいうと，(b) は

$$F(x) = \begin{cases} n & (x=0\ \text{のとき}) \\ 0 & (\text{それ以外}) \end{cases}$$

のような関数を排除するため，(b′) はいま述べた定数関数 $F(x) = \dfrac{1}{n}$ のような関数を排除するために設定したと考えたらよいであろう．いずれも標準部分をとったあとで μ_L-積分をすると，0 になる関数である．

定理 2.3 でもでてきたように，スタンダードな関数 $f: X \longrightarrow \boldsymbol{R} \cup \{\pm\infty\}$ に対して，そのもちあげ $F(x)$ を $*$-単関数にとることができる．そこでこれ以降で

はノンスタンダードな関数 $F : X \longrightarrow {}^*\boldsymbol{R}$ のうちとくに $*$-単関数に限って考えることにする[1]．実際，それで充分なのである．したがって $SL^1(X)$ という条件も $*$-単関数に制限して考えることにする．

2.5　定義　$*$-単関数 $F : X \longrightarrow {}^*\boldsymbol{R}$ が次の条件を同時にみたすとき，F は**有限的**であるという．

（i）　ある $n \in \boldsymbol{N}$ が存在して，すべての $x \in X$ に対して $|F(x)| < n$ が成り立つ[2]．

（ii）　${}^\circ\mu(\{x : F(x) \neq 0\}) < +\infty$

2.6　命題　$*$-単関数 F が有限的なら

$$F \in SL^1(X) \text{ かつ } {}^\circ F \text{ は } \mu_L\text{-可積分かつ}$$

$$^\circ\left({}^*\!\!\int_X F(x)\,\mu(dx)\right) = \int_X {}^\circ F(x)\,\mu_L(dx)$$

が成り立つ．

証明　$F \in SL^1(X)$ は省略する．命題2.1から ${}^\circ F$ は $L(\mathfrak{A})$-可測であり，(ii)より μ_L-可積分である．すべての $x \in X$ に対して $-r < F(x) < r$ （$r \in \boldsymbol{R}$）とし，$M \in \boldsymbol{R}$ を $\mu(\{x : F(x) \neq 0\}) + 1$ より大きくとる．$\varepsilon \in \boldsymbol{R}^+$ が与えられたとして，区間 $[-r, r]$ を $\dfrac{\varepsilon}{M}$ より小さい幅で次のように分割する；

$$y_0 = -r < y_1 < \cdots < y_{m-1} < r = y_m, \qquad y_k - y_{k-1} < \frac{\varepsilon}{M},\ \ y_k \in \boldsymbol{R}$$

ただし y_k は $\mu_L(\{x : {}^\circ F(x) = y_k\}) = 0$ となるように選んでおく．

$\mu_L(\{x : {}^\circ F(x) \neq 0\}) < +\infty$ なので $\mu_L(\{x : {}^\circ F(x) = y\}) > 0$ をみたす $y \in \boldsymbol{R}$ は高々可算個しかない．したがってこのような選び方ができるのである．このとき

$$\mu(\{x : y_i < F(x) \leqq y_{i+1}\}) \simeq \mu_L(\{x : y_i < {}^\circ F(x) < y_{i+1}\})$$

が成り立つことに注意しておく．

$$\overline{S_{\mu_L}} = \sum_k y_{k+1}\mu_L(\{x : y_k < {}^\circ F(x) < y_{k+1}\})$$

$$\underline{S_{\mu_L}} = \sum_k y_k\mu_L(\{x : y_k < {}^\circ F(x) < y_{k+1}\})$$

---

1)　一般の $\mathfrak{A}$-$*$-可積分関数で議論することもできるが，繁雑になるだけである．

2)　(i)は「すべての $x \in X$ に対して ${}^\circ|F(x)| < +\infty$」と同値である．実際，このとき内的な命題 $\Phi(r) \equiv$「すべての $x \in X$ に対して $|F(x)| < r$」を考え，これに延長定理を用いると(i)が導かれる．

$$\overline{S_\mu} = \sum_k y_{k+1}\mu(\{x : y_k < F(x) \leqq y_{k+1}\})$$

$$\underline{S_\mu} = \sum_k y_k\mu(\{x : y_k < F(x) \leqq y_{k+1}\})$$

とおくと

$$\underline{S_{\mu_L}} \leqq \int_X {}^\circ F(x)\,\mu_L(dx) \leqq \overline{S_{\mu_L}}, \qquad \underline{S_\mu} \leqq {}^*\!\!\int_X F(x)\,\mu(dx) \leqq \overline{S_\mu}$$

および

$$\overline{S_{\mu_L}} - \underline{S_{\mu_L}} \leqq \frac{\varepsilon}{M}\mu_L(\{x : y_0 < {}^\circ F(x) < y_m\}) < \varepsilon$$

$$\overline{S_\mu} - \underline{S_\mu} \leqq \frac{\varepsilon}{M}\mu(\{x : y_0 < F(x) \leqq y_m\}) < \varepsilon$$

が成り立つ．明らかに $\underline{S_{\mu_L}} \simeq \underline{S_\mu}$ なのでこれらより

$$\left| \int_X {}^\circ F(x)\,\mu_L(dx) - {}^*\!\!\int_X F(x)\,\mu(dx) \right| < 2\varepsilon$$

が成り立つ．$\varepsilon \in \boldsymbol{R}^+$ は任意にとれるから

$$\int_X {}^\circ F(x)\,\mu_L(dx) \simeq {}^*\!\!\int_X F(x)\,\mu(dx)$$

が成り立つ．（証明終り）

$SL^1(X)$ に属する一般の $*$-単関数は有限的な $*$-単関数の SL^1 ノルムに関する（スタンダードな意味での）極限として特徴づけられる．すなわち次の命題が成り立つ．

2.7　命題　$*$-単関数 F が $SL^1(X)$ に属するためには，

$$\lim_{n\to\infty}{}^\circ\left({}^*\!\!\int_X |F(x) - F_n(x)|\,\mu(dx)\right) = 0$$ [1)]

をみたす有限的な $*$-単関数列 $\{F_n : n \in \boldsymbol{N}\}$ が存在することが必要十分である．

証明　$F \in SL^1(X)$ とする．$n \in {}^*\boldsymbol{N}$ に対して

$$F_n(x) = \begin{cases} 0 & (|F(x)| < \dfrac{1}{n} \text{ のとき}) \\ n & (F(x) > n \text{ のとき}) \\ F(x) & (\dfrac{1}{n} \leqq |F(x)| \leqq n \text{ のとき}) \\ -n & (F(x) < -n \text{ のとき}) \end{cases}$$

1)　$\lim\limits_{n\to\infty}$ と書いたときは $n \in \boldsymbol{N}$，$*\text{-}\lim\limits_{n\to *\infty}$ と書いたときは $n \in {}^*\boldsymbol{N}$ を意味する．

と定義すると，$n\in{}^*\boldsymbol{N}$ に対し F_n は $*$-単関数で，$n\in\boldsymbol{N}$ に対して有限的な $*$-単関数になる．すべての $n\in{}^*\boldsymbol{N}_\infty$ に対して

$$\mu(\{x:|F(x)|>n\})\leqq\frac{1}{n}{}^*\!\!\int_X|F(x)|\,\mu(dx)\simeq 0$$

だから，

$$\begin{aligned}{}^*\!\!\int_X|F(x)-F_n(x)|\,\mu(dx)&\leqq{}^*\!\!\int_{|F(x)|>n}|F(x)|\,\mu(dx)\\&\quad+{}^*\!\!\int_{|F(x)|<1/n}|F(x)|\,\mu(dx)\simeq 0\end{aligned}$$

となる．したがって $\lim_{n\to\infty}{}^\circ\left({}^*\!\!\int_X|F(x)-F_n(x)|\,\mu(dx)\right)=0$ が成り立つ．

逆に，条件をみたす有限的な $*$-単関数の列 $\{F_n:n\in\boldsymbol{N}\}$ が存在するとする．${}^\circ\left({}^*\!\!\int_X|F(x)|\,\mu(dx)\right)<+\infty$ は明らかであろう．いま $\varepsilon\in\boldsymbol{R}^+$ が与えられたとき，${}^\circ\left({}^*\!\!\int_X|F(x)-F_n(x)|\,\mu(dx)\right)<\frac{\varepsilon}{2}$ をみたす $n\in\boldsymbol{N}$ をとる．もし，$A\in\mathfrak{A}$ が

$$\mu(A)<\frac{\varepsilon}{2a_n},\qquad a_n=\max\{n,\ \sup_{x\in A}|F_n(x)|\}$$

をみたすなら

$${}^*\!\!\int_A|F(x)|\mu(dx)\leqq a_n\mu(A)+{}^*\!\!\int_A|F(x)-F_n(x)|\,\mu(dx)<\varepsilon$$

が成り立つ．したがって，$\mu(A)\simeq 0$ ならば，${}^*\!\!\int_A|F(x)|\,\mu(dx)\simeq 0$ である．つまり F は定義2.4の (b) をみたす．

次に，(b′) について，$A\in\mathfrak{A}$ 上で $F(x)\simeq 0$ とする．F は $*$-単関数だから，$*\text{-}\sup_{x\in A}|F(x)|=\eta\simeq 0$ が存在する．

$$F_n'(x)=\begin{cases}F_n(x) & (|F_n(x)|\leqq|F(x)|\text{ のとき})\\ F(x) & (|F_n(x)|>|F(x)|\text{ のとき})\end{cases}$$

とすると，$\{F_n':n\in\boldsymbol{N}\}$ も $\lim_{n\to\infty}{}^\circ\left({}^*\!\!\int_X|F(x)-F_n'(x)|\,\mu(dx)\right)=0$ をみたす有限的な $*$-単関数列である．

$$\begin{aligned}{}^*\!\!\int_A|F(x)|\,\mu(dx)&\leqq{}^*\!\!\int_A|F_n'(x)|\,\mu(dx)+{}^*\!\!\int_A|F(x)-F_n'(x)|\,\mu(dx)\\&\leqq\eta\mu(\{x:F_n'(x)\neq 0\})+{}^*\!\!\int_X|F(x)-F_n'(x)|\,\mu(dx)\end{aligned}$$

の右辺の第1項は無限小，第2項は $n\to\infty$ とともに0に収束する．したがって

${}^*\!\!\int_A |F(x)|\mu(dx)\simeq 0$ である．すなわち F は (b′) をみたす．　　（証明終り）

次の 2 つの定理がこの節の主要な結果である．

2.8　定理　$*$-単関数 F が $SL^1(X)$ に属するなら，${}^\circ F$ は μ_L-可積分で

$$ {}^*\!\!\int_X F(x)\,\mu(dx) \simeq \int_X {}^\circ F(x)\,\mu_L(dx) $$

が成り立つ．

証明　命題 2.7 より $\lim_{n\to\infty} {}^\circ\left({}^*\!\!\int_X |F_n(x)-F(x)|\,\mu(dx)\right)=0$ をみたす有限的な $*$-単関数の列 $\{F_n : n\in\boldsymbol{N}\}$ が存在する．命題 2.6 より ${}^\circ F_n$ は μ_L-可積分で

$$ {}^\circ\left({}^*\!\!\int_X F_n(x)\,\mu(dx)\right) = \int_X {}^\circ F_n(x)\,\mu_L(dx) $$

が成り立つ．$m, n\to\infty$ のとき

$$ \begin{aligned} \int_X |{}^\circ F_n(x)-{}^\circ F_m(x)|\,\mu_L(dx) &= {}^\circ\left({}^*\!\!\int_X |F_n(x)-F_m(x)|\,\mu(dx)\right) \\ &\leqq {}^\circ\left({}^*\!\!\int_X |F_n(x)-F(x)|\,\mu(dx)\right) + {}^\circ\left({}^*\!\!\int_X |F_m(x)-F(x)|\,\mu(dx)\right) \\ &\to 0 \end{aligned} $$

なので $\{{}^\circ F_n : n\in\boldsymbol{N}\}$ は $L^1(X, L(\mathfrak{A}), \mu_L)$ のコーシー列である．

これが ${}^\circ F$ に μ_L-測度収束していることを次に示す．$\varepsilon\in\boldsymbol{R}^+$ に対して

$$ A_n = \left\{x : |F_n(x)-F(x)| > \frac{\varepsilon}{2}\right\}, \qquad B_n = X\backslash A_n $$

とおく．

$$ \begin{aligned} {}^\circ\left({}^*\!\!\int_X |F_n(x)-F(x)|\,\mu(dx)\right) &\geqq {}^\circ\left({}^*\!\!\int_{A_n} |F_n(x)-F(x)|\,\mu(dx)\right) \\ &\geqq \frac{\varepsilon}{2}\,{}^\circ\mu(A_n) = \frac{\varepsilon}{2}\mu_L(A_n) \end{aligned} $$

の両辺で $n\to\infty$ をとると，$\lim_{n\to\infty}\mu_L(A_n)=0$ がわかる．不等式

$$ \mu_L(\{x : |{}^\circ F_n(x)-{}^\circ F(x)| > \varepsilon\}) \leqq \mu_L\left(\left\{x : |F_n(x)-F(x)| > \frac{\varepsilon}{2}\right\}\right) $$

と合せて，$\lim_{n\to\infty}\mu_L(\{x : |{}^\circ F_n(x)-{}^\circ F(x)|>\varepsilon\})=0$ つまり $\{{}^\circ F_n : n\in\boldsymbol{N}\}$ は ${}^\circ F$ に μ_L-測度収束する．したがって ${}^\circ F$ も μ_L-可積分で

$$ \int_X {}^\circ F(x)\,\mu_L(dx) = \lim_{n\to\infty}\int_X {}^\circ F_n(x)\,\mu_L(dx) $$

$$= \lim_{n\to\infty} {}^{\circ}\left({}^{*}\!\!\int_X F_n(x)\,\mu(dx)\right) = {}^{\circ}\left({}^{*}\!\!\int_X F(x)\,\mu(dx)\right)$$

が成り立つ.　(証明終り)

2.9　定理　$f: X \longrightarrow \boldsymbol{R}\cup\{\pm\infty\}$ が μ_L-可積分なら, $SL^1(X)$ に属する ∗-単関数 $F: X \longrightarrow {}^{*}\boldsymbol{R}$ で

$${}^{\circ}F(x) = f(x)\ \ (\mu_L\text{-a. e.}),\qquad {}^{\circ}\left({}^{*}\!\!\int_X F(x)\,\mu(dx)\right) = \int_X f(x)\,\mu_L(dx)$$

をみたすものが存在する.

証明　$n\in\boldsymbol{N}$ に対し

$$f_n(x) = \begin{cases} 0 & (|f(x)| < \dfrac{1}{n}\text{ のとき}) \\ n & (f(x) > n\text{ のとき}) \\ f(x) & (\dfrac{1}{n} \leqq |f(x)| \leqq n\text{ のとき}) \\ -n & (f(x) < -n\text{ のとき}) \end{cases}$$

とする. ルベーグの有界収束定理から

$$\lim_{n\to\infty}\int_X |f(x) - f_n(x)|\,\mu_L(dx) = 0$$

である. f_n は μ_L-可積分なので $\mu_L(\{x: f_n(x)\neq 0\}) < +\infty$ をみたし, したがって定理2.3より f_n はそのもちあげ F_n をもつ. さらに $\dfrac{1}{n} \leqq f_n \leqq n$ より F_n は有限的な ∗-単関数にとれる. よって命題2.6から

$${}^{\circ}\left({}^{*}\!\!\int_X |F_n(x) - F_m(x)|\,\mu(dx)\right) = \int_X |f_n(x) - f_m(x)|\,\mu_L(dx) \to 0$$

$$(n, m \to \infty)$$

となる. よって, $\{F_n: n\in\boldsymbol{N}\}$ は次の性質をもつ.

「任意の $p\in\boldsymbol{N}$ に対して p より大きい $m_p\in\boldsymbol{N}$ が存在して, 任意の j, $k \geqq m_p$ に対し, ${}^{*}\!\!\int_X |F_j(x) - F_k(x)|\,\mu(dx) \leqq \dfrac{1}{p}$ が成り立つ」

$\{F_n: n\in\boldsymbol{N}\}$ を内的な列 $\{F_n: n\in{}^{*}\boldsymbol{N}\}$ に拡大し, $p\in\boldsymbol{N}$ ごとに内的な集合

$$A_p = \{n\in{}^{*}\boldsymbol{N}: \forall j, k\in{}^{*}\boldsymbol{N}\ m_p \leqq j, k \leqq n\text{ なら}$$

$$({}^{*}\!\!\int_X |F_j - F_k|\,\mu(dx) < \frac{1}{p}\text{ かつ } F_j, F_k\text{ は ∗-単関数})\}$$

を考える. A_p は m_p 以上のすべての $n\in\boldsymbol{N}$ を要素として含むので, ある $n_p\in$

${}^*\boldsymbol{N}_\infty$ を含む．n_p が無限大だから可算個の集合 $I_p=\{k\in{}^*\boldsymbol{N} : m_p\leqq k\leqq n_p\}$ ($p\in\boldsymbol{N}$) は有限交叉性をもつ．したがって可算級飽和定理から $\bigcap_{p\in\boldsymbol{N}} I_p$ は空集合でなく，$N\in\bigcap_{p\in\boldsymbol{N}} I_p$ をとることができる．$m_p>p$ なので $N\in{}^*\boldsymbol{N}_\infty$ である．F として F_N をとる．

(i) F が $SL^1(X)$ に属する $*$-単関数であることの証明

F の定め方から F が $*$-単関数なことは明らかである．$SL^1(X)$ の条件 (a) について

$$\begin{aligned}{}^*\!\!\int_X |F_N(x)|\,\mu(dx) &\leqq {}^*\!\!\int_X |F_N(x)-F_{m_p}(x)|\,\mu(dx)\\ &\quad+{}^*\!\!\int_X |F_{m_p}(x)|\,\mu(dx)\\ &\leqq \frac{1}{p}+{}^*\!\!\int_X |F_{m_p}(x)|\,\mu(dx) < +\infty \end{aligned} \tag{2.15}$$

より確かに (a) をみたす．

(b) について $\mu(A)\simeq 0$ とすると，$F_{m_p}\in SL^1(X)$ より不等式 (2.15) の X を A に変えた式

$${}^*\!\!\int_A |F_N(x)|\,\mu(dx) \leqq \frac{1}{p}+{}^*\!\!\int_A |F_{m_p}(x)|\,\mu(dx) \tag{2.16}$$

の右辺の第 2 項が無限小である．これがすべての $p\in\boldsymbol{N}$ に対して成り立つので，左辺は無限小になる．

(b′) について，(2.15)，(2.16) における F_{m_p} を

$$F_{m_p}'(x) = \begin{cases} F_{m_p}(x) & (|F_{m_p}(x)|\leqq|F_N(x)| \text{のとき})\\ F_N(x) & (|F_{m_p}(x)|>|F_N(x)| \text{のとき})\end{cases}$$

に変更して考える．A 上で $F_N(x)\simeq 0$ なら $F_{m_p}'(x)\simeq 0$ が成り立つので，(2.16) の右辺の第 2 項が ${}^*\!\!\int_A |F_{m_p}'(x)|\,\mu(dx)\simeq 0$ となって (b′) の成立がいえる．

(ii) ${}^*\!\!\int_X F_N(x)\,\mu(dx)\simeq\int_X f(x)\,\mu_L(dx)$ の証明

$$\lim_{n\to\infty}\int_X f_n(x)\,\mu_L(dx)=\int_X f(x)\,\mu_L(dx)$$

と

$$\int_X f_n(x)\,\mu_L(dx)={}^\circ\!\left({}^*\!\!\int_X F_n(x)\,\mu(dx)\right)$$

より，$\varepsilon\in\boldsymbol{R}^+$ に対して十分大きく $p\in\boldsymbol{N}$ をとると，$n\geqq p$ をみたすすべての $n\in\boldsymbol{N}$ に対し

$$\left|\int_X f(x)\,\mu_L(dx)-{}^*\!\!\int_X F_n(x)\,\mu(dx)\right|<\varepsilon$$

が成り立つ．とくに p を $\frac{1}{p}<\varepsilon$ をみたすようにとり，$n=m_p$ にとると

$${}^*\!\!\int_X |F_N(x)-F_{m_p}(x)|\,\mu(dx)<\frac{1}{p}<\varepsilon$$

となるので，

$$\left|\int_X f(x)\,\mu_L(dx)-{}^*\!\!\int_X F_N(x)\,\mu(dx)\right|<2\varepsilon$$

となる．$\varepsilon\in\boldsymbol{R}^+$ は任意なので，$\int_X f(x)\,\mu_L(dx)\simeq{}^*\!\!\int_X F_N(x)\,\mu(dx)$ である．

(iii)　$F_N(x)$ が $f(x)$ のもちあげであることの証明

定理2.8より ${}^\circ F_N$ は μ_L-可積分である．

$$\begin{aligned}
&\int_X |{}^\circ F_N(x)-f(x)|\,\mu_L(dx)\\
&\quad\leqq\int_X |{}^\circ F_N(x)-{}^\circ F_{m_p}(x)|\,\mu_L(dx)+\int_X |{}^\circ F_{m_p}(x)-f(x)|\,\mu_L(dx)\\
&\quad=\int_X |{}^\circ F_N(x)-{}^\circ F_{m_p}(x)|\,\mu_L(dx)+\int_X |f_{m_p}(x)-f(x)|\,\mu_L(dx)
\end{aligned}$$

の第2項は p を十分大きくとることで，与えられた ε より小さくできる．

$$\text{第1項}={}^\circ\!\left({}^*\!\!\int_X |F_N(x)-F_{m_p}(x)|\,\mu(dx)\right)\leqq\frac{1}{p}$$

なのでやはり p を十分大きくとると第1項も ε より小さくできる．

したがって $\int_X |{}^\circ F_N(x)-f(x)|\,\mu_L(dx)=0$ つまり ${}^\circ F_N(x)=f(x)$（μ_L-a.e.）が成り立つ．　（証明終り）

区間 [0,1] 上のルベーグ積分

ルベーグ測度をローブ測度として構成してみよう．簡単のために区間 [0,1] 上で考えることにする．

$N\in{}^*\boldsymbol{N}_\infty$ を固定し，$*$-有限加法的測度空間 $(X,\mathfrak{A},\mu)$ を次のように定義する．

$$X=\left\{\frac{k}{N}:0\leqq k\leqq N-1,\ \ k\in{}^*\boldsymbol{N}\right\},$$

$$\mathfrak{A} = {}^*\mathcal{P}(X) \quad (= X \text{ の内的な部分集合の全体}),$$

$$\mu(A) = \frac{|A|}{N} \quad (A \in \mathfrak{A}).$$

ただし，$|A|$ は A の要素の個数を表す．

ルベーグ積分について考える場合は，もちあげの定義 2.2 を変更して次のようにした方が都合がよい．以下，$\boldsymbol{R} \cup \{\pm\infty\}$ を $\bar{\boldsymbol{R}}$ で表す．

2.10　定義　（1）　$f : [0,1] \longrightarrow \bar{\boldsymbol{R}}$ に対し，内的な $F : X \longrightarrow {}^*\boldsymbol{R}$ が

$$^\circ(F(x)) = f(^\circ x) \quad (\mu_L\text{-a. e.}) \tag{2.17}$$

をみたすとき，***f* のもちあげ**であるという．

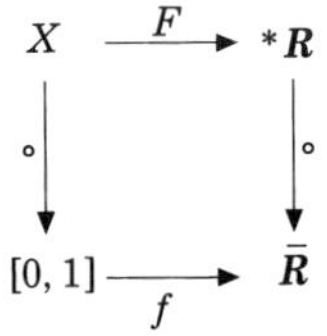

図 2-4

これは F が $f \circ \mathrm{st} : X \longrightarrow \bar{\boldsymbol{R}}$ の定義 2.2 の意味でのもちあげになっていることと同じである．

（2）　(2.17) の中の「μ_L-a. e.」を「すべての $x \in X$ に対して」に変更したとき，F は ***f* の一様なもちあげ**であるという．

スタンダードな世界でのルベーグ測度，ルベーグ可測性，ルベーグ積分可能性を，ローブ測度を用いて表現すると次のようになる．

2.11　定理　（1）　$S \subseteq [0,1]$ がルベーグ可測集合であるためには

$$\mathrm{st}^{-1}(S) = \{x \in X : {}^\circ x \in S\} \text{ が } L(\mathfrak{A})\text{-可測集合}$$

であることが必要かつ十分である．さらに，ルベーグ測度を ν で表すとき

$$\nu(S) = \mu_L(\mathrm{st}^{-1}(S))$$

が成り立つ．

（2）　$f : [0,1] \longrightarrow \boldsymbol{R}$ が連続であるためには，f が一様なもちあげをもつことが必要かつ十分である．

（3）　$f : [0,1] \longrightarrow \bar{\boldsymbol{R}}$ がルベーグ可測関数であるためには，f がもちあげをもつことが必要かつ十分である．

（4）　$f : [0,1] \longrightarrow \bar{\boldsymbol{R}}$ がルベーグ積分可能であるためには，f が $SL^1(X)$ の

中にもちあげをもつことが必要かつ十分である．さらに，f のもちあげを F とすると

$$\int_0^1 f(x)\,\nu(dx) \simeq {}^*\!\!\int_X F(x)\,\mu(dx)\;(=\sum_{x\in X} F(x)\frac{1}{N})$$

が成り立つ．

証明　（1）　必要条件であること：　開区間 (a, b) に対して

$$\mathrm{st}^{-1}((a, b)) = \bigcup_{p\in \boldsymbol{N}}\left\{\frac{n}{N} : a+\frac{1}{p}\leqq\frac{n}{N}\leqq b-\frac{1}{p}\right\} \tag{2.18}$$

の右辺の各々の集合は $\mathfrak{A}$ に属する．$L(\mathfrak{A})$ は σ-加法的なので右辺も $L(\mathfrak{A})$ に属する．

このことから任意のボレル集合 S に対して $\mathrm{st}^{-1}(S)\in L(\mathfrak{A})$ となり，$L(\mathfrak{A})$ は完備なので任意のルベーグ可測集合 S に対しても $\mathrm{st}^{-1}(S)\in L(\mathfrak{A})$ が成り立つ．

また，(2.18) から，

$$\mu_L(\mathrm{st}^{-1}(S)) = \nu(S) \tag{2.19}$$

が成り立つことも容易にわかる．

十分条件であること：　$M=\mathrm{st}^{-1}(S)$ が $L(\mathfrak{A})$-可測とする．$\overline{{}^\circ\mu}(M)={}^\circ\underline{\mu}(M)$ $(\leqq 1)$ なので，$\varepsilon\in \boldsymbol{R}^+$ に対し

$$A\subseteqq M\subseteqq B,\qquad \mu(B\backslash A) < \varepsilon$$

をみたす $A, B\in\mathfrak{A}$ が存在する．

$$F_1 = \mathrm{st}(A),\qquad F_2 = [0,1]\backslash \mathrm{st}(X\backslash B)$$

とおくと，あとで述べる補題から F_1，F_2 はボレル集合であり

$$F_1 \subseteqq S \subseteqq F_2$$

が成り立つ．(2.19) で S として F_1，F_2 をとると

$$\begin{aligned}
\nu(F_1) &= \mu_L(\mathrm{st}^{-1}(F_1))\geqq\mu(A),\\
\nu(F_2) &= 1-\nu(\mathrm{st}(X\backslash B))\\
&= 1-\mu_L(\mathrm{st}^{-1}(\mathrm{st}(X\backslash B)))\\
&\leqq 1-\mu(X\backslash B)\\
&= \mu(B)
\end{aligned}$$

となる．これらより $\nu(F_2\backslash F_1) < \mu(B)-\mu(A) < \varepsilon$ である．S がボレル集合 F_1，F_2 を用いてこのように近似できるので，S はルベーグ可測集合である．

（2）　$f: [0,1]\longrightarrow \boldsymbol{R}$ が連続なら，第1章の命題7.7から ${}^*f$ の X への制限は f の一様なもちあげとなる．

逆に f が一様なもちあげ $F:X\longrightarrow {}^*\boldsymbol{R}$ をもつとする．$a\in[0,1]$ とすると $\varepsilon\in\boldsymbol{R}^+$ に対して内的な集合

$$\{\delta\in{}^*\boldsymbol{R}^+ : \forall x\in X(|x-a|<\delta\to|F(x)-f(a)|<\varepsilon)\}$$

はすべての正の無限小数を含むから，ある $\delta_0\in\boldsymbol{R}^+$ を含む．$|t-a|<\delta_0$ をみたす任意の $t\in[0,1]$ に対して，

$$\forall x\in X(x\simeq t\to|F(x)-f(t)|<2\varepsilon)$$

が成り立つから，

$$|f(t)-f(a)|\leqq|F(x)-f(a)|+|F(x)-f(t)|<3\varepsilon$$

となる．したがって f は連続である．

（3） $\mathrm{st}^{-1}(\{t : f(t)>a\})=\{x : f\circ\mathrm{st}(x)>a\}$ が成り立つので(1)より f がルベーグ可測関数であることと，$f\circ\mathrm{st}$ が $L(\mathfrak{A})$-可測関数であることは同値である．命題 2.1 と定理 2.3 から，$f\circ\mathrm{st}$ が $L(\mathfrak{A})$-可測であることと $f\circ\mathrm{st}$ がもちあげをもつことは同値だから (3) が成り立つ．

（4） (1)(3)と定理 2.9 より明らか． （証明終り）

補題 $A\subseteqq X$ が内的なら $\mathrm{st}(A)$ は $\boldsymbol{R}$ の閉集合である．

証明 $\mathrm{st}(A)$ の点列 $\{a_n\}$ $(n\in\boldsymbol{N})$ が $b\in\boldsymbol{R}$ に収束するなら，第1章命題 7.1 より，

$$\forall n\in{}^*\boldsymbol{N}_\infty\ {}^*a_n\simeq b \tag{2.20}$$

である．各 $n\in\boldsymbol{N}$ ごとに $a_n=\mathrm{st}(\alpha_n)$ をみたす $\alpha_n\in A$ を選んで数列 $\{\alpha_n\}$ $(n\in\boldsymbol{N})$ をつくり，それを内的な数列 $\{\alpha_n\}$ $(n\in{}^*\boldsymbol{N},\ \alpha_n\in A)$ に拡大する．

${}^*\boldsymbol{N}$ の部分集合 $\{n\in{}^*\boldsymbol{N} : n|\alpha_n-{}^*a_n|\leqq 1\}$ は内的かつすべての $n\in\boldsymbol{N}$ を含むから，ある $N\in{}^*\boldsymbol{N}_\infty$ を含む．$N|\alpha_N-{}^*a_N|\leqq 1$ と (2.20) から $\alpha_N\simeq b$ となるので，$b={}^\circ\alpha_N$ となり，したがって $b\in\mathrm{st}(A)$ が成り立つ． （証明終り）

2-3節 ブラウン運動

ブラウン運動は後に述べる定義 3.2 をみたす確率過程として定義され，その分布は経路空間上の確率測度として実現される．定義 3.2 をみたす確率過程の存在証明は P. Lévy や P. Wiener によるもの等が知られており[1)]，いずれも興味深いものであるが，かなりややこしいともいえる．一方，直観的には，ブラウン運動

---

1) 伊藤清 [21]，飛田武幸 [22] 参照．付録 2 に E. Nelson の構成法がある．

は酔歩（random walk）のなんらかの極限であると考えられ，したがってその方向からの存在証明も考えられてよいはずである．

酔歩運動の極限としてブラウン運動を構成するという方向を忠実に実践したのがLoeb-Andersonのブラウン運動であり，証明は古典的な中心極限定理を用いるだけでできる．

確率論からの準備

現代の確率論は測度論を基礎として展開される．すなわち，確率空間とは$P(\Omega)=1$をみたすσ-加法的測度空間$(\Omega, \mathfrak{B}, P)$のことであり，

（i）　$\mathfrak{B}$-可測集合$E\subseteqq\Omega$を事象，$P(E)$をその事象の起こる確率とし，

（ii）　$\mathfrak{B}$-可測関数$X:\Omega\longrightarrow\boldsymbol{R}$を確率変数，$\int_\Omega X(\omega)\,dP$を$X$の期待値という．

さらに

（iii）　有限個の事象の系$E_1, \cdots, E_n$が独立であるとは，任意の$1\leqq i\leqq j\leqq\cdots\leqq k\leqq n$に対して，$P(E_i\cap E_j\cap\cdots\cap E_k)=P(E_i)P(E_j)\cdots P(E_k)$が成り立つこと

（iv）　有限個の確率変数の系$X_1, \cdots, X_n$が独立であるとは，任意の実数$a_1, \cdots, a_n$に対する事象の系$E_1=\{\omega: X_1(\omega)<a_1\}$，…，$E_n=\{\omega: X_n(\omega)<a_n\}$が（iii）の意味で独立であること

である．

確率的な現象の「時間的」な変化を記述する確率過程（stochastic process）$\{X(t, \omega): t\in T\}$は次のように定義される．

3.1　定義　（1）　確率空間$(\Omega, \mathfrak{B}, P)$上の，$t$をパラメータとする確率変数の系$\{X(t, \omega): t\in I\}$を**確率過程**という．$I$が$\boldsymbol{R}, [0, \infty), [0, 1]$などのとき，連続パラメータであるといい，$I$が$\boldsymbol{Z}, \boldsymbol{N}$などのとき，離散パラメータであるという．

（2）　$\omega\in\Omega$を固定したとき，$X(t, \omega)$はtの関数となる．これを**見本関数**（sample function），**見本過程**（sample process），**経路**（path）などという．

パラメータをもたない普通の確率変数$X:\Omega\longrightarrow\boldsymbol{R}$に対して，その分布$\Phi$は$\boldsymbol{R}$のボレル集合$B\in\mathfrak{B}(\boldsymbol{R})$に対して

$$\Phi(B) = P(\{\omega: X(\omega)\in B\})$$

によって定義される．

確率過程 $X(t,\omega)$ の場合，その分布は次の手順で定義される．

（i） $\boldsymbol{R}^n$ のボレル集合の全体を $\mathfrak{B}(\boldsymbol{R}^n)$ とする．$t_1, t_2, \cdots, t_n$ と $B\in\mathfrak{B}(\boldsymbol{R}^n)$ に対して

$$A = A(t_1, \cdots, t_n\,;\,B) = \{x\in\boldsymbol{R}^I : (x(t_1), \cdots, x(t_n))\in B\} \tag{2.21}$$

で定まる $\boldsymbol{R}^I$ の[1] 部分集合 $A(t_1, \cdots, t_n\,;\,B)$ を**筒集合**(cylinder set)という．

（ii） $t_1, \cdots, t_n$ を固定したまま，$B\in\mathfrak{B}(\boldsymbol{R}^n)$ を動かして得られる筒集合の全体は σ-加法族をなす．これを $\mathfrak{B}^{(t_1,\cdots,t_n)}$ で表し，

$$\Phi_{t_1,\cdots,t_n}(A) = P(\{\omega : (X(t_1,\omega), \cdots, X(t_n,\omega))\in B\})$$

によって $\mathfrak{B}^{(t_1,\cdots,t_n)}$ 上の確率測度 $\Phi_{t_1,\cdots,t_n}$ を定義する．

（iii） 次に n および $t_1, \cdots, t_n$ を動かして得られる $\mathfrak{B}^{(t_1,\cdots,t_n)}$ の和集合

$$\bigcup_{n,t_1,\cdots,t_n} \mathfrak{B}^{(t_1,\cdots,t_n)}$$

を $\mathfrak{A}$ とする．つまり筒集合の全体を $\mathfrak{A}$ とする．定義から明らかに $\mathfrak{A}$ は有限加法族である．$\mathfrak{A}$ の上に確率測度の系 $\{\Phi_{t_1,\cdots,t_n} : n\in\boldsymbol{N},\ t_1, \cdots, t_n\in I\}$ から自然に有限加法的測度が定まるので，それを $\tilde{\Phi}$ とする（$\tilde{\Phi}$ の $\mathfrak{B}^{(t_1,\cdots,t_n)}$ への制限が $\Phi_{t_1,\cdots,t_n}$ である）．

（iv） $\mathfrak{A}$ を含む最小の σ-加法族を $\mathfrak{B}^I$ とすると，コルモゴロフの拡張定理[2] によって $\mathfrak{A}$ 上の有限加法的測度 $\tilde{\Phi}$ は $\mathfrak{B}^I$ 上の σ-加法的測度 Φ に一意的に拡張される．

こうして測度空間（$\boldsymbol{R}^I, \mathfrak{B}^I, \Phi$）が得られる．この Φ を**確率過程 $\boldsymbol{X(t,\omega)}$ の分布**という．

確率過程の代表ともいえるブラウン運動は次のように定義される．

3.2 定義 確率空間 $(\Omega, \mathfrak{B}, P)$ 上の確率過程 $\{X(t,\omega) : 0\leqq t\leqq T\}$ が次の条件（i），（ii）をみたすとき，$D>0$ を拡散係数とする**ブラウン運動**（Brownian motion）または**ウィナー過程**（Wiener process）という．

（i） $X(0,\omega) = 0$ （P-a. e.）

（ii） 任意の $0\leqq t_1<t_2$ に対して確率変数 $X(\omega)=X(t_2,\omega)-X(t_1,\omega)$ は平均 0，分散が $2D(t_2-t_1)$ の正規分布に従う．

---

1) I から $\boldsymbol{R}$ への写像の全体を $\boldsymbol{R}^I$ で表す．

2) 江沢洋［36］17 章に詳しい証明がある．

3.3　定義　ブラウン運動 $\{X(t,\omega):0\leqq t\leqq T\}$ に対して，その $(\boldsymbol{R}^I,\mathfrak{B}^I)$ $(I=\{t:0\leqq t\leqq T\})$ の上の分布を与える確率測度 μ_W を**ウィナー測度**（Wiener measure）という．

ブラウン運動の構成

この節の冒頭でも述べたように，定義3.2をみたすブラウン運動を厳密に構成する方法はいろいろあるが，ここではローブ測度を利用して

無限小酔歩の標準部分

としてブラウン運動を実現する．

3.4　定義（Loeb-Anderson のブラウン運動）

N を無限大の自然数，$\dfrac{T}{N}=\varDelta t$ とする．

（1）　$\boldsymbol{T}=\{0,\varDelta t,2\varDelta t,\cdots,(N-1)\varDelta t\}$,

$\Omega=\{-1,1\}^{\boldsymbol{T}}$（$=\{\omega:\omega$ は $\boldsymbol{T}$ の各要素に対して1または-1を対応させる内的な写像$\}$），

$\mathfrak{B}={}^*\mathcal{P}(\Omega)$（$=\Omega$ の内的な部分集合の全体），

$$\rho(\omega)=\frac{1}{2^N}\quad(\omega\in\Omega),$$

$$\mu(E)=\sum_{\omega\in E}\rho(\omega)\quad(E\in\mathfrak{B})$$

で $*$-有限加法的測度空間 $(\Omega,\mathfrak{B},\mu)$ を定義し，これからつくられるローブ測度空間を $(\Omega,L(\mathfrak{B}),\mu_L)$ とする．

（2）　$*$-有限な無限小酔歩 $B:\Omega\times\boldsymbol{T}\longrightarrow{}^*\boldsymbol{R}$ を

$$B(n\varDelta t,\omega)=\sum_{k=0}^{n-1}\omega(k\varDelta t)\sqrt{\varDelta t},\qquad B(0,\omega)=0,\qquad \omega\in\Omega$$

で定義し，Loeb-Anderson の無限小酔歩という．

（3）　**Loeb-Anderson のブラウン運動** b を次式で定義する．

$$b(t,\omega)={}^\circ B(\underline{t},\omega)$$

ただし，$t\in[0,T]$ に対して $j\varDelta t\leqq t<(j+1)\varDelta t$ をみたす $j\varDelta t\in\boldsymbol{T}$ を $\underline{t}$ で表すことにする．B は ω の内的な関数なので，命題2.1から $b(t,\omega)$ は ω の関数として $L(\mathfrak{B})$-可測関数つまり確率変数である．

以下，$b(t,\omega)$ が定義3.2の（i），（ii）をみたすこと，つまりブラウン運動にな

っていることを証明する．ここで中心的な役割を果たすのは中心極限定理である．

3.5　定義　$(\Omega, \mathfrak{B}, \mu)$ 上の確率変数の内的な列 $\{X_n : n \in {}^*\boldsymbol{N}\}$ が $*$-独立であるとは，任意の $*$-有限な内的部分列 $\{X_{\sigma_1}, X_{\sigma_2}, \cdots, X_{\sigma_n}\}$ $(n \in {}^*\boldsymbol{N})$ と内的な n 個の超実数列 $(a_1, a_2, \cdots, a_n)$ $(a_i \in {}^*\boldsymbol{R})$ に対して

$$\mu(\{\omega : X_{\sigma_1}(\omega) < a_1, \cdots, X_{\sigma_n}(\omega) < a_n\}) = \prod_{k=1}^{n} \mu(\{\omega : X_k(\omega) < a_k\})$$

が成り立つことである．

3.6　定理（$*$-中心極限定理）

$\{X_n : n \in {}^*\boldsymbol{N}\}$ が $(\Omega, \mathfrak{B}, \mu)$ 上の $*$-独立な確率変数の内的な列で，すべての X_n が平均$=0$，分散$=v>0$ の共通な確率分布 ${}^*\Phi$ に従うとする（Φ はスタンダードな確率分布）．このとき，すべての $n \in {}^*\boldsymbol{N}_\infty$ とすべての $\alpha \in {}^*\boldsymbol{R}$ に対して

$$\mu\left(\left\{\omega : \frac{1}{\sqrt{n}} \sum_{k=1}^{n} X_k(\omega) \leqq \alpha\right\}\right) \simeq {}^*\psi_v(\alpha)$$

が成り立つ．ここで $\psi_v(x) = \dfrac{1}{\sqrt{2\pi v}} \displaystyle\int_{-\infty}^{x} e^{-u^2/(2v)}\, du$ とする．

証明　$\alpha \in \boldsymbol{R}$，$\varepsilon \in \boldsymbol{R}^+$ が与えられたとする．

$$\begin{aligned} \mu_L(\{\omega : {}^\circ X_k(\omega) \leqq \alpha\}) &= \lim_{n\to\infty} {}^\circ\mu\left(\left\{\omega : X_k(\omega) < \alpha + \frac{1}{n}\right\}\right) \\ &= \lim_{n\to\infty} \Phi\left(\alpha + \frac{1}{n}\right) = \Phi(\alpha) \end{aligned}$$

となるので，$\{{}^\circ X_n : n \in \boldsymbol{N}\}$ は $(\Omega, L(\mathfrak{B}), \mu_L)$ 上の確率変数の列で，同一の分布 Φ に従う．さらに，$n \in \boldsymbol{N}$，$(\alpha_1, \cdots, \alpha_n) \in \boldsymbol{R}^n$ に対して

$$\begin{aligned} &\mu_L(\{\omega : {}^\circ X_{\sigma_1}(\omega) < \alpha_1, \cdots, {}^\circ X_{\sigma_n}(\omega) < \alpha_n\}) \\ &= \lim_{k\to\infty} {}^\circ\mu\left(\left\{\omega : X_{\sigma_1}(\omega) < \alpha_1 - \frac{1}{k}, \cdots, X_{\sigma_n}(\omega) < \alpha_n - \frac{1}{k}\right\}\right) \\ &= \lim_{k\to\infty} {}^\circ\left(\prod_{j=1}^{n} \mu\left(\left\{\omega : X_{\sigma_j}(\omega) < \alpha_j - \frac{1}{k}\right\}\right)\right) \\ &= \prod_{j=1}^{n} \lim_{k\to\infty} {}^\circ\mu\left(\left\{\omega : X_{\sigma_j}(\omega) < \alpha_j - \frac{1}{k}\right\}\right) \\ &= \prod_{j=1}^{n} \mu_L(\{\omega : {}^\circ X_{\sigma_j}(\omega) < \alpha_j\}) \end{aligned}$$

となるから $\{{}^\circ X_n : n \in \boldsymbol{N}\}$ はスタンダードな意味で独立な確率変数列である．

$$E({}^\circ X_n) = {}^\circ E(X_n) = 0, \qquad E({}^\circ X_n{}^2) = {}^\circ E(X_n{}^2) = v$$

なので，スタンダードな中心極限定理から，ある $n_0 \in \boldsymbol{N}$ が存在して，すべての $n \in \boldsymbol{N}$ について

$$n > n_0 \Longrightarrow \left| \mu_L\left(\left\{\omega : \frac{1}{\sqrt{n}} \sum_{k=1}^{n} {}^\circ X_k(\omega) \leqq \alpha\right\}\right) - \psi_v(\alpha) \right| < \varepsilon$$

が成り立つ．$\sum_{k=1}^{n} {}^\circ X_k$ の分布は Φ のたたみこみ $\Phi * \cdots * \Phi$ （$=\Phi^{(n)}$ と書く）なので，

$$n > n_0 \Longrightarrow |\Phi^{(n)}(\sqrt{n}\,\alpha) - \psi_v(\alpha)| < \varepsilon$$

が成り立つ．これに移行原理を用いることですべての $n \in {}^*\boldsymbol{N}_\infty$ に対して

$$^*\Phi^{(n)}(\sqrt{n}\,\alpha) \simeq \psi_v(\alpha)$$

が成り立つことがわかる．

$\{X_n : n \in {}^*\boldsymbol{N}\}$ は $*$-独立なので $\sum_{k=1}^{n} X_k$ の分布は ${}^*\Phi^{(n)}$ であり，したがって

$$\mu\left(\left\{\omega : \frac{1}{\sqrt{n}} \sum_{k=1}^{n} X_k(\omega) \leqq \alpha\right\}\right) \simeq \psi_v(\alpha) = {}^*\psi_v(\alpha) \quad (\alpha \in \boldsymbol{R}) \tag{2.22}$$

である．

ψ_v は連続関数で，(2.22) の両辺は $\alpha \in {}^*\boldsymbol{R}$ に関して共に単調増加だから，$\alpha \in {}^*\boldsymbol{R}_{\text{fin}}$ のときも (2.22) が成り立つ．さらに α が正の無限大数なら ${}^*\psi(\alpha) \simeq 1$，負の無限大数なら ${}^*\psi(\alpha) \simeq 0$ なので，$\alpha \in {}^*\boldsymbol{R}_\infty$ のときも (2.22) は成り立つ．

（証明終り）

定理3.6から次の定理が得られる．

3.7　定理（Loeb-Anderson のブラウン運動）

定義3.4で定められる $b(t, \omega)$ は定義3.2 (i) (ii) をみたす，つまりブラウン運動である．

証明　(i) は定義から明らかである．

(ii)　$\Delta t = T/N$，$\underline{s} = \sigma \Delta t$，$\underline{t} = \tau \Delta t$ とおくと

$$\begin{aligned} &\mu_L(\{\omega : b(t, \omega) - b(s, \omega) \leqq \alpha\}) \\ &= \lim_{m \to \infty} {}^\circ\mu\left(\left\{\omega : \frac{1}{\sqrt{\tau - \sigma}} \sum_{k=\sigma}^{\tau-1} \omega(k\Delta t) \sqrt{2D(\tau-\sigma)\Delta t} \leqq \alpha(1 + 1/m)\right\}\right) \end{aligned} \tag{2.23}$$

である．$\{\omega(k\Delta t) : k = \sigma, \cdots, \tau - 1\}$ は $*$-独立なので，定理3.6を

$$n = \tau - \sigma, \qquad X_k(\omega) = \omega(k\Delta t)\sqrt{2D(\tau-\sigma)\Delta t}, \qquad v = 2D(\underline{t} - \underline{s})$$

として用いることができて

$$(2.23)=\lim_{m\to\infty}\psi_{2D(t-s)}(\alpha+1/m)=\psi_{2D(t-s)}(\alpha)$$

となり，（ii）が成り立つことが分かる．　（証明終り）

定義3.2の（i）と（ii）から一般に $0\leqq s_1<t_1\leqq s_2<t_2\leqq\cdots\leqq s_n<t_n\leqq T$ に対して

$$b(t_1,\omega)-b(s_1,\omega),\ b(t_2,\omega)-b(s_2,\omega),\ \cdots\cdots,\ b(t_n,\omega)-b(s_n,\omega)$$

の独立性が証明できるが，いまの場合，定理3.6の証明の中で計算したように，

$$X_1=B(\underline{t_1},\omega)-B(\underline{s_1},\omega),\ \cdots\cdots,\ X_n=B(\underline{t_n},\omega)-B(\underline{s_n},\omega)$$

の ∗-独立性から直接に

$${}^\circ X_1=b(t_1,\omega)-b(s_1,\omega),\ \cdots\cdots,\ {}^\circ X_n=b(t_n,\omega)-b(s_n,\omega)$$

の独立性が得られることを注意しておく．

3.8　定理　（1）　μ_L-a. e. の ω に対して $B(\cdot,\omega)$ は次の性質をもつ[1]．

$$k_1\Delta t\simeq k_2\Delta t\ \text{ならば}\ B(k_1\Delta t,\omega)\simeq B(k_2\Delta t,\omega)$$

（2）　μ_L-a. e. の ω に対して $b(\cdot,\omega)$ は連続である．

証明　簡単のために $T=1$, $D=1/2$ として証明する．したがってみかけ上，物理的次元はそろっていない．

（1）　$n, l\in\boldsymbol{N}$ に対して

$$\Omega_{n,l}=\bigcup_{0\leqq i\leqq l-1}\left\{\omega:\max_k B(k\Delta t,\omega)-\min_k B(k\Delta t,\omega)>\frac{1}{n}\right\}$$

とする．ただし，$\max_k$, $\min_k$ は $k\Delta t\in{}^*\!\left[\frac{i}{l},\frac{i+1}{l}\right]$ に関する最大値，最小値とする．

まず，$\mu_L(\bigcup_n\bigcap_l\Omega_{n,l})=0$ を示す．そのためには，すべての n に対して，$\mu_L(\bigcap_l\Omega_{n,l})=0$ を示せばよく，さらにそのためには $\lim_{l\to\infty}{}^\circ\mu(\Omega_{n,l})=0$ を示せばよい．$\omega(t)$ を $-\omega(t)$ にかえると $B(\cdot,\omega)$ が $-B(\cdot,\omega)$ に変わることに注意すると次の不等式が得られる．$k\Delta t\in{}^*\!\left[0,\frac{1}{l}\right]$ として

$$\begin{aligned}\mu(\Omega_{n,l})&\leqq\mu\left(\left\{\omega:\max_k B(k\Delta t,\omega)-\min_k B(k\Delta t,\omega)>\frac{1}{n}\right\}\right)\times l\\&\leqq\mu\left(\left\{\omega:\max_k|B(k\Delta t,\omega)|>\frac{1}{2n}\right\}\right)\times l\\&\leqq\mu\left(\left\{\omega:\max_k B(k\Delta t,\omega)>\frac{1}{2n}\right\}\right)\times 2l\qquad(2.24)\end{aligned}$$

1）　この性質は通常，S-連続性とよばれている．

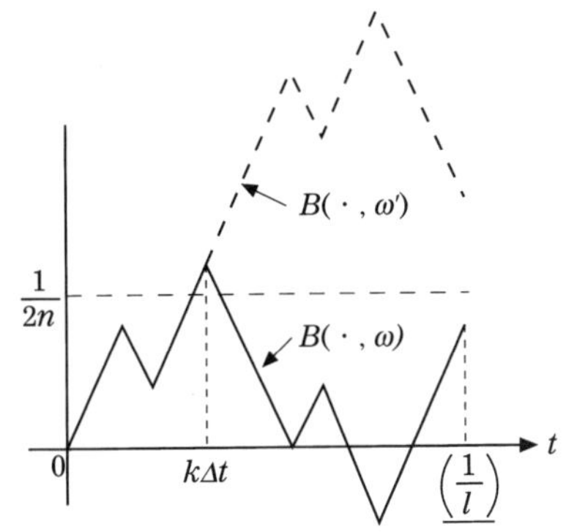

図 2-5

${}^*\!\left[0, \frac{1}{l}\right]$ の途中で B の値が $\frac{1}{2n}$ をこえるが $\underline{\left(\frac{1}{l}\right)}$ では $\frac{1}{2n}$ 以下であるような B（図 2-5 の実線の経路）に対して，B の値が $\frac{1}{2n}$ をはじめて超える $k\varDelta t$ 以降における ω の値を $-\omega$ に変更したものを ω' とすると，$B(\cdot, \omega')$ は図 2-5 の破線のようになって $B\left(\underline{\left(\frac{1}{l}\right)}, \omega'\right) > \frac{1}{2n}$ となる．したがって（2.24）は

$$\mu\left(\left\{\omega : B\left(\underline{\left(\frac{1}{l}\right)}, \omega\right) > \frac{1}{2n}\right\}\right) \times 4l \simeq 4l\left(1 - \phi_1\left(\frac{\sqrt{l}}{2n}\right)\right)$$

で押さえられる．この右辺で $l \to \infty$ とすると ${}^\circ\mu(\Omega_{n,l}) \to 0$ が得られる．したがって $\mu_L(\bigcup_n \bigcap_l \Omega_{n,l}) = 0$ が示された．

さて，$k_1\varDelta t \simeq k_2\varDelta t$ とする．$\omega \notin \bigcup_n \bigcap_l \Omega_{n,l}$ に対して

$$\forall n \ \exists l \ \forall i \ \max_k B(k\varDelta t, \omega) - \min_k B(k\varDelta t, \omega) \leqq \frac{1}{n} \tag{2.25}$$

が成り立つから，$l = l(n)$ ごとに $k_1\varDelta t, k_2\varDelta t \in {}^*\!\left[\frac{i}{l(n)}, \frac{i+1}{l(n)}\right]$ をみたす $i = i(n)$ を考えると，（2.25）からすべての n に対して

$$|B(k_1\varDelta t, \omega) - B(k_2\varDelta t, \omega)| \leqq \frac{1}{n}$$

が成り立つ．したがって

$$B(k_1\varDelta t, \omega) \simeq B(k_2\varDelta t, \omega)$$

である．

（2）$\omega \notin \bigcup_n \bigcap_l \Omega_{n,l}$ とする．$\varepsilon \in \boldsymbol{R}^+$ に対して

$$M_\varepsilon = \{a \in {}^*\boldsymbol{R} : |x-y| < a \text{ ならば } |B(x,\omega)-B(y,\omega)| < \varepsilon\}$$

を考えると，(1) より M_ε はすべての正の無限小数を含む．したがって正の実数 $\delta \in \boldsymbol{R}^+$ が存在して

$$|x-y| < \delta \text{ ならば } |B(x,\omega)-B(y,\omega)| < \varepsilon$$

となる．このことから

$$|t-s| < \delta \text{ ならば } |b(t,\omega)-b(s,\omega)| < \varepsilon$$

が得られ，$b(t,\omega)$ は t に関して連続である．（証明終り）

ウィナー測度

確率過程 $b(t,\omega)$ （$\omega \in \Omega$, $t \in [0, T]$）の分布を（$\boldsymbol{R}^I, \mathfrak{B}^I$）（ただし $I=[0, T]$）の上で考えたときの $\mathfrak{B}^I$ 上の確率測度をウィナー測度ということは前に述べた．ブラウン運動のほとんどいたる所の経路が連続であるから，次の (i), (ii) をみたす確率測度 μ_W として特徴づけることもできる[1]．

（i）(2.21) の $\boldsymbol{R}^I$ を $C[0, T]$ に変更した式で筒集合を定義し，それを用いてつくられる σ-加法族を $\mathfrak{B}^{[0,T]}$ とすると，ウィナー測度は $\mathfrak{B}^{[0,T]}$ 上の測度である．

（ii）$0 \leqq t_1 < \cdots < t_n \leqq T$ と任意の n 次元ボレル集合 B_n に対して

$$\begin{aligned}&\mu_W(\{f \in C[0, T] : (f(t_1), \cdots, f(t_n)) \in B_n\})\\ &\quad = P(\{\omega : (b(t_1,\omega), \cdots, b(t_n,\omega)) \in B_n\})\end{aligned}$$

が成り立つ．

Loeb-Anderson のブラウン運動 $b(t,\omega)$ から次のようにして $C[0, T]$ 上のウィナー測度空間 $(C[0, T], \mathfrak{W}, \mu_W)$ を構成することができる．

$$\mathfrak{W} = \{F \subseteqq C[0, T] : \{\omega \in \Omega : b(\cdot,\omega) \in F\} \in L(\mathfrak{B})\}$$

$$\mu_W(F) = \mu_L(\{\omega \in \Omega : b(\cdot,\omega) \in F\}), \qquad F \in \mathfrak{W} \tag{2.26}$$

3.9　定理　$(C[0, T], \mathfrak{W}, \mu_W)$ は $(C[0, T], \mathfrak{B}^{[0,T]}, \mu_W)$ の完備化であり，(2.26) で定義される μ_W は (i), (ii) をみたす，つまりウィナー測度である．

証明　$\mathfrak{W}$ が筒集合を含むことは，定理 2.11 のときと同じようにして証明できる．$L(\mathfrak{B})$ が完備な σ-加法族なので $\mathfrak{W}$ もそうなるのは明らかである．したがって $(C[0, T], \mathfrak{W}, \mu_W)$ は $(C[0, T], \mathfrak{B}^{[0,T]}, \mu_W)$ の完備化となっている．(ii) を

---

1) (i), (ii) をみたす μ_W の存在と一意性は飛田武幸 [22] 定理 2.1 を参照．

みたすことは μ_W の定義から明らかである．（証明終り）

2-4節　エルゴード定理

ローブ測度の第2の応用として，個別エルゴード定理の釜江哲朗［17］による簡潔な証明を紹介する．

統計力学の基礎をなすエルゴード仮説——気体分子のあつまりのように大きな自由度をもつ力学系において，物理量 f の時間平均 $\hat{f}$ と，エネルギーが一定である面上での空間平均 $\langle f\rangle$ が等しいという仮説——に数学的根拠を与える定理がエルゴード定理である．

大きな自由度をもつ力学系の状態の1つ1つは相空間（phase space）の1点Pで代表され，力学系の変化は点Pの運動として記述される．またその系に関する物理量はPの関数 $f(\mathrm{P})$ で表される．系のエネルギー H が保存される場合，点Pは $H=E$（一定）の表す曲面 π の上を動きまわることになる．曲面 $H=E$ と $H=E+dE$ にはさまれた体積の極限として曲面 π 上に測度 λ を定義すると，系の変化 $T(t):\mathrm{P}\longrightarrow \mathrm{P}(t)$ は保測変換となる（Liouville（リウヴィル）の定理）．つまり，可測集合 $A\subset\pi$ に属する点Pの $T(t)$ による像 $\mathrm{P}(t)$ の全体を $A(t)$ とすると，$A(t)$ も可測集合となり，すべての t に対して

$$\lambda(A) = \lambda(A(t))$$

が成り立つ．これにエルゴード定理（定理4.5）を適用すると，時間平均

$$\hat{f}(\mathrm{P}) = \lim_{n\to\infty}\frac{1}{n}\sum_{i=0}^{n-1} f(T^i\mathrm{P})$$

がほとんどいたる所の点Pに対して存在して

$$\int_\pi \hat{f}(\mathrm{P})\,d\lambda = \int_\pi f(\mathrm{P})\,d\lambda$$

が成り立つ．とくに $\lambda(\pi)=1$ で時間発展 T に関して π が分解不可能のとき，つまり

$$\pi = \pi_1\cup\pi_2, \qquad \pi_1\cap\pi_2 = \varnothing, \qquad \lambda(\pi_1)>0,\ \lambda(\pi_2)>0,$$
$$T(\pi_1)\subseteqq\pi_1, \qquad T(\pi_2)\subseteqq\pi_2$$

をみたすように π を π_1, π_2 に分解できないとき，$\hat{f}(\mathrm{P})$ は定数 $\int_\pi f(\mathrm{P})\,d\lambda$ にほとんどいたる所で一致する．したがって

$$\text{物理量}\, f\, \text{の時間平均}\quad \hat{f} = \lim_{n\to\infty}\frac{1}{n}\sum_{i=0}^{n-1} f(T^i\mathrm{P})$$

と

$$\text{物理量}\, f\, \text{の空間平均}\quad \langle f\rangle = \int_{\pi} f(\mathrm{P})\, d\lambda$$

が一致する．このようにエルゴード定理 4.5 によってエルゴード仮説が合理化される．

エルゴード理論の出発点になったのは，G. D. Birkhoff の個別エルゴード定理（1931）と J. von Neumann の平均エルゴード定理（1932）である．それ以降，数学の多くの分野と関連し，いろいろな方向へ拡張された．ここでは出発点になった Birkhoff の個別エルゴード定理を超準解析によって証明する．本質的な部分は定理 4.2 で尽きており，その意味で簡明な証明といえる．

4.1 定義 $N\in {}^*\boldsymbol{N}_\infty$ を固定する．$K=\{x\in {}^*\boldsymbol{N} : 0\leqq x\leqq N-1\}$ の上に $\rho(x) = \dfrac{1}{N}$ から導入される ＊-有限加法的測度空間 $(K, {}^*\mathcal{P}(K), \mu)$ を考え，そのローブ測度空間を $(K, \boldsymbol{B}, \mu_L)$ とする．

さらに，K 上の変換 φ を

$$\varphi(x) = \begin{cases} x+1 & (x<N-1) \\ 0 & (x=N-1) \end{cases}$$

で定義する．

こうして定義された**力学系** $(K, \boldsymbol{B}, \mu_L, \varphi)$ を**普遍系**とよぶことにする．

普遍系に対してエルゴード定理を証明することができれば，その結果を一般の力学系に拡張するのはさほど困難でない．そこで，ローブ測度の理論を用いて普遍系の場合のエルゴード定理を証明しよう．

4.2 定理（普遍系に対するエルゴード定理）

任意の $f\in L^1(K, \boldsymbol{B}, \mu_L)$ に対して

$$\hat{f}(x) = \lim_{n\to\infty}\frac{1}{n}\sum_{i=0}^{n-1} f(\varphi^i(x)) \quad {}^{1)}$$

がほとんどいたる所の $x\in K$ に対して存在し，

1）φ を i 回合成した変換 $\varphi\circ\varphi\circ\cdots\circ\varphi$ を φ^i で表す．

$$\hat{f}\in L^1(K,\boldsymbol{B},\mu_L) \text{ かつ } \int_K \hat{f}(x)\,\mu_L(dx) = \int_K f(x)\,\mu_L(dx)$$

が成り立つ．

証明　$f(x)\geqq 0$ の場合について証明できれば一般の場合もできるので，$f(x)\geqq 0$ とする．

$$\bar{f}(x) = \varlimsup_{n\to\infty}\frac{1}{n}\sum_{i=0}^{n-1} f(\varphi^i(x)) \tag{2.27}$$

$$\underline{f}(x) = \varliminf_{n\to\infty}\frac{1}{n}\sum_{i=0}^{n-1} f(\varphi^i(x))$$

とおいて不等式

$$\int_K \bar{f}(x)\,\mu_L(dx) \leqq \int_K f(x)\,\mu_L(dx) \leqq \int_K \underline{f}(x)\,\mu_L(dx) \tag{2.28}$$

を示す．

正の数 $\varepsilon\in\boldsymbol{R}$，$M\in\boldsymbol{R}$ に対して

$$\bar{f}(x)\wedge M = \begin{cases} \bar{f}(x) & (\bar{f}(x)\leqq M \text{ のとき}) \\ M & (\bar{f}(x)> M \text{ のとき}) \end{cases}$$

は $L^1(K,\boldsymbol{B},\mu_L)$ に属するので，もちあげ定理2.9から次の性質 (i)，(ii) をもつ内的な関数 F, G が存在する．

（i）　$F(x)\simeq f(x)$，$G(x)\simeq \bar{f}(x)\wedge M$　(μ_L-a. e.)　(2.29)

（ii）　K の任意の内的な部分集合 B に対して

$$\int_B f(x)\,\mu_L(dx) \simeq \frac{1}{N}\sum_{x\in B} F(x),$$

$$\int_B \bar{f}(x)\wedge M\;\mu_L(dx) \simeq \frac{1}{N}\sum_{x\in B} G(x) \tag{2.30}$$

が成り立つ．

一方，$\bar{f}$ が上極限として定義されていたことと，$\bar{f}$ の φ-不変性つまり

$$\bar{f}(x) = \bar{f}(\varphi^i(x)) \quad (i\in\boldsymbol{N})$$

が成り立つことから，$\varepsilon>0$ に対して適当な $n\in\boldsymbol{N}$ を選んで

$$\bar{f}(\varphi^i(x))\wedge M = \bar{f}(x)\wedge M \leqq \frac{1}{n}\sum_{i=0}^{n-1} f(\varphi^i(x)) + \varepsilon \tag{2.31}$$

が成り立つようにできる．(2.29)，(2.31) から $m=0,1,\cdots,n-1$ に対し，

$$G(\varphi^m(x)) \simeq \bar{f}(\varphi^m(x))\wedge M \leqq \frac{1}{n}\sum_{i=0}^{n-1} f(\varphi^i(x)) + \varepsilon$$

$$\lesssim \frac{1}{n}\sum_{i=0}^{n-1} F(\varphi^i(x)) + \varepsilon \quad (\mu_L\text{-a. e.})$$

が成り立つ．これを m について加え合せると

$$\sum_{i=0}^{n-1} G(\varphi^i(x)) \lesssim \sum_{i=0}^{n-1} F(\varphi^i(x)) + n\varepsilon$$

となり，不等式

$$\sum_{i=0}^{n-1} G(\varphi^i(x)) \leqq \sum_{i=0}^{n-1} F(\varphi^i(x)) + (n+1)\varepsilon \quad (\mu_L\text{-a. e.}) \tag{2.32}$$

が得られる．n は自然数つまり $n\in \boldsymbol{N}$ であるが，この不等式を $n\in {}^*\boldsymbol{N}$ に関する命題とみて（$n\in {}^*\boldsymbol{N}_\infty$ に対して成り立っているか否かはわからない），内的な関数 $T(x)$ を

$$T(x) = \begin{cases} (2.32)\text{をみたす最小の } n\in {}^*\boldsymbol{N} \quad (\text{そのような } n \text{ が存在するとき}) \\ N \quad (\text{それ以外のとき}) \end{cases}$$

で定義する．(2.32) から $\mu_L(E)=0$ をみたす $E\in \boldsymbol{B}$ が存在して，$x\in K\backslash E$ のとき $T(x)\in \boldsymbol{N}$ となる．命題1.18 (1) を用いて E を内的な集合 A におきかえる．つまり

$$E\subseteqq A \text{ かつ } \mu(A) < \frac{\varepsilon}{M}$$

をみたす内的な部分集合 A をとり，改めて

$$T(x) = \begin{cases} (2.32)\text{をみたす最小の } n\in {}^*\boldsymbol{N} \quad (x\notin A \text{ のとき}) \\ N \quad (x\in A \text{ のとき}) \end{cases}$$

で内的な関数 T を定義する．$x\notin A$ なら $T(x)\in \boldsymbol{N}$ である．

A は内的なので $r=\max_{x\notin A} T(x)$ を考えることができて $r\in \boldsymbol{N}$ である．

次に内的な自然数列 $\{T_j\}$ を帰納的に

$$T_0 = 0, \qquad T_j = \tilde{T}_{j-1} + T(\tilde{T}_{j-1})$$

ただし　$\tilde{T}_{j-1} = \min\{x\in K : x\geqq T_{j-1} \text{ かつ } x\notin A\}$

で定義し，$N-r\leqq T_j<N$ をみたす最小の $j\in {}^*\boldsymbol{N}$ を L とする．$G(x)\lesssim M$ なので

$$\frac{1}{N}\sum_{x=0}^{T_L-1} G(x) \leqq \frac{1}{N}\sum_{j=0}^{L-1}\sum_{i=0}^{T(\tilde{T}_j)-1} G(\varphi^i\tilde{T}_j) + \varepsilon$$

$$\leqq \frac{1}{N}\sum_{j=0}^{L-1}\left(\sum_{i=0}^{T(\tilde{T}_j)-1} F(\varphi^i\tilde{T}_j) + (T(\tilde{T}_j)+1)\varepsilon\right) + \varepsilon$$

$$\leqq \frac{1}{N}\sum_{x=0}^{T_L-1}F(x)+\frac{T_L+L}{N}\varepsilon+\varepsilon$$

$$\leqq \frac{1}{N}\sum_{x=0}^{T_L-1}F(x)+3\varepsilon \tag{2.33}$$

となる．第1行の右辺の2重和において $0\leqq x\leqq T_L-1$ のうちで，$0\leqq x<\tilde{T}_0$，$T_1\leqq x<\tilde{T}_1$，…，$T_{L-1}\leqq x<\tilde{T}_{L-1}$ をみたす x についての和が抜け落ちているが，これらの x はすべて A に属するので，その影響は高々 $\mu(A)\times M<\varepsilon$ である．したがって第1行の不等式が成り立つ．

$\bar{f}\wedge M\in L^1(K,\boldsymbol{B},\mu_L)$ なので $\int_{T_L}^{N}\bar{f}(x)\wedge M\ \mu_L(dx)=0$ となり，したがって

$$\begin{aligned}\int_K \bar{f}(x)\wedge M\ \mu_L(dx) &= \int_0^{T_L}\bar{f}(x)\wedge M\ \mu_L(dx)\\ &\lesssim \frac{1}{N}\sum_{x=0}^{T_L-1}G(x)\quad ((2.30)\ より)\\ &\leqq \frac{1}{N}\sum_{x=0}^{T_L-1}F(x)+3\varepsilon\quad ((2.33)\ より)\\ &\lesssim \int_0^{T_L}f(x)\,\mu_L(dx)+3\varepsilon\quad ((2.30)\ より)\\ &\leqq \int_K f(x)\,\mu_L(dx)+3\varepsilon\end{aligned}$$

となる．$M\to+\infty$，$\varepsilon\to+0$ として

$$\int_K \bar{f}(x)\,\mu_L(dx)\leqq\int_K f(x)\,\mu_L(dx)$$

が得られる．同様にして $\int_K f(x)\,\mu_L(dx)\leqq\int_K \underline{f}(x)\,\mu_L(dx)$ が得られるので (2.28) が成り立つ．（証明終り）

一般の力学系を普遍系 $(K,\boldsymbol{B},\mu_L,\varphi)$ でうまく解釈できれば，定理4.2から一般の力学系に対するエルゴード定理が得られるはずである．

そのためにいくつかの定義と補題を用意する．

4.3　定義　（1）　S を集合とし

$$(\sigma\alpha)(n)=\alpha(n+1),\qquad(\sigma\alpha)(N)=\alpha(0)\qquad(\alpha\in S^N)$$

で定義される $\sigma:S^N\longrightarrow S^N$ を S^N の上の**ずらし**という．

（2）　$[0,1]^N$ のボレル集合族を $\mathfrak{B}$ で表す．ν を $([0,1]^N,\ \mathfrak{B})$ の上の測度とするとき $\alpha\in[0,1]^N$ が $[0,1]^N$ 上のすべての連続関数 f に対して

$$\lim_{n\to\infty}\frac{1}{n}\sum_{i=0}^{n-1} f(\sigma^i\alpha) = \int f\, d\nu$$

をみたすとき，α は ν に関して**典型的**であるという．

補題 1　σ を $[0,1]^N$ のずらしとし，ν を $([0,1]^N, \mathfrak{B})$ の上の σ-不変な確率測度とすると，ν に関して典型的な $\alpha \in [0,1]^N$ が存在する．

証明は省略する．たとえば釜江哲朗［17］に，J. Ville による証明（1939 年）が紹介されている．

以下，測度空間 $(X, \mathfrak{C}, \nu)$ は有限な測度をもつルベーグ空間（以下単にルベーグ空間という）とする．すなわち，通常のルベーグ測度の定義された有界区間と測度的に同型な測度空間とする．

4.4　定義　F を $(X, \mathfrak{C}, \nu)$ の上の保測変換とする．すなわち F は X から X への写像で，すべての $A \in \mathfrak{C}$ に対して $F^{-1}(A) \in \mathfrak{C}$ であって

$$\nu(F^{-1}(A)) = \nu(A)$$

が成り立つとする．普遍系 $(K, \boldsymbol{B}, \mu_L, \varphi)$ に対して，保測変換 $g: K \longrightarrow X$ で

$$g(\varphi(x)) = F(g(x)) \quad (\mu_L\text{-a. e.})$$

をみたすものが存在するとき，力学系 $(X, \mathfrak{C}, \nu, F)$ は普遍系 $(K, \boldsymbol{B}, \mu_L, \varphi)$ に**準同型**であるという．

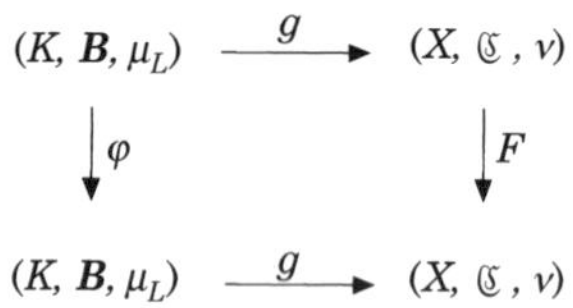

図 2-6

補題 2　F が確率空間 $(X, \mathfrak{C}, \nu)$ 上の保測変換のとき，力学系 $(X, \mathfrak{C}, \nu, F)$ は普遍系 $(K, \boldsymbol{B}, \mu_L, \varphi)$ に準同型である．

証明　ルベーグ空間 $(X, \mathfrak{C}, \nu)$ から確率空間 $([0,1], \boldsymbol{D}, \lambda)$ への同型写像を h とする．ただし，$\boldsymbol{D}$ は $[0,1]$ 上のボレル集合族で λ は $[0,1]$ 上のルベーグ測度である．

X から $[0,1]^N$ への写像 τ を

$$\tau(\omega) = (h(\omega), h(F\omega), h(F^2\omega), \cdots) \in [0,1]^N$$

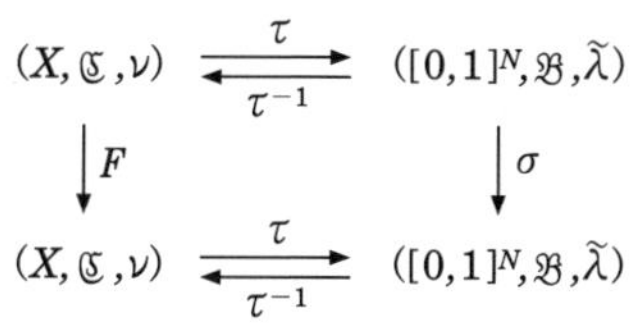

$$\begin{array}{ccc} (X,\mathfrak{C},\nu) & \underset{\tau^{-1}}{\overset{\tau}{\rightleftarrows}} & ([0,1]^N,\mathfrak{B},\tilde{\lambda}) \\ \downarrow F & & \downarrow \sigma \\ (X,\mathfrak{C},\nu) & \underset{\tau^{-1}}{\overset{\tau}{\rightleftarrows}} & ([0,1]^N,\mathfrak{B},\tilde{\lambda}) \end{array}$$

図 2-7

で定義し，τ によって X 上の測度 ν を $[0,1]^N$ の上にうつした測度を $\tilde{\lambda}$ とすると，力学系 $(X,\mathfrak{C},\nu,F)$ は力学系 $([0,1]^N,\mathfrak{B},\tilde{\lambda},\sigma)$ に同型となる．ここに $\mathfrak{B}$ は $[0,1]^N$ 上のボレル集合族，σ は $[0,1]^N$ 上のずらしである．

補題1を用いて，$\tilde{\lambda}$ に関して典型的な $\alpha_0\in[0,1]^N$ をとり，$g:K\longrightarrow[0,1]^N$ を

$$g(x)={}^\circ({}^*\sigma^x\alpha_0),\qquad x\in K$$

によって定義する．ここに ${}^*\sigma$ は $[0,1]^N$ 上のずらし σ の $*$-拡大である．α_0 が $\tilde{\lambda}$ に関して典型的であることと，定理2.9（もちあげ定理）および第1章の命題7.1から，$[0,1]^N$ 上の任意の連続関数 f に対して

$$\int fd\tilde{\lambda}=\lim_{n\to\infty}\sum_{i=0}^{n-1}f(\sigma^i\alpha_0)={}^\circ\left(\frac{1}{N}\sum_{x=0}^{N-1}{}^*f({}^*\sigma^x\alpha_0)\right)=\int f(g(x))\,\mu_L(dx)$$

が成り立つことがわかる．したがって g は保測変換である．

$$\begin{array}{ccc} (K,B,\mu_L) & \xrightarrow{\;g\;} & ([0,1]^N,\mathfrak{B},\tilde{\lambda}) \\ \downarrow \varphi & & \downarrow \sigma \\ (K,B,\mu_L) & \xrightarrow{\;g\;} & ([0,1]^N,\mathfrak{B},\tilde{\lambda}) \end{array}$$

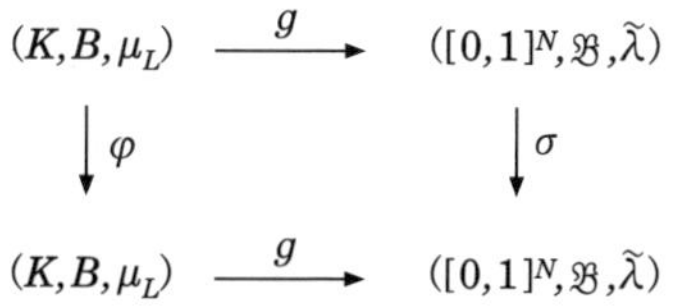

図 2-8

明らかに

$$\begin{aligned}\sigma(g(x))&=\sigma({}^{\circ *}\sigma^x\alpha_0)={}^\circ({}^*\sigma({}^*\sigma^x\alpha_0))={}^\circ({}^*\sigma^{x+1}\alpha_0)=g(x+1)\\&=g(\varphi(x))\end{aligned}$$

が成り立つ．

以上より $([0,1]^N,\mathfrak{B},\tilde{\lambda},\sigma)$ は $(K,\boldsymbol{B},\mu_L,\varphi)$ に準同型である．したがって $(X,\mathfrak{C},\nu,F)$ も $(K,\boldsymbol{B},\mu_L,\varphi)$ に準同型である．（証明終り）

以上で一般の力学系 $(\Omega,\mathfrak{A},P,T)$ を普遍系 $(K,\boldsymbol{B},\mu_L,\varphi)$ にうつすための準備が整った．

4.5　定理（エルゴード定理）

T が確率空間 $(\Omega, \mathfrak{A}, P)$ 上の保測変換のとき，$f \in L^1(\Omega, \mathfrak{A}, P)$ に対して

$$\hat{f}(\omega) \equiv \lim_{n\to\infty} \frac{1}{n} \sum_{i=0}^{n-1} f(T^i\omega)$$

がほとんどいたる所の $\omega \in \Omega$ に対して存在して，

$$\int \hat{f}(\omega)\, dP(\omega) = \int f(\omega)\, dP(\omega)$$

が成り立つ．

証明　$\omega \in \Omega$ に $\boldsymbol{R}^N$ のベクトル

$$(f(\omega), f(T\omega), f(T^2\omega), \cdots)$$

を対応させる写像を τ とし，τ をとおして $(\boldsymbol{R}^N, \mathfrak{S})$ に導かれる確率測度を ν とする．ここに $\mathfrak{S}$ は $\boldsymbol{R}^N$ 上のボレル集合族である．

$\boldsymbol{R}^N$ のずらしを σ とすると，$\tau(\omega) = \alpha$ に対して

$$\begin{aligned} \alpha &= (f(\omega), f(T\omega), f(T^2\omega), \cdots) \\ &\downarrow \sigma \\ \sigma\alpha &= (f(T\omega), f(T^2\omega), f(T^3\omega), \cdots) \\ &\downarrow \sigma \\ \sigma^2\alpha &= (f(T^2\omega), f(T^3\omega), f(T^4\omega), \cdots) \\ &\downarrow \sigma \\ &\vdots \end{aligned}$$

となっている．$\boldsymbol{R}^N$ のベクトルに対してその第 1 成分を対応させる写像を π とすると，明らかに

$$\sum_{i=0}^{n-1} f(T^i\omega) = \sum_{i=0}^{n-1} \pi(\sigma^i\alpha), \qquad \alpha = \tau(\omega) \tag{2.34}$$

が成り立っている．

この $(\boldsymbol{R}^N, \mathfrak{S}, \nu, \sigma)$ を補題 2 の $(X, \mathfrak{S}, \nu, F)$ と思って補題 2 を適用すると，これは普遍系 $(K, \boldsymbol{B}, \mu_L, \varphi)$ に準同型である．K から $\boldsymbol{R}^N$ への保測写像を g とする

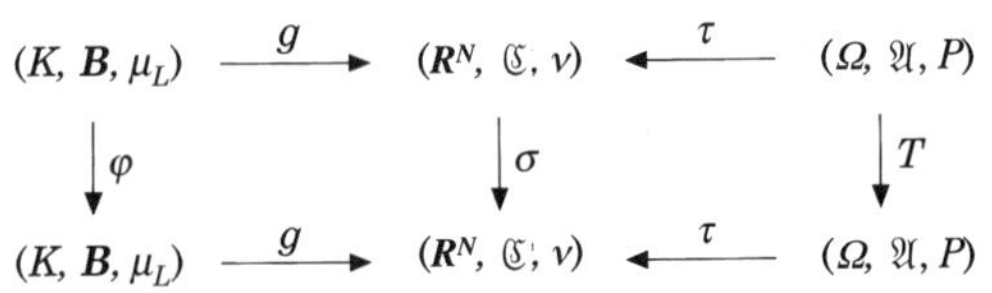

図 2-9

と図2-9のようになっている．(2.34) から

$$\hat{f}(\omega) = \lim_{n\to\infty}\frac{1}{n}\sum_{i=0}^{n-1}\pi(\sigma^i\alpha), \qquad \alpha=\tau(\omega)$$

となるから，この右辺で $\hat{\pi}(\alpha)$ を定義すると τ が保測なので

$$\int\pi(\alpha)\,d\nu = \int\pi(\tau(\omega))\,dP = \int f(\omega)\,dP,$$

$$\int\hat{\pi}(\alpha)\,d\nu = \int\hat{f}(\omega)\,dP$$

が成り立つ．

したがって次の2つのことを確かめればよい．

（i）（ν に関して）ほとんどいたる所の $\alpha\in\boldsymbol{R}^N$ に対して

$$\hat{\pi}(\alpha) = \lim_{n\to\infty}\frac{1}{n}\sum_{i=0}^{n-1}\pi(\sigma^i\alpha)$$

が存在する．

（ii）$\displaystyle\int\hat{\pi}(\alpha)\,d\nu = \int\pi(\alpha)\,d\nu.$

ところが，$g: K\longrightarrow\boldsymbol{R}^N$ は μ_L に関してほとんどいたる所の $x\in K$ に対して

$$g(\varphi(x)) = \sigma(g(x)) \quad (\text{したがって } g(\varphi^i(x)) = \sigma^i(g(x)))$$

をみたす保測変換だったから，$\pi(g(x))=h(x)$ とおくとき (i)，(ii) は

（i）′（μ_L に関して）ほとんどいたる所の $x\in K$ に対して

$$\begin{aligned}(\hat{h}(x)\equiv)\ \hat{\pi}(g(x)) &= \lim_{n\to\infty}\frac{1}{n}\sum_{i=0}^{n-1}\pi(\sigma^i(g(x)))\\ &= \lim_{n\to\infty}\frac{1}{n}\sum_{i=0}^{n-1}\pi(g(\varphi^i x))\\ &= \lim_{n\to\infty}\frac{1}{n}\sum_{i=0}^{n-1}h(\varphi^i(x))\end{aligned}$$

が存在する．

（ii）′ $\displaystyle\int\hat{h}(x)\,d\mu_L = \int h(x)\,d\mu_L$

と変形される．

この (i)′，(ii)′ は普遍系 $(K, \boldsymbol{B}, \mu_L, \varphi)$ に対するエルゴード定理として定理4.2ですでに証明されていたので，力学系 $(\Omega, \mathfrak{A}, P, T)$ に対する定理の証明が完了した．（証明終り）

2-5 節　ボルツマン方程式

ローブ測度論の 3 番目の応用として，ボルツマン方程式を考える．以下は，L. Arkeryd [23]，[24] の紹介である．簡単な場合にボルツマン方程式を導き出すことからはじめよう．

ボルツマン方程式を導き出す

L. Boltzmann（1844-1906 年）以前における理想気体の理論としては，J. C. Maxwell（1831-1879 年）がある．1860 年に彼が提唱した理論からみていくことにしよう．

1 辺の長さが l の立方体の中に N 個の分子が入っているとし，3 つの直角座標軸の方向の速度成分は互いに独立，かつ，一様に密度 $f(v_i)$（$i=1,2,3$）で分布しているとする．つまり，速度の第 i 成分が v_i と v_i+dv_i の間にある確率が $f(v_i)\,dv_i$ で与えられるとする．ただし正負の対称性 $f(-v_i)=f(v_i)$ を仮定する．時間 Δt の間に，立方体の 1 つの面に対して，その面に垂直な速度成分が v_i から v_i+dv_i の間にある分子は $\dfrac{v_i N\Delta t}{l} f(v_i)\,dv_i$ 個ぶつかることになる．1 粒子あたり $2mv_i$ の運動量をその面に与えるので，1 つの面のうける圧力 P は

$$P=\int_0^\infty \frac{v_i N\Delta t}{l} f(v_i)\frac{2mv_i}{l^2\Delta t}\,dv_i=\frac{2N}{V}\int_0^\infty m{v_i}^2 f(v_i)\,dv_i$$
$$=\frac{2N}{V}\left\langle \frac{1}{2}m{v_i}^2\right\rangle \tag{2.35}$$

となる．ただし $\left\langle \frac{1}{2}m{v_i}^2\right\rangle=\int_{-\infty}^\infty \frac{1}{2}m{v_i}^2 f(v_i)\,dv_i$ とおいた．

$$\left\langle \frac{1}{2}m{v_i}^2\right\rangle=\frac{1}{3N}\left\langle N\sum_{i=1}^3\frac{1}{2}m{v_i}^2\right\rangle$$
$$=\frac{1}{3N}\langle E\rangle \quad (E \text{ は全エネルギー，} \langle E\rangle \text{ はその平均})$$

だから，これに（2.35）を代入するとボイルの法則

$$PV=\frac{2}{3}\langle E\rangle$$

が得られる．

この理論をそれ以前と比べてみると，確率という概念を導入して気体のマクロ

な性質をミクロな分子運動から導き出すという点で画期的である．しかし彼の理論には次のような不満がある．この理論では気体の状態が平衡状態に近づくことをミクロな運動学から説明することができず，確率密度関数 f の性質として仮定せざるを得なかった点である．

この不満を解決したのが1872年のL. Boltzmannの理論である．彼は分子どうしの衝突にその根拠を見出し，衝突を数多くくり返すことの結果として平衡状態が達成されることを見事に説明した．これが有名なボルツマン方程式と H 定理である．以下，簡単な場合に限ってこれらを導く．

最も簡単な場合として，N 個の剛球が体積 V の容器の中に空間的に一様に分布しているとする．各球の半径を r，質量を m とする．速度空間における点 $\boldsymbol{v}$ を中心とする微小体積 d^3v をもつ微小領域を考える．時刻 t においてこの領域に属する速度ベクトルをもつような分子の個数を，速度分布関数 f を用いて

$$f(\boldsymbol{v}, t)\,d^3v$$

で表すことにする．2つの仮定をおく．

仮定1：衝突は2つの粒子間のみでおこる

仮定2：時刻 t において，$\boldsymbol{v}_1$ を中心とする微小領域 d^3v_1 の中に速度をもつ分子と，$\boldsymbol{v}_2$ を中心とする微小領域 d^3v_2 の中に速度をもつ分子の対の個数を $f^{(2)}(\boldsymbol{v}_1, \boldsymbol{v}_2, t)\,d^3v_1d^3v_2$ で表すことにすると

$$f^{(2)}(\boldsymbol{v}_1, \boldsymbol{v}_2, t) = f(\boldsymbol{v}_1, t)f(\boldsymbol{v}_2, t) \tag{2.36}$$

が成り立つ．

気体が希薄な場合は仮定1は妥当であろう．仮定2はボルツマンのStosszahlensatzとしていろいろに議論されてきた．これらの仮定の下で f の時間変化 $\dfrac{\partial f}{\partial t}$ を求めることは難しくない．衝突後に，一方の分子の速度が $\boldsymbol{v}$ を中心とする微小領域 d^3v の中に入るような衝突が時間 dt の間に $n_{\mathrm{in}}d^3vdt$ 回おこるとし，衝突前の一方の分子の速度がそうであるような衝突の回数を $n_{\mathrm{out}}d^3vdt$ とすると

$$\frac{\partial f}{\partial t} = n_{\mathrm{in}} - n_{\mathrm{out}} \tag{2.37}$$

である．

$\boldsymbol{v}_1$ のまわり d^3v_1 に属する速度をもつ分子 P_1 と，$\boldsymbol{v}_2$ のまわり d^3v_2 に属する速度をもつ分子 P_2 が点Aで衝突し，その結果，それぞれの速度が $\boldsymbol{v}_1'$ のまわり d^3v_1' と $\boldsymbol{v}_2'$ のまわり d^3v_2' に入ったとする．分子 P_1 が静止している系からみて，

図 2-10 のように $\boldsymbol{v}=\boldsymbol{v}_2-\boldsymbol{v}_1$ と $\boldsymbol{v}'=\boldsymbol{v}_2'-\boldsymbol{v}_1'$ のなす角を θ（$0\leqq\theta\leqq\pi$）とする．中心軸 l に関する対称性を考慮しながら，分子 P_2 からみて標的となる半径 $2r$ の球面との関係を立体的に図示したのが図 2-11 である．時間 dt の間にこのような衝突をおこすような分子 P_2 の中心は，図 2-11 の A，A′ 間の長さ $|\boldsymbol{v}|\,dt$ の筒の中になければならない．l に垂直な平面で筒を切った断面 A′C′D′B′ を抜き書きして図 2-12 とする．この図の小片 A′C′D′B′ の面積 dS を計算しよう．図 2-10 に戻って，$\angle l P_1 A=\dfrac{\pi}{2}-\dfrac{\theta}{2}$ なので

$$h = 2r\sin\left(\frac{\pi}{2}-\frac{\theta}{2}\right) = 2r\cos\frac{\theta}{2}.$$

よって図 2-12 の dh は $r\sin\dfrac{\theta}{2}d\theta$ となり，

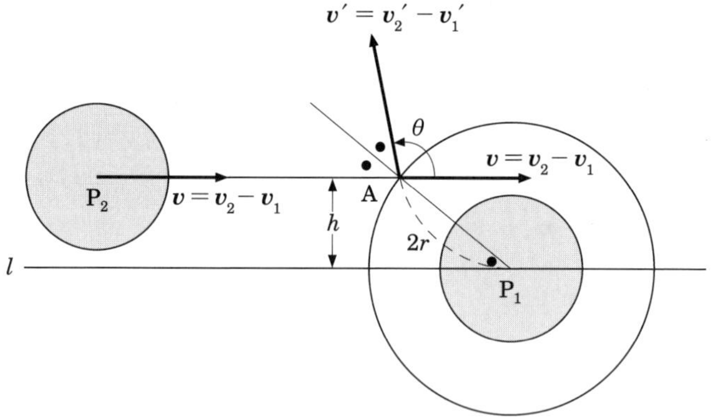

図 2-10

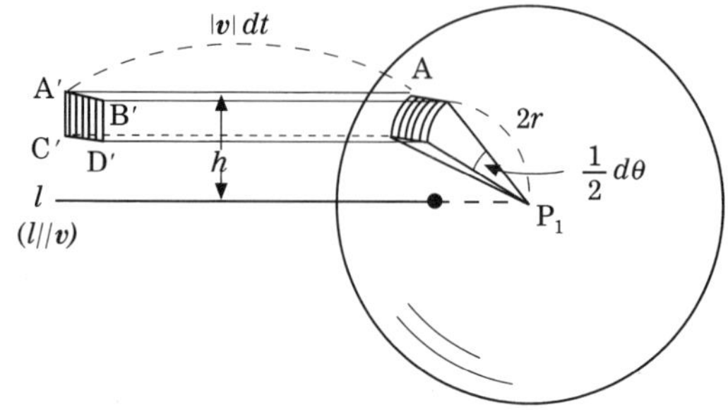

図 2-11

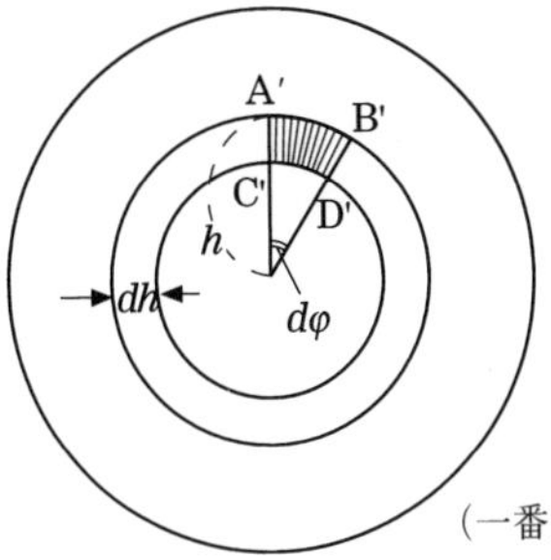

(一番大きな円の半径 $a=2r$)

図 2-12

$$dS = hd\varphi dh = 2r\cos\frac{\theta}{2}\, r\sin\frac{\theta}{2}\, d\theta d\varphi$$
$$= r^2 \sin\theta d\theta d\varphi \quad (0 \leqq \theta \leqq \pi,\ 0 \leqq \varphi \leqq 2\pi)$$
$$= r^2 d\Omega \tag{2.38}$$
$$d\Omega = \sin\theta d\theta d\varphi$$

となる．

(2.38) より図 2-11 の筒の体積は

$$|\boldsymbol{v}|\, dtdS = r^2 |\boldsymbol{v}_2 - \boldsymbol{v}_1|\, d\Omega dt$$

となって，(2.36) を考慮すると

$$n_{\text{out}}\, d^3 v_1 = \left(r^2 \int d\Omega \int d^3 v_2 |\boldsymbol{v}_2 - \boldsymbol{v}_1| f(\boldsymbol{v}_2, t) f(\boldsymbol{v}_1, t) \right) d^3 v_1 \tag{2.39}$$

となる．逆の向きの衝突を考えると $\boldsymbol{v}_i$ を $\boldsymbol{v}_i'$ におきかえることになり

$$n_{\text{in}}\, d^3 v_1 = \left(r^2 \int d\Omega \int d^3 v_2' |\boldsymbol{v}_2' - \boldsymbol{v}_1'| f(\boldsymbol{v}_2', t) f(\boldsymbol{v}_1', t) \right) d^3 v_1' \tag{2.40}$$

となる．いまは完全弾性衝突を考えているから運動量のみならず，エネルギーも保存される：

$$\boldsymbol{v}_1 + \boldsymbol{v}_2 = \boldsymbol{v}_1' + \boldsymbol{v}_2', \qquad v_1^2 + v_2^2 = v_1'^2 + v_2'^2 \quad (v_i = |\boldsymbol{v}_i|)$$

したがって

$$|\boldsymbol{v}_2' - \boldsymbol{v}_1'| = |\boldsymbol{v}_2 - \boldsymbol{v}_1| \tag{2.41}$$

が成り立つ．$(\boldsymbol{v}_1, \boldsymbol{v}_2) \longrightarrow (\boldsymbol{v}_1', \boldsymbol{v}_2')$ は正準変換なので $d^3 v_1 d^3 v_2$ は不変量，つまり

$$d^3 v_1' d^3 v_2' = d^3 v_1 d^3 v_2 \tag{2.42}$$

が成り立つ．(2.39)，(2.40)，(2.41)，(2.42) を (2.37) に代入すると，**ボルツマンの方程式**

$$\frac{\partial f(\boldsymbol{v}_1, t)}{\partial t} = \frac{a^2}{4}\int d\Omega \int |\boldsymbol{v}_2 - \boldsymbol{v}_1| \{f(\boldsymbol{v}_1', t) f(\boldsymbol{v}_2', t) - f(\boldsymbol{v}_1, t) f(\boldsymbol{v}_2, t)\} d^3 v_2 \tag{2.43}$$

が得られる．ここに $2r = a$ とおいた．

ここまでは完全弾性衝突だったから，右辺に

$$\frac{a^2}{4}|\boldsymbol{v}_2 - \boldsymbol{v}_1| \, d\Omega = \frac{a^2}{4}|\boldsymbol{v}_2 - \boldsymbol{v}_1| \sin\theta d\theta d\varphi$$

が現れたが，一般にはこの因子を適当な関数 w におきかえて

$$\frac{a^2}{4}|\boldsymbol{v}_2 - \boldsymbol{v}_1| \, d\Omega \longrightarrow w(\boldsymbol{v}_1, \boldsymbol{v}_2, u) \, du$$

とし，パラメータ u の積分範囲を B で表して

$$\frac{\partial f(\boldsymbol{v}_1, t)}{\partial t} = \int_B du \int_{\boldsymbol{R}^3} \{f(\boldsymbol{v}_2', t) f(\boldsymbol{v}_1', t) - f(\boldsymbol{v}_2, t) f(\boldsymbol{v}_1, t)\} w(\boldsymbol{v}_1, \boldsymbol{v}_2, u) \, d^3 v_2 \tag{2.44}$$

の形となる．これが**空間的に一様な場合のボルツマン方程式**である．(2.43) では $(\boldsymbol{v}_1, \boldsymbol{v}_2)$ と $(\boldsymbol{v}_1', \boldsymbol{v}_2')$ はパラメータ Ω $(=(\theta, \varphi))$ によって関係づけられていたが，(2.44) ではパラメータ u によって関係づけられている．

空間的に一様でない場合は f が $\boldsymbol{v}, t$ のみならず空間内の位置 $\boldsymbol{x}$ にも依存する．

$f(\boldsymbol{x}, \boldsymbol{v}, t) \, d^3x d^3v$ = 時刻 t で，相空間の点 $(\boldsymbol{x}, \boldsymbol{v})$ を中心とした微小領域 d^3xd^3v の中にある分子の個数
$(x = |\boldsymbol{x}|, \ v = |\boldsymbol{v}|)$

なので，(2.43)，(2.44) の左辺に $\boldsymbol{v}_1 \cdot \nabla_x f(\boldsymbol{x}, \boldsymbol{v}_1, t)$ が加わって，**一般のボルツマン方程式**

$$\frac{\partial f(\boldsymbol{x}, \boldsymbol{v}_1, t)}{\partial t} + \boldsymbol{v}_1 \cdot \nabla_x f(\boldsymbol{x}, \boldsymbol{v}_1, t) = \int_B du \int_{\boldsymbol{R}^3} \{f(\boldsymbol{x}, \boldsymbol{v}_1', t) f(\boldsymbol{x}, \boldsymbol{v}_2', t) - f(\boldsymbol{x}, \boldsymbol{v}_1, t) f(\boldsymbol{x}, \boldsymbol{v}_2, t)\} w(\boldsymbol{v}_1, \boldsymbol{v}_2, u) \, d^3 v_2 \tag{2.45}$$

となる．

ボルツマンの H 定理とマックスウェル-ボルツマン分布

空間的に一様な場合の方程式 (2.44) の解のうち，とくに時刻 t に無関係な解 $f_0(\boldsymbol{v})$ を**平衡分布**という．つまり

$$\int_B du \int \{f_0(\boldsymbol{v}_1{}')f_0(\boldsymbol{v}_2{}') - f_0(\boldsymbol{v}_1)f_0(\boldsymbol{v}_2)\} w(\boldsymbol{v}_1, \boldsymbol{v}_2, u)\, d^3v_2 = 0 \tag{2.46}$$

の解のことである．f_0 が

$$f_0(\boldsymbol{v}_1{}')f_0(\boldsymbol{v}_2{}') = f_0(\boldsymbol{v}_1)f_0(\boldsymbol{v}_2)$$

をみたすなら明らかに (2.46) が成り立つが，その逆も正しいことが次の H 定理から導かれる．

5.1　定理（ボルツマンの H 定理）

$f(\boldsymbol{v}, t)$ が (2.44) の解のとき，$H(t)$ を

$$H(t) = \int f(\boldsymbol{v}, t) \log f(\boldsymbol{v}, t)\, d^3v \text{ [1)]} \tag{2.47}$$

で定義すると，$\dfrac{dH}{dt} \leqq 0$ が成り立つ．

証明　$f(\boldsymbol{v}_i, t)$ を f_i，$f(\boldsymbol{v}_i{}', t)$ を $f_i{}'$ $(i=1, 2)$ で表すことにする．関数 w が $\boldsymbol{v}_1$ と $\boldsymbol{v}_2$ の入れかえに対して不変，かつ，$(\boldsymbol{v}_1, \boldsymbol{v}_2)$ と $(\boldsymbol{v}_1{}', \boldsymbol{v}_2{}')$ の入れかえに対しても不変であるという条件の下で証明する．(2.47) より

$$\frac{dH}{dt} = \int \frac{\partial f}{\partial t}(1+\log f)\, d^3v$$

であるから，これに (2.44) を代入して，w が $\boldsymbol{v}_1$ と $\boldsymbol{v}_2$ の入れかえに関して不変であることを用いると

$$\begin{aligned}\frac{dH}{dt} &= \int d^3v_1 d^3v_2 \int w(\boldsymbol{v}_1, \boldsymbol{v}_2, u)(f_1{}'f_2{}' - f_1f_2)(1+\log f_1)\, du \\ &= \int d^3v_1 d^3v_2 \int w(\boldsymbol{v}_1, \boldsymbol{v}_2, u)(f_1{}'f_2{}' - f_1f_2)(1+\log f_2)\, du.\end{aligned}$$

両式を加えて

$$\frac{dH}{dt} = \frac{1}{2}\int d^3v_1 d^3v_2 \int w(\boldsymbol{v}_1, \boldsymbol{v}_2, u)(f_1{}'f_2{}' - f_1f_2)(2+\log f_1f_2)\, du. \tag{2.48}$$

$(\boldsymbol{v}_1, \boldsymbol{v}_2)$ と $(\boldsymbol{v}_1{}', \boldsymbol{v}_2{}')$ を入れかえて $d^3v_1{}'d^3v_2{}' = d^3v_1d^3v_2$ および w の不変性を用いて

$$\frac{dH}{dt} = \frac{1}{2}\int d^3v_1 d^3v_2 \int w(\boldsymbol{v}_1, \boldsymbol{v}_2, u)(f_1f_2 - f_1{}'f_2{}')(2+\log f_1{}'f_2{}')\, du. \tag{2.49}$$

(2.48) と (2.49) を辺々加えて

---

1)　$H(t)$ の (-1) 倍は系のエントロピーに比例する量である．

$$\frac{dH}{dt}=\frac{1}{4}\int d^3v_1d^3v_2\int w(\boldsymbol{v}_1,\boldsymbol{v}_2,u)(f_1'f_2'-f_1f_2)$$
$$\times(\log f_1f_2-\log f_1'f_2')\,du.$$

この右辺の被積分関数は明らかに負なので，$\dfrac{dH}{dt}\leqq 0$ である．等号は $f_1'f_2'-f_1f_2=0$ のときに限る．（証明終り）

この証明をみると，$f_1'f_2'=f_1f_2$ が $\dfrac{dH}{dt}=0$ の必要かつ十分条件になっていることがわかる．一方，$f_1'f_2'=f_1f_2$ なら（2.44）より $\dfrac{\partial f(\boldsymbol{v},t)}{\partial t}=0$ である．したがって

$$\frac{dH}{dt}=0 \Longrightarrow \frac{\partial f(\boldsymbol{v},t)}{\partial t}=0$$

となる．この逆は明らかなので，結局

$$\frac{dH}{dt}=0 \Longleftrightarrow f(\boldsymbol{v},t)=f(\boldsymbol{v}) \text{ かつ } f(\boldsymbol{v}_1')f(\boldsymbol{v}_2')=f(\boldsymbol{v}_1)f(\boldsymbol{v}_2) \quad (2.50)$$

である．

さて，$f>0$ に対して，$f\log f$ は下に有界である．一方，H 定理から $H(t)=\int f\log f\,d^3v$ は単調に減少する．よって $t\to\infty$ のとき $H(t)$ はある H_0 に収束し，したがって $\lim_{t\to\infty}\dfrac{dH}{dt}=0$ が成り立つ．このことと（2.50）から $t\to\infty$ のときに $f(\boldsymbol{v},t)\to f(\boldsymbol{v})$ となることはほぼ明らかだろう．つまり $t\to\infty$ で平衡状態が実現されるのである．ただし，より厳密な証明はあとにでてくる．また，H 定理の証明にあたって，（2.44）の解の存在と一意性および（2.47）の積分も含めてすべての積分が有限であることも仮定していた．これらについてもあとでより厳密に扱われる．

さて，上に述べたように $\dfrac{dH}{dt}=0$ は f が平衡分布であるための必要十分条件であり，このとき $f_1f_2=f_1'f_2'$ であった．両辺の対数をとると

$$\log f_1+\log f_2=\log f_1'+\log f_2' \quad (2.51)$$

となる．

一般に $(\boldsymbol{v}_1,\boldsymbol{v}_2)\longrightarrow(\boldsymbol{v}_1',\boldsymbol{v}_2')$ という衝突について

$$g(\boldsymbol{v}_1)+g(\boldsymbol{v}_2)=g(\boldsymbol{v}_1')+g(\boldsymbol{v}_2')$$

をみたす関数 g のことを衝突の不変量といい，$1, v_x, v_y, v_z, v^2(=|\boldsymbol{v}|^2)$ の一次結

合 $a+\boldsymbol{b}\cdot\boldsymbol{v}+cv^2$ の形に限ることが知られている．(2.51) から $\log f$ もその1つなので

$$\log f(\boldsymbol{v}) = \log A - B(\boldsymbol{v}-\boldsymbol{v}_0)^2 \qquad \text{つまり} \quad f(\boldsymbol{v}) = Ae^{-B(\boldsymbol{v}-\boldsymbol{v}_0)^2}$$

となる．空間の体積を V，その中の全分子数を N，エネルギーの平均を E，速度の平均 $\langle\boldsymbol{v}\rangle$ を0とすると，初等的な計算で

$$\frac{N}{V} = \int f(\boldsymbol{v})\,d^3v = A\left(\frac{\pi}{B}\right)^{\frac{3}{2}},$$

$$0=\langle\boldsymbol{v}\rangle=\frac{\int \boldsymbol{v}f(\boldsymbol{v})\,d^3v}{\int f(\boldsymbol{v})\,d^3v}=\boldsymbol{v}_0,$$

$$E = \frac{\int \frac{1}{2}mv^2 f(\boldsymbol{v})\,d^3v}{\int f(\boldsymbol{v})\,d^3v} = \frac{3m}{4B}$$

が得られ，これらより $\boldsymbol{v}_0=0$，$A=\left(\frac{3m}{4\pi E}\right)^{\frac{3}{2}}\frac{N}{V}$，$B=\frac{3m}{4E}$ となる．一方，$PV=\frac{2}{3}NE$ と $PV=NkT$ (k はボルツマン定数，T は絶対温度) から

$$f(\boldsymbol{v})=\frac{N}{V}\left(\frac{m}{2\pi kT}\right)^{\frac{3}{2}}e^{-\frac{mv^2}{2kT}}$$

が得られる．これが**マックスウェル-ボルツマン分布**とよばれるものである．

空間的に一様でないボルツマン方程式の解の構成

ここではL. Arkeryd [23]，[24] の内容を紹介する．空間的に一様な場合の解の存在証明はT. Carlemanが最初である．空間的に一様でない場合の解の存在と一意性については，初期値がマックスウェル分布に近い場合は鵜飼正二 [25] などによって解決されているが，マックスウェル分布から大きく離れた初期値については，以下に紹介するL. Arkerydの結果以外には知られていないようである．ただし，後に述べるように，L. Arkerydの得た解はノンスタンダードな方程式に対する解であり，スタンダードなボルツマン方程式そのものの解という形にはなっていない[1]．

1) [23]，[24] の結果をさらに発展させた研究結果がL. Arkeryd，P. L. Lions，P. A. Markowich & S. R. S. Varadhan [27] (1993年) に掲載されており，そこではスタンダードな解が扱われている．

次の点を混同しないように注意しておきたい．Arkeryd が［23］の中で構成した解 $F(\boldsymbol{x}, \boldsymbol{v}, t)$ は，引数 $(\boldsymbol{x}, \boldsymbol{v}, t)$ が $^*\boldsymbol{R}^3 \times {}^*\boldsymbol{R}^3 \times {}^*\boldsymbol{R}$ の中を変化するが，関数値 $F(\boldsymbol{x}, \boldsymbol{v}, t)$ は $\boldsymbol{R} \cup \{\infty\}$ に値をとるスタンダード値関数である．すなわち，のちに述べるローブ解とよばれる解である．また積分も，ローブ測度によるスタンダードな積分である．ただ，引数 $(\boldsymbol{x}, \boldsymbol{v}, t)$ が $^*\boldsymbol{R}^3 \times {}^*\boldsymbol{R}^3 \times {}^*\boldsymbol{R}$ を動くので，$F(\boldsymbol{x}, \boldsymbol{v}, t)$ のみたすべき方程式は通常の $\boldsymbol{R}^3 \times \boldsymbol{R}^3 \times \boldsymbol{R}$ 上の関数に対する方程式ではない．この意味でノンスタンダードな方程式とよんだのであって，関数値や積分が $^*\boldsymbol{R}$-値とか $*$-積分とかであるわけではない．

Arkeryd の理論［23］の展開は次のとおりである．

（i） (2.45) に現れる $w(\boldsymbol{v}_1, \boldsymbol{v}_2, u)$ や $|\boldsymbol{x}|$ が有界で，さらに

$$Qf = \int\{f(\boldsymbol{x}, \boldsymbol{v}_1', t) f(\boldsymbol{x}, \boldsymbol{v}_2', t) - f(\boldsymbol{x}, \boldsymbol{v}_1, t) f(\boldsymbol{x}, \boldsymbol{v}_2, t)\} w(\boldsymbol{v}_1, \boldsymbol{v}_2, u)\, d^3v_2 du$$

で定められる作用素 Q が L^∞-ノルムに関して局所的にリプシッツ条件をみたす場合は解の存在と一意性が簡単に証明できる（定理 5.3）．簡単とはいっても，非線形の偏微分方程式が相手なので，証明はさほど短くない．

（ii） (i) の解 F について

$$\int F d^3x d^3v, \quad \int \boldsymbol{v} F d^3x d^3v, \quad \int v^2 F d^3x d^3v, \quad \int x^2 F d^3x d^3v$$

の値が保存されることはボルツマン方程式から直ちに導かれる（命題 5.4）．この性質は（iv）の S-可積分性の証明の際にも利用される．

（iii） (i) の存在定理を移行原理で $*$ の世界にうつし，w や $|\boldsymbol{x}|$，Q を無限大の自然数 n で截端（truncate）した方程式に適用する．そうして得られた解をスタンダードの世界でみると截端のない方程式の解になることが期待される．

（iv） （iii）で述べたことを確認するためには，以下のことを確かめる必要がある．

（イ） （iii）の解 f が S-可積分であること

（ロ） （イ）より f の標準部分 $^\circ f$ を考えることができる．この $^\circ f$ が $\boldsymbol{x}$，$\boldsymbol{v}$ が有限のところではボルツマン方程式をみたすこと

これが定理 5.5 の内容である．（イ）は易しいが，（ロ）は非線形作用素 Q に対する細かな吟味が必要となり大変である．

具体的にArkerydの理論に入っていこう．ここでは運動量のみならずエネルギーも衝突の保存量であること，つまり

$$\boldsymbol{v}_1+\boldsymbol{v}_2=\boldsymbol{v}_1'+\boldsymbol{v}_2', \qquad {v_1}^2+{v_2}^2={v_1'}^2+{v_2'}^2$$

を仮定する．(2.45) の $w(\boldsymbol{v}_1, \boldsymbol{v}_2, u)$ を $\dfrac{1}{\varepsilon}k(\boldsymbol{v}_1, \boldsymbol{v}_2, u)$ と書いて

$$\frac{\partial}{\partial t}f_\varepsilon(\boldsymbol{x}, \boldsymbol{v}_1, t)+\boldsymbol{v}_1\cdot\nabla_x f_\varepsilon(\boldsymbol{x}, \boldsymbol{v}_1, t)=\frac{1}{\varepsilon}Qf_\varepsilon(\boldsymbol{x}, \boldsymbol{v}_1, t) \tag{2.52}$$

$$\begin{aligned}&Qf_\varepsilon(\boldsymbol{x}, \boldsymbol{v}_1, t)\\ &\quad=\int_{\boldsymbol{R}^3\times B}[f_\varepsilon(\boldsymbol{x}, \boldsymbol{v}_1', t)f_\varepsilon(\boldsymbol{x}, \boldsymbol{v}_2', t)\\ &\qquad\qquad -f_\varepsilon(\boldsymbol{x}, \boldsymbol{v}_1, t)f_\varepsilon(\boldsymbol{x}, \boldsymbol{v}_2, t)]k(\boldsymbol{v}_1, \boldsymbol{v}_2, u)\,d^3v_2du\end{aligned}$$

$$B=\left\{(\theta, \varphi):0\leqq\theta\leqq\frac{\pi}{2},\ 0\leqq\varphi\leqq 2\pi\right\}$$

とする．(2.43) のような剛球模型でなく，分子間の引力が r^{-j} (r は分子間の距離，$j>2$) に比例する場合は k は

$$k(\boldsymbol{v}_1, \boldsymbol{v}_2, u)=|\boldsymbol{v}_2-\boldsymbol{v}_1|^{\frac{j-5}{j-1}}\beta(\theta),$$

$$\beta(\theta)\sim\left|\frac{\pi}{2}-\theta\right|^{-\frac{j+1}{j-1}} \quad \left(\theta\to\frac{\pi}{2}-0\right)$$

となるのだが，ここではいわゆる角度に関するカットオフを行って，k が次の性質をみたす関数であるという仮定をおく．

$$k(\boldsymbol{v}_1, \boldsymbol{v}_2, u)=K(|\boldsymbol{v}_2-\boldsymbol{v}_1|)\beta(\theta) \tag{2.53}$$

$\beta(\theta)$ は θ の有界な可測関数で，$\left(0, \dfrac{\pi}{2}\right)$ の各点 θ_0 ごとにその近傍 $U_{\theta_0}\subseteqq\left(0, \dfrac{\pi}{2}\right)$ がとれて，$\beta(\theta)>c_{\theta_0}$ ($c_{\theta_0}>0$ は定数) がすべての $\theta\in U_{\theta_0}$ に対して成り立つとする．K は $w\neq 0$ に対して

$$0<K(w)\leqq C(w^{-\gamma}+1+w^{\lambda}), \quad 0\leqq\lambda<2,\ 0\leqq\gamma<3 \tag{2.54}$$

とする．$\lambda<2$ は大きな $\boldsymbol{v}_1$ に対して $f_\varepsilon(\boldsymbol{x}, \boldsymbol{v}_1, t)k(\boldsymbol{v}_1, \boldsymbol{v}_2, u)$ を制御するための条件，$\gamma<3$ は $K(w)$ が $w=0$ の近くで積分可能となるための条件である．

方程式を (2.45) から (2.52) に直した効果は $t\to\infty$ の極限の考察の際に現れる．すなわち，(2.52) の $\boldsymbol{x}$ を $\boldsymbol{x}+\boldsymbol{v}_1t$ におきかえた式

$$\frac{\partial}{\partial t}f_\varepsilon(\boldsymbol{x}+\boldsymbol{v}_1t, \boldsymbol{v}_1, t)+\boldsymbol{v}_1\cdot\nabla_x f_\varepsilon(\boldsymbol{x}+\boldsymbol{v}_1t, \boldsymbol{v}_1, t)=\frac{1}{\varepsilon}Qf_\varepsilon(\boldsymbol{x}+\boldsymbol{v}_1t, \boldsymbol{v}_1, t)$$

の左辺は $\dfrac{d}{dt}f_\varepsilon(\boldsymbol{x}+\boldsymbol{v}_1t, \boldsymbol{v}_1, t)$ であるから，ボルツマン方程式 (2.52) は

$$\frac{d}{dt}f_\varepsilon(\boldsymbol{x}+\boldsymbol{v}_1 t, \boldsymbol{v}_1, t) = \frac{1}{\varepsilon}Qf_\varepsilon(\boldsymbol{x}+\boldsymbol{v}_1 t, \boldsymbol{v}_1, t)$$

となる．t を εt におきかえたのち $f_\varepsilon(\boldsymbol{x}, \boldsymbol{v}, \varepsilon t)=f(\boldsymbol{x}, \boldsymbol{v}, t)$ とおくと，この式は

$$\frac{d}{dt}f(\boldsymbol{x}+\boldsymbol{v}_1 t, \boldsymbol{v}_1, t) = Qf(\boldsymbol{x}+\boldsymbol{v}_1 t, \boldsymbol{v}_1, t)$$

となる．つまり f は（2.52）の ε が 1 のときの解となっている．後に示すように $\varepsilon\simeq 0$ のときは，適当な $a(\boldsymbol{x}, t)$，$b(\boldsymbol{x}, t)$，$\boldsymbol{c}(\boldsymbol{x}, t)$ がとれて

$$f_\varepsilon(\boldsymbol{x}, \boldsymbol{v}, t) \simeq a(\boldsymbol{x}, t)\,e^{-b(\boldsymbol{x}, t)v^2+\boldsymbol{c}(\boldsymbol{x}, t)\cdot\boldsymbol{v}} \quad (v^2=|\boldsymbol{v}|^2) \tag{2.55}$$

が $\boldsymbol{x}\in{}^*\boldsymbol{R}^3_{\mathrm{fin}}$，$t\in{}^*\boldsymbol{R}_{\mathrm{fin}}$ に対して成り立つことがいえる．t が $\dfrac{1}{\varepsilon}$ のオーダーの無限大数のときに $\varepsilon t\in{}^*\boldsymbol{R}_{\mathrm{fin}}$ となるので，（2.55）から $t=O\left(\dfrac{1}{\varepsilon}\right)$ に対して

$$f(\boldsymbol{x}, \boldsymbol{v}, t) \simeq a(\boldsymbol{x}, \varepsilon t)\,e^{-b(\boldsymbol{x}, \varepsilon t)v^2+\boldsymbol{c}(\boldsymbol{x}, \varepsilon t)\cdot\boldsymbol{v}}$$

が成り立つことが結論される．このようにして $t\to\infty$ でのマックスウェル-ボルツマン分布への収束の問題を $t\in{}^*\boldsymbol{R}_{\mathrm{fin}}$ での（2.55）の問題に還元することができる．これが（2.45）を（2.52）に書き直したことの効果である．

まず k の値や $|\boldsymbol{x}|$ の大きいところを截端（truncate）した方程式から出発する．

5.2　定義　a と b の小さい方を $a\wedge b$ で表す．

$$\bar{k}_n(\boldsymbol{v}_1, \boldsymbol{v}_2, u) = \begin{cases} k(\boldsymbol{v}_1, \boldsymbol{v}_2, u)\wedge n & (\boldsymbol{v}_1{}^2+\boldsymbol{v}_2{}^2\leqq n^2 \text{ かつ } u\in B \text{ のとき}) \\ 0 & (\text{それ以外のとき}) \end{cases} \tag{2.56}$$

$\chi(s)$ として

$$\chi(s) = \begin{cases} 0 & (s\leqq 0 \text{ のとき}) \\ 1 & (s\geqq 1 \text{ のとき}) \\ 0 \text{ と } 1 \text{ の間の数} & (0<s<1 \text{ のとき}) \end{cases}$$

をみたす無限回微分可能な関数を 1 つ選び，

$$k_n(\boldsymbol{x}, \boldsymbol{v}_1, \boldsymbol{v}_2, u) = \chi(n^3-|\boldsymbol{x}|^2)\,\bar{k}_n(\boldsymbol{v}_1, \boldsymbol{v}_2, u) \tag{2.57}$$

とする．

ボルツマン方程式の積分形は

$$F(\boldsymbol{x}+\boldsymbol{v}_1 t, \boldsymbol{v}_1, t) = F_0(\boldsymbol{x}, \boldsymbol{v}_1)+\frac{1}{\varepsilon}\int_0^t QF(\boldsymbol{x}+\boldsymbol{v}_1 s, \boldsymbol{v}_1, s)\,ds$$

となるが，これも截端して

$$F(\boldsymbol{x}+\boldsymbol{v}_1 t, \boldsymbol{v}_1, t) = F_0(\boldsymbol{x}, \boldsymbol{v}_1) + \frac{1}{\varepsilon}\int_0^t Q_n F(\boldsymbol{x}+\boldsymbol{v}_1 s, \boldsymbol{v}_1, s)\, ds, \quad (2.58)$$

$$Q_n F(\boldsymbol{x}, \boldsymbol{v}_1, s) = \int_{\boldsymbol{R}^3\times B}\{\langle F(\boldsymbol{x}, \boldsymbol{v}_1', s) F(\boldsymbol{x}, \boldsymbol{v}_2', s)\rangle_n - \langle F(\boldsymbol{x}, \boldsymbol{v}_1, s) F(\boldsymbol{x}, \boldsymbol{v}_2, s)\rangle_n\} k_n(\boldsymbol{x}, \boldsymbol{v}_1, \boldsymbol{v}_2, u)\, d^3 v_2 du,$$

$$\langle A\rangle_n = \begin{cases} A & (|A|\leqq n \text{ のとき}) \\ n & (A>n \text{ のとき}) \\ -n & (A<-n \text{ のとき}) \end{cases}$$

を考える．Q_n が L^∞-ノルムの意味で局所的にリプシッツ条件をみたすので，方程式 (2.58) は次のようにして解ける．

5.3　定理 (L. Arkeryd 1972)

$F_0 \in L^\infty_+(\boldsymbol{R}^6)$ を初期値とするとき，(2.58) をみたす非負の解 $F(\boldsymbol{x}, \boldsymbol{v}, s)$ がただ1つ存在する．

証明　(i)　$F, G \in L^\infty(\boldsymbol{R}^6)$ に対して

$$\begin{aligned}&|\langle F(\boldsymbol{x}, \boldsymbol{v}_1, t) F(\boldsymbol{x}, \boldsymbol{v}_2, t)\rangle_n - \langle G(\boldsymbol{x}, \boldsymbol{v}_1, t) G(\boldsymbol{x}, \boldsymbol{v}_2, t)\rangle_n| \\ &\quad \leqq |F(\boldsymbol{x}, \boldsymbol{v}_1, t)|\,|F(\boldsymbol{x}, \boldsymbol{v}_2, t) - G(\boldsymbol{x}, \boldsymbol{v}_2, t)| \\ &\qquad + |G(\boldsymbol{x}, \boldsymbol{v}_2, t)|\,|F(\boldsymbol{x}, \boldsymbol{v}_1, t) - G(\boldsymbol{x}, \boldsymbol{v}_1, t)|\end{aligned}$$

であり，截端してあるため Q_n は u-積分，v_2-積分とも有界集合上での積分になっている．したがって

$$\|Q_n F - Q_n G\|_\infty \leqq K(\|F\|_\infty + \|G\|_\infty)\|F-G\|_\infty \quad (2.59)$$

(K は截端の n には依存するが，F, G には依存しない定数)

が成り立つ．つまり Q_n は L^∞ のノルムで局所的にリプシッツ的である．したがって (2.58) は局所的な解 F をもつ．

$$F(\boldsymbol{x}+\boldsymbol{v}_1 t, \boldsymbol{v}_1, t) = F_0(\boldsymbol{x}, \boldsymbol{v}_1) + \frac{1}{\varepsilon}\int_0^t Q_n F(\boldsymbol{x}+\boldsymbol{v}_1 s, \boldsymbol{v}_1, s)\, ds \quad (2.60)$$

であるが，

$$\|Q_n F\|_\infty \leqq (B\text{の面積}) \times (v_2\text{-積分の領域の体積}) \times 2n^2 \ (= K' \text{ とおく})$$

より

$$\|F(t)\|_\infty \leqq \|F_0\|_\infty + \frac{tK'}{\varepsilon}$$

が成り立つ．したがって F はすべての $t>0$ に対して存在する．

(ii)　$F \geqq 0$ を示す．

(2.60) から次の (2.61) が導かれる.

$$F(\boldsymbol{x}+\boldsymbol{v}_1 t, \boldsymbol{v}_1, t) = e^{-H(\boldsymbol{x}, \boldsymbol{v}_1, t)}F_0(\boldsymbol{x}, \boldsymbol{v}_1) + \frac{1}{\varepsilon}\int_0^t e^{-H(\boldsymbol{x}, \boldsymbol{v}_1, t)+H(\boldsymbol{x}, \boldsymbol{v}_1, s)} Q_n{}' F(\boldsymbol{x}+\boldsymbol{v}_1 s, \boldsymbol{v}_1, s)\,ds \tag{2.61}$$

ここに

$$H(\boldsymbol{x}, \boldsymbol{v}_1, t) = \frac{1}{\varepsilon}\int_0^t ds\int_B du\int_{\boldsymbol{R}^3} F(\boldsymbol{x}+\boldsymbol{v}_1 s, \boldsymbol{v}_2, s) \times k_n(\boldsymbol{x}+\boldsymbol{v}_1 s, \boldsymbol{v}_1, \boldsymbol{v}_2, u)\,d^3 v_2,$$

$$Q_n{}'F(\boldsymbol{x}, \boldsymbol{v}_1, s) = \iint d^3 v_2 du[\langle F(\boldsymbol{x}, \boldsymbol{v}_1{}', s)F(\boldsymbol{x}, \boldsymbol{v}_2{}', s)\rangle_n + F(\boldsymbol{x}, \boldsymbol{v}_1, s)F(\boldsymbol{x}, \boldsymbol{v}_2, s) - \langle F(\boldsymbol{x}, \boldsymbol{v}_1, s)F(\boldsymbol{x}, \boldsymbol{v}_2, s)\rangle_n] \times k_n(\boldsymbol{x}, \boldsymbol{v}_1, \boldsymbol{v}_2, u).$$

(2.61) を導く計算は次のようにすればよい.

$$\begin{aligned}
&\int_0^t e^{H(\boldsymbol{x}, \boldsymbol{v}_1, s)} Q_n F(\boldsymbol{x}+\boldsymbol{v}_1 s, \boldsymbol{v}_1, s)\,ds \\
&= \varepsilon\int_0^t e^{H(\boldsymbol{x}, \boldsymbol{v}_1, s)} \frac{d}{ds} F(\boldsymbol{x}+\boldsymbol{v}_1 s, \boldsymbol{v}_1, s)\,ds \\
&= \varepsilon\{e^{H(\boldsymbol{x}, \boldsymbol{v}_1, t)}F(\boldsymbol{x}+\boldsymbol{v}_1 t, \boldsymbol{v}_1, t) - e^{H(\boldsymbol{x}, \boldsymbol{v}_1, 0)}F(\boldsymbol{x}, \boldsymbol{v}_1, 0)\} \\
&\quad -\varepsilon\int_0^t \frac{\partial H(\boldsymbol{x}, \boldsymbol{v}_1, s)}{\partial s} e^{H(\boldsymbol{x}, \boldsymbol{v}_1, s)} F(\boldsymbol{x}+\boldsymbol{v}_1 s, \boldsymbol{v}_1, s)\,ds.
\end{aligned}$$

$H(\boldsymbol{x}, \boldsymbol{v}_1, 0) = 0$, $F(\boldsymbol{x}, \boldsymbol{v}_1, 0) = F_0(\boldsymbol{x}, \boldsymbol{v}_1)$ なので

$$\begin{aligned}
F(\boldsymbol{x}+\boldsymbol{v}_1 t, \boldsymbol{v}_1, t) &= e^{-H(\boldsymbol{x}, \boldsymbol{v}_1, t)}F_0(\boldsymbol{x}, \boldsymbol{v}_1) \\
&\quad + \int_0^t e^{-H(\boldsymbol{x}, \boldsymbol{v}_1, t)+H(\boldsymbol{x}, \boldsymbol{v}_1, s)}\left(\frac{\partial H(\boldsymbol{x}, \boldsymbol{v}_1, s)}{\partial s} + \frac{1}{\varepsilon}Q_n\right) \times F(\boldsymbol{x}+\boldsymbol{v}_1 s, \boldsymbol{v}_1, s)\,ds \\
&= e^{-H(\boldsymbol{x}, \boldsymbol{v}_1, t)}F_0(\boldsymbol{x}, \boldsymbol{v}_1) \\
&\quad + \frac{1}{\varepsilon}\int_0^t e^{-H(\boldsymbol{x}, \boldsymbol{v}_1, t)+H(\boldsymbol{x}, \boldsymbol{v}_1, s)} Q_n{}' F(\boldsymbol{x}+\boldsymbol{v}_1 s, \boldsymbol{v}_1, s)\,ds
\end{aligned}$$

となって (2.61) が得られる.

ここで未知関数 G に関する次の方程式を考える.

$$G(\boldsymbol{x}+\boldsymbol{v}_1 t, \boldsymbol{v}_1, t) = e^{-H(\boldsymbol{x}, \boldsymbol{v}_1, t)}F_0(\boldsymbol{x}, \boldsymbol{v}_1) + \frac{1}{\varepsilon}\int_0^t e^{-H(\boldsymbol{x}, \boldsymbol{v}_1, t)+H(\boldsymbol{x}, \boldsymbol{v}_1, s)} Q_n{}' G(\boldsymbol{x}+\boldsymbol{v}_1 s, \boldsymbol{v}_1, s)\,ds$$

$$(=\tilde{Q}G(\boldsymbol{x}, \boldsymbol{v}_1, t)\ とおく) \tag{2.62}$$

ただし H の中の F はそのまま，つまり

$$H(\boldsymbol{x}, \boldsymbol{v}_1, t)=\frac{1}{\varepsilon}\int_0^t ds\int_B du\int_{\boldsymbol{R}^3} d^3v_2 F(\boldsymbol{x}+\boldsymbol{v}_1 s, \boldsymbol{v}_2, s)$$
$$\times k_n(\boldsymbol{x}+\boldsymbol{v}_1 s, \boldsymbol{v}_1, \boldsymbol{v}_2, u)$$

とする．

Q_n' は Q_n と異なって単調増加性つまり $G_1 \geqq G_2 \geqq 0 \Longrightarrow Q_n'G_1 \geqq Q_n'G_2 \geqq 0$ をもっているので $\tilde{Q}$ も同じ性質をもつ．すなわち

$$G \geqq 0 \Longrightarrow \tilde{Q}G \geqq 0 \tag{2.63}$$

が成り立つ．また (2.61) は F が (2.62) の解であることを示している．

一方，(2.59) から

$$\| Q_n'F - Q_n'G \|_\infty \leqq \| Q_nF - Q_nG \|_\infty + \| F(\boldsymbol{v}_1)F(\boldsymbol{v}_2) - G(\boldsymbol{v}_1)G(\boldsymbol{v}_2) \|_\infty$$
$$\leqq 2K(\| F \|_\infty + \| G \|_\infty)\| F - G \|_\infty$$

である．さらに Q_n は截端されていて，$e^{-H(\boldsymbol{x}, \boldsymbol{v}_1, t)+H(\boldsymbol{x}, \boldsymbol{v}_1, s)}$ も t のみに依存する定数で押さえられるので，方程式 (2.62) の L^∞-解はただ1つであることがわかる．小さな $t>0$ において F は $G_1=0$ から出発して

$$G_{j+1}(\boldsymbol{x}, \boldsymbol{v}_1, t) = e^{-H(\boldsymbol{x}, \boldsymbol{v}_1, t)}F_0(\boldsymbol{x}, \boldsymbol{v}_1)$$
$$+\frac{1}{\varepsilon}\int_0^t e^{-H(\boldsymbol{x}, \boldsymbol{v}_1, t)+H(\boldsymbol{x}, \boldsymbol{v}_1, s)} Q_n' G_j(\boldsymbol{x}, \boldsymbol{v}_1, s)\, ds$$

で逐次つくられる $\{G_j\}$ の極限であり，(2.63) から $0 \leqq G_1 \leqq G_2 \leqq \cdots$ となるので $F=\lim_{j\to\infty} G_j \geqq 0$ が成り立つ．t に関してこの議論をつなげていくことですべての $t>0$ に対して $F \geqq 0$ であることがわかる．　(証明終り)

5.4　命題　$F_0 \geqq 0$ で，$F_0, x^2F_0, v^2F_0, F_0\log F_0$ はすべて $L^1(\boldsymbol{R}^6)$ に属するとする．このとき，$F_0 \in L^\infty(\boldsymbol{R}^6)$ なら

$$\int F(\boldsymbol{x}, \boldsymbol{v}, t)\, d^3x d^3v, \qquad \int \boldsymbol{v}F(\boldsymbol{x}, \boldsymbol{v}, t)\, d^3x d^3v,$$
$$\int v^2F(\boldsymbol{x}, \boldsymbol{v}, t)\, d^3x d^3v, \qquad \int x^2F(\boldsymbol{x}+\boldsymbol{v}t, \boldsymbol{v}, t)\, d^3x d^3v$$

は保存される．また $\int F(\boldsymbol{x}, \boldsymbol{v}, t)\log F(\boldsymbol{x}, \boldsymbol{v}, t)\, d^3x d^3v$ は非増加関数である．

証明　$\boldsymbol{v}_1+\boldsymbol{v}_2=\boldsymbol{v}_1'+\boldsymbol{v}_2'$，$v_1{}^2+v_2{}^2=v_1'^2+v_2'^2$ から $|\boldsymbol{v}_1-\boldsymbol{v}_2|=|\boldsymbol{v}_1'-\boldsymbol{v}_2'|$ となる．したがって (2.53) より $k(\boldsymbol{v}_1, \boldsymbol{v}_2, u)=k(\boldsymbol{v}_1', \boldsymbol{v}_2', u)$ が成り立つ．また

$d^3v_1d^3v_2 = d^3v_1'd^3v_2'$ も成り立つので，$\varphi(\boldsymbol{v})=1, \boldsymbol{v}, v^2$ に対して

$$\int_{\boldsymbol{R}^3} Q_nF(\boldsymbol{x}, \boldsymbol{v}, t)\varphi(\boldsymbol{v})d^3v = 0 \tag{2.64}$$

が成り立つ．ボルツマン方程式は

$$\frac{d}{dt}F(\boldsymbol{x}+\boldsymbol{v}t, \boldsymbol{v}, t) = \frac{1}{\varepsilon}Q_nF(\boldsymbol{x}+\boldsymbol{v}t, \boldsymbol{v}, t)$$

の形をしていたから，(2.64) より

$$\int F(\boldsymbol{x}+\boldsymbol{v}t, \boldsymbol{v}, t)\varphi(\boldsymbol{v})d^3vd^3x = \int F_0(\boldsymbol{x}, \boldsymbol{v})\varphi(\boldsymbol{v})d^3vd^3x$$

が成り立つ．

$\int x^2F(\boldsymbol{x}+\boldsymbol{v}t, \boldsymbol{v}, t)d^3vd^3x$ についても同様である．$\int F(t)\log F(t)d^3vd^3x$ が単調に減少することは定理5.1と同様に示せるので省略する．（証明終り）

以上の準備の下に，超準解析を用いて解を構成しよう．

定理5.3に移行原理を用いると，$n\in{}^*\boldsymbol{N}_\infty$ と $\varepsilon>0$ に対して (2.58) をみたすノンスタンダードな解 f_ε が存在する．ただし初期条件は

$$f(\boldsymbol{x}, \boldsymbol{v}, 0) = ({}^*F_0(\boldsymbol{x}, \boldsymbol{v})\wedge n)+\frac{1}{n}e^{-(x^2+v^2)}$$

とし，スタンダードな $F_0(\boldsymbol{x}, \boldsymbol{v})$ は命題5.4の条件をみたすとする．この f_ε について次のことが成り立つ．

5.5　定理　${}^\circ f_\varepsilon$ はローブ測度の意味でほとんどいたる所の $(\boldsymbol{x}, \boldsymbol{v}_1)\in N_s({}^*\boldsymbol{R}^6)$ に対して次の方程式をみたす[1)]．

$$\begin{aligned}{}^\circ f_\varepsilon(\boldsymbol{x}+t\boldsymbol{v}_1, \boldsymbol{v}_1, t) &= F_0({}^\circ\boldsymbol{x}, {}^\circ\boldsymbol{v}_1)\\ &\quad+\frac{1}{\varepsilon}\int_0^t\int_{N_s({}^*\boldsymbol{R}^3\times B)}\{{}^\circ f_\varepsilon(\boldsymbol{x}+s\boldsymbol{v}_1, \boldsymbol{v}_1', s)\,{}^\circ f_\varepsilon(\boldsymbol{x}+s\boldsymbol{v}_1, \boldsymbol{v}_2', s)\\ &\quad-{}^\circ f_\varepsilon(\boldsymbol{x}+s\boldsymbol{v}_1, \boldsymbol{v}_1, s)\,{}^\circ f_\varepsilon(\boldsymbol{x}+s\boldsymbol{v}_1, \boldsymbol{v}_2, s)\}\\ &\quad\times k({}^\circ\boldsymbol{v}_1, {}^\circ\boldsymbol{v}_2, {}^\circ u)L(d^3v_2duds)\ ^{2)}\end{aligned} \tag{2.65}$$

この解は全質量および $\boldsymbol{v}$ と $(\boldsymbol{x}-\boldsymbol{v}t)$ に関する1次のモーメントを保存し，かつ，有界な H-関数をもつ．さらに次の不等式をみたす．

$$\int_{N_s({}^*\boldsymbol{R}^6)}{}^\circ v^2\,{}^\circ f_\varepsilon(\boldsymbol{x}, \boldsymbol{v}, t)L(d^3xd^3v) \leqq \int_{\boldsymbol{R}^6}v^2F_0(\boldsymbol{x}, \boldsymbol{v})d^3xd^3v$$

---

1)　このような ${}^\circ f$ をボルツマン方程式のローブ解とよぶことにする．

2)　$L(d^3v_2duds)$ は $*$-ルベーグ測度 ${}^*(d^3v_2duds)$ から構成されるローブ測度を表す．

$$\int_{N_s({}^*\boldsymbol{R}^6)} {}^\circ x^2\, {}^\circ f_\varepsilon(\boldsymbol{x}+t\boldsymbol{v},\boldsymbol{v},t)\,L(d^3xd^3v) \leqq \int_{\boldsymbol{R}^6} x^2 F_0(\boldsymbol{x},\boldsymbol{v})\,d^3xd^3v$$

証明　$t\geqq 0$ に対して f_ε が SL^1 に属することは，次の（2.66）と（2.67）が成り立つことから明らかである．

$\max\{\log x, 0\}$ を $\log^+ x$ で表すことにする．$N\in{}^*\boldsymbol{N}_\infty$ に対して

$$\int_{f_\varepsilon(t)>N} f_\varepsilon(t)\,{}^*(d^3xd^3v) \leqq \frac{1}{\log N}\int_{{}^*\boldsymbol{R}^6} f_\varepsilon(t)\log^+ f_\varepsilon(t)\,{}^*(d^3xd^3v) \simeq 0 \tag{2.66}$$

であり，$x^2+v^2\geqq N^{\frac{1}{4}}$ のときは

$$f_\varepsilon(t)\wedge\frac{1}{N} \leqq f_\varepsilon(t) \leqq \frac{1}{1+N^{\frac{1}{4}}}(1+x^2+v^2)f_\varepsilon(t)$$

なので

$$\begin{aligned}\int_{{}^*\boldsymbol{R}^6} & f_\varepsilon(t)\wedge\frac{1}{N}\,{}^*(d^3xd^3v)\\ &\leqq \int_{x^2+v^2\leqq N^{\frac{1}{4}}}\frac{1}{N}\,{}^*(d^3xd^3v)\\ &\quad+\frac{1}{1+N^{\frac{1}{4}}}\int_{{}^*\boldsymbol{R}^6}(1+x^2+v^2)f_\varepsilon(t)\,{}^*(d^3xd^3v) \simeq 0\end{aligned} \tag{2.67}$$

である．

あとは，ローブ測度の意味でほとんどいたる所の $(\boldsymbol{x},\boldsymbol{v}_1)\in N_s({}^*\boldsymbol{R}^6)$ に対して[1)]

$$\begin{aligned}{}^\circ\!\!\int_0^t\int_{{}^*\boldsymbol{R}^3}\int_{{}^*B} & \langle f_\varepsilon(\boldsymbol{x}+s\boldsymbol{v}_1,\boldsymbol{v}_1,s)f_\varepsilon(\boldsymbol{x}+s\boldsymbol{v}_1,\boldsymbol{v}_2,s)\rangle_n\\ &\qquad\times k_n(\boldsymbol{x}+s\boldsymbol{v}_1,\boldsymbol{v}_1,\boldsymbol{v}_2,u)\,{}^*(dud^3v_2ds)\\ &=\int_0^t\int_{N_s({}^*\boldsymbol{R}^3)}\int_{{}^*B}{}^\circ f_\varepsilon(\boldsymbol{x}+s\boldsymbol{v}_1,\boldsymbol{v}_1,s)\,{}^\circ f_\varepsilon(\boldsymbol{x}+s\boldsymbol{v}_1,\boldsymbol{v}_2,s)\\ &\qquad\times k({}^\circ\boldsymbol{v}_1,{}^\circ\boldsymbol{v}_2,{}^\circ u)\,L(dud^3v_2ds)\end{aligned} \tag{2.68}$$

および（2.68）の中の $f_\varepsilon(\boldsymbol{x}+s\boldsymbol{v}_1,\boldsymbol{v}_1,s)$，$f_\varepsilon(\boldsymbol{x}+s\boldsymbol{v}_1,\boldsymbol{v}_2,s)$ を $f_\varepsilon(\boldsymbol{x}+s\boldsymbol{v}_1,\boldsymbol{v}_1',s)$，$f_\varepsilon(\boldsymbol{x}+s\boldsymbol{v}_1,\boldsymbol{v}_2',s)$ におきかえた式が成り立てば，（2.65）が成り立つことがわかる．以下，（2.68）を証明する．

（i）　L-a. e. の $(\boldsymbol{x},\boldsymbol{v}_1)\in N_s({}^*\boldsymbol{R}^6)$ に対して $(\boldsymbol{v}_2,u,s)$ の関数

$$f_\varepsilon(\boldsymbol{x}+s\boldsymbol{v}_1,\boldsymbol{v}_2,s)\,k_n(\boldsymbol{x}+s\boldsymbol{v}_1,\boldsymbol{v}_1,\boldsymbol{v}_2,u)$$

が $SL^1({}^*\boldsymbol{R}^3\times{}^*B\times{}^*[0,t])$ に属することをまず示す．

変数変換 $(\boldsymbol{x},\boldsymbol{v}_1,\boldsymbol{v}_2,u,s)\longrightarrow(\boldsymbol{x}-s\boldsymbol{v}_1,\boldsymbol{v}_1-\boldsymbol{v}_2,\boldsymbol{v}_2,u,s)=(\boldsymbol{x}',\boldsymbol{v}_1',\boldsymbol{v}_2,u,s)$

1)　以下，このことを「L-a. e. の $(\boldsymbol{x},\boldsymbol{v}_1)\in N_s({}^*\boldsymbol{R}^6)$ に対して」と表現することにする．

によって，この関数は $f_\varepsilon(\boldsymbol{x}', \boldsymbol{v}_2, s)\, k_n(\boldsymbol{x}', \boldsymbol{v}_1'+\boldsymbol{v}_2, \boldsymbol{v}_2, u)$ となり，(2.53)，(2.56)，(2.57) より

$$f_\varepsilon(\boldsymbol{x}', \boldsymbol{v}_2, s)\, K(|\boldsymbol{v}_1'|)\, \beta(\theta) \text{ と截端の関数の積}$$

の形である．K と β に対する条件 (2.54) 等からこれは固定された $\boldsymbol{v}_1 = \bar{\boldsymbol{v}}_1$ に対して ${}^*\boldsymbol{R}^3 \times \{\boldsymbol{v}_1' : |\boldsymbol{v}_1' - \bar{\boldsymbol{v}}_1| \leqq 1\} \times {}^*\boldsymbol{R}^3 \times {}^*B \times {}^*[0, t]$ で S-可積分である．したがって，L-a. e. の $(\boldsymbol{x}, \boldsymbol{v}_1') \in {}^*\boldsymbol{R}^3 \times \{\boldsymbol{v}_1' : |\boldsymbol{v}_1' - \bar{\boldsymbol{v}}_1| \leqq 1\}$ に対して，$(\boldsymbol{v}_2, u, s) \in {}^*\boldsymbol{R}^3 \times {}^*B \times {}^*[0, t]$ の関数として S-可積分になる．$\bar{\boldsymbol{v}}_1$ は任意だから L-a. e. の $(\boldsymbol{x}, \boldsymbol{v}_1') \in N_s({}^*\boldsymbol{R}^6)$ について同じことが成り立つ．

(ii) L-a. e. の $(\boldsymbol{x}, \boldsymbol{v}_1) \in {}^*\boldsymbol{R}^6$ に対して，$(\boldsymbol{v}_2, u, s) \in {}^*\boldsymbol{R}^3 \times {}^*B \times {}^*[0, 1]$ の関数

$$f_\varepsilon(\boldsymbol{x}+s\boldsymbol{v}_1, \boldsymbol{v}_1, s)\, f_\varepsilon(\boldsymbol{x}+s\boldsymbol{v}_1, \boldsymbol{v}_2, s)\, k_n(\boldsymbol{x}+s\boldsymbol{v}_1, \boldsymbol{v}_1, \boldsymbol{v}_2, u) \tag{2.69}$$

は S-可積分であることを示す．

${}^*L^1$ での微分の意味で

$$\frac{d}{ds} f_\varepsilon(\boldsymbol{x}+s\boldsymbol{v}_1, \boldsymbol{v}_1, s) = \frac{1}{\varepsilon} Q_n f_\varepsilon(\boldsymbol{x}+s\boldsymbol{v}_1, \boldsymbol{v}_1, s) \tag{2.70}$$

をみたしている．そこで

$$\begin{aligned} &h(\boldsymbol{x}+\boldsymbol{v}_1 s, \boldsymbol{v}_1, s) \\ &\quad = \frac{1}{\varepsilon} \int_{{}^*\boldsymbol{R}^3} \int_{{}^*B} f_\varepsilon(\boldsymbol{x}+s\boldsymbol{v}_1, \boldsymbol{v}_2, s)\, k_n(\boldsymbol{x}+s\boldsymbol{v}_1, \boldsymbol{v}_1, \boldsymbol{v}_2, u)^*(du d^3 v_2) > 0 \end{aligned}$$

として，(2.70) の両辺に $h(\boldsymbol{x}+s\boldsymbol{v}_1, \boldsymbol{v}_1, s) f_\varepsilon(\boldsymbol{x}+s\boldsymbol{v}_1, \boldsymbol{v}_1, s)$ を加え，さらに $\exp\left[\int_0^s h(\tau)^* d\tau\right]$ をかけて 0 から s まで積分すると

$$\begin{aligned} f_\varepsilon(\boldsymbol{x}+s\boldsymbol{v}_1, \boldsymbol{v}_1, s) &= f_\varepsilon(\boldsymbol{x}, \boldsymbol{v}_1, 0) \exp\left[-\int_0^s h(\tau)^* d\tau\right] \\ &\quad + \int_0^s \exp\left[-\int_\tau^s h(r)^* dr\right] \left(\frac{1}{\varepsilon} Q_n f_\varepsilon + h f_\varepsilon\right)^* d\tau \end{aligned} \tag{2.71}$$

が得られる ((2.70) が ${}^*L^1$ での微分だから *a. e. の s に対して (2.71) が成り立つが，s に関する連続性からすべての $s \in {}^*[0, t]$ に対して (2.71) が成り立つ)．

(2.71) の右辺の各項およびその中の被積分関数はすべて正である．まず $s=t$ のときを考えると $f_\varepsilon(\boldsymbol{x}+t\boldsymbol{v}_1, \boldsymbol{v}_1, t)$ が S-可積分なので右辺が ${}^*\boldsymbol{R}^6 \setminus V$ で一様に有界となるような $V \subset {}^*\boldsymbol{R}^6$ がとれる．ここに V のローブ測度はい

くらでも小さくとれる．

(i)より必要なら V を少し修正して$(\boldsymbol{x}, \boldsymbol{v}_1)\in N_s({}^*\boldsymbol{R}^6\setminus V)$を固定するごとに $\exp\left[\int_0^t h(\tau)^* d\tau\right]$ は有限数となるから

$$\int_0^t \left(\frac{1}{\varepsilon}Q_n f_\varepsilon + h(\tau) f_\varepsilon\right)^* d\tau$$

も有限数となる．$s\in[0, t]$に対して

$$\begin{aligned}&\int_0^s \exp\left[-\int_\tau^s h(r)^* dr\right]\left(\frac{1}{\varepsilon}Q_n f_\varepsilon + h(\tau) f_\varepsilon\right)^* d\tau\\ &\quad\leqq \int_0^s \left(\frac{1}{\varepsilon}Q_n f_\varepsilon + h(\tau) f_\varepsilon\right)^* d\tau\\ &\quad\leqq \int_0^t \left(\frac{1}{\varepsilon}Q_n f_\varepsilon + h(\tau) f_\varepsilon\right)^* d\tau\end{aligned}$$

なので (2.71) の右辺の第2項は有限数となる．しかも $s\in[0, t]$について一様に有限である．第1項が s について一様に有限なことは明らかなので，(2.71) の左辺も s について一様に有限となる（ただし $(\boldsymbol{x}, \boldsymbol{v}_1)\in N_s({}^*\boldsymbol{R}^6\setminus V)$ ごとに）．

このことと，(i) の結果から $(\boldsymbol{x}, \boldsymbol{v}_1)\in N_s({}^*\boldsymbol{R}^6\setminus V)$に対して (2.69) は S-可積分であることがわかる．V のローブ測度はいくらでも小さくとれるので，(ii) が成り立つ．

(iii)　(i)，(ii) の S-可積分性から，L-a. e. の $(\boldsymbol{x}, \boldsymbol{v}_1)\in N_s({}^*\boldsymbol{R}^6)$に対して

$$\begin{aligned}&{}^\circ(\langle f_\varepsilon(\boldsymbol{x}+s\boldsymbol{v}_1, \boldsymbol{v}_1, s) f_\varepsilon(\boldsymbol{x}+s\boldsymbol{v}_1, \boldsymbol{v}_2, s)\rangle_n k_n(\boldsymbol{x}+s\boldsymbol{v}_1, \boldsymbol{v}_1, \boldsymbol{v}_2, u))\\ &\quad = {}^\circ f_\varepsilon(\boldsymbol{x}+s\boldsymbol{v}_1, \boldsymbol{v}_1, s)\,{}^\circ f_\varepsilon(\boldsymbol{x}+s\boldsymbol{v}_1, \boldsymbol{v}_2, s)\, k({}^\circ\boldsymbol{v}_1, {}^\circ\boldsymbol{v}_2, {}^\circ u)\end{aligned}\tag{2.72}$$

が L-a. e. の $(\boldsymbol{v}_2, u, s)\in N_s({}^*\boldsymbol{R}^3)\times{}^*B\times{}^*[0, t]$ において成り立つことがわかる．

(2.72) と (ii) の結果から (2.68) が成り立つことがおおむねわかる．ここで，おおむねといったのは，(2.68) の左辺の $\boldsymbol{v}_2$-積分の積分領域が ${}^*\boldsymbol{R}^3$ であるのに対して，(2.72) は $\boldsymbol{v}_2\in N_s({}^*\boldsymbol{R}^3)$に対してしか証明されていないという事情による．したがって，

$$\begin{aligned}&\lim_{m\to\infty}{}^\circ\!\!\int_0^t \int_{|\boldsymbol{v}_2|>m}\int_{{}^*B} f_\varepsilon(\boldsymbol{x}+s\boldsymbol{v}_1, \boldsymbol{v}_2, s)\, k_n(\boldsymbol{x}+s\boldsymbol{v}_1, \boldsymbol{v}_1, \boldsymbol{v}_2, u)^*(dud^3v_2ds)\\ &\quad = 0 \;{}^{1)}\end{aligned}\tag{2.73}$$

が，L-a. e. の $(\boldsymbol{x}, \boldsymbol{v}_1)\in N_s({}^*\boldsymbol{R}^6)$に対して成り立つことを示せばよい

1)　m は有限数つまり $\boldsymbol{R}$ の要素で考えている．

$(f_\varepsilon(\boldsymbol{x}+s\boldsymbol{v}_1, \boldsymbol{v}_1, s)$ は $s\in{}^*[0,t]$ に関して一様に有限値で押さえられること に注意).

ところが

$$A_m = {}^*[0,t]\times{}^*\boldsymbol{R}^3\times\{\boldsymbol{v}_1 : |\boldsymbol{v}_1-\bar{\boldsymbol{v}}_1|\leqq 1\}\times\{\boldsymbol{v}_2 : |\boldsymbol{v}_2|>m\}\times{}^*B$$

とおくとき，$f_\varepsilon k_n$ が $d\sigma={}^*(dsd^3xd^3v_1d^3v_2du)$ に関して S-可積分なので

$$\lim_{m\to\infty}\mathring{\int}_{A_m} f_\varepsilon(\boldsymbol{x}+s\boldsymbol{v}_1, \boldsymbol{v}_2, s)\,k_n(\boldsymbol{x}+s\boldsymbol{v}_1, \boldsymbol{v}_1, \boldsymbol{v}_2, u)\,d\sigma = 0$$

が成り立つ．このことから（2.73）の成立がわかる．

以上で（2.68）の証明が完了した．（2.68）の $f_\varepsilon(\boldsymbol{x}+s\boldsymbol{v}_1, \boldsymbol{v}_i, s)$ を $f_\varepsilon(\boldsymbol{x}+s\boldsymbol{v}_1, \boldsymbol{v}_i', s)$（$i=1,2$）におきかえた式も同じような方法で証明されるが，省略する[1)].

定理の後半部分は命題 5.4 からわかる．（証明終り）

マックスウェル-ボルツマン分布

前に述べたように，(2.45) のかわりに (2.52) を用いたから $t\to\infty$ のときの f の極限を考えることと，t が有限数かつ ε が無限小数のときの f_ε のふるまいを考えることとが同等となる．以下，$\varepsilon\simeq 0$ として有限の t に対して解がマックスウェル-ボルツマン分布に近いことを示す．その話の展開は次のとおりである．

(i) 解が平衡状態であるためには $f_1f_2=f_1'f_2'$ でなければならなかった（定理 5.1 およびそのあとの説明参照）．したがっていまの場合は $(\boldsymbol{x}, t)$ が有限のとき

$$f_\varepsilon(\boldsymbol{x}, \boldsymbol{v}_1, t)\,f_\varepsilon(\boldsymbol{x}, \boldsymbol{v}_2, t) \simeq f_\varepsilon(\boldsymbol{x}, \boldsymbol{v}_1', t)\,f_\varepsilon(\boldsymbol{x}, \boldsymbol{v}_2', t)$$

が示されなければならない．これがのちに出てくる補題 2 であるが，基本的には $\int f_\varepsilon(\boldsymbol{x}, \boldsymbol{v}_1, t)\log f_\varepsilon(\boldsymbol{x}, \boldsymbol{v}_1, t)\,d^3xd^3v_1$ が t の減少関数であること（H 定理）に依拠している．

(ii) (i) が成り立つことから $\bar{\varphi}(\boldsymbol{q})=\log\dfrac{f_\varepsilon(\boldsymbol{x}, \boldsymbol{v}_1+\boldsymbol{q}, t)}{f_\varepsilon(\boldsymbol{x}, \boldsymbol{v}_1, t)}$（を無限小だけ修正したもの）が衝突の不変量であることが導かれる．このことから $\bar{\varphi}(\boldsymbol{v})\simeq -bv^2+\boldsymbol{c}\cdot\boldsymbol{v}$ が導かれて，

1) ［24］Theorem 3.1 の証明参照.

$$f_\varepsilon(\boldsymbol{x}, \boldsymbol{v}, t) \simeq a(\boldsymbol{x}, t)\, e^{-b(\boldsymbol{x}, t)v^2 + \boldsymbol{c}(\boldsymbol{x}, t)\cdot \boldsymbol{v}}$$

が成り立つ（定理5.6）．

(iii)　(ii) は実はローブ測度の意味でのほとんどいたる所の $(\boldsymbol{x}, \boldsymbol{v}, t)$ に対して成り立つのであって，厳密な議論を展開しようとすると，いろいろと面倒なことがおこる．たとえば (ii) の b, c が有限であるためには $\overline{\phi}$ が有限でなければならない．したがって log の中の分子と分母の一方のみが無限小数となるようなことがおこってはならない．そのために補題3を準備することになるが，その証明が簡単でなく，実際，L. Arkeryd の論文 [23] ではここに紹介する証明よりずっと繁雑な証明をしている[1]．

3つの補題を準備しよう．次の補題1は J. W. Gibbs による．

補題1（Gibbs）

定数 $A, B, C \in \boldsymbol{R}$ に対して

$$\int_{\boldsymbol{R}^3} E(\boldsymbol{v})\, d^3 v = A, \qquad \int_{\boldsymbol{R}^3} E(\boldsymbol{v})\, \boldsymbol{v}\cdot d\boldsymbol{v} = B, \qquad \int_{\boldsymbol{R}^3} E(\boldsymbol{v})\, |\boldsymbol{v}|^2 d^3 v \leqq C \tag{2.74}$$

をみたす $E \in L^1_+(\boldsymbol{R}^3)$ の全体を $\mathscr{C}$ とする．$E_0(\boldsymbol{v}) = e^{-a|\boldsymbol{v}|^2 + \boldsymbol{b}\cdot\boldsymbol{v} + c}$（$a>0$, $\boldsymbol{b} \in \boldsymbol{R}^3$, $c \in \boldsymbol{R}$）が (2.74) をみたし，かつ第3式は等号としてみたすとする．

このとき，すべての $E \in \mathscr{C}$ に対して

$$\int_{\boldsymbol{R}^3} E(\boldsymbol{v}) \log E(\boldsymbol{v})\, d^3 v \geqq \int_{\boldsymbol{R}^3} E_0(\boldsymbol{v}) \log E_0(\boldsymbol{v})\, d^3 v$$

が成り立ち，等号は $E = E_0$ のときに限り成立する．

この補題から次の補題が導かれる．

補題2　L-a. e. の $(\boldsymbol{x}, t) \in N_s({}^*\boldsymbol{R}^3 \times {}^*\boldsymbol{R}^+)$ に対して

$$f_\varepsilon(\boldsymbol{x}, \boldsymbol{v}_1, t) f_\varepsilon(\boldsymbol{x}, \boldsymbol{v}_2, t) \simeq f_\varepsilon(\boldsymbol{x}, \boldsymbol{v}_1', t) f_\varepsilon(\boldsymbol{x}, \boldsymbol{v}_2', t)$$

が L-a. e. の $(\boldsymbol{v}_1, \boldsymbol{v}_2, u) \in N_s({}^*\boldsymbol{R}^3 \times {}^*\boldsymbol{R}^3 \times {}^*B)$ に対して成り立つ．

証明　(2.70) の両辺に $\log f_\varepsilon(\boldsymbol{x} + s\boldsymbol{v}_1, \boldsymbol{v}_1, s)$ をかけて，s で積分すると

$$\begin{aligned} & f_\varepsilon(\boldsymbol{x} + t\boldsymbol{v}_1, \boldsymbol{v}_1, t) \log f_\varepsilon(\boldsymbol{x} + t\boldsymbol{v}_1, \boldsymbol{v}_1, t) - f_\varepsilon(\boldsymbol{x}, \boldsymbol{v}_1, 0) \log f_\varepsilon(\boldsymbol{x}, \boldsymbol{v}_1, 0) \\ &\quad = f_\varepsilon(\boldsymbol{x} + t\boldsymbol{v}_1, \boldsymbol{v}_1, t) - f_\varepsilon(\boldsymbol{x}, \boldsymbol{v}_1, 0) \\ &\qquad + \frac{1}{\varepsilon} \int_0^t Q_n f_\varepsilon(\boldsymbol{x} + s\boldsymbol{v}_1, \boldsymbol{v}_1, s) \log f_\varepsilon(\boldsymbol{x} + s\boldsymbol{v}_1, \boldsymbol{v}_1, s)\, ds. \end{aligned}$$

$\boldsymbol{x}$-積分と $\boldsymbol{v}_1$-積分を行なって，命題5.4も用いて

1)　本書の証明は [24] から採った．

$$\int_{{}^*\boldsymbol{R}^6} f_\varepsilon(\boldsymbol{x},\boldsymbol{v}_1,t)\log f_\varepsilon(\boldsymbol{x},\boldsymbol{v}_1,t)\,{}^*(d^3xd^3v_1)$$
$$-\int_{{}^*\boldsymbol{R}^6} f_\varepsilon(\boldsymbol{x},\boldsymbol{v}_1,0)\log f_\varepsilon(\boldsymbol{x},\boldsymbol{v}_1,0)\,{}^*(d^3xd^3v_1)$$
$$=\frac{1}{\varepsilon}\int_{{}^*\boldsymbol{R}^6\times{}^*\boldsymbol{R}^3\times{}^*B\times{}^*[0,t]}\{\langle f_\varepsilon(\boldsymbol{x},\boldsymbol{v}_1',s)f_\varepsilon(\boldsymbol{x},\boldsymbol{v}_2',s)\rangle_n$$
$$-\langle f_\varepsilon(\boldsymbol{x},\boldsymbol{v}_1,s)f_\varepsilon(\boldsymbol{x},\boldsymbol{v}_2,s)\rangle_n\}\log f_\varepsilon(\boldsymbol{x},\boldsymbol{v}_1,s)$$
$$\times k_n(\boldsymbol{x},\boldsymbol{v}_1,\boldsymbol{v}_2,u)\,{}^*(d^3xd^3v_1d^3v_2duds)$$
$$=\frac{1}{4\varepsilon}\int\{\langle f_\varepsilon(\boldsymbol{x},\boldsymbol{v}_1',s)f_\varepsilon(\boldsymbol{x},\boldsymbol{v}_2',s)\rangle_n-\langle f_\varepsilon(\boldsymbol{x},\boldsymbol{v}_1,s)f_\varepsilon(\boldsymbol{x},\boldsymbol{v}_2,s)\rangle_n\}$$
$$\times\log\frac{f_\varepsilon(\boldsymbol{x},\boldsymbol{v}_1,s)f_\varepsilon(\boldsymbol{x},\boldsymbol{v}_2,s)}{f_\varepsilon(\boldsymbol{x},\boldsymbol{v}_1',s)f_\varepsilon(\boldsymbol{x},\boldsymbol{v}_2',s)}$$
$$\times k_n(\boldsymbol{x},\boldsymbol{v}_1,\boldsymbol{v}_2,u)\,{}^*(d^3xd^3v_1d^3v_2duds)$$

となる．したがって

$$0\leqq\int_0^t\int\{\langle f_\varepsilon(\boldsymbol{v}_1')f_\varepsilon(\boldsymbol{v}_2')\rangle_n-\langle f_\varepsilon(\boldsymbol{v}_1)f_\varepsilon(\boldsymbol{v}_2)\rangle_n\}\log\frac{f_\varepsilon(\boldsymbol{v}_1')f_\varepsilon(\boldsymbol{v}_2')}{f_\varepsilon(\boldsymbol{v}_1)f_\varepsilon(\boldsymbol{v}_2)}$$
$$\times k_n{}^*(d^3xd^3v_1d^3v_2duds)$$
$$=4\varepsilon\int f_\varepsilon(0)\log f_\varepsilon(0)\,{}^*(d^3xd^3v_1)-4\varepsilon\int f_\varepsilon(t)\log f_\varepsilon(t)\,{}^*(d^3xd^3v_1) \tag{2.75}$$

が得られる．一方，補題1を移行原理でうつして（ただし，$a,\boldsymbol{b},c$ は $\boldsymbol{x},t$ の関数）

$$\inf_{t\geqq 0}\int_{{}^*\boldsymbol{R}^6} f_\varepsilon(\boldsymbol{x},\boldsymbol{v},t)\log f_\varepsilon(\boldsymbol{x},\boldsymbol{v},t)\,{}^*(d^3xd^3v)$$

が有限数であることがわかる．したがって，(2.75) より L-a. e. の $(\boldsymbol{x},t)\in N_s({}^*\boldsymbol{R}^3\times{}^*\boldsymbol{R}^+)$ に対して

$$0\leqq\{\langle f_\varepsilon(\boldsymbol{v}_1')f_\varepsilon(\boldsymbol{v}_2')\rangle_n-\langle f_\varepsilon(\boldsymbol{v}_1)f_\varepsilon(\boldsymbol{v}_2)\rangle_n\}\log\frac{f_\varepsilon(\boldsymbol{v}_1')f_\varepsilon(\boldsymbol{v}_2')}{f_\varepsilon(\boldsymbol{v}_1)f_\varepsilon(\boldsymbol{v}_2)}\simeq 0$$

が L-a. e. の $(\boldsymbol{v}_1,\boldsymbol{v}_2,u)\in N_s({}^*\boldsymbol{R}^3\times{}^*\boldsymbol{R}^3\times{}^*B)$ に対して成り立つ．これより

$$\frac{f_\varepsilon(\boldsymbol{v}_1')f_\varepsilon(\boldsymbol{v}_2')}{f_\varepsilon(\boldsymbol{v}_1)f_\varepsilon(\boldsymbol{v}_2)}\simeq 1 \ \text{または}\ \langle f_\varepsilon(\boldsymbol{v}_1')f_\varepsilon(\boldsymbol{v}_2')\rangle_n\simeq\langle f_\varepsilon(\boldsymbol{v}_1)f_\varepsilon(\boldsymbol{v}_2)\rangle_n \tag{2.76}$$

である．ところが，質量が保存するので，L-a. e. の $\boldsymbol{x}\in{}^*\boldsymbol{R}^3$ に対して，$\int f_\varepsilon(\boldsymbol{x},\boldsymbol{v},t)\,{}^*d^3v$ が有限となり，したがって L-a. e. の $\boldsymbol{x}\in{}^*\boldsymbol{R}^3$ に対して

$$f_\varepsilon(\boldsymbol{x},\boldsymbol{v}_1,t)f_\varepsilon(\boldsymbol{x},\boldsymbol{v}_2,t)\ \text{も}\ f_\varepsilon(\boldsymbol{x},\boldsymbol{v}_1',t)f_\varepsilon(\boldsymbol{x},\boldsymbol{v}_2',t)\ \text{も}$$

有限になる．これらから (2.76) の $\langle\ \rangle_n$ が不要となって補題が成り立つことがわかる．（証明終り）

補題3　$g \in {}^*L^1_+(\boldsymbol{R}^3)$ が

（i）　$\int_{{}^*\boldsymbol{R}^3} g(\boldsymbol{v})(1+v^2)^* d^3 v$ も $\int_{{}^*\boldsymbol{R}^3} g(\boldsymbol{v}) \log g(\boldsymbol{v})^* d^3 v$ も有限数

（ii）　$g(\boldsymbol{v}_1)g(\boldsymbol{v}_2) \simeq g(\boldsymbol{v}_1{}')g(\boldsymbol{v}_2{}')$　$(L\text{-a.e.}(\boldsymbol{v}_1, \boldsymbol{v}_2, u) \in N_s({}^*\boldsymbol{R}^3 \times {}^*\boldsymbol{R}^3 \times {}^*B))$

をみたすならば，

$$(g(\boldsymbol{v}) \simeq 0\ \ L\text{-a.e.}\ \boldsymbol{v} \in N_s({}^*\boldsymbol{R}^3))\ \text{または}\ ({}^\circ g(\boldsymbol{v}) > 0\ \ L\text{-a.e.}\ \boldsymbol{v} \in N_s({}^*\boldsymbol{R}^3))$$

のいずれか一方が成り立つ．

証明　詳しくは [23]，[24] を参照してもらうことにして，L. Arkeryd による証明のあらすじのみ述べる．条件 (i) から g は S-可積分となり，したがって (ii) から ${}^\circ(g(\boldsymbol{v}_1)g(\boldsymbol{v}_2) - g(\boldsymbol{v}_1{}')g(\boldsymbol{v}_2{}'))$ はローブ可積分となる．いま $g(\boldsymbol{v}) \simeq 0$ L-a.e. $\boldsymbol{v} \in N_s({}^*\boldsymbol{R}^3)$ が成り立たないとすると，有限のさしわたしをもち，かつ，無限小でない正の測度をもつようなある $*$-可測集合 $A \subset N_s({}^*\boldsymbol{R}^3)$ の上で ${}^\circ g(\boldsymbol{v}) > 0$ となる．さらに A の上で $c < g(\boldsymbol{v}) < \frac{1}{c}$ $(c \in \boldsymbol{R}^+)$ をみたすように A を選んでおく．

このことから，正の測度をもつある球体上で ${}^\circ g > 0$ $(L\text{-a.e.})$ が成り立つことを証明する．それがいえると，$N_s({}^*\boldsymbol{R}^3)$ の上で ${}^\circ g > 0$ $(L\text{-a.e.})$ がいえる[1]．

A を有限の距離だけ離れた4つの平行平面で分割し，その第1，3，5番目の部分を A_1，A_2，A_3 とする（図2-13）．$*$-拡大されたフビニの定理から，次の性質をもつ $\bar{\boldsymbol{v}}_1 \in A_1$ と ${}^*\boldsymbol{R}^3$ 内の直線 l が存在する；

（i）　$I = l \cap A_2$ は正の1次元ローブ測度 $|I|$ をもつ．

（ii）　L-a.e. の $\boldsymbol{v}_2 \in I$ に対して，${}^\circ|g(\bar{\boldsymbol{v}}_1)g(\boldsymbol{v}_2) - g(\bar{\boldsymbol{v}}_1{}')g(\boldsymbol{v}_2{}')| = 0$ $(L\text{-a.e.}\ u \in {}^*B)$ が成り立つ．

${}^\circ\!\!\int g^* d^3 v < \infty$ なので $\varepsilon \in \boldsymbol{R}^+$ に対して，集合 $\{\boldsymbol{v} \in {}^*\boldsymbol{R}^3 : g(\boldsymbol{v}) > \lambda_\varepsilon\}$ のローブ測度が ε 以下であるような $\lambda_\varepsilon \in \boldsymbol{R}^+$ を選ぶことができる．$\bar{\boldsymbol{v}}_1 + \boldsymbol{v}_2 = \bar{\boldsymbol{v}}_1{}' + \boldsymbol{v}_2{}'$ と $\bar{v}_1{}^2 + v_2{}^2 = \bar{v}_1{}'^2 + v_2{}'^2$ から，$\boldsymbol{v}_2 \in I$ に対して

$$S_{\boldsymbol{v}_2} = \{\boldsymbol{v}_2{}'(\bar{\boldsymbol{v}}_1, \boldsymbol{v}_2, u) : u \in {}^*B\}$$

1）L. Arkeryd: On the Boltzmann equation. *Arch. Ration. Mech. Anal.* 45, 1-34 (1972) 参照．

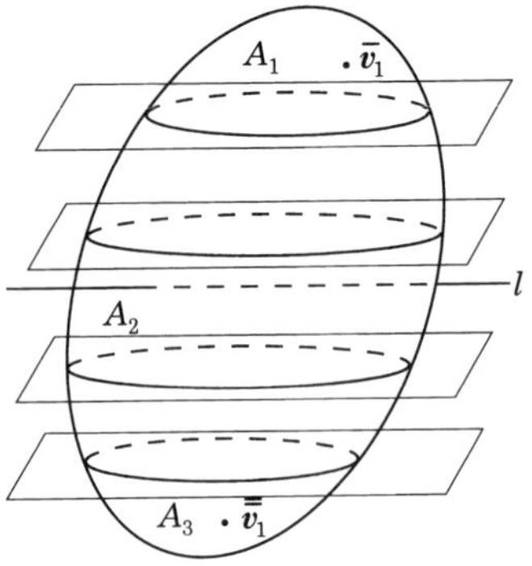

図 2-13

は球面であるが，S_{v_2} の表面積の $\boldsymbol{v}_2\in I$ に関する下限を μ とすると $\mu>0$ である．

$\varepsilon_n=\dfrac{\mu|I|}{2^n n}$ とそれに対応する λ_{ε_n} をとり，球面 S_{v_2} の $\dfrac{1}{n}$ 以上の部分で $g(\boldsymbol{v}_2')>\lambda_{\varepsilon_n}$ となるような $\boldsymbol{v}_2$ を除外する．この操作を十分大きな $n_1\in\boldsymbol{N}$ からはじめて，すべての $n\in\boldsymbol{N}$（$n\geqq n_1$）に対して実行し，その結果残った $\boldsymbol{v}_2$ の全体を I' とすると，I' のローブ測度は正であり，L-a. e. の $u\in{}^*B$ とすべての $\boldsymbol{v}_2\in I'$ に対して $g(\boldsymbol{v}_2')$ は有限数となる．

$\boldsymbol{w}\in I'$ に対して

$$T_{\boldsymbol{w}}=\{\bar{\boldsymbol{v}}_1'(\bar{\boldsymbol{v}}_1,\boldsymbol{w},u):u\in{}^*B\}$$

とおく．L-a. e. の $u\in{}^*B$ に対して $g(\boldsymbol{w}')$ は有限であり，かつ，

$$c<g(\bar{\boldsymbol{v}}_1),g(\boldsymbol{w})<\frac{1}{c},\qquad {}^\circ|g(\bar{\boldsymbol{v}}_1)g(\boldsymbol{w})-g(\bar{\boldsymbol{v}}_1')g(\boldsymbol{w}')|=0$$

であったから，${}^\circ g(\bar{\boldsymbol{v}}_1')$ は正の有限数であることが L-a. e. の $u\in{}^*B$ に対して成り立つ．また，L-a. e. の $(\boldsymbol{v}_1,\boldsymbol{v}_2,u)\in A_3\times\bigcup_{\boldsymbol{w}\in I'}T_{\boldsymbol{w}}\times{}^*B$ に対して ${}^\circ|g(\boldsymbol{v}_1)g(\boldsymbol{v}_2)-g(\boldsymbol{v}_1')g(\boldsymbol{v}_2')|=0$ である．

以上より次の性質をみたすようなある $\bar{\bar{\boldsymbol{v}}}_1\in A_3$ と球面 $T_{\boldsymbol{w}}$（$\boldsymbol{w}\in I'$）およびその上の測地線 I'' が存在する．

（i）I'' のローブ測度は正である．

（ii）${}^\circ g(\boldsymbol{p})$ は正の有限数　かつ　${}^\circ|g(\bar{\bar{\boldsymbol{v}}}_1)g(\boldsymbol{p})-g(\bar{\bar{\boldsymbol{v}}}_1')g(\boldsymbol{p}')|=0$　　(2.77)

が L-a. e. の $\boldsymbol{p}\in I''$ に対して成り立つ．

$\{\bar{\bar{\boldsymbol{v}}}_1'(\bar{\bar{\boldsymbol{v}}}_1,\boldsymbol{p},u):u\in{}^*B\}$ は原点と点 $\bar{\bar{\boldsymbol{v}}}_1+\boldsymbol{p}$ を直径の両端とする球面であり，$\boldsymbol{p}$

$\in I''$ の変化とともに正のローブ測度をもつある球体 B' を含む領域を掃過する．つまり，$\{\bar{\bar{\boldsymbol{v}}}_1'(\bar{\bar{\boldsymbol{v}}}_1, \boldsymbol{p}, u) : \boldsymbol{p}\in I'',\ u\in{}^*B\}$ はある球体 B' を含む．L-a. e. の $u\in{}^*B$ に対して ${}^\circ g(\boldsymbol{p})$ が正の有限数であることと (2.77) から，L-a. e. の $\boldsymbol{q}\in B'$ に対して ${}^\circ g(\boldsymbol{q})>0$ であることがわかり，補題3の証明が完了した．（証明終り）

補題2と補題3から次の定理が得られる．

5.6　定理　$\varepsilon\simeq 0$ のとき，L-a. e. の $(\boldsymbol{x}, t)\in N_s({}^*\boldsymbol{R}^3)\times\boldsymbol{R}^+$ に対して，

$$f_\varepsilon(\boldsymbol{x}, \boldsymbol{v}, t) \simeq a(\boldsymbol{x}, t)\,e^{-b(\boldsymbol{x},t)v^2+\boldsymbol{c}(\boldsymbol{x},t)\cdot\boldsymbol{v}} \quad (L\text{-a. e. } \boldsymbol{v}\in N_s({}^*\boldsymbol{R}^3)) \tag{2.78}$$

をみたす $a(\boldsymbol{x}, t)\in\boldsymbol{R}^+$, $b(\boldsymbol{x}, t)\in\boldsymbol{R}^+$, $\boldsymbol{c}(\boldsymbol{x}, t)\in\boldsymbol{R}^3$ が存在する．

証明　$\boldsymbol{v}_1+\boldsymbol{v}_2=\boldsymbol{v}_1'+\boldsymbol{v}_2'$ と $v_1^2+v_2^2=v_1'^2+v_2'^2$ より $(\boldsymbol{v}_2'-\boldsymbol{v}_1)\cdot(\boldsymbol{v}_1'-\boldsymbol{v}_1)=0$ となるので

$$\boldsymbol{v}_1' = \boldsymbol{v}_1+\boldsymbol{q}_1, \qquad \boldsymbol{v}_2' = \boldsymbol{v}_1+\boldsymbol{q}_2, \qquad \boldsymbol{v}_2 = \boldsymbol{v}_1+\boldsymbol{q}_1+\boldsymbol{q}_2, \qquad \boldsymbol{q}_1\cdot\boldsymbol{q}_2 = 0$$

とおける．

$$\bar{\psi}(\boldsymbol{q}) = \log\frac{f_\varepsilon(\boldsymbol{x}, \boldsymbol{v}_1+\boldsymbol{q}, t)}{f_\varepsilon(\boldsymbol{x}, \boldsymbol{v}_1, t)}$$

とおくとき，補題2と補題3から次のいずれかが L-a. e. の $(\boldsymbol{x}, t)\in N_s({}^*\boldsymbol{R}^3)\times\boldsymbol{R}^+$ に対して成り立つ：

（イ）　$f_\varepsilon(\boldsymbol{x}, \boldsymbol{v}, t) \simeq 0 \quad (L\text{-a. e. } \boldsymbol{v}\in N_s({}^*\boldsymbol{R}^3))$

（ロ）　$0< {}^\circ f_\varepsilon(\boldsymbol{x}, \boldsymbol{v}, t) < \infty \quad (L\text{-a. e. } \boldsymbol{v}\in N_s({}^*\boldsymbol{R}^3))$

ここでは(ロ)の場合を考えればよく，したがって以下のことが成り立つ．

（i）　${}^\circ\left(\dfrac{f_\varepsilon(\boldsymbol{x}, \boldsymbol{v}_1, t)^2}{f_\varepsilon(\boldsymbol{x}, \boldsymbol{v}_1', t)f_\varepsilon(\boldsymbol{x}, \boldsymbol{v}_2', t)}\right) < \infty \quad (L\text{-a. e. } (\boldsymbol{v}_2, u)\in N_s({}^*\boldsymbol{R}^3)\times{}^*B)$

（ii）　$\bar{\psi}(\boldsymbol{q})$ が有限数（L-a. e. $\boldsymbol{q}\in N_s({}^*\boldsymbol{R}^3)$）

（iii）　$\bar{\psi}(\boldsymbol{q}_1+\boldsymbol{q}_2) \simeq \bar{\psi}(\boldsymbol{q}_1)+\bar{\psi}(\boldsymbol{q}_2)$

$$(L\text{-a. e.} (\boldsymbol{q}_1, \boldsymbol{q}_2)\in N_s({}^*\boldsymbol{R}^6),\ \text{ただし } \boldsymbol{q}_1\cdot\boldsymbol{q}_2=0) \tag{2.79}$$

(2.79) から L-a. e. の $\boldsymbol{v}_1\in N_s({}^*\boldsymbol{R}^3)$ に対して

$$\bar{\psi}(\boldsymbol{q}_1+\boldsymbol{q}_2) = \bar{\psi}(\boldsymbol{q}_1)+\bar{\psi}(\boldsymbol{q}_2)+g(\boldsymbol{q}_1, \boldsymbol{q}_2),$$
$$g \simeq 0 \quad (L\text{-a. e. } (\boldsymbol{q}_1, \boldsymbol{q}_2))$$

とおき，この式を ${}^*\boldsymbol{R}^3$ の正規直交基底 $\{\boldsymbol{e}_1, \boldsymbol{e}_2, \boldsymbol{e}_3\}$ を選んで

$$\bar{\psi}(y_1\boldsymbol{e}_1+y_2\boldsymbol{e}_2+y_3\boldsymbol{e}_3)$$
$$= \bar{\psi}(y_1\boldsymbol{e}_1)+\bar{\psi}(y_2\boldsymbol{e}_2)+\bar{\psi}(y_3\boldsymbol{e}_3)+\bar{g}(y_1\boldsymbol{e}_1, y_2\boldsymbol{e}_2, y_3\boldsymbol{e}_3) \tag{2.80}$$
$$\bar{g}(y_1\boldsymbol{e}_1, y_2\boldsymbol{e}_2, y_3\boldsymbol{e}_3)$$

$$= g(y_1\boldsymbol{e}_1, y_2\boldsymbol{e}_2+y_3\boldsymbol{e}_3)+g(y_2\boldsymbol{e}_2, y_3\boldsymbol{e}_3)$$
$$\simeq 0 \quad (L\text{-a. e.}(y_1, y_2, y_3)\in N_s({}^*\boldsymbol{R}^3))$$

と書き換える．とくに

$$g(*, 0)=g(0, *)=g(0,0)=-\bar{\psi}(0), \qquad \bar{g}(0,0,0)=2g(0,0)$$

に留意しながら

$$\psi(y_1\boldsymbol{e}_1+y_2\boldsymbol{e}_2+y_3\boldsymbol{e}_3) = \bar{\psi}(y_1\boldsymbol{e}_1+y_2\boldsymbol{e}_2+y_3\boldsymbol{e}_3) - \bar{g}(y_1\boldsymbol{e}_1, y_2\boldsymbol{e}_2, y_3\boldsymbol{e}_3)+3g(0,0)$$

とおくと，(2.80) は

$$\psi(y_1\boldsymbol{e}_1+y_2\boldsymbol{e}_2+y_3\boldsymbol{e}_3) = \psi(y_1\boldsymbol{e}_1)+\psi(y_2\boldsymbol{e}_2)+\psi(y_3\boldsymbol{e}_3)$$

となる．

$$\psi(y_2\boldsymbol{e}_2)+\psi(y_3\boldsymbol{e}_3)=\psi(y_2\boldsymbol{e}_2+y_3\boldsymbol{e}_3)$$

なので

$$\psi(\boldsymbol{q}_1+\boldsymbol{q}_2) = \psi(\boldsymbol{q}_1)+\psi(\boldsymbol{q}_2) \tag{2.81}$$

となる．ここで

$$\psi(\boldsymbol{q}_1)=\lambda(\boldsymbol{v}_1'), \qquad \psi(\boldsymbol{q}_2)=\lambda(\boldsymbol{v}_2'), \qquad \psi(\boldsymbol{q}_1+\boldsymbol{q}_2)=\lambda(\boldsymbol{v}_2),$$
$$0=\psi(0)=\lambda(\boldsymbol{v}_1)$$

と読みかえると，(2.81) は $\lambda(\boldsymbol{v})$ が衝突の不変量であることを表している．したがって

$$\lambda(\boldsymbol{v}) = \bar{b}v^2+\bar{\boldsymbol{c}}\cdot\boldsymbol{v} \quad (\text{a. e. } \boldsymbol{v}\in{}^*\boldsymbol{R}^3) \tag{2.82}$$

をみたす $\bar{b}\in{}^*\boldsymbol{R}$, $\bar{\boldsymbol{c}}\in{}^*\boldsymbol{R}^3$ が存在する．$\lambda, \bar{g}$ が L-a. e. $\boldsymbol{v}\in N_s({}^*\boldsymbol{R}^3)$ に対して有限なので，$\bar{b}, \bar{\boldsymbol{c}}$ もそうである．$b=-{}^\circ\bar{b}$, $\boldsymbol{c}={}^\circ\bar{\boldsymbol{c}}$ とおくと (2.82) より

$$e^{\lambda(\boldsymbol{v})} \simeq e^{-bv^2+\boldsymbol{c}\cdot\boldsymbol{v}} \quad (L\text{-a. e. } \boldsymbol{v}\in N_s({}^*\boldsymbol{R}^3))$$

となり，f_ε に戻すと

$$f_\varepsilon(\boldsymbol{x}, \boldsymbol{v}_1+\boldsymbol{v}, t) \simeq f_\varepsilon(\boldsymbol{x}, \boldsymbol{v}_1, t)e^{-bv^2+\boldsymbol{c}\cdot\boldsymbol{v}} \simeq ae^{-bv^2+\boldsymbol{c}\cdot\boldsymbol{v}}$$
$$(L\text{-a. e. } \boldsymbol{v}\in N_s({}^*\boldsymbol{R}^3))$$

となる ($a={}^\circ f_\varepsilon(\boldsymbol{x}, \boldsymbol{v}_1, t)$)．あとは変数変換 $\boldsymbol{v}_1+\boldsymbol{v} \longrightarrow \boldsymbol{v}$ によって (2.78) を得る．

(証明終り)

第3章

超準解析による経路積分の構成

歴史と概略

経路積分とは，時空（tx-空間）内の経路の1つ1つに複素数を対応させる汎関数を被積分関数とし，それをすべての経路にわたって積分したものであり，したがって汎関数積分の1つである．

粒子の量子論的なふるまいを決定するシュレーディンガー方程式やディラック方程式に対する基本解（グリーン関数）$K(t, x\,;0, y)$ が，経路積分の形で与えられることを最初に指摘したのは R. P. Feynman [28]（1948年）である．それは次の形をしている．

$$K(t, x\,;0, y) = \text{定数}\times\int e^{\frac{i}{\hbar}S[x(s)]}d\mu[x(s)]$$

$$\left(\begin{array}{l} x(s)\ \text{は点}\ (0, y)\ \text{と}\ (t, x)\ \text{を結ぶ経路,} \\ S[x(s)]=\int_0^t \mathscr{L}(x(s), \dot{x}(s), s)\,ds\ \ (\mathscr{L}\ \text{はラグランジアン密度}) \end{array}\right)$$

この積分が数学的にはどのようにして定義されるかという問題に多くの数学者，数理物理学者がとりくみ，さまざまな結果が得られている．ここではそれらを2つに分類しよう．

1つは関数解析からのアプローチで，時間軸を

$$0=t_0 < t_1 < \cdots < t_N=t$$

と有限個に分割し，

$$\begin{aligned} &K_N\phi(x) \\ &\quad = \text{定数}\times\int\cdots\int \exp[iS_N(x_0, \cdots, x_{N-1}, x, t)/\hbar]\,\phi(x_0)\,dx_0\cdots dx_{N-1}, \end{aligned}$$

$$S_N(x_0, \cdots, x_{N-1}, x, t) = \sum_{j=1}^{N} \mathscr{L}\left(x_j, \frac{x_j - x_{j-1}}{t/N}, t_j\right)\frac{t}{N} \qquad (x_N = x)$$

で定義される作用素 K_N を考える．そして $N \to \infty$ としたときの作用素 K_N の極限として基本解 K を実現する．この方向の最初の研究は H. Trotter [31]（1959 年）であるが，藤原大輔 [32]（1979 年），[33]（1980 年）によって収束の意味が強収束から一様収束（作用素ノルムに関する収束）に高められた．

第 2 のアプローチは測度論に依拠するもので，経路の空間に適当な測度を導入し，その測度に関する積分として合理化しようという方向である．この方向での合理化を最初に指摘したのは M. Kac [34]（1950 年）であり，その仕事が確率論と偏微分方程式論を結合させる契機となった．

彼は実数時間でなく，虚数軸方向に時間発展するシュレーディンガー方程式をまず考え（したがって微分作用素は熱伝導方程式と同じ形になる)，ブラウン運動の分布であるウィナー測度に関する汎関数積分として基本解が構成されることを明らかにした．いわゆる Feynman-Kac formula とよばれるものである[1]．本来の実数時間のシュレーディンガー方程式の解は，時間に関する解析接続として得られることになる．E. Nelson [35]（1964 年）は時間 t のかわりに質量 m を虚数にすることを考え，その結果，ポテンシャル $V(x)$ に対する制限条件を大幅に緩和することに成功した．

残念ながら実数時間のシュレーディンガー方程式の基本解を与えるような測度は存在しない（R. H. Cameron [51]）．しかし相対論に移ると話は別で，時空の次元を 2 次元に限れば実数時間のディラック方程式の基本解を与える測度が存在する．これを初めて厳密に構成したのは一瀬孝 [37]（1982 年）である．その後，ディラック方程式に対する経路積分にポアソン過程が関係していることが B. Gaveau，T. Jacobson，M. Kac & L. S. Schulman [39]（1984 年）の中で明らかにされた．[39] ではポアソン過程の確率測度に関する経路積分として電信方程式の基本解が構成されること，およびその解の解析接続としてディラック方程式の解が実現されることが明らかにされた．B. Gaveau & L. S. Schulman [40]（1989 年）では，このことをグラスマン代数を用いてより詳しく論じている．ポアソン過程の確率測度に関する経路積分によってディラック方程式の基本解が構成できることの厳密な証明は Ph. Blanchard，Ph. Combe，M. Sirugue &

1) B. Simon [30] 参照．

S. Collin［41］（1985 年）にある．

4 次元時空でのディラック方程式に対する研究はあまり進んでいないが，G. N. Ord & D. G. C. Mckeon［56］（1993 年）などの研究がある．なお，T. Zastawniak［57］（1989 年）には，相互作用項をもたない場合ですら経路積分を定義するような有界変動な測度は存在しないことの証明がある．

以上の 2 方向からのアプローチについては 3-2 節，3-3 節で説明するが，これら以外にも L. Streit & T. Hida［58］（1983 年）や S. Albeverio & R. Høegh-Krohn［59］（1976 年）の研究もある．また渡辺浩［60］（1986 年）は後者の結果の一般化に成功している．

超準解析による合理化を 3-4 節，3-5 節，3-6 節で説明する．超準解析の特徴として

1°　概念の初等化と具体化

2°　無限大や無限小の定量化

3°　とくに飽和定理の有用性

があり，これらが有効に働いて以下の結果が得られる．

（i）　2 次元時空におけるディラック方程式に対する $*$-経路空間上の $*$-測度および $*$-経路積分が定義される．その結果の標準部分をとると，電磁ポテンシャルをもつディラック方程式の解が実現される．

（ii）　(i) の $*$-測度から，スタンダードな経路空間上のスタンダードな測度および経路積分が定義され，(i) と同じ解が得られる．

（iii）　2 次元時空のシュレーディンガー方程式に対する $*$-測度と $*$-経路積分を定義することができその結果の標準部分をとるとポテンシャル $V(x)$ をもつシュレーディンガー方程式の解が実現される．ただしこの場合は (ii) のように $*$-測度からスタンダードな測度を定義することはできない．

超準解析の特徴として，(i) の $*$-測度が非常に具体的である．したがって

1°　ラグランジアンの中の質量項がどのような役割を果すか

2°　ポアソン過程とどのように関係してくるか

3°　測度がどのような経路の上に集中しているか

4°　ディラック粒子の Zitterbewegung（身震い運動）がどう表現されるか

などが，見通し良く解決される．

なお，未完成な部分もあるがこれらの結果を 4 次元時空のディラック方程式に

拡張する方向の研究も行われている[1].

3-1節　経路積分公式の直観的な導出

はじめにディラック流のブラ・ケットを用いて，経路積分の式（3.13）を導く．数学的に厳密な議論ではないが，そのかわり直観的で見通し良い計算である．

シュレーディンガー方程式の基本解とは

シュレーディンガー方程式

$$i\hbar\frac{\partial}{\partial t}\phi(t,x)=H\phi(t,x), \tag{3.1}$$

$$H=-\frac{\hbar^2}{2m}\left(\frac{\partial^2}{\partial x^2}+\frac{\partial^2}{\partial y^2}+\frac{\partial^2}{\partial z^2}\right)+V(x,y,z)$$

は非相対論的な量子力学の基礎方程式である．初期条件

$$\phi(0,x)=f(x) \tag{3.2}$$

の下での (3.1) の解は，形式的にはハミルトニアン H の指数関数を用いて

$$\phi(t,x)=(e^{-itH/\hbar}f)(x)$$

で与えられる．実際，指数関数の微分法に従って右辺を t で微分すると，形式的な計算ではあるが

$$i\hbar\frac{\partial}{\partial t}\phi(t,x)=i\hbar\left(-\frac{i}{\hbar}H\right)(e^{-itH/\hbar}f)(x)=H\phi(t,x)$$

となって微分方程式（3.1）をみたすことがわかる．また $t=0$ を代入すると

$$\phi(0,x)=(e^0f)(x)=f(x)$$

となって初期条件もみたされる．

H が有限次元の線形空間上の作用素なら，その指数関数 $U(t)=e^{-itH/\hbar}$ は簡単に定義できる．しかし実際は無限次元ヒルベルト空間の非有界作用素なので，その定義はさほど簡単でない．H がヒルベルト空間上の自己共役作用素のときは，そのスペクトル分解 $H=\int_{-\infty}^{\infty}\lambda dE(\lambda)$ を用いて

1） T. Nakamura, K. Watanabe & H. Ezawa : Nonstandard analytical construction of a path space measure for 4-D Dirac equation. Proc. 2nd Jagna Workshop Math. Method of Quantum Phys. ed. C. Bernido, Gordon & Breach, 1999 参照.

$$U(t) = e^{-itH/\hbar} = \int_{-\infty}^{\infty} e^{-it\lambda/\hbar} dE(\lambda)$$

で定義するとか，解析的ベクトルを用いる等の方法によって厳密に定義できるが，いずれも有限次元の場合に比べてかなり厄介である([36]の 17 章に詳しい説明がある)．なお，H が自己共役作用素となるためにポテンシャル関数 $V(x)$ がみたすべき十分条件としては，加藤-Rellich の定理がある．おおまかにいうと

掛算作用素 $V(x)$ が $-\dfrac{\hbar^2}{2m}\nabla^2$ に比べて“小さい”ならば $H=-\dfrac{\hbar^2}{2m}\nabla^2 + V(x)$ は自己共役作用素である（[36] 16 章参照）．

いずれにせよ**時間推進作用素**とよばれる $U(t)=e^{-itH/\hbar}$ が定義されれば，初期条件 (3.2) をみたすような (3.1) の解 $\phi(t,x)$ は

$$\phi(t,x) = (U(t)f)(x)$$

で与えられる．この作用素 $U(t)$ を積分で表すことができたとして，その積分核 $K(t,x\,;0,y)$ を**基本解**または**グリーン関数**という．式で表すと次のようになる．

$$(U(t)f)(x) = \int_{\boldsymbol{R}^3} K(t,x\,;0,y) f(y)\,dy. \tag{3.3}$$

基本解は次の 2 式によって特徴づけられる．

$$i\hbar\frac{\partial}{\partial t}K(t,x\,;0,y) = HK(t,x\,;0,y),$$

$$\lim_{t\to 0} K(t,x\,;0,y) = \delta(x-y).$$

これらは次のように解釈すると理解しやすい．まず関数 f をデルタ関数の重ね合せとみて

$$f(x) = \int_{\boldsymbol{R}^3} f(y)\,\delta_y dy, \qquad \delta_y=\delta(x-y)$$

と表す．つまり f を $\{\delta_y : y\in\boldsymbol{R}^3\}$ の線形結合で表したときの係数が $f(y)$ だと

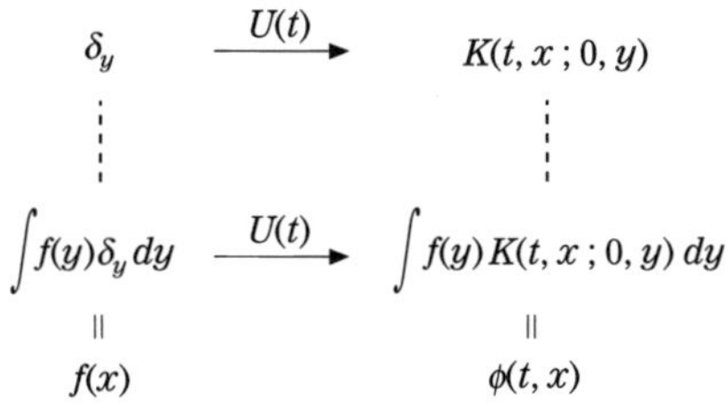

図 3-1

みる．K が $t=0$ で δ_y に一致し，微分方程式をみたすということは，δ_y が微分方程式に従って時間発展したものが $K(t,x;0,y)$ であることに他ならない．

微分方程式が線形だから，それらの線形結合である f の時間発展においても線形性が保たれて

$$(U(t)f)(x) = \int_{\boldsymbol{R}^3} f(y)(U(t)\delta_y)\,dy = \int_{\boldsymbol{R}^3} K(t,x;0,y)f(y)\,dy$$

となって (3.3) が導かれる．

経路積分は基本解の１つの具体的な構成法を与えるものである．

経路積分公式を直観的な計算で導く

計算はすべてディラックのブラ・ケットを用いてなされるので，そのために必要な公式を列記しておく．

(i) 位置を表す作用素 $\hat{x}_i$ $(i=1,2,3)$[1] は適当な関数空間 $\mathcal{H}$ 上の掛算作用素

$$\hat{x}_i f(x) = x_i f(x) \tag{3.4}$$

である．運動量を表す作用素 $\hat{p}_i$ $(i=1,2,3)$ は微分作用素

$$\hat{p}_i f(x) = -i\hbar \frac{\partial}{\partial x_i} f(x) \tag{3.5}$$

である．これらはエルミート的で，交換関係

$$[\hat{x}_j, \hat{p}_k] = i\hbar\delta_{jk} \quad (\delta \text{ はクロネッカーのデルタ}) \tag{3.6}$$

をみたしている．以下，簡単のために空間の次元を１次元として話を進めるが３次元でも同様である．

(ii) $\hat{x}$ の固有値を x' で表し，それに対応する固有ベクトルを $|x'\rangle$ で表す．$\hat{p}$ についても同様に p' と $|p'\rangle$ で表すとして，次の２つが成り立つことを仮定する．

(イ) $\{|x'\rangle : x' \in \boldsymbol{R}\}$ も $\{|p'\rangle : p' \in \boldsymbol{R}\}$ も $\mathcal{H}$ の完全系をつくる．

(ロ) これらは次の意味で規格化されているとする；

$$\langle x'|x''\rangle = \delta(x'-x''), \qquad \langle p'|p''\rangle = \delta(p'-p'') \tag{3.7}$$

ただし，$\langle x'|x''\rangle$ はベクトル $|x'\rangle$ とベクトル $|x''\rangle$ との内積である．

(iii) $|p'\rangle$ と $|x'\rangle$ の内積の値は

$$\langle p'|x'\rangle = \frac{1}{\sqrt{2\pi\hbar}} e^{-ip'x'/\hbar} \tag{3.8}$$

1) 作用素であることを強調するとき ^ をつけることにする．

である．

(i)，(ii)，(iii) をこの形のままで数学的に合理化することはできない．たとえば関数空間 $\mathcal{H}$ として $L^2(\boldsymbol{R})$ をとると，作用素 $\hat{x},\hat{p}$ のスペクトルは連続スペクトルになり，したがって (ii) でいう固有ベクトルは存在しない．直観的には固有ベクトル $|x'\rangle$，$|p'\rangle$ はそれぞれ $\delta(x-x')$，$e^{ip'x/\hbar}$ のスカラー倍でなければならず，これらを認めるためには関数空間を拡大して，超関数の空間を導入する必要が生じる．そのような方向で合理化する理論もあるが，ここではあまり厳密さを気にせず，(i)，(ii)，(iii) をそのまま認めるという立場をとろう．

さて，計算したいのは

$$\hat{U}(t) = e^{-it\hat{H}/\hbar}, \qquad \hat{H} = \frac{1}{2m}\hat{p}^2 + V(\hat{x}) \tag{3.9}$$

である．$\langle p|\hat{p}^2 = p^2\langle p|$ と $V(\hat{x})|x\rangle = V(x)|x\rangle$ を[1]用いて $\hat{H}$ を $\langle p|$ と $|x\rangle$ ではさむと

$$\langle p|\hat{H}|x\rangle = \frac{p^2}{2m}\langle p|x\rangle + V(x)\langle p|x\rangle = \left(\frac{p^2}{2m} + V(x)\right)\frac{1}{\sqrt{2\pi\hbar}}e^{-ipx/\hbar}$$

となる．t が小さいとき $e^{-it\hat{H}/\hbar} \cong 1 - \dfrac{i}{\hbar}t\hat{H}$ の近似が許されるとして

$$\begin{aligned}
\langle p|\hat{U}(t)|x\rangle &\cong \langle p|1 - \frac{i}{\hbar}t\hat{H}|x\rangle \\
&= \left(1 - \frac{i}{\hbar}t\left(\frac{p^2}{2m} + V(x)\right)\right)\frac{1}{\sqrt{2\pi\hbar}}e^{-ipx/\hbar} \\
&\cong \exp\left[-\frac{it}{\hbar}\left(\frac{p^2}{2m} + V(x)\right)\right]\frac{1}{\sqrt{2\pi\hbar}}e^{-ipx/\hbar}
\end{aligned}$$

よって t が小さいとき

$$\begin{aligned}
&\langle x|\hat{U}(t)|x'\rangle \\
&= \int\langle x|p\rangle\langle p|\hat{U}(t)|x'\rangle\,dp \\
&\cong \frac{1}{2\pi\hbar}\int\exp\left[\frac{i}{\hbar}p(x-x')\right]\exp\left[-\frac{it}{\hbar}\left(\frac{p^2}{2m} + V(x')\right)\right]dp \qquad (3.10)
\end{aligned}$$

（フレネル積分の公式 $\int_{-\infty}^{\infty}e^{iap^2}dp = \sqrt{\dfrac{\pi i}{a}}$ $(a \in \boldsymbol{R})$ を用いて）

$$= \sqrt{\frac{m}{2\pi i\hbar t}}\exp\left[\frac{it}{\hbar}\left(\frac{m}{2}\left(\frac{x-x'}{t}\right)^2 - V(x')\right)\right]$$

---

1)　$\hat{p}, V(\hat{x})$ は作用素，$p, V(x)$ はスカラーであることに注意．

$$\cong\sqrt{\frac{m}{2\pi i\hbar t}}\exp\left[\frac{i}{\hbar}\int_0^t \mathscr{L}(x(s),\dot{x}(s))\,ds\right] \tag{3.11}$$

である．ここに $\mathscr{L}(x,\dot{x})=\dfrac{m}{2}\dot{x}^2-V(x)$ とおいた．一方，$\hat{U}(t)=e^{-it\hat{H}/\hbar}$ は

$$\hat{U}(t+t')=\hat{U}(t)\hat{U}(t')$$

をみたすので $\int|x\rangle\langle x|\,dx=1$ を用いると

$$\langle z|\hat{U}(t+t')|y\rangle=\int\langle z|\hat{U}(t)|x\rangle\langle x|\hat{U}(t')|y\rangle\,dx$$

となる．

区間 $(0,t)$ を N 等分して

$$0=t_0<t_1<\cdots<t_N=t$$

とおくと

$$\langle x|\hat{U}(t)|y\rangle=\int\langle x|\hat{U}(t_N-t_{N-1})|x_{N-1}\rangle\langle x_{N-1}|\hat{U}(t_{N-1}-t_{N-2})|x_{N-2}\rangle\cdots$$
$$\cdots\langle x_1|\hat{U}(t_1-t_0)|y\rangle\,dx_{N-1}dx_{N-2}\cdots dx_1.$$

N が十分大きいとすると右辺の各因子に (3.11) が適用できて

$$\begin{aligned}&\langle x|\hat{U}(t)|y\rangle\\&\quad\cong\int A^N\exp\left[\frac{i}{\hbar}\left(\int_{t_{N-1}}^{t_N}+\int_{t_{N-2}}^{t_{N-1}}+\cdots+\int_{t_0}^{t_1}\right)\mathscr{L}(x(s),\dot{x}(s))\,ds\right]\\&\qquad dx_{N-1}dx_{N-2}\cdots dx_1\\&\quad=A^N\int\cdots\int dx_{N-1}\cdots dx_1\exp\left[\frac{i}{\hbar}\int_0^t\mathscr{L}(x(s),\dot{x}(s))\,ds\right]\end{aligned} \tag{3.12}$$

（$x(s)$ は $(0,y)=(t_0,x_0)$，(t_1,x_1)，…，$(t_N,x_N)=(t,x)$ をつなぐ折れ線の経路，$A=\sqrt{\dfrac{m}{2\pi i\hbar\Delta t}}$，$\Delta t=t_j-t_{j-1}$）

となる．この式の積分 $\int\cdots\int dx_{N-1}\cdots dx_1$ の部分を次のように解釈することができる．$x_1,\cdots,x_{N-1}$ を定めるごとに図3-2の折れ線経路が1つ定まり，$x_1,\cdots,x_{N-1}$ の値を変化させると，$(0,y)$ と (t,x) を結ぶすべての折れ線ができる．したがって積分 $\int\cdots\int dx_{N-1}\cdots dx_1$ を行なうことは $(0,y)$ と (t,x) を結ぶすべての折れ線 $x(s)$ にわたって

$$\exp\left[\frac{i}{\hbar}\int_0^t\mathscr{L}(x(s),\dot{x}(s))\,ds\right]$$

を同じウエイトづけで加え合せることを意味する．

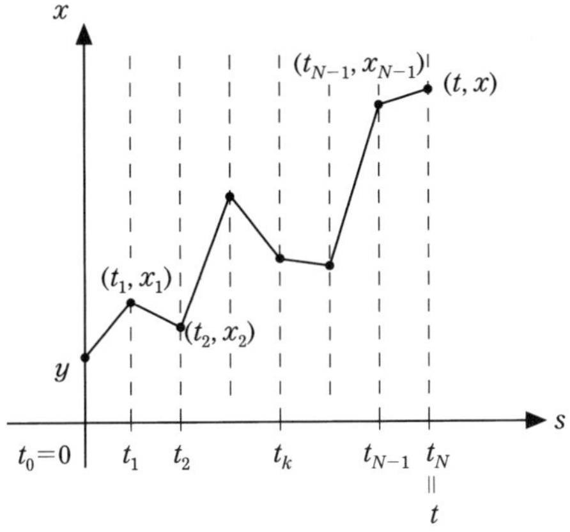

図 3-2

最後に $N\to\infty$ とすれば 2 点 $(0,y)$ と (t,x) をつなぐすべての経路を考えたことになるであろうから，結果として

$$\langle x|\hat{U}(t)|y\rangle = \text{定数}\times\int\exp\left[\frac{i}{\hbar}\int_0^t \mathscr{L}(\text{path})\,ds\right]d(\text{path})$$

が得られる．再度 $\int|y\rangle\langle y|\,dy=1$ を用いて

$$\begin{aligned}\phi(t,x) &= (\hat{U}(t)f)(x)\\ &= \langle x|(\hat{U}(t)f)\quad{}^{1)}\\ &= \int\langle x|\hat{U}(t)|y\rangle\langle y|f\,dy\\ &= \int\langle x|\hat{U}(t)|y\rangle f(y)\,dy\end{aligned}$$

となる．この式と (3.3) を比べると $\langle x|\hat{U}(t)|y\rangle=K(t,x\,;0,y)$ がわかる．したがって

$$K(t,x\,;0,y) = \text{定数}\times\int\exp\left[\frac{i}{\hbar}\int_0^t \mathscr{L}(\text{path})\,ds\right]d(\text{path}) \tag{3.13}$$

となり，基本解の経路積分表現が得られた．

1)　関数 $g\in\mathscr{H}$ の $x=x_0$ での関数値 $g(x_0)$ を，作用素 $\hat{x}$ の固有値 x_0 に対する「固有ベクトル」$\langle x_0|=\delta(x-x_0)$ とベクトル g との「内積」とみて，$g(x_0)=\langle x_0|g$ で表す．式で表すと $g(x_0)=\int\delta(x-x_0)g(x)\,dx$ のことである．

注　以上の議論では正準交換関係

$$[\hat{p}, \hat{x}] = -i\hbar$$

をみたす正準共役量 $\hat{p}, \hat{x}$ と，作用素としてのハミルトニアン $\hat{H}=\dfrac{1}{2m}\hat{p}^2+V(\hat{x})$ のもつ諸性質から経路積分公式（3.13）を導いた．しかし結果の式

$$K(t, x\,; 0, y) = \int \text{定数} \times \exp\left[\frac{i}{\hbar}\int_0^t \mathscr{L}(\text{path})\,ds\right] d(\text{path})$$

からは，作用素 $\hat{p}, \hat{x}, \hat{H}$ は姿を消してしまい，関数という意味での古典的ラグランジアン $\mathscr{L}$ のみで記述されている．

量子化という観点からみるとこのことは重要で，正準交換関係を用いた量子化（正準量子化）にかわる新しい量子化の方法を与えている．この方向から量子力学を記述した最初の本が Feynman & Hibbs［29］であり，古典的ラグランジアンから出発し，経路積分だけを用いて，ド・ブロイの公式，ハイゼンベルクの不確定性関係，シュレーディンガー方程式，ラザフォードの散乱公式など前期量子力学における主要な結果が次々に導かれる．

この新しい量子化の方法――経路積分による量子化――は次の２つの特長をもっている．

（i）　ハミルトニアン $\hat{H}$ でなく，古典的ラグランジアン $\mathscr{L}$ のみを用いて量子化できるので，正準共役量を見出すことが難しい場合の量子化に有力である．

（ii）　$\mathscr{L}$ が古典的ラグランジアンであるとは，$\mathscr{L}$ が関数 $x(t), \dot{x}(t)$ 等の関数であって，作用素として考えていないという意味である．したがって，理論の表面から作用素に関する議論が姿を消す．

実際，(i) の理由から非可換ゲージ場の量子化は当初，経路積分によるのがもっぱらであった[1]．

3-2 節　関数解析による合理化

（3.12）は N が大きいときに近似として成り立つ式であり，右辺で $N\to\infty$ とした極限をとってはじめて等号が成り立つ．右辺を $K_N(t, x\,; 0, y)$ とおき，これ

1）　九後-小嶋によって正準量子化がなされた（九後［54］）．

を y を積分変数とする積分核とみると，K_N は $L^2(\boldsymbol{R})$ での作用素を定義している．$N\to\infty$ のとき K_N の極限が作用素として存在することを関数解析の方法で証明するのが，この節の目的であり，H. Trotter [31]，藤原 [32]，[33] 等の研究がそれにあたる．再び3次元に戻る．

リーの積公式

リー（M. S. Lie）の積公式はトロッターの公式の有限次元版である．次元が有限だから，すべての行列の指数関数を考えることができるが，行列の非可換性から一般には指数法則

$$e^Ae^B = e^Be^A = e^{A+B}$$

が成り立たない．ところがノルム $\|A\|$，$\|B\|$ が無限に小さくなる極限では非可換性から生じる誤差が無視できて，指数法則が復活する．これがリーの積公式である．

2.1　定理（Lie の積公式）

A,B を有限次元の正方行列，n を自然数とすると

$$\lim_{n\to\infty}(e^{\frac{A}{n}}e^{\frac{B}{n}})^n = e^{A+B}$$

が成り立つ．

証明　$S_n=e^{\frac{A+B}{n}}$，$T_n=e^{\frac{A}{n}}e^{\frac{B}{n}}$ とおく．明らかに $S_n{}^n=e^{A+B}$ である．

$$\begin{aligned}S_n{}^n-T_n{}^n &= S_n{}^{n-1}(S_n-T_n)+S_n{}^{n-2}(S_n-T_n)T_n+\cdots\\ &\quad +(S_n-T_n)T_n{}^{n-1}\end{aligned}\tag{3.14}$$

より，

$$\begin{aligned}\|S_n{}^n-T_n{}^n\| &\leqq n[\max\{\|S_n\|,\|T_n\|\}]^{n-1}\|S_n-T_n\|\\ &\leqq n\|S_n-T_n\|\,e^{\|A\|+\|B\|}.\end{aligned}\tag{3.15}$$

$\max\{\|A\|,\|B\|\}=c$ とおいて $\displaystyle\sum_{l+m=k}\frac{1}{l!}\frac{1}{m!}=\frac{2^k}{k!}$ を用いると

$$\begin{aligned}\|S_n-T_n\| &= \left\|\sum_{k=0}^{\infty}\frac{1}{k!}\left(\frac{A+B}{n}\right)^k-\left(\sum_{k=0}^{\infty}\frac{1}{k!}\left(\frac{A}{n}\right)^k\right)\left(\sum_{k=0}^{\infty}\frac{1}{k!}\left(\frac{B}{n}\right)^k\right)\right\|\\ &\leqq \sum_{k=2}^{\infty}\frac{1}{k!}\frac{1}{n^k}\|A+B\|^k\\ &\quad +\sum_{k=2}^{\infty}\sum_{l+m=k}\frac{1}{n^k}\frac{1}{l!}\|A\|^l\frac{1}{m!}\|B\|^m\\ &\leqq \frac{1}{n^2}\left(\frac{1}{2!}\|A+B\|^2+\frac{1}{3!}\|A+B\|^3+\cdots\right)\end{aligned}$$

$$+\frac{1}{n^2}\left(\frac{1}{2!}(2c)^2+\frac{1}{3!}(2c)^3+\cdots\right)$$

$$\leqq \frac{D}{n^2} \qquad (D \text{ は } \|A\|, \|B\| \text{ のみに依存する定数})$$

である．したがって

$$\lim_{n\to\infty}\| S_n{}^n - T_n{}^n\| \leqq \lim_{n\to\infty}\frac{1}{n}De^{\|A\|+\|B\|}=0$$

となり，$\lim_{n\to\infty}T_n{}^n=\lim_{n\to\infty}S_n{}^n=e^{A+B}$ が成り立つ．（証明終り）

トロッターの公式

リーの積公式を無限次元の非有界作用素に拡張しようとすると，上のような行列のノルム（作用素ノルム）による評価はあきらめざるを得ない．そのかわりに各ベクトル ψ に (3.14) を作用させたベクトルの等式を考える．するとベクトルのノルムとして (3.15) に相当する不等式が得られるであろう．ただし (3.14) の右辺の各項にベクトル ψ が掛かるので，多くのベクトル

$$\psi,\ T_n\psi,\ T_n{}^2\psi,\ \cdots,\ T_n{}^{n-1}\psi$$

が現れ，それら１つ１つが異なるためノルムも少しずつ異なる．そこをうまく処理しなければならない．

2.2　定理（Trotter の公式）

A, B を可分なヒルベルト空間 $\mathscr{H}$ の自己共役作用素とし，それらの定義域を $D(A), D(B)$ とする．$A+B$ が $D=D(A)\cap D(B)$ を定義域とする自己共役作用素のとき

$$\text{s-}\lim_{n\to\infty}\left(e^{it\frac{A}{n}}e^{it\frac{B}{n}}\right)^n = e^{it(A+B)} \text{ 1)} \tag{3.16}$$

が成り立つ．

証明　$S_n=e^{i\frac{t}{n}A}e^{i\frac{t}{n}B}$，$T_n=e^{\frac{it}{n}(A+B)}$ とおくと，$\psi\in\mathscr{H}$ に対して

$$(S_n{}^n-T_n{}^n)\psi = S_n{}^{n-1}(S_n-T_n)\psi+S_n{}^{n-2}(S_n-T_n)T_n\psi+\cdots$$
$$+(S_n-T_n)T_n{}^{n-1}\psi \tag{3.17}$$

が成り立つ．$\mathscr{H}$ の部分空間 $D=D(A)\cap D(B)$ に

$$\|\psi\|_{A+B} = \|(A+B)\psi\|+\|\psi\|, \qquad \psi\in D$$

---

1)　$\text{s-}\lim_{n\to\infty}C_n=C$ は強収束の意味，つまり各 $\psi\in\mathscr{H}$ に対して $\lim_{n\to\infty}\| C_n\psi-C\psi\|=0$ が成り立つことを意味する．

でノルム$\| \quad \|_{A+B}$を定義すると，Dはこのノルムに関してバナッハ空間になる．なぜなら$\{\psi_n\}$を$(D, \| \quad \|_{A+B})$のコーシー列とするとき，$\{(A+B)\psi_n\}$も$\{\psi_n\}$も$(\mathscr{H}, \| \quad \|)$のコーシー列となり，$A+B$が$\mathscr{H}$の閉作用素なので

$$\lim_{n\to\infty} \| \psi_n - \phi \|_{A+B} = 0$$

をみたす$\phi \in D$が存在するからである．

一方，$K(u):(D, \| \quad \|_{A+B}) \longrightarrow (\mathscr{H}, \| \quad \|)$を

$$K(u) = \frac{1}{u}(e^{iuA}e^{iuB} - e^{iu(A+B)})$$

で定めると，$\mathscr{H}$のノルムで

$$\frac{1}{u}(e^{iuA}e^{iuB} - I)\psi = \frac{1}{u}(e^{iuA} - I)\psi + e^{iuA}\frac{1}{u}(e^{iuB} - I)\psi$$
$$\to iA\psi + iB\psi \qquad (u \to 0)$$

および

$$\frac{1}{u}(e^{iu(A+B)} - I)\psi \to i(A+B)\psi \qquad (u \to 0)$$

が成り立つから，$\mathscr{H}$のノルムで

$$\lim_{u\to 0} \| K(u)\psi \| = 0 \tag{3.18}$$

となることがわかる．したがって$K(u)$は有界，かつ$\psi \in D$ごとにベクトルの集合

$$M = \{K(u)\psi : u \in [-1, 1]\}$$

は$\mathscr{H}$の有界集合である．したがって作用素の族$\{K(u) : u \in [-1, 1]\}$は一様有界である．ここで一様有界定理（バナッハ-スタインハウスの定理）：

“Xはバナッハ空間，Yはノルム空間とする．XからYへの有界線形作用素の族$\{T_u : u \in \Lambda\}$が各点で有界すなわち

すべての$x \in X$について$\sup_{u\in\Lambda} \| T_u x \| < \infty$

が成り立つならば，$\{T_u : u \in \Lambda\}$は一様に有界すなわち

$$\sup_{u\in\Lambda} \| T_u \| < \infty$$

である”

を用いた．したがってある定数$c>0$があって，すべての$u \in [-1, 1]$とすべての$\psi \in D$に対して

$$\| K(u)\psi \| \leqq c \| \psi \|_{A+B} \tag{3.19}$$

が成り立つ．(3.18) と (3.19) より，Dのコンパクト集合上で一様に

$$\lim_{u\to 0}\|K(u)\psi\| = 0 \tag{3.20}$$

となる．

一方，$A+B$ は自己共役なので $e^{is(A+B)}(D)\subseteqq D$ であり，$s\in\boldsymbol{R}$ に $e^{is(A+B)}\psi$ を対応させる写像はノルム $\|\ \|_{A+B}$ の意味で連続である．したがって固定された t に対して

$$\{e^{is(A+B)}\psi : s\in[-t, t]\}$$

は D のコンパクト集合である．よって (3.20) から

$$\lim_{u\to 0}\left\|\frac{1}{u}(e^{iuA}e^{iuB}-e^{iu(A+B)})\,e^{is(A+B)}\psi\right\| = 0 \tag{3.21}$$

が $s\in[-t, t]$ に関して一様に成り立つ．

(3.17) に戻って，その右辺のノルムは次の式で上から押さえられる：

$$\begin{aligned} & n\times\max_{|s|\leqq t}\left\|\left(e^{\frac{it}{n}A}e^{\frac{it}{n}B}-e^{\frac{it}{n}(A+B)}\right)e^{is(A+B)}\psi\right\| \\ & \quad = t\times\max_{|s|\leqq t}\left\|\frac{n}{t}\left(e^{\frac{it}{n}A}e^{\frac{it}{n}B}-e^{\frac{it}{n}(A+B)}\right)e^{is(A+B)}\psi\right\|. \end{aligned}$$

この式で $\dfrac{t}{n}=u$ として (3.21) を用いると，$n\to\infty$ のとき右辺は 0 に収束することがわかる．したがって $\psi\in D$ に対して

$$\lim_{n\to\infty}\left(e^{\frac{it}{n}A}e^{\frac{it}{n}B}\right)^n\psi = e^{it(A+B)}\psi$$

が成り立つ．D は $\mathscr{H}$ で稠密なので同じ式が $\mathscr{H}$ 全体で成り立つ．　　　（証明終り）

経路積分公式のトロッター公式による合理化

$f\in L^2(\boldsymbol{R}^3)$ に対して

$$\exp\left[\frac{i\hbar t}{2m}\Delta\right]f(x) = \left(\sqrt{\frac{m}{2\pi i\hbar t}}\right)^3\int_{\boldsymbol{R}^3}\exp\left[\frac{im}{2\hbar t}|x-y|^2\right]f(y)\,dy \tag{3.22}$$

が成り立つ．ただし Δ は 3 次元のラプラシアンで，右辺の積分は，積分区間を $|y|\leqq A$ に制限しておいて，$A\to\infty$ としたときの $L^2(\boldsymbol{R}^3)$ における極限の意味である．(3.22) はユニタリー作用素 $e^{i\Delta}$ に関してよく知られた公式で，フーリエ変換を用いて次のように導かれる：

$$\begin{aligned} \exp\left[\frac{i\hbar t}{2m}\Delta\right]f &= \mathscr{F}^{-1}\left(\exp\left[-\frac{it}{2m\hbar}p^2\right](\mathscr{F}f)(p)\right) \\ &= \frac{1}{(\sqrt{2\pi})^3}\mathscr{F}^{-1}\left(\exp\left[-\frac{it}{2m\hbar}p^2\right]\right)*(\mathscr{F}^{-1}\mathscr{F}f) \end{aligned}$$

$$= \left(\sqrt{\frac{m}{2\pi i\hbar t}}\right)^3 \exp\left[\frac{imx^2}{2\hbar t}\right] * f(x)$$

$$= \left(\sqrt{\frac{m}{2\pi i\hbar t}}\right)^3 \int_{\boldsymbol{R}^3} \exp\left[\frac{im}{2\hbar t}|x-y|^2\right] f(y)\, dy.$$

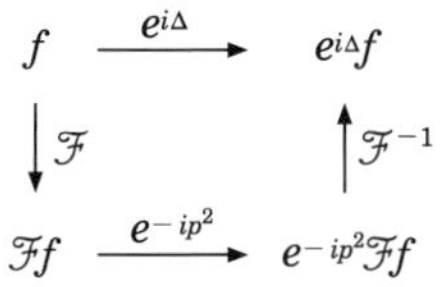

図 3-3

さて，ポテンシャル $V(x)$ が $\hat{H} = -\frac{\hbar^2}{2m}\Delta + V(\hat{x})$ を自己共役にするような実数値関数であるとする．たとえば $V(x)$ が加藤-Rellich の条件[1] をみたしていればよい．$V(x)$ は実数値関数なので掛算作用素として自己共役である．したがってトロッター公式を $A = \frac{\hbar}{2m}\Delta$，$B = -\frac{1}{\hbar} V(\hat{x})$ に適用することができて

$$\text{s-}\lim_{n\to\infty}\left(\exp\left[\frac{i\hbar}{2m}\frac{t}{n}\Delta\right]\exp\left[-\frac{i}{\hbar}\frac{t}{n}V(x)\right]\right)^n$$
$$= \exp\left[it\left(\frac{\hbar}{2m}\Delta - \frac{1}{\hbar}V(x)\right)\right] = \exp\left[-i\frac{t}{\hbar}\hat{H}\right] \tag{3.23}$$

が成り立つ．

公式（3.22）を（3.23）の左辺に代入すると，経路積分公式の1つの合理化が得られる．すなわち

$$\left(\exp\left[\frac{i\hbar}{2m}\frac{t}{n}\Delta\right]\exp\left[-\frac{i}{\hbar}\frac{t}{n}V(x)\right]\right)f(x)$$
$$= \left(\sqrt{\frac{m}{2\pi i\hbar t/n}}\right)^3 \int_{\boldsymbol{R}^3} \exp\left[\frac{im}{2\hbar}\frac{|x-y|^2}{t/n}\right]\exp\left[-\frac{i}{\hbar}\frac{t}{n}V(y)\right]f(y)\,dy$$

を n 回くり返して

$$\left(\exp\left[\frac{i\hbar}{2m}\frac{t}{n}\Delta\right]\exp\left[-\frac{i}{\hbar}\frac{t}{n}V(x)\right]\right)^n f(x)$$
$$= \left(\sqrt{\frac{m}{2\pi i\hbar t/n}}\right)^{3n} \int_{\boldsymbol{R}^3}\cdots\int_{\boldsymbol{R}^3} \exp\left[\frac{im}{2\hbar}\sum_{j=1}^{n}\frac{|x_j - x_{j-1}|^2}{t/n}\right]$$

1）［36］16章参照．

$$\times \exp\left[-\frac{i}{\hbar}\frac{t}{n}\sum_{j=1}^{n} V(x_{j-1})\right] f(x_0)\, dx_0 \cdots dx_{n-1}$$

となる．ただし，$x_n = x$ とおいた．

右辺の被積分関数の指数の肩を $\dfrac{i}{\hbar} S_n(x_0, \cdots, x_{n-1}, x, t)$ とおくと

$$S_n(x_0, \cdots, x_{n-1}, x, t) = \sum_{j=1}^{n} \left\{ \frac{m}{2} \frac{|x_j - x_{j-1}|^2}{(t/n)^2} - V(x_{j-1}) \right\} \frac{t}{n}$$

となる．時間も含めた 4 次元座標空間内の点

$$(0, y) = (0, x_0),\ \left(\frac{t}{n}, x_1\right),\ \cdots,\ \left(\frac{(n-1)t}{n}, x_{n-1}\right),\ (t, x_n) = (t, x)$$

を結ぶ折れ線経路を $x(s)$ とするとき，この上の点 $\left(\dfrac{(j-1)t}{n}, x_{j-1}\right)$ での速度を $\dfrac{x_j - x_{j-1}}{t/n}$ で近似することを許せば，大きな n に対して

$$\begin{aligned} S_n(x_0, \cdots, x_{n-1}, x, t) &\simeq \int_0^t \left\{ \frac{m}{2} (\dot{x}(s))^2 - V(x(s)) \right\} ds \\ &= \int_0^t \mathscr{L}(x(s), \dot{x}(s))\, ds \end{aligned}$$

となり，(3.23) は

$$\begin{aligned} &\lim_{n\to\infty} \left(\sqrt{\frac{m}{2\pi i \hbar t/n}} \right)^{3n} \int_{\boldsymbol{R}^3} \cdots \int_{\boldsymbol{R}^3} \exp\left[\frac{i}{\hbar} \int_0^t \mathscr{L}(x(s), \dot{x}(s))\, ds \right] f(x_0)\, dx_0 \cdots dx_{n-1} \\ &\quad = \left(\exp\left[-\frac{it}{\hbar} \hat{H} \right] f \right)(x) \end{aligned} \tag{3.24}$$

と変形される．

この (3.24) が経路積分公式の 1 つの合理的解釈を与える．ただし，(3.24) の左辺において $\lim_{n\to\infty}$ が積分記号の外に出ていることに注意したい．これが積分記号の中に入るなら，左辺は全経路にわたる積分を意味するだろうが，このままでは経路空間上での積分を定義したとは言い難い．厳密に証明できたのはあくまで (3.24) の等式であって，左辺を

“全経路にわたる積分と解釈したとして”

経路「積分」公式の 1 つの合理化といっているにすぎない．しかしそれはあくまで“解釈すれば”であって，経路の空間上の積分が定義されたわけではない．積分そのものを定義しようとするとき，望ましいのは，経路空間上に完全加法的な測度が定義され，その測度に関する抽象ルベーグ積分として積分が定義されることであろう．この方向からの研究を次節で概観する．

3-3 節　測度論による合理化

ウィナー測度と解析接続

前節の結論である（3.24）式の左辺から経路空間上の適切な測度を見出すことは難しい．ところが，もし何らかの理由で虚数単位 i を -1 に，したがって $1/i=-i$ を 1 におきかえてよいとすると，（3.24）の左辺は

$$\lim_{n\to\infty}\int_{\boldsymbol{R}^3}\cdots\int_{\boldsymbol{R}^3}\left(\sqrt{\frac{m}{2\pi\hbar t/n}}\right)^{3n}\exp\left[-\frac{m}{2\hbar}\sum_{j=1}^{n}\frac{t}{n}\frac{|x_j-x_{j-1}|^2}{(t/n)^2}\right]$$
$$\times\exp\left[\frac{1}{\hbar}\frac{t}{n}\sum_{j=1}^{n}V(x_{j-1})\right]f(x_0)\,dx_0\cdots dx_{n-1} \tag{3.25}$$

となり，$V=0$ のときウィナー測度の確率分布を表す式

$$\int\cdots\int_E N(t_1-t_0,x_0,x_1)\cdots N(t_n-t_{n-1},x_{n-1},x_n)\,dx_0\cdots dx_{n-1}$$

$$N(t,x,y)=\frac{1}{\sqrt{2\pi t}}e^{-\frac{1}{2t}(y-x)^2}$$

と本質的に同一となる[1)]．

この事実に注目して次のような方針を立てる．

（i）　何らかの解析接続を行なって i を -1 に変える．

（ii）　ラグランジアンのうち $\dfrac{m}{2}(\dot{x}(s))^2$ に起因する部分

$$\exp\left[-\frac{m}{2\hbar}\sum_{j=1}^{n}\frac{|x_j-x_{j-1}|^2}{t/n}\right]$$

を，被積分関数と見ず，経路空間上の測度にくみ入れる．すると極限において，数因子も込みでウィナー測度になる．

（iii）　(ii) で得たウィナー測度を経路空間上の測度として，相互作用ラグランジアンに起因する部分 $\exp\left[\dfrac{1}{\hbar}\displaystyle\int_0^t V(x(s))\,ds\right]$ を汎関数積分する．

（iv）　得られた結果を解析接続するとシュレーディンガー方程式の解が得られる．

(i) について，シュレーディンガー方程式

---

1)　ウィナー測度については [21]，[22] および巻末の付録 2 を参照．

$$i\hbar\frac{\partial}{\partial t}\phi(t,x)=\left(-\frac{\hbar^2}{2m}\Delta+V(x)\right)\phi(t,x),$$
$$\left(x\in\boldsymbol{R}^3,\quad \Delta=\frac{\partial^2}{\partial {x_1}^2}+\frac{\partial^2}{\partial {x_2}^2}+\frac{\partial^2}{\partial {x_3}^2}\right) \tag{3.26}$$

の中の t を形式的に $-it$ に変え，$\phi(-it,x)$ を改めて $\phi(t,x)$ とおくと

$$\hbar\frac{\partial}{\partial t}\phi(t,x)=\left(\frac{\hbar^2}{2m}\Delta-V(x)\right)\phi(t,x)$$

となるし，m を im に変えても

$$\hbar\frac{\partial}{\partial t}\phi(t,x)=\left(\frac{\hbar^2}{2m}\Delta-iV(x)\right)\phi(t,x)$$

となって，いずれも微分作用素の項だけみると $\dfrac{\hbar}{2m}$ を拡散定数とする熱伝導方程式となり，ウィナー測度につなげることができる．ここでは E. Nelson［35］に従って，後者の場合の結果を紹介する[1]．

虚質量のシュレーディンガー方程式

(3.26) の両辺に $-i/\hbar$ を掛けた式

$$\frac{\partial\phi(t,x)}{\partial t}=\left(\frac{i\hbar}{2m}\Delta-\frac{i}{\hbar}V(x)\right)\phi(t,x),\qquad \phi(0,x)=f(x)\in L^2(\boldsymbol{R}^3)$$

を考える．以下，ポテンシャル $V(x)$ は次の条件をみたすとする．

“ニュートン容量[2]が 0 である $\boldsymbol{R}^3$ のコンパクト集合 F があって，$V(x)$ は F 以外の点で連続な実数値関数である”

たとえば $V(x)=\dfrac{1}{|x|}$ のように 1 点以外で連続な実数値関数はこの性質をみたす．

まず，純虚数の質量 $m=im'$（$m'>0$）の場合からはじめる．

$x\notin F$ とし，経路空間 Ω 上で $\dfrac{\hbar}{2m'}$ を拡散定数とするウィナー測度（巻末付録 2 参照）を μ_x とすると，ほとんどいたる所の $\omega\in\Omega$ は連続関数なので $V(\omega(s))$

---

1) この場合，実関数 $V(x)$ に i が掛かって e の肩に乗るので，$V(x)$ に対する制限が緩くなるという長所がある．

2) F 上の確率測度の全体を $\mathfrak{M}(F)$ とするとき，F のニュートン容量 $N(F)$ は

$$N(F)=\left[\inf\left\{\int|\boldsymbol{x}-\boldsymbol{y}|^{-1}d\mu(\boldsymbol{x})\,d\mu(\boldsymbol{y}):\mu\in\mathfrak{M}(F)\right\}\right]^{-1}$$

で定義される．F のニュートン容量が 0 なら F のルベーグ測度も 0 である．

も $s \geqq 0$ で連続である[1]．時刻 t で点 x に至る経路全体にわたる積分

$$\int_\Omega \exp\left[-\frac{i}{\hbar}\int_0^t V(\omega(s))\,ds\right] f(\omega(t))\,d\mu_x(\omega)$$

を考えると，被積分汎関数は絶対値において $|f(\omega(t))|$ で押さえられる．一方，ウィナー測度の定義から

$$\int_\Omega |f(\omega(t))|\,d\mu_x(\omega) = \left(\sqrt{\frac{m'}{2\pi\hbar t}}\right)^3 \int_{\boldsymbol{R}^3} \exp\left[-\frac{m'}{2\hbar}\frac{|x-y|^2}{t}\right] |f(y)|\,dy$$

だが，$f \in L^2(\boldsymbol{R}^3)$ のとき右辺は有限なので

$$\exp\left[-\frac{i}{\hbar}\int_0^t V(\omega(s))\,ds\right] f(\omega(t))$$

はウィナー測度 μ_x に関して積分可能である．したがって次の定義が意味をもつ．

3.1　定義　$x \notin F$，$0 < t < \infty$，$m = im'$ $(m' > 0)$ とする．$f \in L^2(\boldsymbol{R}^3)$ に対して $U_m{}^t$，$K_m{}^t$，M^t を次のように定義する．

$$(U_m{}^t f)(x) = \int_\Omega \exp\left[-\frac{i}{\hbar}\int_0^t V(\omega(s))\,ds\right] f(\omega(t))\,d\mu_x(\omega) \tag{3.27}$$

$$(K_m{}^t f)(x) = \left(\sqrt{\frac{m'}{2\pi\hbar t}}\right)^3 \int_{\boldsymbol{R}^3} \exp\left[-\frac{m'}{2\hbar}\frac{|x-y|^2}{t}\right] f(y)\,dy \tag{3.28}$$

$$(M^t f)(x) = \exp\left(-\frac{it}{\hbar} V(x)\right) f(x) \tag{3.29}$$

3.2　定理　$m = im'$ $(m' > 0)$ とし，$V(x)$ が前に述べた条件（ニュートン容量0のコンパクト集合 F の外で連続な実数値関数）をみたすならば，$f \in L^2(\boldsymbol{R}^3)$ に対して次のことが成り立つ．

（1）　$L^2(\boldsymbol{R}^3)$ の意味で $\lim_{n\to\infty}(K_m{}^{t/n}M^{t/n})^n f$ が存在し，かつ (3.27) と一致する；

$$\lim_{n\to\infty}(K_m{}^{t/n}M^{t/n})^n f = U_m{}^t f \tag{3.30}$$

（2）　作用素 $U_m{}^t$ は

$$U_m{}^t U_m{}^s = U_m{}^{t+s} \qquad (0 \leqq t, s < \infty) \tag{3.31}$$

をみたし，f を固定して $[0,\infty)$ から $L^2(\boldsymbol{R}^3)$ への写像：$t \longmapsto U_m{}^t f$ を考えると

1)　このことの証明は E. Nelson [35] の Appendix A Theorem 5 にある．

これは t の連続関数である．

（3） 初期関数 $f\in L^2(\boldsymbol{R}^3)$ に対して

$$\phi(t,x)=(U_m{}^t f)(x)$$

で $\phi(t,x)$ を定義すると，$\phi(t,x)$ は虚質量 $m=im'$ $(m'>0)$ のシュレーディンガー方程式

$$\frac{\partial}{\partial t}\phi(t,x)=\left(\frac{i\hbar}{2m}\Delta-\frac{i}{\hbar}V(x)\right)\phi(t,x),\quad \phi(0,x)=f(x),\quad x\notin F$$

を超関数の意味でみたす．

証明 （1） ほとんどいたる所の ω について $V(\omega(s))$ は s の連続関数だから

$$\int_0^t V(\omega(s))\,ds=\lim_{n\to\infty}\sum_{j=1}^n V\left(\omega\left(\frac{jt}{n}\right)\right)\frac{t}{n}$$

であり，ルベーグの有界収束定理から $x\notin F$ に対して

$$(U_m{}^t f)(x)=\lim_{n\to\infty}\int_\Omega \exp\left[-\frac{i}{\hbar}\sum_{j=1}^n V\left(\omega\left(\frac{jt}{n}\right)\right)\frac{t}{n}\right]f(\omega(t))\,d\mu_x(\omega)$$

が成り立つ．ところがウィナー測度の定め方から，右辺は

$$\lim_{n\to\infty}(K_m{}^{t/n}M^{t/n})^n f(x),\qquad x\notin F$$

に一致する[1]．次にこれが $L^2(\boldsymbol{R}^3)$ の意味でも成り立つことを示す．

$$f_n(x)=(K_m{}^{t/n}M^{t/n})^n f(x)$$

とおくと，F のルベーグ測度が 0 なので，$f_n(x)$ はほとんどいたる所の $x\in\boldsymbol{R}^3$ において収束する．$K_m{}^s$ の定義から

$$|(K_m{}^s f)(x)|\leqq(K_m{}^s|f|)(x)$$

であり，M^s は $\|M^s\|=1$ をみたすので

$$|f_n(x)|\leqq(K_m{}^t|f|)(x)$$

である．したがって

$$|f_n(x)-f_{n'}(x)|^2\leqq 4((K_m{}^t|f|)(x))^2\in L^1(\boldsymbol{R}^3)$$

となり，ルベーグの有界収束定理から $\{f_n\}$ は $L^2(\boldsymbol{R}^3)$ のコーシー列であることがわかる．したがって

$$U_m{}^t f=\lim_{n\to\infty}(K_m{}^{t/n}M^{t/n})^n f$$

が $L^2(\boldsymbol{R}^3)$ の意味で成り立つ．

1） 巻末付録 2 定理 A 2.3 参照．

（2）（3.30）から（3.31）が直ちに導かれる．t に関する連続性を示すために，D_0 を

$$D_0 = \{f \in C^2(\boldsymbol{R}^3) : \mathrm{supp}\, f \text{ はコンパクトで } \mathrm{supp}\, f \subset \boldsymbol{R}^3 \backslash F\}$$

で定義する[1)]．付録 2 の定理 A 2.4 より $\omega(t)$ は連続としてよく，したがって付録 2 の補題 3 と（A 2.6）式から小さな t に対して

$$U_m{}^t f(x) = \int_\Omega \left[1 - \frac{it}{\hbar} V(x)\right] f(\omega(t))\, d\mu_x(\omega) + o(t)$$

（$o(t)$ は $\mathrm{supp}\, f$ の近傍 N 内の x に関して一様である）

となる．よってすべての $f \in D_0$ に対して

$$U_m{}^t f(x) = K_m{}^t f(x) - \frac{it}{\hbar} V(x) K_m{}^t f(x) + o(t)$$

が成り立ち，したがって

$$\begin{aligned}\lim_{t\to 0} \frac{1}{t}(U_m{}^t f(x) - f(x)) &= \lim_{t\to 0} \frac{1}{t}(K_m{}^t - 1) f(x) \\ &\quad - \frac{i}{\hbar} V(x) \cdot \lim_{t\to 0} K_m{}^t f(x) \\ &= \left(\frac{\hbar}{2m'}\Delta - \frac{i}{\hbar} V(x)\right) f(x)\end{aligned}$$

が，$x \in N$ に関して一様に成り立つ．$x \notin N$ の場合，

$$\begin{aligned}\frac{1}{t}(U_m{}^t f - f)(x) &= \frac{1}{t} U_m{}^t f(x) \\ &= \frac{1}{t}\int_\Omega \exp\left[-\frac{i}{\hbar}\int_0^t V(\omega(s))\, ds\right] f(\omega(t))\, d\mu_x(\omega)\end{aligned}$$

であり，付録 2 の（A 2.6）式で $\varepsilon = (x$ と $\mathrm{supp}\, f$ の距離$)$ とおくと

$$\left|\frac{1}{t} U_m{}^t f\right| \leqq \frac{1}{t} \cdot \max_{y \in \mathrm{supp}\, f} |f(y)| \cdot \rho(\varepsilon, t), \qquad \rho(\varepsilon, t) = o(t)$$

である．この右辺は $t \to 0$ とともに 0 に収束する．

$x \notin N$ より $\left(\frac{\hbar}{2m'}\Delta - \frac{i}{\hbar} V(x)\right) f(x) = 0$ だから，$L^2(\boldsymbol{R}^3)$ の意味で，すべての $f \in D_0$ に対して

$$\lim_{t\to 0} \frac{1}{t}(U_m{}^t f - f) = \left(\frac{\hbar}{2m'}\Delta - \frac{i}{\hbar} V(x)\right) f$$

が成り立つ．とくに

1)　$\boldsymbol{R}^3$ から $\boldsymbol{C}$ への関数で n 回微分可能かつ n 階導関数が連続なものの全体を $C^n(\boldsymbol{R}^3)$ で表す．

$$\lim_{t\to 0} U_m{}^t f = f$$

が成り立つ．D_0 は $L^2(\boldsymbol{R}^3)$ で稠密で $\|U_m{}^t\| \leqq 1$ だから，これがすべての $f \in L^2(\boldsymbol{R}^3)$ に対して成り立つ．したがって写像 $t \longmapsto U_m{}^t f$ は $t=0$ で連続である．

この事実と (3.31) から 0 以外でも連続であることがわかる．

(3) $f \in D_0$ に対して (3.31) が成り立つから，もし $U_m{}^t$ が D_0 を不変にするなら，つまり $U_m{}^t(D_0) \subseteqq D_0$ が成り立つなら

$$\begin{aligned}\lim_{\Delta t\to 0}\frac{1}{\Delta t}(U_m{}^{t+\Delta t}-U_m{}^t)f &= \lim_{\Delta t\to 0}\frac{1}{\Delta t}(U_m{}^{\Delta t}-1)(U_m{}^t f)\\ &= \left(\frac{\hbar}{2m'}\Delta - \frac{i}{\hbar}V(x)\right)U_m{}^t f\end{aligned}$$

となって，$\phi(t,x) = U_m{}^t f$ がシュレーディンガー方程式の $L^2(\boldsymbol{R}^3)$ の意味での解となることが，初期値を D_0 にとる限りはいえる．しかし，残念なことに $U_m{}^t$ が D_0 を不変にするか否かが明らかでない．このような理由で，超関数の意味で考えることにする．テスト関数 $\varphi(x) \in \mathcal{D}(\boldsymbol{R}^3 \backslash F)$ をとると，$\varphi \in D_0$ なので

$$\begin{aligned}\lim_{\Delta t\to 0}\left(\frac{1}{\Delta t}(U_m{}^{\Delta t}-1)\,U_m{}^t f,\,\varphi\right) &= \lim_{\Delta t\to 0}\left(U_m{}^t f,\,\frac{1}{\Delta t}(U_m{}^{\Delta t}-1)^*\varphi\right)\\ &= \left(U_m{}^t f,\,\left(\frac{\hbar}{2m'}\Delta - \frac{i}{\hbar}V(x)\right)^*\varphi\right)\\ &= \left(\left(\frac{\hbar}{2m'}\Delta - \frac{i}{\hbar}V(x)\right)U_m{}^t f,\,\varphi\right)\end{aligned}$$

となって，超関数の意味の解になる．（証明終り）

定理 3.2 では m は純虚数 im' ($m'>0$) だったが，これを正の虚部をもつ複素数 m ($\mathrm{Im}\, m>0$) にまで拡張できる（定理 3.3）．本来のシュレーディンガー方程式では m は実数だから，結果が実軸上まで拡張できればよいのだが，その場合は定理 3.4 のようになって，微分方程式の解を構成するという点では満足できる．しかし測度論による合理化という観点からは，定理 3.3，3.4 とも経路積分が測度をもとにした定義とならない点が不満である．

両定理とも証明は省略して，結果のみ記すことにする[1)]．

3.3 定理 $V(x)$ は定理 3.2 と同じ条件をみたし，複素数 m は $\mathrm{Im}\, m>0$ をみたすとすると，$f \in L^2(\boldsymbol{R}^3)$ に対して以下が成り立つ．

---

1) E. Nelson [35] 参照．

（1）（3.28），（3.29）式で定義される $K_m{}^t$，M^t に対して，$L^2(\boldsymbol{R}^3)$ の意味で $\lim_{n\to\infty}(K_m{}^{t/n}M^{t/n})^n f$ が存在する．

（2）（1）の $\lim_{n\to\infty}(K_m{}^{t/n}M^{t/n})^n$ を $U_m{}^t$ の定義とするとき，$U_m{}^t$ は

$$U_m{}^t U_m{}^s = U_m{}^{t+s} \qquad (0 \leqq t, s < \infty)$$

をみたし，写像 $t \longmapsto U_m{}^t f$ は t の連続関数である．

（3）$f \in L^2(\boldsymbol{R}^3)$ に対して

$$\phi(t, x) = (U_m{}^t f)(x)$$

で定義される $\phi(t, x)$ は複素質量 m（$\mathrm{Im}\, m > 0$）のシュレーディンガー方程式

$$\frac{\partial}{\partial t}\phi(t, x) = \left(\frac{i\hbar}{2m}\Delta - \frac{i}{\hbar}V(x)\right)\phi(t, x),$$

$$\phi(0, x) = f(x), \qquad x \notin F$$

を超関数の意味でみたす．

3.4　定理　ルベーグ測度 0 の集合 $N \subset \boldsymbol{R}^+$ が存在して，すべての $m_0 \in \boldsymbol{R}^+ \backslash N$ に対して以下のことが成り立つ．複素数 m が実軸とある正の定角度以上を保ちながら（図 3-4），m_0 に上半面から近づくとき（$\mathrm{Im}\, m > 0$ かつ $\dfrac{|\mathrm{Re}(m - m_0)|}{\mathrm{Im}\, m}$ がある正の定数以上であるように m_0 に近づくとき），定理 3.3 で定義された $U_m{}^t$ について，各 $f \in L^2(\boldsymbol{R}^3)$ と $t \geqq 0$ に対して $\lim_{m\to m_0} U_m{}^t f$ が存在する．

この極限で $U_{m_0}{}^t$ を定義すると，$U_{m_0}{}^t$ は半群の性質（定理 3.2(2) の性質）をもち，実数質量 m_0 のシュレーディンガー方程式の超関数の意味での解となる．

Nelson による定理 3.2，3.3，3.4 をふりかえってみよう．定理 3.2 では $U_m{}^t f$

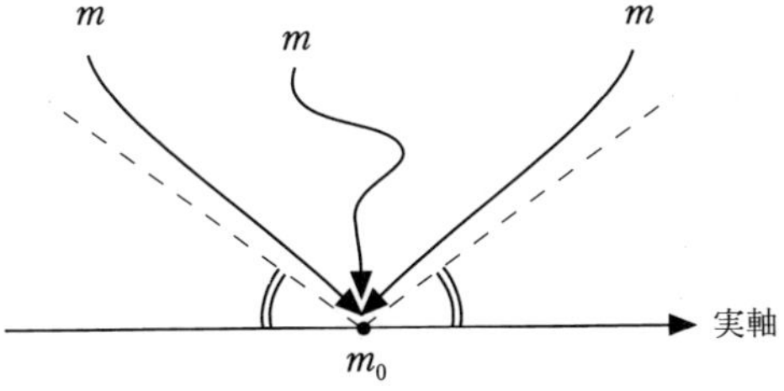

図 3-4

が経路積分で表されたために，トロッター公式に相当する（3.30）がルベーグの有界収束定理によって証明でき，そのおかげでポテンシャル V の条件を大きく改善することができた．

これに対して，純虚数以外の m のときは $U_m{}^t$ が $(K_m{}^{t/n}M^{t/n})^n$ の $n\to\infty$ での極限として定義されただけで，それ自身が経路積分で表されたわけではない．その点に不満は残るが，実数 m に対する経路空間上の測度がもともと存在しないのだから[1] 当然の結果ともいえる．

ディラック方程式

2 次元時空のディラック方程式に対して，σ-加法的測度の存在をはじめて証明したのは一瀬孝［37］である．時間が実数時間そのものである点が注目に値する．

2 次元時空のディラック方程式は

$$i\hbar\frac{\partial}{\partial t}\psi(t,x) = H\psi(t,x), \tag{3.32}$$

$$H = \left(-ic\hbar\frac{\partial}{\partial x} - eA_1(t,x)\right)\alpha + eA_0(t,x)I + mc^2\beta \tag{3.33}$$

である．ここに I は単位行列，α, β は

$$\alpha^2 = \beta^2 = I, \qquad \alpha\beta + \beta\alpha = 0$$

をみたす 2 行 2 列のエルミート行列である．未知関数 $\psi(t,x)$ は 2 成分もっていて

$$\psi(t,x) = \begin{pmatrix} \psi_1(t,x) \\ \psi_2(t,x) \end{pmatrix}$$

の形をしている．また $A_0(t,x)$，$A_1(t,x)$ はそれぞれスカラーポテンシャル，ベクトルポテンシャルとよばれるものだが，いまは 2 次元時空なのでいずれもふつうの関数である．これらは電磁場を表現し，したがって（3.32）は電磁場と相互作用しているディラック粒子（たとえば電子）のふるまいを記述する方程式である．

$A_0(t,x)$，$A_1(t,x)$ を連続関数とし，初期関数

$$\psi(0,x) = f(x) = \begin{pmatrix} f_1(x) \\ f_2(x) \end{pmatrix}$$

が与えられたときのコーシー問題を考える．一瀬孝［37］，一瀬&田村［38］の

1) R. H. Cameron［51］.

結果は次のとおりである．

3.5　定理　（1）　区間 $[0, t]$ から $\boldsymbol{R}$ への連続関数の空間 $C([0, t])$ の上に 2×2 行列値の σ-加法的測度 $\mu_{t,x}$ が存在して，$A_k \in C^1(\boldsymbol{R}^2)$，$f_k \in C^1(\boldsymbol{R})$ のとき，方程式（3.32）のコーシー問題 $\psi(0, x)=f(x)$ の解 $\psi(t, x)$ に対して

$$\psi(t, x) = \int_{X(t)=x} d\mu_{t,x}(X)\exp\left[-\frac{i}{\hbar}\int_0^t\left\{eA_0(s, X(s))\,ds - eA_1(s, X(s))\frac{dX(s)}{c}\right\}\right]f(X(0))$$

が成り立つ．

（2）　測度 $\mu_{t,x}$ は，$X(t)=x$ をみたし傾きが $\pm c$ の有限個の線分からなる折れ線経路の全体の上に集中している．

注　測度 $\mu_{t,x}$ の値である 2×2 行列の成分は単なる数値でなく超関数である．

超関数値という部分に触れない形で，一瀬&田村［38］の議論の大まかな道筋のみを述べる．

まず実数の空間 $\boldsymbol{R}$ の1点コンパクト化を $\dot{\boldsymbol{R}}=\boldsymbol{R}\cup\{\infty\}$ とし，その連続無限直積空間を $\boldsymbol{X}_t$ とする．これは不連続な経路や無限遠点を通る経路まで含んだ経路の空間である．1点コンパクト化のおかげで，チコノフの定理から $\boldsymbol{X}_t$ はコンパクト・ハウスドルフ空間になる．$\boldsymbol{X}_t$ 上の複素数値の連続関数 F_1, F_2 の組 $F=(F_1, F_2)$ の全体を $C(\boldsymbol{X}_t)$ で表すと，これは

$$\|F\| = \max\{\|F_1\|, \|F_2\|\}$$

をノルムとしてバナッハ空間になる．ただし

$$\|F_i\|=\|F_i\|_\infty \text{ つまり } \sup_x |F_i(x)|$$

とする．その部分空間として，有限個の時刻での経路の位置の値のみに依存して定まるような $C(\boldsymbol{X}_t)$ の要素の全体を $C_{\mathrm{fin}}(\boldsymbol{X}_t)$ とする．すなわち，

> 有限個の時刻 $0=s_0<s_1<\cdots<s_k=t$ と $(\dot{\boldsymbol{R}})^{k+1}$ 上の連続なベクトル値関数 $G(x_0, \cdots, x_k)$ が存在して，すべての $X\in\boldsymbol{X}_t$ に対し $F(X)=G(X(s_0), X(s_1), \cdots, X(s_k))$ が成り立つ

ような $F\in C(\boldsymbol{X}_t)$ の全体を $C_{\mathrm{fin}}(\boldsymbol{X}_t)$ とする．これは $C(\boldsymbol{X}_t)$ の稠密な部分空間になる．経路積分としては，時刻 $s_0=0$ において初期関数のデータを拾い，時刻 $s_1, \cdots, s_k$ でポテンシャルの影響を各経路ごとに拾うことを意図している．

さて，ポテンシャルがないときのディラック方程式の基本解

$$K_0(t,x) = \frac{1}{2}\left(I\frac{\partial}{c\partial t} - \alpha\frac{\partial}{\partial x} - \frac{imc}{\hbar}\beta\right)$$
$$\times\left(J_0\left(\frac{mc}{\hbar}\sqrt{c^2t^2 - x^2}\right)\theta(ct - |x|)\right)$$ [1]

を用いて

$$L(F) = \int_{\boldsymbol{R}}\cdots\int_{\boldsymbol{R}}\prod_{j=1}^{k}K_0(s_j - s_{j-1}, x_j - x_{j-1})\,G(x_0, \cdots, x_k)\prod_{j=0}^{k-1}dx_j \tag{3.34}$$

によって $C_{\text{fin}}(\boldsymbol{X}_t)$ 上のベクトル値線形汎関数 L を定義する．これが $C(\boldsymbol{X}_t)$ 全体に連続に拡張できることをまず示す．

$$A = -\alpha\frac{\partial}{\partial x} - \frac{imc}{\hbar}\beta$$

とおくと

$$L(F) = \exp[A\varDelta s_k]\cdots\exp[A\varDelta s_1]\,G(x_0, \cdots, x_k), \qquad \varDelta s_j = s_j - s_{j-1}$$

と書き直すことができ，不等式

$$\| e^{ctA}g\|_\infty \leqq e^{mc^2t/\hbar}\| g\|_\infty \tag{3.35}$$

が成り立って

$$|L(F)| \overset{\text{定義}}{=} \max\{|L(F_1)|, |L(F_2)|\} \leqq e^{mc^2t/\hbar}\| F\| \tag{3.36}$$

がわかる．したがって L は $C(\boldsymbol{X}_t)$ 全体に (3.36) を保ったまま拡張でき，$C(\boldsymbol{X}_t)$ 上のベクトル値の連続線形汎関数となる．したがって Riesz の表現定理から，$\boldsymbol{X}_t$ 上の 2 行 2 列行列値の正則なボレル測度 $\mu_{t,x}$ が存在して，

$$L(F) = \int_{\boldsymbol{X}_t} d\mu_{t,x}(X)\,F(X) \tag{3.37}$$

が成り立つ．

$\mu_{t,x}$ が，$X(t) = x$ かつ傾きが $\pm c$ の有限個の線分からなる折れ線経路の全体の上に集中していることも証明できるが，省略する．ただし，その証明に，$\exp\left[-t\alpha\dfrac{\partial}{\partial x}\right]$ の積分核が

$$\frac{1}{2}(1 + \alpha\cdot\mathrm{sgn}(x-y))\,\delta(t - |x-y|)$$

であることが用いられることを指摘しておく．

測度 $\mu_{t,x}$ に関して積分することでディラック方程式の解 $\psi(t,x)$ が得られることを証明しよう．σ-加法的測度に関する積分で表されているためトロッター

---

1) $J_0(s)$ は 0 次の Bessel 関数，$\theta(s) = \begin{cases} 1 & (s > 0 \text{ のとき}) \\ 0 & (s < 0 \text{ のとき}) \end{cases}$ である．

公式に頼る必要がなく，ルベーグの有界収束定理を用いれば証明できる．

まず，$t>s$ に対して線形作用素 $T(t,s)$ を

$$(T(t,s)f)(x) = \int_{\boldsymbol{R}} K_0(t-s, x-y)\exp\left[-\frac{ie}{\hbar}A_0(s,y)(t-s) + \frac{ie}{c\hbar}A_1(s,x)(x-y)\right]f(y)\,dy$$

で定義する．これをくり返し f に作用させると

$$\begin{aligned}&(T(s_k, s_{k-1})\cdots T(s_1, s_0)f)(x)\\ &= \int_{\boldsymbol{R}}\cdots\int_{\boldsymbol{R}}\prod_{j=1}^{k}K_0(s_j-s_{j-1}, x_j-x_{j-1})\\ &\quad\times\exp\left[-\sum_{j=1}^{k}\left(\frac{ie}{\hbar}A_0(s_{j-1}, x_{j-1})\frac{t}{k}\right.\right.\\ &\qquad\left.\left.-\frac{ie}{c\hbar}A_1(s_{j-1}, x_{j-1})(x_j-x_{j-1})\right)\right]f(x_0)\prod_{j=0}^{k-1}dx_j \qquad (3.38)\end{aligned}$$

となる．ただし $x_k=x$ とする．(3.34) と (3.37) からこの右辺は

$$\int_{X(t)=x}d\mu_{t,x}(X)\exp\left[-\sum_{j=1}^{k}\left\{\frac{ie}{\hbar}A_0(s_{j-1}, X(s_{j-1}))\frac{t}{k} - \frac{ie}{c\hbar}A_1(s_{j-1}, X(s_{j-1}))(X(s_j)-X(s_{j-1}))\right\}\right]f(X(0))$$

に等しい．この被積分関数は，$\mu_{t,x}$ に関してほとんどいたる所の経路に対して，$k\to\infty$ のとき

$$\exp\left[-\int_0^t\left\{\frac{ie}{\hbar}A_0(s, X(s))\,ds - \frac{ie}{c\hbar}A_1(s, X(s))\,dX(s)\right\}\right]f(X(0))$$

に収束するので，ルベーグの有界収束定理から (3.38) の右辺は

$$\int_{X(t)=x}d\mu_{t,x}(X)\exp\left[-\frac{i}{\hbar}\int_0^t\left\{eA_0(s, X(s))\,ds - \frac{e}{c}A_1(s, X(s))\,dX(s)\right\}\right]f(X(0)) \qquad (3.39)$$

に収束する．(3.38) の左辺が L^∞ ノルムで解 $\phi(t,x)$ に収束することも証明できるので（[38] 参照），測度 $\mu_{t,x}$ に関する経路積分 (3.39) は電磁ポテンシャルをもつディラック方程式の解 $\phi(t,x)$ を与える．このようにして定理3.5が証明される．

時空の次元が2のときは測度が存在するけれど，次元が上がると測度の存在が否定される（[57]）．上で説明した一瀬の方法の場合，不等式 (3.35) が成立しなくなって，測度の存在がいえなくなるのである．これは4次元ディラック方程

式のコーシー問題が L^∞-適切でないことに起因している.

これらの事情をより明快にするためにも，もう1つの方向からのアプローチとして，超準解析を用いて測度を構成しよう.

なお，2次元のディラック方程式に対する経路空間上の測度の構成については，他にもいろいろな研究がなされている（文献［39］，［40］，［41］，［59］，［60］，［61］参照).

3-4 節　ディラック方程式と ∗-測度

この節では超準解析を用いて，∗-有限な経路空間の上の ∗-有限加法的測度を構成し，その ∗-測度に関する ∗-有限和として ∗-経路積分を実現する．この ∗-測度からローブ測度をとってスタンダードな測度をつくることは3-5節にまわして，この節では，一切の計算をノンスタンダードの世界の代数計算として実行し，最後の段階で標準部分をとってスタンダードの世界での解を実現する．第1章で述べたように，極限を含む計算が代数計算におきかわるという超準解析の特徴を生かして，経路積分のより簡明な合理化を得ようというわけである．

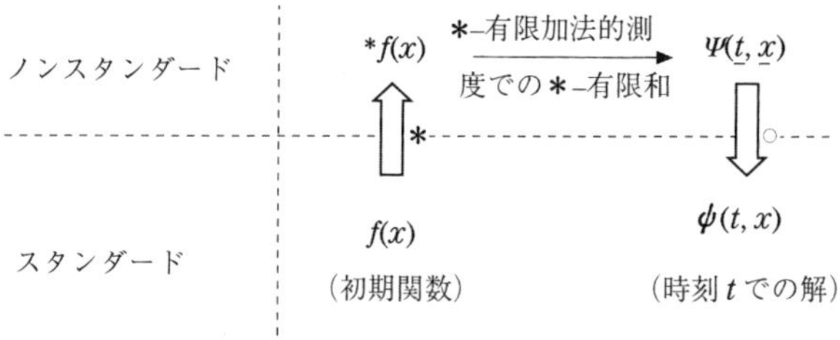

図 3-5

ディラック方程式と ∗-経路積分

もう一度2次元時空でのディラック方程式を書いておく．

$$i\hbar\frac{\partial}{\partial t}\varphi(t,x) = \hat{H}\varphi(t,x),$$

$$\hat{H} = \left(-ic\hbar\frac{\partial}{\partial x} - eA_1(t,\hat{x})\right)\alpha + eA_0(t,\hat{x}) + mc^2\beta \tag{3.40}$$

$$\alpha^2 = \beta^2 = \begin{pmatrix} 1 & 0 \\ 0 & 1 \end{pmatrix}, \qquad \alpha\beta + \beta\alpha = \begin{pmatrix} 0 & 0 \\ 0 & 0 \end{pmatrix} \tag{3.41}$$

$A_0 = A_1 = 0$ のときの $\hat{H}$ を $\hat{H}_0$ で表すことにする．$*$-経路積分を構成するために次のような方針を立てる．

（i）時間軸を無限小の間隔で離散化（格子化）する．それに応じて空間軸も格子化される．

（ii）$\hat{H}_0$ の中の質量項 $mc^2\beta$ は摂動項として扱う．したがって格子化された時刻からその次の時刻まで，粒子は質量ゼロのディラック粒子（ニュートリノ）として運動する．

（iii）格子化された各時刻において質量項からの影響を拾う．その結果，粒子はポアソン過程の性質をもつ身震い運動（Zitterbewegung）をする．

（iv）（ii）と（iii）の結果を合せて $*$-経路空間上の $*$-測度とする．

（v）電磁場と相互作用している場合は，そこからの影響を格子化された時刻で拾う．そのことが（iv）の $*$-測度に関する $*$-経路積分となる．

経路空間上の $*$-測度を見出すために，3-1節の計算をふり返ってみよう．

$$\langle x|\hat{U}(t)|y\rangle = \int\langle x|\hat{U}(t_N - t_{N-1})|x_{N-1}\rangle\langle x_{N-1}|\hat{U}(t_{N-1} - t_{N-2})|x_{N-2}\rangle\cdots$$
$$\cdots\langle x_1|\hat{U}(t_1 - t_0)|y\rangle\, dx_{N-1}\cdots dx_1 \tag{3.42}$$

を計算するという点ではシュレーディンガー方程式もディラック方程式も変わりない．t が小さいとき，右辺の被積分関数の1つ1つの因数について，シュレーディンガー方程式では

$$\langle x|\hat{U}(t)|x'\rangle$$
$$= \frac{1}{2\pi\hbar}\int\exp\left[-\frac{it}{2m\hbar}p^2 + \frac{i(x-x')}{\hbar}p\right]\exp\left[-\frac{it}{\hbar}V(x)\right]dp \tag{3.43}$$

である（(3.10) 参照）．右辺で e の肩が p の2次式になるのは，方程式が空間微分に関して2階だからである．(3.43) はフレネル積分として積分が実行できて，その結果を (3.42) に代入することで (3.11) が得られた．

ディラック方程式は空間微分が1階なので，e の肩が p の1次式となり，p-積分を実行すると δ-関数が出てくる．そしてそれが経路とその重みを自然に与えてくれることになる．$A_0 = A_1 = 0$ の場合に具体的に実行してみよう．(3.40) を

$$\hat{H}_0 = c\alpha\hat{p} + mc^2\beta$$

と書き，t が小さいとき $\hat{U}(t) = \exp\left[-\frac{it}{\hbar}\hat{H}_0\right] \cong I - \frac{i}{\hbar}t\hat{H}_0$ の近似を許すとする

と

$$\langle p|\hat{U}(t)|x'\rangle \cong \langle p|\left\{I-\frac{it}{\hbar}(c\alpha\hat{p}+mc^2\beta)\right\}|x'\rangle$$
$$=\left\{I-\frac{it}{\hbar}(c\alpha p+mc^2\beta)\right\}\langle p|x'\rangle$$
$$\cong \exp\left[-\frac{it}{\hbar}(c\alpha p+mc^2\beta)\right]\frac{1}{\sqrt{2\pi\hbar}}\exp[-ipx'/\hbar]$$

よって，Δt を小さいとすると

$$\langle x|\hat{U}(\Delta t)|x'\rangle$$
$$=\int\langle x|p\rangle\langle p|\hat{U}(\Delta t)|x'\rangle dp$$
$$\cong \frac{1}{2\pi\hbar}\int\exp\left[\frac{i}{\hbar}p(x-x')\right]\exp\left[-\frac{i\Delta t}{\hbar}(c\alpha p+mc^2\beta)\right]dp. \qquad (3.44)$$

ここではあくまで発見法的な計算として，非可換性を無視して p-積分に関係する部分のみを拾い，残りは積分の外に出せると仮定する（Δt が小さいのでトロッター公式を思えばさほど無茶ではない）．すると計算すべき式は

$$\int\exp\left[\frac{i}{\hbar}(p(x-x')I-c\Delta t\cdot p\alpha)\right]dp$$

である．$\alpha^2=I$ から α の固有値は $1, -1$ であり，それらの固有空間への射影

$$P_+=\frac{I+\alpha}{2}, \qquad P_-=\frac{I-\alpha}{2}$$

を考えると，各々の固有空間上では α を $\pm I$ と考えてよいから，それぞれ

$$\int\exp\left[\frac{i}{\hbar}(x-x'\mp c\Delta t)pI\right]dp$$

となる．$\int e^{iup}dp=2\pi\delta(u)$ を用いるとこれは $2\pi\hbar\delta(x-x'\mp c\Delta t)I$ となるので，(3.44) は具体的に計算できて

$$\langle x|\hat{U}(\Delta t)|x'\rangle \cong \left[I-\frac{i\Delta t}{\hbar}mc^2\beta\right]$$
$$\times[\delta(x-x'-c\Delta t)P_+ + \delta(x-x'+c\Delta t)P_-] \qquad (3.45)$$

となる．

(3.45) は明らかに図 3-6 のランダムウォークを示唆している．すなわち，点 P_1，P_2 から点 P へ至る経路上にはそれぞれ 2×2 行列

$$P_-=\frac{1}{2}(I-\alpha), \qquad P_+=\frac{1}{2}(I+\alpha)$$

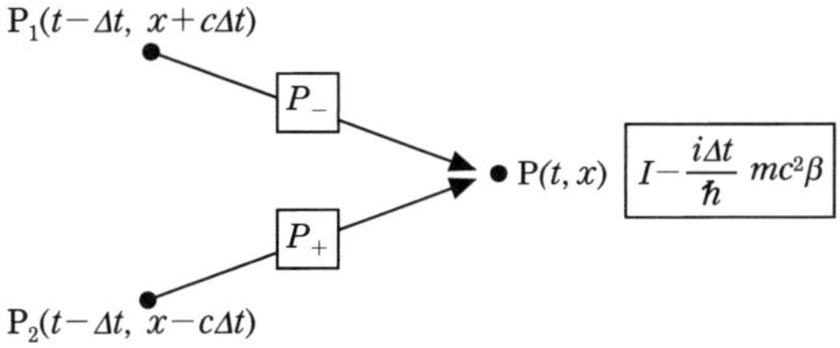

図 3-6

を重みとして配置し，頂点 P では $I-\dfrac{i\Delta t}{\hbar}mc^2\beta$ を因数として拾う．

行列 P_+, P_- は α の射影分解なので

$$P_\pm{}^2 = P_\pm, \qquad P_\pm P_\mp = 0 \tag{3.46}$$

をみたしている．

以上の考察をもとにして次のように定義する．

4.1　定義　正の無限小数 $\varepsilon\in{}^*\boldsymbol{R}^+$ を固定する．

（1）　ε および $c\varepsilon$ を格子間隔にもつ 2 次元直角格子空間 $\boldsymbol{L}$ を次のように定義する．

$$\boldsymbol{T} = \varepsilon{}^*\boldsymbol{N} = \{0, \varepsilon, 2\varepsilon, \cdots\}, \qquad \boldsymbol{X} = c\varepsilon{}^*\boldsymbol{Z} = \{0, \pm c\varepsilon, \pm 2c\varepsilon, \cdots\}$$
$$\boldsymbol{L} = \boldsymbol{T}\times\boldsymbol{X}$$

（2）　超自然数 $N\in{}^*\boldsymbol{N}_\infty$ に対して

$$\boldsymbol{T}_N = \{0, \varepsilon, 2\varepsilon, \cdots, N\varepsilon\},$$
$$\Omega_N = \{\omega : \omega \text{ は } \boldsymbol{T}_N \text{ から } \{-1, 1\} \text{ への内的な写像}\}$$

とする．

（3）　$\omega\in\Omega_N$ に対して，格子空間 $\boldsymbol{L}$ の点 $(0, y)$ を始点とする経路 X_ω を

$$X_\omega(k\varepsilon) = y+\sum_{l=0}^{k-1}c\varepsilon\omega(l\varepsilon) \qquad (k=1, 2, \cdots, N)$$

で定義する．

$\omega : \boldsymbol{T}_N \longrightarrow \{-1, 1\}$ は各時刻 $l\varepsilon$ ごとに進行方向を正の向きにするか $(\omega(l\varepsilon)=1)$，負の向きにするか $(\omega(l\varepsilon)=-1)$ を指示し，その指示に応じて $c\varepsilon$ を単位として $\boldsymbol{X}$ 上を行き来するのが X_ω である．図 3-7 には

$$y=2c\varepsilon, \quad \omega(0)=-1, \quad \omega(\varepsilon)=1, \quad \omega(2\varepsilon)=-1,$$
$$\omega(3\varepsilon)=-1, \quad \omega(4\varepsilon)=1$$

のときの X_ω が図示してある.

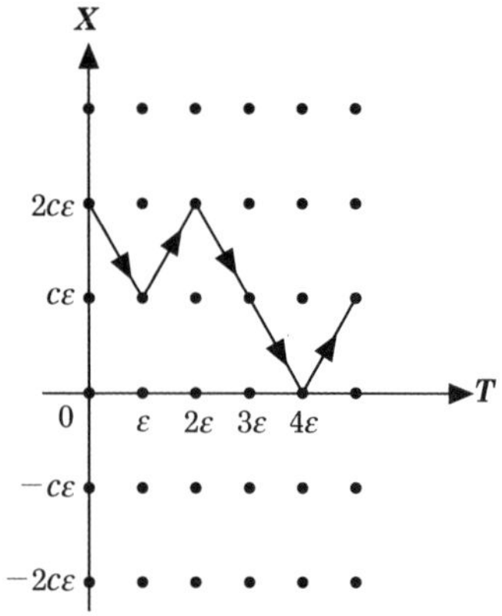

図 3-7　2 次元の直交格子空間と経路 X_ω

$\boldsymbol{T}$ でなく $\boldsymbol{T}_N$ にしたのは，いずれ終点を固定して考えるためである.

式 (3.45) を考慮して，2×2 行列値の ∗-測度 μ_0 を次のように定義する.

4.2　定義　(1)　経路 X_ω 上の 2 点を，$\mathrm{P}_k(k\varepsilon, X_\omega(k\varepsilon))$，$\mathrm{P}_{k+1}((k+1)\varepsilon, X_\omega((k+1)\varepsilon))$，線分 $\mathrm{P}_k\mathrm{P}_{k+1}$ を l_k とするとき，

$$R(X_\omega) = \{k : X_\omega \text{ が } \mathrm{P}_k \text{ で向きを変える}\}$$

$$= \{k : \omega((k-1)\varepsilon)\,\omega(k\varepsilon) = -1\}$$

$$\overline{R}(X_\omega) = \{k : X_\omega \text{ が } \mathrm{P}_k \text{ で向きを変えない}\}$$

$$= \{k : \omega((k-1)\varepsilon)\,\omega(k\varepsilon) = 1\}$$

$$r(X_\omega) = {}^{\#}(R(X_\omega)) \quad (= \text{集合 } R(X_\omega) \text{ の要素の個数})$$

で $R, \overline{R}, r$ を定義する.

(2)　経路 X_ω に対して

$$L(l_k) = \begin{cases} P_+ & (\omega(k\varepsilon) = 1 \text{ のとき}) \\ P_- & (\omega(k\varepsilon) = -1 \text{ のとき}) \end{cases} \tag{3.47}$$

$$M_0(\mathrm{P}_k) = I - \frac{i\varepsilon}{\hbar} mc^2\beta \tag{3.48}$$

とし，X_ω に対する 2×2 行列値の ∗-測度 μ_0 を

$$\mu_0(X_\omega) = L(l_{N-1})\,M_0(\mathrm{P}_{N-1})\,L(l_{N-2})\,M_0(\mathrm{P}_{N-2})\cdots M_0(\mathrm{P}_1)\,L(l_0) \tag{3.49}$$

で定義する.

式(3.48)の中には電磁ポテンシャルの項が入っていない．$\hat{H}$ のうち，A_0 と A_1 の項を相互作用項，それ以外の項を自由項とみて，後者の寄与を経路空間上の測度にくみ入れ，その測度で前者の寄与を被積分項として積分しようと考えているからである．

(3.49)は行列の順時積(time-ordered product)つまり経路に沿って時間の経過とともに進むとき，行列が現れる順番のとおりに積をつくっていたものである．ところがこれは以下で述べるように具体的に計算できて，ごく簡単な形にまとめられる．

まず質量 m を0にしてみると，各頂点で拾う行列 M_0 は単位行列だから，各線分上に配置された $L(l_k)$ を順時的に掛けたものが $\mu_0(X_\omega)$ である．ところが $P_\pm P_\mp=0$ なので，1回でも方向を変えた経路に対する μ_0 の値は0になる．したがって1回も向きを変えない2本の直線のみが生き残り，それらに対する μ_0 の値はそれらの傾き $c, -c$ に応じて P_+，P_- である．2次元時空でしか考えてないが，このことはニュートリノの運動を想起させる．

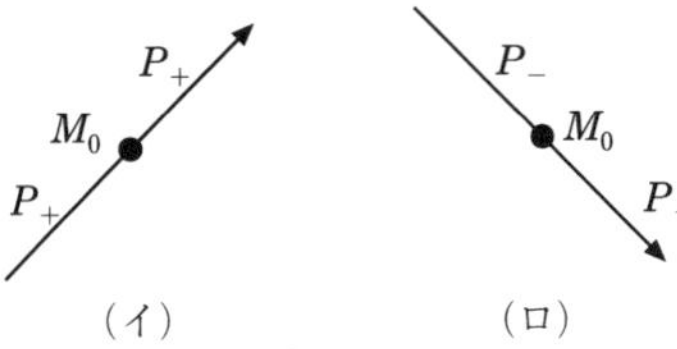

図3-8

次に質量 m が正のときを考える．図3-8の(イ)と(ロ)の経路では，頂点で拾う行列 $M_0=I+a\beta\,(a=-\dfrac{imc^2}{\hbar}\varepsilon)$ のうち，$a\beta$ は $\beta P_\pm=P_\mp\beta$ より

(イ)　$P_+(a\beta)P_+ = aP_+P_-\beta = 0$，　(ロ)　$P_-(a\beta)P_- = aP_-P_+\beta = 0$

となって効かない．一方，図3-9の経路(ハ)，(ニ)では逆に M_0 のうちの I が

(ハ)　$P_-IP_+ = 0$，　(ニ)　$P_+IP_- = 0$

となって効かない．

以上から $M_0(\mathrm{P}_k)$ を

P_k で経路の向きが変わらない($k\in\bar{R}(X_\omega)$)なら，$M_0(\mathrm{P}_k) = I$

P_k で経路の向きが変わる($k\in R(X_\omega)$)なら，$M_0(\mathrm{P}_k) = a\beta$

に置き換えることができる．

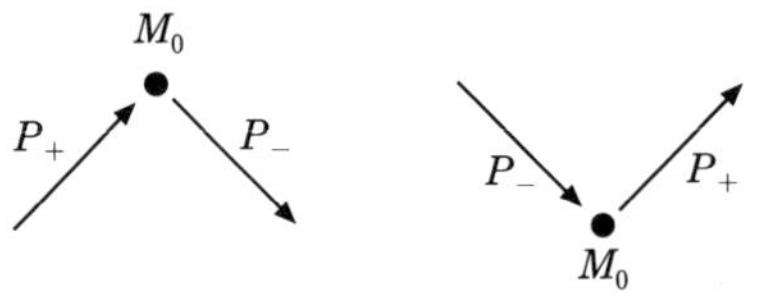

（ハ）　　（ニ）

図 3-9

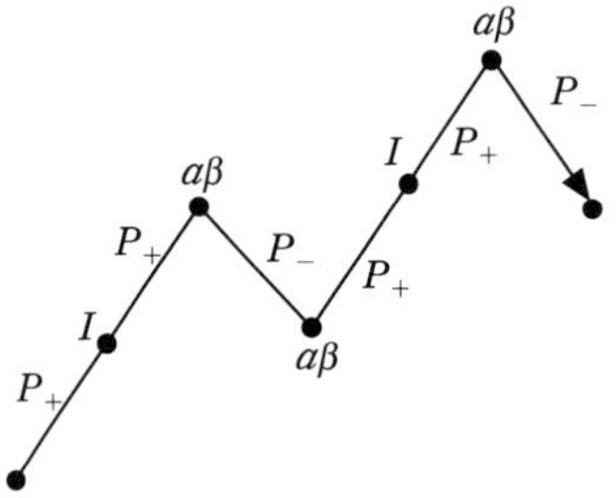

図 3-10

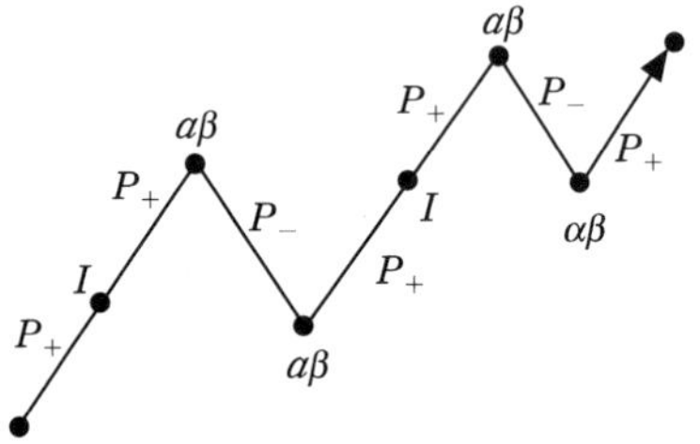

図 3-11

この結果を用いて，図 3-10 の経路 X_ω に対する μ_0 の値を計算してみよう．まず順時積をつくると

$$\mu_0(X_\omega) = P_-(a\beta)P_+P_+(a\beta)P_-(a\beta)P_+P_+$$

である（I は書くのを省略した）．次に途中にでてくる β を，$\beta P_\pm = P_\mp\beta$ を用いてすべて右端に集めると，$P_\pm$ は β が自分を通りすぎる回数だけ $P_\mp$ に変わるので，$\beta^2 = I$ を用いて

$$\mu_0(X_\omega) = a^3P_-P_-P_-P_-P_-P_-\beta^3 = a^3P_-\beta$$

となる．もう 1 つの例として図 3-11 の X_ω について実行してみると，

$$\begin{aligned}\mu_0(X_\omega) &= P_+(a\beta)P_-(a\beta)P_+P_+(a\beta)P_-(a\beta)P_+P_+\\ &= a^4P_+P_+P_+P_+P_+P_+P_+\beta^4 = a^4P_+\end{aligned}$$

が得られる．

これらの例からわかるように，はじめは行列の順時積として定義されていたけれど頂点で拾う $M_0 = I + a\beta$ の影響は数因子

$$\left(-\frac{imc^2}{\hbar}\varepsilon\right)^n \quad （n \text{ は経路が向きを変えた回数}）$$

にまとめられ，それに掛かる行列は経路の最初の方向と最後の方向の組み合せによって

$$P_+,\ P_+\beta,\ P_-\beta,\ P_-$$

の 4 通りに分かれる．一般の場合の証明は省略して結果のみ述べると次のようになる．

4.3　命題　（i）　$\omega(0)=1,\ \omega((N-1)\varepsilon)=1,\ r(X_\omega)=2k$ なら

$$\mu_0(X_\omega)=\left(-\frac{imc^2}{\hbar}\varepsilon\right)^{2k}P_+$$

（ii）　$\omega(0)=-1,\ \omega((N-1)\varepsilon)=1,\ r(X_\omega)=2k+1$ なら

$$\mu_0(X_\omega)=\left(-\frac{imc^2}{\hbar}\varepsilon\right)^{2k+1}P_+\beta$$

（iii）　$\omega(0)=1,\ \omega((N-1)\varepsilon)=-1,\ r(X_\omega)=2k+1$ なら

$$\mu_0(X_\omega)=\left(-\frac{imc^2}{\hbar}\varepsilon\right)^{2k+1}P_-\beta$$

（iv）　$\omega(0)=-1,\ \omega((N-1)\varepsilon)=-1,\ r(X_\omega)=2k$ なら

$$\mu_0(X_\omega)=\left(-\frac{imc^2}{\hbar}\varepsilon\right)^{2k}P_-$$

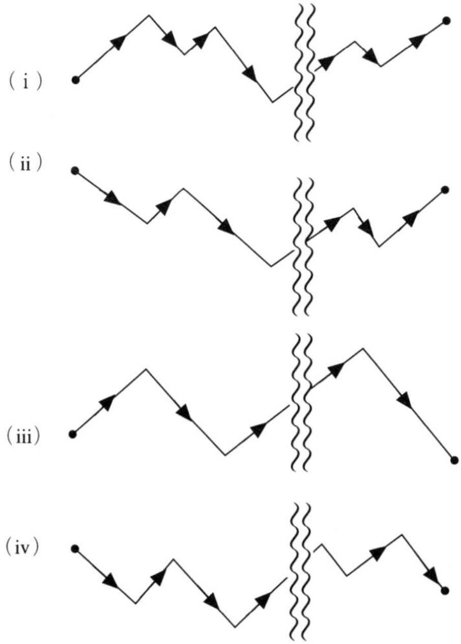

図 3-12

このように α, β 行列の反可換性が，質量 m に粒子の運動に対する次のような役割を与える．すなわち，m が正の粒子は $m=0$ のときと異なって，経路の向きを変えることができ，ディラック粒子の身震い運動（Zitterbewegung）を引き起こす．向きを変える回数だけスカラー $\dfrac{-imc^2}{\hbar}\varepsilon$ が数因子として掛かるので，いわば

“純虚数パラメータをもつポアソン過程”

とでもいうべき性質がでてくるのである．こうして定義4.2の $*$-測度が粒子の量子力学の意味での運動を決定する．

自由ディラック粒子の運動

$*$-測度とポアソン過程の関係をまず明らかにしておこう．確率論での実数パラメータ a のポアソン過程 $X(t)$ に対する確率測度 μ^a は，$X(0)=0$ を出発点とする非減少かつ右連続な階段経路 $X:[0,t]\longrightarrow \boldsymbol{N}\cup\{0\}$ の全体の上に定義され

$$\int_{X(t)=n} d\mu^a(X) = e^{-at}\frac{(at)^n}{n!} \qquad (n=0,1,2,\cdots) \tag{3.50}$$

という性質をもっていた．同様の式が $*$-測度 μ_0 に対しても成り立つことを以下でみていこう．

$x\in\boldsymbol{X}$ を固定し，$X_\omega(N\varepsilon)=x$ をみたす経路 X_ω の全体を D，そのうちで傾きをちょうど n 回変える（つまり $r(X_\omega)=n$ をみたす）経路の全体を D_n とする．$\mu_0(X_\omega)$ は $\left(-\dfrac{imc^2}{\hbar}\varepsilon\right)^k P_\pm$ または $\left(-\dfrac{imc^2}{\hbar}\varepsilon\right)^k P_\pm\beta$ （$k=r(X_\omega)$）なので，この数因子 $\left(-\dfrac{imc^2}{\hbar}\varepsilon\right)^{r(X_\omega)}$ を $\tilde{\mu}_0(X_\omega)$ で表すことにする．そして経路の集合 D, D_n に対して

$$\tilde{\mu}_0(D)=\sum_{X_\omega\in D}\tilde{\mu}_0(X_\omega), \qquad \tilde{\mu}_0(D_n)=\sum_{X_\omega\in D_n}\tilde{\mu}_0(X_\omega)$$

とする．

4.4　定理　$n\in\boldsymbol{N}$ のとき，次式が成り立つ．

$$\frac{\tilde{\mu}_0(D_n)}{\tilde{\mu}_0(D)} \simeq \exp\left[i\,\frac{mc^2}{\hbar}t\right]\frac{\left(-i\dfrac{mc^2}{\hbar}t\right)^n}{n!} \qquad (\text{ただし } t=N\varepsilon) \tag{3.51}$$

証明　命題4.3より

$$\begin{aligned}\tilde{\mu}_0(D_n) &= 2\binom{N-1}{n}\left(-i\frac{t}{N}\frac{mc^2}{\hbar}\right)^n \\ &= \frac{2}{n!}\left(-i\frac{mc^2}{\hbar}\underline{t}\right)^n\frac{(N-1)\,!}{(N-1-n)\,!N^n}\end{aligned}$$

である[1]．$N\in{}^*\boldsymbol{N}_\infty$，$n\in\boldsymbol{N}$ なので

$$\frac{(N-1)\,!}{(N-1-n)\,!N^n}=\left(1-\frac{1}{N}\right)\left(1-\frac{2}{N}\right)\cdots\left(1-\frac{n}{N}\right)\simeq 1$$

となり，したがって

$$\tilde{\mu}_0(D_n) \simeq \frac{2}{n!}\left(-i\frac{mc^2}{\hbar}t\right)^n$$

となる．これを

$$\begin{aligned}\tilde{\mu}_0(D) &= 2\sum_{k=0}^{N-1}\binom{N-1}{k}\left(-i\frac{t}{N}\frac{mc^2}{\hbar}\right)^k = 2\left(1-i\frac{t}{N}\frac{mc^2}{\hbar}\right)^{N-1} \\ &\simeq 2\exp\left[-\frac{imc^2}{\hbar}t\right]\end{aligned}$$

で割ると（3.51）が得られる．（証明終り）

ディラック粒子の運動にポアソン過程が関係することは，経路積分の提唱者 R. P. Feynman が A. R. Hibbs との共著［29］の中ですでに指摘しているが，そ

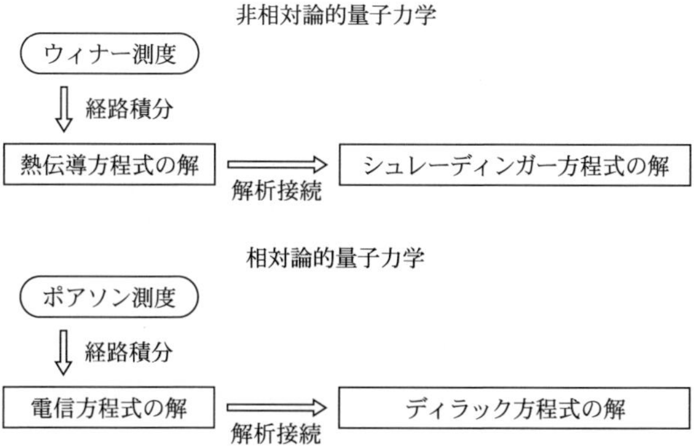

図 3-13

1)　$\underline{t}$ については定義 4.5(1) を参照．

のことと確率過程との関係をより明確な形で指摘したのは，B. Gaveau，T. Jacobson，M. Kac & L. S. Schulman［39］およびB. Gaveau & L. S. Schulman［40］である．彼等の主張を図にすると図3-13のようになる．いずれもまず虚数時間の方程式を考え，その解をウィナー測度やポアソン測度といった確率測度による経路積分によって構成する．次にそれからの解析接続として実数時間の方程式の解を得るという主旨である．

それと異なり，ここではははじめから実数時間のときの解を与えるような $*$-測度を構成する．さらに3-5節で，この $*$-測度からスタンダードな経路の上のスタンダードな σ-加法的測度を抽出する．その意味で彼等とは方向が異なり，むしろ3-3節で概略を述べた一瀬の方向と同じといえる．

電磁場 A_0, A_1 のない方程式つまり自由ディラック方程式の基本解を $*$-測度に関する $*$-有限和として実現しよう．

4.5　定義　（1）　$t, x \in \boldsymbol{R}$（$t>0$）に対し，

$$u \leqq t < u+\varepsilon,\quad v \leqq x < v+c\varepsilon$$

をみたす $u \in \boldsymbol{T}$，$v \in \boldsymbol{X}$ をそれぞれ $\underline{t}, \underline{x}$ で表す．

（2）　C^2-級の $f_i : \boldsymbol{R} \longrightarrow \boldsymbol{C}$（$i=1,2$）に対して，

$$\begin{pmatrix} \Psi_1(\underline{t}, \underline{x}) \\ \Psi_2(\underline{t}, \underline{x}) \end{pmatrix} = \sum_{X_\omega \in \mathcal{P}_{\underline{t},\underline{x}}} \mu_0(X_\omega) \begin{pmatrix} {}^*f_1(X_\omega(0)) \\ {}^*f_2(X_\omega(0)) \end{pmatrix} \tag{3.52}$$

$$\begin{pmatrix} \psi_1(t, x) \\ \psi_2(t, x) \end{pmatrix} = \mathrm{st} \begin{pmatrix} \Psi_1(\underline{t}, \underline{x}) \\ \Psi_2(\underline{t}, \underline{x}) \end{pmatrix} \tag{3.53}$$

とする．ここに $\mathcal{P}_{\underline{t},\underline{x}} = \{X_\omega : X_\omega(\underline{t}) = \underline{x}\}$ とする．

4.6　命題　（1）　任意の $\lambda \in {}^*\boldsymbol{N}_\infty$ に対して，(3.52) の X_ω に関する和を $\mathcal{P}_{\underline{t},\underline{x};\lambda} = \{X_\omega \in \mathcal{P}_{\underline{t},\underline{x}} : r(X_\omega) \leqq \lambda\}$ に制限しても $\psi(t, x)$ は変わらない．

（2）　$\Psi(\underline{t}, \underline{x})$ は近標準である（つまり標準部分 $\mathrm{st}\,\Psi$ をとることができる）．

証明　（1）　$\underline{t} = N\varepsilon$（$N \in {}^*\boldsymbol{N}_\infty$）とおく．2×2行列のノルムを $\|\ \|$ で表すとき，命題4.3から

$$\|\mu_0(X_\omega)\| \leqq \left(\varepsilon \frac{mc^2}{\hbar}\right)^{r(X_\omega)} = \left(\frac{mc^2 \underline{t}}{\hbar} \frac{1}{N}\right)^{r(X_\omega)}$$

なので，$\mathcal{P}_{\underline{t},\underline{x};\lambda}$ に属さない X_ω に関する和は

$$\sum_{X_\omega} \|\mu_0(X_\omega)\| \leqq 2\sum_{l=\lambda}^{N} \binom{N}{l} \left(\frac{mc^2}{\hbar} \underline{t}\right)^l \frac{1}{N^l} \leqq 2\sum_{l=\lambda}^{*\infty} \frac{1}{l!} \left(\frac{mc^2}{\hbar} \underline{t}\right)^l \simeq 0$$

となる．

（2）　$$\sum_{X_\omega\in\mathcal{P}_{\underline{t},\underline{x}}}\|\mu_0(X_\omega)\|\leqq 2\sum_{l=0}^{N}\binom{N}{l}\left(\frac{mc^2}{\hbar}\underline{t}\right)^l\frac{1}{N^l}\leqq 2\sum_{l=0}^{N}\frac{1}{l!}\left(\frac{mc^2}{\hbar}\underline{t}\right)^l$$
$$<2\exp\left[\frac{mc^2}{\hbar}\underline{t}\right]$$

から明らか．　（証明終り）

μ_0 を用いるとごく初等的な計算で自由ディラック方程式の基本解が導出できる．

$\mathcal{P}_{\underline{t},\underline{x};0,\eta}=\{X_\omega : X_\omega(\underline{t})=\underline{x},\ X_\omega(0)=\eta\}$，$\underline{t}=N\varepsilon$，$\underline{x}=lc\varepsilon$，$\eta=kc\varepsilon$ とおく．点 $(0, kc\varepsilon)$ と $(N\varepsilon, lc\varepsilon)$ を結ぶ経路は N と $k-l$ の偶奇性が一致する場合にのみ存在するから，点 $(N\varepsilon, lc\varepsilon)$ を固定したとき，点 $(0, kc\varepsilon)$ としては 1 つおきの k だけが効いてくる．したがってスタンダードな積分での $d\eta$ に相当するのは $2c\varepsilon$ である．それをふまえて (3.52) を次のように書きかえる：

$$\Psi(\underline{t},\underline{x}) = \sum_{\eta\in\boldsymbol{X}}\mathcal{K}_0(\underline{t},\underline{x};0,\eta)^* f(\eta)2c\varepsilon,$$

$$\mathcal{K}_0(\underline{t},\underline{x};0,\eta) = \frac{1}{2c\varepsilon}\sum_{X_\omega}\mu_0(X_\omega).$$

ただし 2 番目の式で右辺の和は $X_\omega\in\mathcal{P}_{\underline{t},\underline{x};0,\eta}$ に関する和である．このとき次の定理が成り立つ．

4.7　定理

$$\mathcal{K}_0(\underline{t},\underline{x};0,0)$$
$$\simeq\frac{1}{2}\left(\frac{1}{c}\frac{\partial}{\partial t}-\alpha\frac{\partial}{\partial x}-\frac{imc}{\hbar}\beta\right)\left(J_0\left(\frac{mc}{\hbar}\sqrt{c^2t^2-x^2}\right)\theta(ct-|x|)\right) \tag{3.54}$$

が成り立つ．

証明　$c^2t^2-x^2<0$ のときは定義から明らかに

$$\mathcal{K}_0(\underline{t},\underline{x};0,0) = 0$$

である．$c^2t^2-x^2>0$ の場合を考えよう．命題 4.3 の (i)，(ii)，(iii)，(iv) の形の経路に関する和をそれぞれ $\widetilde{\mathcal{K}}^1P_+$，$\widetilde{\mathcal{K}}^2P_+\beta$，$\widetilde{\mathcal{K}}^3P_-\beta$，$\widetilde{\mathcal{K}}^4P_-$ で表し，

$$\mathcal{K}_0(\underline{t},\underline{x};0,0) = \widetilde{\mathcal{K}}^1P_+ + \widetilde{\mathcal{K}}^2P_+\beta + \widetilde{\mathcal{K}}^3P_-\beta + \widetilde{\mathcal{K}}^4P_- \tag{3.55}$$

とおく．

（i）$\widetilde{\mathcal{K}}^1$ を求める．

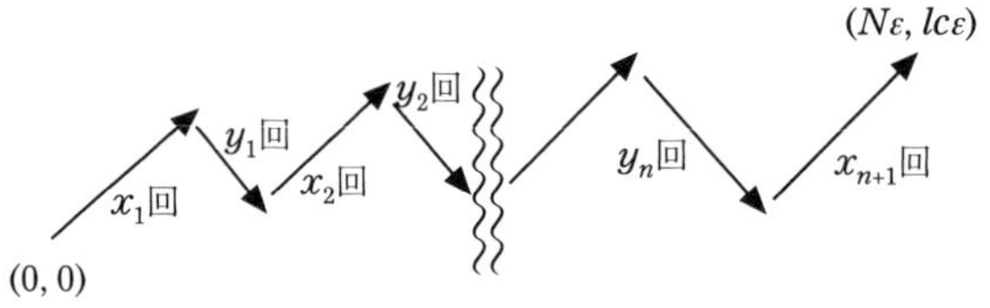

図 3-14

$$\widetilde{\mathscr{K}}^1 = \frac{1}{2c\varepsilon}\sum_n \left(-\frac{i\varepsilon}{\hbar}mc^2\right)^{2n} N_n, \qquad N_n = (\text{図 3-14 の形の経路の総数})$$

である．N_n は自然数 $x_1, \cdots, x_{n+1}, y_1, \cdots, y_n$ を未知数とする方程式

$$\begin{cases} x_1+\cdots+x_{n+1} = p \\ y_1+\cdots+y_n = q \end{cases} \qquad (p+q=N,\ \ p-q=l)$$

の解の総数なので

$$N_n = \frac{(p-1)\,!}{n\,!\,(p-1-n)\,!}\,\frac{(q-1)\,!}{(n-1)\,!\,(q-n)\,!} = \frac{A}{n\,!\,(n-1)\,!},$$

$$A = \frac{(p-1)\,!\,(q-1)\,!}{(p-1-n)\,!\,(q-n)\,!}$$

である．命題 4.6(1) から $r(X_\omega)$ を任意の無限大数以下に制限できるので，$n \leqq \lambda$ とする．ただしあとの都合で λ は $\sqrt{\dfrac{t_0}{\varepsilon}}$ よりも低位の無限大数とする．ここに t_0 は時間の単位とする．

$c^2t^2-x^2>0$ なので $p=\dfrac{1}{2c\varepsilon}(c\underline{t}+\underline{x})$ も $q=\dfrac{1}{2c\varepsilon}(c\underline{t}-\underline{x})$ も $\dfrac{t_0}{\varepsilon}$ と同位の無限大数となる．このときには A を p^nq^{n-1} におきかえることができる．なぜならそのおきかえによる $\widetilde{\mathscr{K}}^1$ の誤差は

$$\frac{1}{2c\varepsilon}\sum_{n=1}^{\lambda/2}\left(\frac{\varepsilon}{\hbar}mc^2\right)^{2n}\frac{p^nq^{n-1}(\lambda/2+1)^2}{n\,!\,(n-1)\,!}\left(\frac{1}{p}+\frac{1}{q}\right)$$

$$< \frac{mc(\lambda/2+1)^2}{2\hbar}\left(\frac{1}{p}+\frac{1}{q}\right)\sum_{n=0}^{*\infty}\frac{1}{n\,!\,(n+1)\,!}\left(\frac{\varepsilon}{\hbar}mc^2p\right)^{n+1}\left(\frac{\varepsilon}{\hbar}mc^2q\right)^n$$

$$\cong 0$$

で押えられる．簡単のため λ を偶数とした．ここで不等式

$$|A-p^nq^{n-1}| < (\lambda/2+1)^2\left(\frac{1}{p}+\frac{1}{q}\right)p^nq^{n-1},$$

および λ が $\sqrt{\dfrac{t_0}{\varepsilon}}$ より低位の無限大数で，p, q は $\dfrac{t_0}{\varepsilon}$ と同位であることを用い

た．おきかえの結果

$$\widetilde{\mathscr{K}}^1 \simeq \frac{1}{2c\varepsilon}\sum_{n=0}^{\lambda/2}\frac{p^{n+1}q^n}{(n+1)!\,n!}\left(-\frac{i\varepsilon}{\hbar}mc^2\right)^{2n+2}$$

$$= \frac{mc}{2\hbar}\sum_{n=0}^{\lambda/2}\frac{(-1)^{n+1}}{(n+1)!\,n!}\left(\frac{mc^2}{\hbar}\sqrt{p\varepsilon}\sqrt{q\varepsilon}\right)^{2n+1}\sqrt{\frac{p}{q}}$$

$$\simeq -\frac{1}{2}\frac{mc}{\hbar}\sum_{n=0}^{*\infty}\frac{(-1)^n}{(n+1)!\,n!}\left(\frac{mc}{2\hbar}\sqrt{c^2\underline{t}^2-\underline{x}^2}\right)^{2n+1}\sqrt{\frac{c\underline{t}+\underline{x}}{c\underline{t}-\underline{x}}}$$

$$\simeq -\frac{1}{2}\frac{mc}{\hbar}\sqrt{\frac{ct+x}{ct-x}}J_1\left(\frac{mc}{\hbar}\sqrt{c^2t^2-x^2}\right)$$

$$= \frac{1}{2}\left\{\frac{1}{c}\frac{\partial}{\partial t}-\frac{\partial}{\partial x}\right\}J_0\left(\frac{mc}{\hbar}\sqrt{c^2t^2-x^2}\right) \tag{3.56}$$

(ii)　$\widetilde{\mathscr{K}}^2$, $\widetilde{\mathscr{K}}^3$, $\widetilde{\mathscr{K}}^4$ について

それぞれ図3-12の（ii），（iii），（iv）の形の経路について，（i）と同様の計算によって

$$\widetilde{\mathscr{K}}^2 \simeq -\frac{i}{2}\frac{mc}{\hbar}J_0\left(\frac{mc}{\hbar}\sqrt{c^2t^2-x^2}\right),$$

$$\widetilde{\mathscr{K}}^3 \simeq -\frac{i}{2}\frac{mc}{\hbar}J_0\left(\frac{mc}{\hbar}\sqrt{c^2t^2-x^2}\right),$$

$$\widetilde{\mathscr{K}}^4 \simeq -\frac{1}{2}\frac{mc}{\hbar}\sqrt{\frac{ct-x}{ct+x}}J_1\left(\frac{mc}{\hbar}\sqrt{c^2t^2-x^2}\right)$$

$$= \frac{1}{2}\left\{\frac{1}{c}\frac{\partial}{\partial t}+\frac{\partial}{\partial x}\right\}J_0\left(\frac{mc}{\hbar}\sqrt{c^2t^2-x^2}\right) \tag{3.57}$$

となる．

以上を（3.55）に代入して

$$\mathscr{K}_0(\underline{t},\underline{x}\,;0,0) \simeq \frac{1}{2}\left\{\frac{1}{c}\frac{\partial}{\partial t}-\alpha\frac{\partial}{\partial x}-i\frac{mc}{\hbar}\beta\right\}J_0\left(\frac{mc}{\hbar}\sqrt{c^2t^2-x^2}\right) \tag{3.58}$$

が得られる．　（証明終り）

電磁場の中のディラック粒子の運動

定理4.7より μ_0 に関する ＊-経路積分として自由ディラック方程式の基本解が実現された．この μ_0 を経路空間上の ＊-測度として，相互作用項からの寄与をすべての経路にわたって寄せ集めると，電磁場をもつディラック方程式の基本解が得られるはずで，それを示すのがこの節の目的である．

電磁場のポテンシャルを $A_0(t,x)$，$A_1(t,x)$，初期条件を

$$\begin{pmatrix} \psi_1(0,x) \\ \psi_2(0,x) \end{pmatrix} = \begin{pmatrix} f_1(x) \\ f_2(x) \end{pmatrix}$$

とし，A_i, f_i は C^2-級とする．

4.8 定義 （1） 定義 4.2 の $M_0(\mathrm{P}_k)$ にポテンシャルからの寄与を加えて

$$M(\mathrm{P}_k) = I - \frac{i\varepsilon}{\hbar}(mc^2\beta + e^*A_0(\mathrm{P}_k)I - e^*A_1(\mathrm{P}_k)\alpha) \tag{3.59}$$

とし，

$$\mu(X_\omega) = L(l_{N-1})M(\mathrm{P}_{N-1})L(l_{N-2})M(\mathrm{P}_{N-2})\cdots M(\mathrm{P}_1)L(l_0) \tag{3.60}$$

で μ を定義する．

（2） $(t,x)\in \boldsymbol{R}^2$ に対して

$$\begin{pmatrix} \Psi_1(\underline{t},\underline{x}) \\ \Psi_2(\underline{t},\underline{x}) \end{pmatrix} = \sum_{X_\omega \in \mathcal{P}_{\underline{t},\underline{x}}} \mu(X_\omega) \begin{pmatrix} {}^*f_1(X_\omega(0)) \\ {}^*f_2(X_\omega(0)) \end{pmatrix} \tag{3.61}$$

$$\begin{pmatrix} \psi_1(t,x) \\ \psi_2(t,x) \end{pmatrix} = {}^\circ\begin{pmatrix} \Psi_1(\underline{t},\underline{x}) \\ \Psi_2(\underline{t},\underline{x}) \end{pmatrix} \tag{3.62}$$

とする．

4.9 命題 定義 4.8 に対しても，命題 4.6 と同じことが成り立つ．

証明は命題 4.6 と同様なので省略する．

$\mu(X_\omega)$ と $\mu_0(X_\omega)$ の間には次の関係が成り立つ．つまり電磁ポテンシャルの影響は，スカラーとして $\mu_0(X_\omega)$ に掛かる因数にまとめられる．

4.10 命題

（1） $$\mu(X_\omega) = \prod_{k\in R(X_\omega)} \left\{1 - i\varepsilon\frac{e}{\hbar}\Big({}^*A_0(\mathrm{P}_k) - \sigma(k)\,{}^*A_1(\mathrm{P}_k)\Big)\right\}\mu_0(X_\omega).$$

ただし $\sigma(k) = \begin{cases} 1 & (l_k \text{ の傾きが } c \text{ のとき}) \\ -1 & (l_k \text{ の傾きが} -c \text{ のとき}) \end{cases}$

（2） $n = r(X_\omega)$ とおくと

$$\begin{aligned} &\left\| \mu(X_\omega) - \exp\left[-\frac{i}{\hbar}\int_0^t\left\{e^*A_0(s, X_\omega(s))\,ds \right.\right.\right. \\ &\qquad\qquad \left.\left.\left. - e^*A_1(s, X_\omega(s))\frac{dX_\omega(s)}{c}\right\}\right]\mu_0(X_\omega)\right\| \\ &\quad \leqq Cn\varepsilon\left(\frac{mc^2}{\hbar}\varepsilon\right)^n \text{ [1)]} \end{aligned} \tag{3.63}$$

1) 左辺の積分は ＊-リーマン積分である．

（C は $(\underline{t},\underline{x})$ と A_0, A_1 に依存する正の定数 $\in \boldsymbol{R}^+$）

（3）　$\mu(X_\omega)$ を

$$\exp\left[-\frac{i}{\hbar}\int_0^{\underline{t}}\left\{e^*A_0(s, X_\omega(s))\,ds - e^*A_1(s, X_\omega(s))\frac{dX_\omega(s)}{c}\right\}\right]\mu_0(X_\omega)$$

におきかえても $\psi(t,x)$ は変わらない．

証明に先立って，この命題の意味について説明しておこう．

(1) の式が表すとおり，はじめ行列の順時積として定義されていたもののうち各頂点で拾う相互作用項からの寄与は，スカラーとなってまとめて数因子として前に出すことができる．

(2) は，その数因子をラグランジアンのうちの相互作用項の時間積分（つまり相互作用項の $*$-作用積分とみなしてよいことを表している．(3.63) の右辺が ε^{n+1} になっていることが重要である．いまは1つ1つの経路に対する $*$-測度を考えているので，1つ1つの誤差は無限小であっても，$(\underline{t},\underline{x})$ に至る経路の個数は無限大数なので誤差の総計が有限さらには無限大数になる心配すらあるからである．いまの場合は (3) の証明をみるとわかるように，経路の総数が，物理的次元を無視していうと $\left(\frac{1}{\varepsilon}\right)^n$ のオーダーなので，(3.63) において ε^{n+1} のオーダーの誤差なら大丈夫というわけである．

このようにして (3) が成立し，当初のもくろみどおり

（イ）　ラグランジアンのうち，相互作用に関係しない項からの寄与を，経路空間の $*$-測度 μ_0 とみなし

（ロ）　相互作用項からの寄与を被積分汎関数として，$*$-経路積分する

という計画に合うものができたことを，命題 4.10 は主張しているのである．

命題 4.10 の証明　（1）　$P_\pm$ は射影で，かつ $\alpha\beta+\beta\alpha=0$ が成り立つから

$$P_\pm{}^2 = P_\pm,\quad P_\pm P_\mp = 0,\ P_\pm\alpha = \alpha P_\pm,\ P_\pm\beta = \beta P_\mp\quad（複号同順）$$

である．したがって命題 4.3 のときと同じように

$$M(\mathrm{P}_k) = \begin{cases} -i\varepsilon\dfrac{mc^2}{\hbar}\beta & (k\in R(X_\omega)\ のとき) \\ I-\dfrac{i\varepsilon}{\hbar}(e^*A_0(\mathrm{P}_k)I-e^*A_1(\mathrm{P}_k)\alpha) & (k\in \bar{R}(X_\omega)\ のとき) \end{cases}$$

としても $\mu(X_\omega)$ は変わらない．さらに $P_\pm\alpha=\pm P_\pm$ が成り立つので α を $\sigma(k)$

におきかえることができて (1) が得られる．

(2) $$a_k = \frac{1}{\hbar}\int_{\mathrm{P}_k}^{\mathrm{P}_{k+1}}\left\{e^*A_0(s, X_\omega(s))\,ds - e^*A_1(s, X_\omega(s))\frac{dX_\omega(s)}{c}\right\},$$

$$b_k = \frac{\varepsilon}{\hbar}(e^*A_0(\mathrm{P}_k) - \sigma(k)\,e^*A_1(\mathrm{P}_k))$$

とおく．$(\underline{t}, \underline{x})$ を固定するとき $X_\omega(\underline{t}) = \underline{x}$ をみたす X_ω は有界な領域にとどまるので，$c_1 \in \boldsymbol{R}^+$ が存在して，任意の k に対して

$$|a_k - b_k| \leqq c_1\varepsilon^2, \qquad |a_k| \leqq c_1\varepsilon, \qquad |b_k| \leqq c_1\varepsilon$$

が成り立つ．(1) より

$$\mu(X_\omega) = \prod_{k \Subset R(X_\omega)}(1 - ib_k)\,\mu_0(X_\omega)$$

であり，

$$\mu_0(X_\omega) = \left(\frac{-imc^2}{\hbar}\varepsilon\right)^n G, \qquad G = P_\pm \text{ または } P_\pm\beta$$

なので，

$$\left|\prod_{k \Subset R(X_\omega)}(1 - ib_k) - \exp\left[-i\sum_{k=0}^{N-1} a_k\right]\right| < Cn\varepsilon \tag{3.64}$$

が示されればよい．この左辺を三角不等式によって

$$\left|\prod_{k \Subset R(X_\omega)}(1 - ib_k) - \exp\left[-i\sum_{k \Subset R(X_\omega)} a_k\right]\right|$$
$$+\left|\left(1 - \exp\left[-i\sum_{k \in R(X_\omega)} a_k\right]\right)\exp\left[-i\sum_{k \Subset R(X_\omega)} a_k\right]\right|$$

で押さえる．この第 2 項は，$|a_k| < c_1\varepsilon$ と $n = r(X_\omega)$ を用いると，適当な定数 $c_2 \in \boldsymbol{R}$ によって $nc_2\varepsilon$ で押さえられる．第 1 項はさらに三角不等式で

$$\left|\exp\left[-i\sum_{k \Subset R(X_\omega)} a_k\right] - \exp\left[-i\sum_{k \Subset R(X_\omega)} b_k\right]\right|$$
$$+\left|\exp\left[-i\sum_{k \Subset R(X_\omega)} b_k\right] - \prod_{k \Subset R(X_\omega)}(1 - ib_k)\right|$$

と分けて考えると，いずれも ε の定数倍で押さえられる．

以上の結果を合せると (3.64) が得られる．

(3) 命題 4.9 を用いて $r(X_\omega) \leqq \lambda$ ($\lambda \in {}^*\boldsymbol{N}_\infty$ は任意) に制限する．点 $(\underline{t}, \underline{x})$ を固定する限り X_ω は有界な領域にとどまるので，(2) の定数 C はすべての $X_\omega \in \mathcal{P}_{\underline{t},\underline{x}}$ に共通にとれる．$r(X_\omega) = n$ をみたす X_ω は $2\binom{N}{n}$ 個 ($N\varepsilon = \underline{t}$) であり，これは $\dfrac{2N^n}{n!} = \dfrac{2\underline{t}^n}{\varepsilon^n n!}$ より小さいので (3) のおきかえが $\Psi(\underline{t}, \underline{x})$ に与える誤

差は高々

$$2\sum_{n=0}^{\lambda}\frac{t^n}{\varepsilon^n n!}C\lambda\varepsilon\left(\frac{mc^2}{\hbar}\varepsilon\right)^n \leqq 2C\lambda\varepsilon\sum_{n=0}^{\lambda}\frac{1}{n!}\left(\frac{mc^2}{\hbar}\underline{t}\right)^n < 2C\lambda\varepsilon\exp\left[\frac{mc^2}{\hbar}\underline{t}\right]$$

である．λ を $\frac{t_0}{\varepsilon}$（t_0 は時間の単位）より小さいオーダーの無限大数に選べば，これは無限小数になる．（証明終り）

(3.62) の $\psi(t,x)$ が電磁ポテンシャルをもつディラック方程式の解であることを，以下で証明する．細かな吟味が延々とつづくが，要点はポアソン過程の性質を利用する点に尽きる．すなわち，$\mu(X_\omega)$ の数因子 $\left(\frac{imc^2}{\hbar}\varepsilon\right)^n$ とくに ε^n が収束因子としての働きをし，そのおかげで解が古典解つまり普通の意味で微分できる解になるのである．

あまりに細かな吟味がつづくので，命題 4.20 の結論を鵜呑みにして，定理 4.21 に進んでも大きな差障りはないであろう．

無限小差分と 1-ステップに対する評価

4.11　定義　$(0,y)\in \boldsymbol{L}$ と $(\underline{t},\underline{x})\in \boldsymbol{L}$ をつなぐ経路 X_ω を $\boldsymbol{X}$ 軸の正方向および負方向に $c\varepsilon$ だけ平行移動した経路をそれぞれ X_ω^+，X_ω^- で表す．$X_\omega^\pm$ は点 $(0,\underline{y}\pm c\varepsilon)$ と点 $(\underline{t},\underline{x}\pm c\varepsilon)$ をつなぐ経路である．式で表すと

$$X_\omega^+(k\varepsilon) = X_\omega(k\varepsilon)+c\varepsilon,\qquad X_\omega^-(k\varepsilon) = X_\omega(k\varepsilon)-c\varepsilon.$$

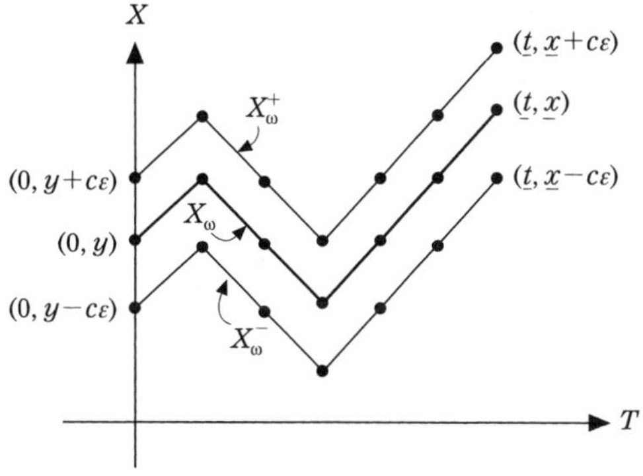

図 3-15

4.12　命題　$n=r(X_\omega)$ とするとき，次の評価式が成り立つ．

（1）　$\|\mu(X_\omega)-\mu(X_\omega^\pm)\| \leqq C\varepsilon\left(\frac{mc^2}{\hbar}\varepsilon\right)^n$　(3.65)

（2）　$\|(\mu(X_\omega^+)-\mu(X_\omega))-(\mu(X_\omega)-\mu(X_\omega^-))\| \leqq C\varepsilon^2\left(\frac{mc^2}{\hbar}\varepsilon\right)^n$

$(C\in \boldsymbol{R}^+)$　(3.66)

ここに，(t, x) が $\boldsymbol{R}^2$ の有界な領域 S を動く限り（経路 X_ω も $\boldsymbol{L}$ の有界領域にとどまるので），定数 $C\in\boldsymbol{R}^+$ は S のみに依存する．以下，定数 C がこのような性質をもつとき，「C は (t, x) について広義一様な定数である」ということにする．

証明　空間軸方向に $\pm c\varepsilon$ だけ平行移動したときのポテンシャルの影響を考えるために，点 $\mathrm{P}_k(k\varepsilon, y)$ に対して点 $(k\varepsilon, y\pm c\varepsilon)$ を $\mathrm{P}_k^\pm$ で表して

$$b_k = \frac{e}{\hbar}({}^*A_0(\mathrm{P}_k)-\sigma(k){}^*A_1(\mathrm{P}_k))\,\varepsilon$$

$$b_k^\pm = \frac{e}{\hbar}({}^*A_0(\mathrm{P}_k^\pm)-\sigma(k){}^*A_1(\mathrm{P}_k^\pm))\,\varepsilon$$

とする．このとき

$$\mu(X_\omega) = \prod_{k\notin R(X_\omega)}(1-ib_k)\left(-i\frac{mc^2}{\hbar}\varepsilon\right)^n G,$$

$$\mu(X_\omega^\pm) = \prod_{k\notin R(X_\omega)}(1-ib_k^\pm)\left(-i\frac{mc^2}{\hbar}\varepsilon\right)^n G$$

（G は $P_\pm, P_\pm\beta$ のいずれか）

であり，

$$|b_k-b_k^\pm| \leqq (c_1\varepsilon)^2, \qquad |b_k| \leqq c_1\varepsilon, \qquad |b_k^\pm| \leqq c_1\varepsilon, \qquad c_1\in\boldsymbol{R}$$

が成り立つので，数学的帰納法によって

$$|b_{\sigma_1}b_{\sigma_2}\cdots b_{\sigma_l}-b_{\sigma_1}^\pm b_{\sigma_2}^\pm\cdots b_{\sigma_l}^\pm| \leqq l\,(c_1\varepsilon)^{l+1} \tag{3.67}$$

が導かれる．したがって，

$$\begin{aligned}
&\left|\prod_{k\notin R(X_\omega)}(1-ib_k)-\prod_{k\notin R(X_\omega)}(1-ib_k^\pm)\right| \\
&\quad\leqq \sum_k|b_k-b_k^\pm|+\sum_{k,l}|b_kb_l-b_k^\pm b_l^\pm|+\sum_{k,l,m}|b_kb_lb_m-b_k^\pm b_l^\pm b_m^\pm|+\cdots\cdots \\
&\quad\leqq \binom{N_1}{1}(c_1\varepsilon)^2+\binom{N_1}{2}2(c_1\varepsilon)^3+\binom{N_1}{3}3(c_1\varepsilon)^4+\cdots\cdots \\
&\quad\leqq \binom{N_1}{1}(2c_1\varepsilon)^2+\binom{N_1}{2}(2c_1\varepsilon)^3+\binom{N_1}{3}(2c_1\varepsilon)^4+\cdots\cdots
\end{aligned}$$

$$\leqq 2c_1\varepsilon(1+2c_1\varepsilon)^{N_1} \leqq c\varepsilon \quad (c\in \boldsymbol{R}^+)$$

となる．ここに $N_1=N-n\in {}^*\boldsymbol{N}_\infty$ である．この不等式から

$$\|\mu(X_\omega)-\mu(X_\omega^\pm)\| \leqq C\varepsilon\left(\frac{mc^2}{\hbar}\varepsilon\right)^n, \qquad C\in \boldsymbol{R}^+$$

が得られる．

（2）　$|b_k-b_k^\pm|\leqq(c_1\varepsilon)^2$，$|b_k^+ + b_k^- -2b_k|\leqq(c_1\varepsilon)^3$，$|b_k|\leqq c_1\varepsilon$，$|b_k^\pm|\leqq c_1\varepsilon$（$c_1\in \boldsymbol{R}^+$）が成り立つ．三角不等式

$$\begin{aligned}
&\left|\prod_{k=1}^{l+1} b_{\sigma_k}^+ + \prod_{k=1}^{l+1} b_{\sigma_k}^- - 2\prod_{k=1}^{l+1} b_{\sigma_k}\right| \\
&\quad \leqq \left|\left(\prod_{k=1}^{l} b_{\sigma_k}^+ + \prod_{k=1}^{l} b_{\sigma_k}^- - 2\prod_{k=1}^{l} b_{\sigma_k}\right) b_{\sigma_{l+1}}^+\right| \\
&\qquad + \left|(b_{\sigma_{l+1}}^+ + b_{\sigma_{l+1}}^- - 2b_{\sigma_{l+1}})\prod_{k=1}^{l} b_{\sigma_k}^-\right| \\
&\qquad + \left|2\left(\prod_{k=1}^{l} b_{\sigma_k}^- - \prod_{k=1}^{l} b_{\sigma_k}\right)(b_{\sigma_{l+1}} - b_{\sigma_{l+1}}^+)\right|
\end{aligned}$$

に数学的帰納法と（3.67）を用いて

$$\left|\prod_{k=1}^{l} b_{\sigma_k}^+ + \prod_{k=1}^{l} b_{\sigma_k}^- - 2\prod_{k=1}^{l} b_{\sigma_k}\right| \leqq l^2(c_1\varepsilon)^{l+2}$$

がいえる．したがって

$$\begin{aligned}
&\left|\prod_{k\notin R(X_\omega)}(1-ib_k^+) + \prod_{k\notin R(X_\omega)}(1-ib_k^-) - 2\prod_{k\notin R(X_\omega)}(1-ib_k)\right| \\
&\quad \leqq \sum_k \left|b_k^+ + b_k^- - 2b_k\right| + \sum_{k,l}\left|b_k^+b_l^+ + b_k^-b_l^- - 2b_kb_l\right| + \cdots\cdots \\
&\quad \leqq \binom{N_1}{1}(c_1\varepsilon)^3 + \binom{N_1}{2}2^2(c_1\varepsilon)^4 + \binom{N_1}{3}3^2(c_1\varepsilon)^5 + \cdots\cdots \\
&\quad \leqq \binom{N_1}{1}(2c_1\varepsilon)^3 + \binom{N_1}{2}(2c_1\varepsilon)^4 + \binom{N_1}{3}(2c_1\varepsilon)^5 + \cdots\cdots \\
&\quad \leqq (1+2c_1\varepsilon)^{N_1}(2c_1\varepsilon)^2 \\
&\quad \leqq C\varepsilon^2
\end{aligned}$$

となり，（3.66）が得られる．

ここまでにでてきた定数が (t,x) に関して広義一様な定数であることは，上記の証明を丹念にみていけばわかる．　（証明終り）

命題4.10のところでも述べたが，（3.65），（3.66）にでてくる $\left(\frac{mc^2}{\hbar}\varepsilon\right)^n$ は，

点 $(\underline{t},\underline{x})$ に至る経路の総数の多さを処理するための因数として用いられる．(3.65)，(3.66) では，これにさらに $\varepsilon,\varepsilon^2$ が掛かることがのちのち重要になる．

次に時間軸方向の平行移動について考察する．ところが空間方向のときと違って図 3-16 にみられるように，経路の左端にずれを生じる．しかし，ここでは初期データのずれを問題にするのでなく，あくまで同じ形をした経路どうしについて，ポテンシャルのずれの影響のみを問題にする．したがって，その $*$-測度を $^*f=\begin{pmatrix}^*f_1\\ ^*f_2\end{pmatrix}$ に作用させるときは，あくまで $t=0$ での値 $f(X_\omega(0))$ を拾うことにする．その点が少し不自然だが，ポテンシャルのずれも，初期データのずれも一度に考えてしまうと式の評価が繁雑になるので，後者の影響はあとで考えることにして，とりあえず前者のみ考えようというわけである．

4.13 定義 (1) $(0,y)$ と $(\underline{t},\underline{x})$ をつなぐ経路 X_ω に対して $\boldsymbol{T}$ 軸方向に ε および 2ε だけ平行移動した経路を $X_{\omega,+},X_{\omega,2+}$ で表す．すなわち，

$$X_{\omega,+}(k\varepsilon)=X_\omega((k-1)\varepsilon)\qquad(k=1,2,\cdots,N+1,\ N\varepsilon=\underline{t}),$$
$$X_{\omega,2+}(k\varepsilon)=X_\omega((k-2)\varepsilon)\qquad(k=2,3,\cdots,N+2,\ N\varepsilon=\underline{t}).$$

(2) $X_{\omega,+},X_{\omega,2+}$ に対する μ の値を次のように定義する．

$$\mu(X_{\omega,+})=\prod_{k\in R(X_\omega)}\left\{1-\frac{i\varepsilon}{\hbar}(e^*A_0(\mathrm{P}_{k,+})-\sigma(k)e^*A_1(\mathrm{P}_{k,+}))\right\}\mu_0(X_{\omega,+})$$

ただし $\mathrm{P}_{k,+}=(k\varepsilon,X_{\omega,+}(k\varepsilon))$
$\qquad=(k\varepsilon,X_\omega((k-1)\varepsilon))\quad(k=1,2,\cdots,N+1)$

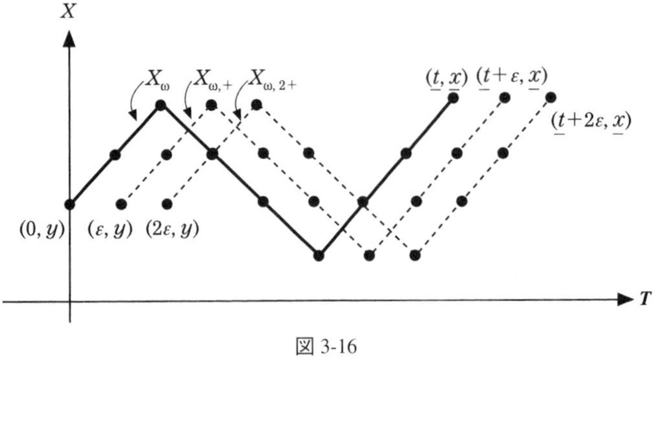

図 3-16

$$\mu(X_{\omega,2+}) = \prod_{k\in R(X_\omega)}\left\{1-\frac{i\varepsilon}{\hbar}(e\,{}^*A_0(\mathrm{P}_{k,2+})-\sigma(k)\,e\,{}^*A_1(\mathrm{P}_{k,2+}))\right\}\mu_0(X_{\omega,2+})$$

$$\text{ただし}\quad \mathrm{P}_{k,2+} = (k\varepsilon, X_{\omega,2+}(k\varepsilon)) = (k\varepsilon, X_\omega((k-2)\varepsilon)) \quad (k=2,3,\cdots,N+2)$$

である．ただし，これらが ${}^*f$ に作用するときには，前に述べた理由から，次のように作用すると定める：

$$\mu(X_{\omega,+})^*f = \mu(X_{\omega,+})\begin{pmatrix}{}^*f_1(X_{\omega,+}(\varepsilon))\\ {}^*f_2(X_{\omega,+}(\varepsilon))\end{pmatrix} = \mu(X_{\omega,+})\begin{pmatrix}{}^*f_1(X_\omega(0))\\ {}^*f_2(X_\omega(0))\end{pmatrix},$$

$$\mu(X_{\omega,2+})^*f = \mu(X_{\omega,2+})\begin{pmatrix}{}^*f_1(X_{\omega,2+}(2\varepsilon))\\ {}^*f_2(X_{\omega,2+}(2\varepsilon))\end{pmatrix} = \mu(X_{\omega,2+})\begin{pmatrix}{}^*f_1(X_\omega(0))\\ {}^*f_2(X_\omega(0))\end{pmatrix}.$$

$X_{\omega,+}, X_{\omega,2+}$ に対して命題 4.12 と同様の計算によって次の評価式が得られる．

4.14　命題　（1）$\|\mu(X_\omega)-\mu(X_{\omega,+})\| \leqq C\varepsilon\left(\frac{mc^2}{\hbar}\varepsilon\right)^n,$

$$\|\mu(X_\omega)-\mu(X_{\omega,2+})\| \leqq C\varepsilon\left(\frac{mc^2}{\hbar}\varepsilon\right)^n. \tag{3.68}$$

（2）$$\|\mu(X_{\omega,2+})+\mu(X_\omega)-2\mu(X_{\omega,+})\| \leqq (C\varepsilon)^2\left(\frac{mc^2}{\hbar}\varepsilon\right)^n. \tag{3.69}$$

ここに，$C\in \boldsymbol{R}^+$ は $(\underline{t}, \underline{x})$ について広義一様な定数である．

証明　命題 4.12 と同じようにできるので省略する．

4.15　定義　無限小差分 D_T を前進差分で，D_X を中心差分で定義する：

$$D_T\Psi(\underline{t},\underline{x}) = \frac{1}{\varepsilon}\{\Psi(\underline{t}+\varepsilon,\underline{x})-\Psi(\underline{t},\underline{x})\} \tag{3.70}$$

$$D_X\Psi(\underline{t},\underline{x}) = \frac{1}{2c\varepsilon}\{\Psi(\underline{t},\underline{x}+c\varepsilon)-\Psi(\underline{t},\underline{x}-c\varepsilon)\} \tag{3.71}$$

4.16　命題

$$\begin{aligned}D_T\Psi(\underline{t},\underline{x}) = &-c\alpha D_X\Psi(\underline{t},\underline{x})\\ &-i\frac{e}{\hbar}\frac{1}{2}\Big({}^*A_0(\underline{t},\underline{x}+c\varepsilon)\Psi(\underline{t},\underline{x}+c\varepsilon)\\ &\qquad +{}^*A_0(\underline{t},\underline{x}-c\varepsilon)\Psi(\underline{t},\underline{x}-c\varepsilon)\Big)\\ &+i\frac{e}{\hbar}\frac{\alpha}{2}\Big({}^*A_1(\underline{t},\underline{x}+c\varepsilon)\Psi(\underline{t},\underline{x}+c\varepsilon)\end{aligned}$$

$$
\begin{aligned}
&\quad + {}^*A_1(\underline{t}, \underline{x}-c\varepsilon)\,\Psi(\underline{t}, \underline{x}-c\varepsilon)\Big) \\
&- i\frac{mc^2}{\hbar}\beta\frac{1}{2}\Big(\Psi(\underline{t}, \underline{x}+c\varepsilon)+\Psi(\underline{t}, \underline{x}-c\varepsilon)\Big) \\
&+ O(\varepsilon)
\end{aligned}
\tag{3.72}
$$

ここに $O(\varepsilon)$ は ε のオーダーの無限小である．

証明は簡単なので省略する．

4.17 命題 $D_X\Psi(\underline{t}, \underline{x})$，$D_T\Psi(\underline{t}, \underline{x})$ はともに近標準である．

証明 2次元ベクトルの大きさを $|\ \ |_2$ で表すとする．(3.65) を用いて

$$
\begin{aligned}
|D_X\Psi(\underline{t}, \underline{x})|_2 &= \frac{1}{2c\varepsilon}\Big|\sum_{y, X_\omega}\{\mu(X_\omega^+)^*f(y+c\varepsilon) \\
&\qquad - \mu(X_\omega^-)^*f(y-c\varepsilon)\}\Big|_2 \\
&\leqq \frac{1}{2c\varepsilon}\Big|\sum_{X_\omega, y}\{\mu(X_\omega^+)-\mu(X_\omega^-)\}^*f(y+c\varepsilon)\Big|_2 \\
&\quad + \frac{1}{2c\varepsilon}\Big|\sum_{X_\omega, y}\mu(X_\omega^-)\{^*f(y+c\varepsilon)-{}^*f(y-c\varepsilon)\}\Big|_2 \\
&\leqq \frac{1}{2c\varepsilon}\|f\|_\infty\sum_{n=0}^{N}2C\varepsilon\Big(\frac{mc^2}{\hbar}\varepsilon\Big)^n\binom{N}{n}\ {}^{1)} \\
&\quad + \frac{1}{2c\varepsilon}\Big\|\sum_{X_\omega, y}\mu(X_\omega^-)\Big\|\,|{}^*f(y+c\varepsilon)-{}^*f(y-c\varepsilon)|_2 \\
&\leqq \frac{C}{c}\Big(1+\frac{mc^2}{\hbar}\varepsilon\Big)^N\|f\|_\infty+\Big\|\frac{df}{dx}\Big\|_\infty\cdot C'
\end{aligned}
\tag{3.73}
$$

ここに X_ω に関する和は $X_\omega \in \mathcal{P}_{\underline{t}, \underline{x};0,y}$ にわたる和である．また $C, C' \in \boldsymbol{R}^+$ は $(\underline{t}, \underline{x})$ について広義一様な定数である．なお，$f_k \in C^2(\boldsymbol{R})$ だから一般には $\|f\|_\infty$ や $\Big\|\dfrac{df}{dx}\Big\|_\infty$ を考えることはできないが，いまは $(\underline{t}, \underline{x})$ を固定したとき，そこに至る経路が光円錐内に限られるのでこれらを考えることができる．

(3.73) から $D_X\Psi$ が近標準であることがわかり，したがって (3.72) から，$D_T\Psi$ が近標準になる．（証明終り）

4.18 命題 $|D_X\Psi(\underline{t}, \underline{x}+c\varepsilon)-D_X\Psi(\underline{t}, \underline{x})|_2 < C\varepsilon$ (3.74)

---

1) $\|f\|_\infty = \sup_x |f(x)|_2$.

（$C\in \boldsymbol{R}^{+}$ は (t,x) について広義一様な定数）

証明　D_X の定義から (3.74) の左辺は次の式で押さえられる．

$$\frac{1}{2c\varepsilon}\left|\sum_{y,X_\omega}\Big[\{\mu(X_\omega^{2+})^*f(y+2c\varepsilon)-\mu(X_\omega)^*f(y)\}^{1)}\right.$$
$$\left.-\{\mu(X_\omega^{+})^*f(y+c\varepsilon)-\mu(X_\omega^{-})^*f(y-c\varepsilon)\}\Big]\right|_2$$
$$\leqq\frac{1}{2c\varepsilon}\left|\sum_{y,X_\omega}\{(\mu(X_\omega^{2+})-\mu(X_\omega^{+}))-(\mu(X_\omega)-\mu(X_\omega^{-}))\}^*f(y)\right|_2$$
$$+\frac{1}{2c\varepsilon}\left|\sum_{y,X_\omega}\mu(X_\omega)\Big\{({}^*f(y+2c\varepsilon)-{}^*f(y))\right.$$
$$\left.-({}^*f(y+c\varepsilon)-{}^*f(y-c\varepsilon))\Big\}\right|_2$$
$$+\frac{1}{2c\varepsilon}\left|\sum_{y,X_\omega}(\mu(X_\omega^{2+})-\mu(X_\omega))({}^*f(y+2c\varepsilon)-{}^*f(y))\right|_2$$
$$+\frac{1}{2c\varepsilon}\left|\sum_{y,X_\omega}(\mu(X_\omega^{+})-\mu(X_\omega))({}^*f(y+c\varepsilon)-{}^*f(y))\right|_2$$
$$+\frac{1}{2c\varepsilon}\left|\sum_{y,X_\omega}(\mu(X_\omega)-\mu(X_\omega^{-}))({}^*f(y)-{}^*f(y-c\varepsilon))\right|_2.$$

最後の式に命題 4.12 と f が C^2-関数であること，および経路が光円錐内に限られることを用いると (3.74) が得られる．　（証明終り）

4.19　命題

$$|D_T\Psi(\underline{t}+\varepsilon,\underline{x})-D_T\Psi(\underline{t},\underline{x})|_2\leqq C\varepsilon$$

（$C\in \boldsymbol{R}^{+}$ は $(\underline{t},\underline{x})$ について広義一様な定数）　(3.75)

証明　命題 4.14 を用いると命題 4.18 と同様にできる．　（証明終り）

多ステップに対する評価

Ψ の標準部分 ϕ のスタンダードな意味での微分可能性を論じるには，独立変数が ε だけ変化したときの評価式だけでは不充分で，あとの定理 4.21 の証明をみればわかるように，$k\varepsilon$ ($\simeq 0$) だけの変化に対する評価式が必要になる．命題 4.18 と 4.19 はそのための準備だったのである．

4.20　命題　$k\in{}^*\boldsymbol{N}$，$k\varepsilon\simeq 0$ とする．

（1）　$$\frac{1}{kc\varepsilon}(\Psi(\underline{t},\underline{x}+kc\varepsilon)-\Psi(\underline{t},\underline{x}))\simeq D_X\Psi(\underline{t},\underline{x})$$　(3.76)

1)　X_ω^{2+} は経路 X_ω を $\boldsymbol{X}$ 軸の正方向に $2c\varepsilon$ だけ平行移動した経路を表す．

（2） $\frac{1}{k\varepsilon}(\Psi(\underline{t}+k\varepsilon, \underline{x})-\Psi(\underline{t}, \underline{x})) \simeq D_T\Psi(\underline{t}, \underline{x})$ (3.77)

証明 （1） k が偶数のとき

$$\text{左辺} = \frac{2}{k}\{D_X\Psi(\underline{t}, \underline{x}+c\varepsilon)+D_X\Psi(\underline{t}, \underline{x}+3c\varepsilon)+\cdots$$
$$\cdots+D_X\Psi(\underline{t}, \underline{x}+(k-1)c\varepsilon)\}$$

なので

$$\left|\frac{1}{kc\varepsilon}(\Psi(\underline{t}, \underline{x}+kc\varepsilon)-\Psi(\underline{t}, \underline{x}))-D_X\Psi(\underline{t}, \underline{x})\right|_2$$
$$\leqq \frac{2}{k}\Big(|D_X\Psi(\underline{t}, \underline{x}+c\varepsilon)-D_X\Psi(\underline{t}, \underline{x})|_2$$
$$+|D_X\Psi(\underline{t}, \underline{x}+3c\varepsilon)-D_X\Psi(\underline{t}, \underline{x})|_2+\cdots$$
$$\cdots+|D_X\Psi(\underline{t}, \underline{x}+(k-1)c\varepsilon)-D_X\Psi(\underline{t}, \underline{x})|_2\Big)$$

となる．命題 4.18 から右辺は

$$\frac{2}{k}(C\varepsilon+3C\varepsilon+5C\varepsilon+\cdots+(k-1)C\varepsilon) = \frac{C}{2}k\varepsilon \simeq 0$$

より小さい．したがって（3.76）が成り立つ．k が奇数でも同様．

（2） 命題 4.19 を用いると（1）と同様である． （証明終り）

ディラック方程式の解であることの証明

4.21 定理 $A_1, A_2 \in C^2(\boldsymbol{R}^2)$，$f_1, f_2 \in C^2(\boldsymbol{R})$ のとき，定義 4.8 の $\psi(t, x)$ はディラック方程式

$$i\hbar\frac{\partial}{\partial t}\psi(t, x)$$
$$= \left\{-ic\hbar\alpha\frac{\partial}{\partial x}-e\alpha A_1(t, x)+eA_0(t, x)+mc^2\beta\right\}\psi(t, x)$$
$$\psi(0, x) = f(x)$$

の解である．

証明 （i） $\psi(t, x)$ の t-偏微分可能性を示す．

$(t, x) \in \boldsymbol{R}^2$ を固定する．したがって $(\underline{t}, \underline{x}) \in \boldsymbol{L}$ も固定される．

$a \in \boldsymbol{R}^+$ に対して，内的な集合

$$M_a = \Big\{u \in {}^*\boldsymbol{R}^+ : \ (|k\varepsilon| < u \text{ かつ } k \in {}^*\boldsymbol{Z}) \text{ ならば}$$

$$\left|\frac{1}{k\varepsilon}(\Psi(\underline{t}+k\varepsilon,\underline{x})-\Psi(\underline{t},\underline{x}))-D_T\Psi(\underline{t},\underline{x})\right|_2<a\Big\}$$

を考えると，命題 4.20(2) から M_a は正の無限小数をすべて含む．したがって延長定理より M_a はある $d\in\boldsymbol{R}^+$ を要素として含む．$d\in M_a$ なので

$(|k\varepsilon|<d$ かつ $k\in{}^*\boldsymbol{Z})$ なら

$$\left|\frac{1}{k\varepsilon}(\Psi(\underline{t}+k\varepsilon,\underline{x})-\Psi(\underline{t},\underline{x}))-D_T\Psi(\underline{t},\underline{x})\right|_2<a$$

が成り立ち，したがって命題 4.17 より

$$\begin{aligned}&\left|\frac{1}{k\varepsilon}(\Psi(\underline{t}+k\varepsilon,\underline{x})-\Psi(\underline{t},\underline{x}))-{}^\circ D_T\Psi(\underline{t},\underline{x})\right|_2\\&\leqq\left|\frac{1}{k\varepsilon}(\Psi(\underline{t}+k\varepsilon,\underline{x})-\Psi(\underline{t},\underline{x}))-D_T\Psi(\underline{t},\underline{x})\right|_2\\&\quad+|D_T\Psi(\underline{t},\underline{x})-{}^\circ D_T\Psi(\underline{t},\underline{x})|_2\\&<2a\end{aligned}\tag{3.78}$$

となる．一方，$h\in\boldsymbol{R}$ のとき $\underline{t+h}=\underline{t}+l\varepsilon$, $l\in{}^*\boldsymbol{Z}$ とすると，$\dfrac{l\varepsilon}{h}\simeq 1$ なので

$$\begin{aligned}\frac{1}{h}(\phi(t+h,x)-\phi(t,x))&=\frac{1}{l\varepsilon}({}^\circ\Psi(\underline{t}+l\varepsilon,\underline{x})-{}^\circ\Psi(\underline{t},\underline{x}))\frac{l\varepsilon}{h}\\&\simeq\frac{1}{l\varepsilon}(\Psi(\underline{t}+l\varepsilon,\underline{x})-\Psi(\underline{t},\underline{x}))\end{aligned}\tag{3.79}$$

である（$l\varepsilon\simeq h\in\boldsymbol{R}$ に注意）．

(3.78) と (3.79) より，任意の $a\in\boldsymbol{R}^+$ に対して前述の $d\in\boldsymbol{R}^+$ をとると，$|h|<d$ をみたすすべての $h\in\boldsymbol{R}$ に対して

$$\left|\frac{1}{h}(\phi(t+h,x)-\phi(t,x))-{}^\circ D_T\Psi(\underline{t},\underline{x})\right|_2<3a$$

が成り立つ．したがって $\phi(t,x)$ は t-偏微分可能であって

$$\frac{\partial}{\partial t}\phi(t,x)={}^\circ D_T\Psi(\underline{t},\underline{x})\tag{3.80}$$

が成り立つ．

(ii)　命題 4.20(1) から (i) と同様に $\phi(t,x)$ が x-偏微分可能で

$$\frac{\partial}{\partial x}\phi(t,x)={}^\circ D_X\Psi(\underline{t},\underline{x})\tag{3.81}$$

である．

(iii)　(3.80), (3.81) と命題 4.16 から $\phi(t,x)$ はディラック方程式の解である．初期条件をみたすことは定義から自明である．　(証明終り)

定理 4.21 に関して次のことを強調しておく．たとえば $L^2(\boldsymbol{R})$ における作用素の列の極限として経路積分を合理化する場合（方程式は違うが 3-2 節や 3-3 節の結論はそうであった），初期関数が良い性質をもつなら（たとえば C^2-関数），時刻 t での解にもその性質が伝播される．しかしその際に経路積分で表されたグリーン関数はあくまで $L^2(\boldsymbol{R})$ 上の作用素であるから，時刻 t での解がたとえば C^2-関数になるといっても，$L^2(\boldsymbol{R})$ の中の C^2-関数を代表元にもつような類を像にもつという意味である．ところが定理 4.21 の解 $\phi(t,x)$ はそのものが C^2-関数なのである．したがってここで定義した $*$-経路積分（$*$-経路和というべきか）は，C^2-関数を C^2-関数に直接うつすような作用素である．その意味で関数解析的でなく，古典的である．

3-5 節　$*$-測度からスタンダードな測度へ

3-4 節では

（i）　$*$-経路空間 $\mathcal{P}_{\underline{t},\underline{x}}$ と各々の $X_\omega \in \mathcal{P}_{\underline{t},\underline{x}}$ に対する $*$-測度 $\mu_0(X_\omega)$

（ii）　$*$-測度 μ_0 に関する $*$-経路積分（$*$-有限和）

が構成され，その結果の標準部分 $\phi(t,x) = \mathrm{st}(\Psi(\underline{t},\underline{x}))$ が，電磁ポテンシャルをもつ 2 次元ディラック方程式の解になることが明らかにされた．

この節では，これらから

（i）　スタンダードな経路空間 $\boldsymbol{P}_{t,x}$ とその上のスタンダードな測度 m_L

（ii）　測度 m_L に関するスタンダードな経路積分

が定義できて，結果は一致することを示す．

おおまかには第 2 章で説明したローブ測度といえるが，ここでは第 2 章のような正値測度でなく，2×2 行列値測度なのでいろいろな工夫が必要になる．一般のベクトル値測度に関するローブ測度論は，R. T. Živaljević ［62］によって展開され，H. Osswald & Y. Sun ［63］によってより一般化された．ここでも彼等の方法を採るが，最終的にはスタンダードな経路の空間を考え，さらにそこでのスタンダードな積分（経路積分）を考えなければならないから，彼等の理論をさらにもう一歩，推し進める必要がある．

測度空間の構成

出発点はこれまで考えてきた $*$-経路の空間 $\mathcal{P}_{\underline{t},\underline{x}}$ と $*$-測度 μ_0 である．まず

$*$-有限加法的 $*$-測度空間からはじめよう．

5.1　定義

$$\mathcal{P}_{\underline{t},\underline{x}} = \{X_\omega : X_\omega(\underline{t}) = \underline{x}\}$$
$$\mathfrak{A} = \{A \subseteqq \mathcal{P}_{\underline{t},\underline{x}} : A \text{ は内的}\}$$
$$\mu_0(A) = \sum_{X_\omega \in A} \mu_0(X_\omega) \qquad (A \in \mathfrak{A})$$

$\mathcal{P}_{\underline{t},\underline{x}}$ に属する X_ω は 2^N（$N=\underline{t}/\varepsilon$）個なので $\mathcal{P}_{\underline{t},\underline{x}}$ は $*$-有限集合である．したがって内的な $A \in \mathcal{P}_{\underline{t},\underline{x}}$ も $*$-有限集合であり，$\mu_0(A)$ は1つ1つの経路に対する値 $\mu_0(X_\omega)$ の $*$-有限和として定義されている．$(\mathcal{P}_{\underline{t},\underline{x}}, \mathfrak{A}, \mu_0)$ は $*$-有限加法的 $*$-測度空間になっている．

一般に符号つき測度さらにベクトル値測度においては，その全変動が重要な役割を果たす．以下の議論にも具体的に現れるが，これが一種の絶対値評価を与えるのである．

5.2　定義　（1）$P=\{D_1, \cdots, D_l\}$（$l \in {}^*\boldsymbol{N}$）が $A \in \mathfrak{A}$ の $*$-有限分割とは

（i）P は内的で，$D_k \in \mathfrak{A}$（$k=1, 2, \cdots, l$）

（ii）$D_j \cap D_k = \emptyset$（$j \neq k$），　$\bigcup_{k=1}^{l} D_k = A$

が成り立つことである．

（2）μ_0 の $*$-全変動 $|\mu_0|$ を次式で定義する．

$$|\mu_0|(A) = \sup_P \sum_{k=1}^{l} \|\mu_0(D_k)\|$$

ここに上限 $\sup_P$ は A の $*$-有限分割のすべてにわたる上限である．

系　（1）$A_1 \subseteqq A_2$（$A_1, A_2 \in \mathfrak{A}$）なら $|\mu_0|(A_1) \leqq |\mu_0|(A_2)$ である．

（2）$\quad |\mu_0|(A) = \sum_{X_\omega \in A} \|\mu_0(X_\omega)\|$

いずれも $*$-全変動の定義と行列のノルムに関する三角不等式を用いるとすぐ証明できるので証明は略する．

5.3　命題　μ_0 は有界変動である．すなわちすべての $A \in \mathfrak{A}$ に対して

$$|\mu_0|(A) \leqq 2 \exp\left[\frac{mc^2 t}{\hbar}\right] \tag{3.82}$$

が成り立つ．

証明　命題 4.3 から

$$\|\mu_0(X_\omega)\| = \left(\frac{mc^2\varepsilon}{\hbar}\right)^{r(X_\omega)}$$

なので，上の系を用いると

$$\begin{aligned} |\mu_0|(A) &\leqq |\mu_0|(\mathcal{P}_{\underline{t},\underline{x}}) = \sum_{X_\omega \in \mathcal{P}_{\underline{t},\underline{x}}} \|\mu_0(X_\omega)\| \\ &= 2\sum_{k=0}^{N-1}\binom{N-1}{k}\left(\frac{mc^2\varepsilon}{\hbar}\right)^k \\ &\leqq 2\exp\left[\frac{mc^2 t}{\hbar}\right]. \end{aligned}$$

（証明終り）

μ_0 は行列値だが $|\mu_0|$ は $*$-正値（つまり $|\mu_0|(A) \in {}^*\boldsymbol{R}^+$）の $*$-測度である．したがって第 2 章で述べたように，$(\mathcal{P}_{\underline{t},\underline{x}}, \mathfrak{A}, |\mu_0|)$ からローブ測度空間

$$(\mathcal{P}_{\underline{t},\underline{x}}, L(\mathfrak{A}), |\mu_0|_L)$$

が構成できる．ここに $L(\mathfrak{A})$ は σ-加法族，$|\mu_0|_L$ は σ-加法的な $\boldsymbol{R}^+$-値測度である．

第 2 章の定理 1.21 より $E \in L(\mathfrak{A})$ であるためには

$$|\mu_0|_L(E \triangle A) = 0 \ ^{1)} \tag{3.83}$$

をみたす $A \in \mathfrak{A}$ が存在することが必要十分である．この性質をもつ $A_1, A_2 \in \mathfrak{A}$ をとると

$$\begin{aligned} \mathrm{st}(\|\mu_0(A_1) - \mu_0(A_2)\|) &= \mathrm{st}(\|\mu_0(A_1 \backslash A_2) - \mu_0(A_2 \backslash A_1)\|) \\ &\leqq \mathrm{st}(\|\mu_0(A_1 \backslash A_2)\| + \|\mu_0(A_2 \backslash A_1)\|) \\ &\leqq \mathrm{st}(|\mu_0|(A_1 \triangle A_2)) \\ &\leqq |\mu_0|_L(E \triangle A_1) + |\mu_0|_L(E \triangle A_2) \\ &= 0 \end{aligned}$$

となるので

$$\mathrm{st}(\mu_0(A_1)) = \mathrm{st}(\mu_0(A_2))$$

が成り立つ．したがってスタンダードな行列値測度 μ_L を次のように定義することができる．

5.4　定義　$E \in L(\mathfrak{A})$ に対して (3.83) をみたす $A \in \mathfrak{A}$ をとり

$$\mu_L(E) = \mathrm{st}(\mu_0(A))$$

と定義する．

---

1)　$E \triangle A = (E \backslash A) \cup (A \backslash E)$.

5.5　命題　$(\mathcal{P}_{\underline{t},\underline{x}}, L(\mathfrak{A}), \mu_L)$ は $\mathcal{P}_{\underline{t},\underline{x}}$ 上の 2×2 行列値のスタンダードな σ-加法的測度空間である．

証明　μ_L の σ-加法性を示せばよい．$E_1\subset E_2\subset\cdots\subset E_m\subset\cdots$ を $L(\mathfrak{A})$ の単調増大列とし，$E=\bigcup_{k=1}^{\infty} E_k$ とする．$|\mu_0|_L$ は σ-加法的なので

$$\|\mu_L(E\backslash E_n)\| \leqq |\mu_0|_L(E\backslash E_n) \to 0 \qquad (n\to\infty)$$

となる．したがって $\lim_{n\to\infty}\mu_L(E_n)=\mu_L(E)$ が成り立つ．　（証明終り）

このようにして，$*$-有限加法的 $*$-測度空間 $(\mathcal{P}_{\underline{t},\underline{x}}, \mathfrak{A}, \mu_0)$ からスタンダードな σ-加法的測度空間 $(\mathcal{P}_{\underline{t},\underline{x}}, L(\mathfrak{A}), \mu_L)$ が構成された．ただし，未だ経路自体は $*$-経路 X_ω のままであり，完全にスタンダードな測度空間をつくるという目標からは不充分である．そこで，さらに $(\mathcal{P}_{\underline{t},\underline{x}}, L(\mathfrak{A}), \mu_L)$ から測度空間 $(\boldsymbol{P}_{t,x}, \mathfrak{B}, m_L)$ を次のように定義する．

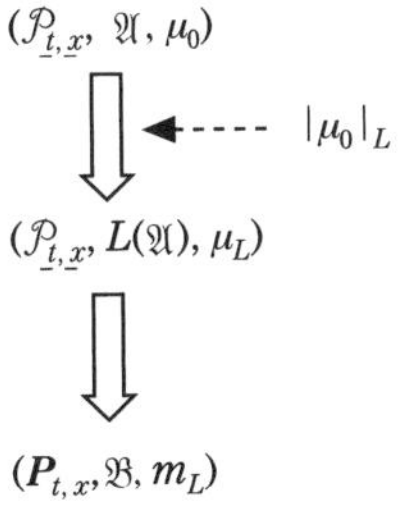

図 3-17

5.6　定義　（1）　$X_\omega\in\mathcal{P}_{\underline{t},\underline{x}}$ に対し，区間 $[0, t]\subset\boldsymbol{R}$ から $\boldsymbol{R}$ への写像 $\mathrm{st}\,X_\omega$ を

$$\mathrm{st}\,X_\omega(s) = \mathrm{st}(X_\omega(\underline{s})) \qquad (s\in[0, t])$$

で定義する．

（2）

$$\boldsymbol{P}_{t,x} = \{x(s) : x(s) \text{ は } [0, t] \text{ から } \boldsymbol{R} \text{ への写像}\},$$
$$\mathfrak{B} = \{A\subset\boldsymbol{P}_{t,x} : \{X_\omega\in\mathcal{P}_{\underline{t},\underline{x}} : \mathrm{st}\,X_\omega\in A\}\in L(\mathfrak{A})\},$$
$$m_L(A) = \mu_L(\{X_\omega\in\mathcal{P}_{\underline{t},\underline{x}} : \mathrm{st}\,X_\omega\in A\}), \qquad A\in\mathfrak{B}.$$

5.7　定理　$(\boldsymbol{P}_{t,x}, \mathfrak{B}, m_L)$ はスタンダードな経路の空間の上で定義された，スタンダードな σ-加法的測度空間であり，$\mathfrak{B}$ は $\boldsymbol{P}_{t,x}$ のすべての筒集合を含む．

証明　σ-加法性は $(L(\mathfrak{A}), \mu_L)$ の σ-加法性から直ちに導かれる．

$\boldsymbol{R}^n$ のボレル集合 B_n に対し

$$M(B_n, t_1, \cdots, t_n) = \{x(s) \in \boldsymbol{P}_{t,x} : (x(t_1), \cdots, x(t_n)) \in B_n\}$$

を $\boldsymbol{P}_{t,x}$ の筒集合という．

はじめに B_n が開区間の直積のとき，つまり

$$B_n = (a_1, b_1) \times \cdots \times (a_n, b_n)$$

のときを考える．すると

$$\{X_\omega \in \mathcal{P}_{\underline{t}, \underline{x}} : \mathrm{st}\, X_\omega \in M(B_n, t_1, \cdots, t_n)\}$$
$$= \bigcup_{p \in \boldsymbol{N}} \{X_\omega \in \mathcal{P}_{\underline{t}, \underline{x}} : a_i + \frac{1}{p} \leqq X_\omega(\underline{t_i}) \leqq b_i - \frac{1}{p},\ 1 \leqq i \leqq n\}$$

であるが，最後の式の各々の集合は内的なので $\mathfrak{A}$ に，したがって $L(\mathfrak{A})$ に属し，$L(\mathfrak{A})$ は σ-加法的なので和集合は $L(\mathfrak{A})$ に属する．したがって

$$M(B_n, t_1, \cdots, t_n) \in \mathfrak{B} \tag{3.84}$$

が成り立つ．

$\boldsymbol{R}^n$ のボレル集合族とは，$\boldsymbol{R}^n$ の開集合を含む最小の σ-加法族だが，それは同時に $\boldsymbol{R}^n$ の開区間を含む最小の σ-加法族でもある．したがって (3.84) と $\mathfrak{B}$ の σ-加法性から，B_n が $\boldsymbol{R}^n$ のボレル集合のときにも $M(B_n, t_1, \cdots, t_n) \in \mathfrak{B}$ が成り立つことがわかる． (証明終り)

命題 4.3 によって $\mu_0(X_\omega)$ が具体的にわかるので，m_L のより詳しい性質を導出することができる．

5.8　定理　測度 m_L は傾きが $\pm c$ の有限個の線分からなる折れ線経路の上に集中している．

証明　定理にでてくる折れ線経路の全体を S とする．また，有限回だけ向きを変える $*$-経路の全体を T とする．すなわち

$$T = \{X_\omega \in \mathcal{P}_{\underline{t}, \underline{x}} : r(X_\omega) \text{ は有限数}\}$$

とする．スタンダードな測度 μ_L の全変動を $|\mu_L|$ とすると

$$\begin{aligned}
|\mu_L|(\mathcal{P}_{\underline{t}, \underline{x}} \setminus T) &= \lim_{n \to \infty} |\mu_L|(\{X_\omega \in \mathcal{P}_{\underline{t}, \underline{x}} : r(X_\omega) \geqq n\}) \\
&\leqq \lim_{n \to \infty} \mathrm{st}\, |\mu_0|(\{X_\omega \in \mathcal{P}_{\underline{t}, \underline{x}} : r(X_\omega) \geqq n\}) \\
&\leqq \lim_{n \to \infty} \mathrm{st} \sum_{k=n}^{N-1} 2\left(\frac{mc^2}{\hbar}\frac{t}{N}\right)^k \binom{N-1}{k} \qquad (\underline{t} = N\varepsilon) \\
&\leqq \lim_{n \to \infty} \mathrm{st} \sum_{k=n}^{*\infty} \frac{2}{k!}\left(\frac{mc^2 t}{\hbar}\right)^k \\
&= 0.
\end{aligned}$$

したがって

$$|\mu_L|(\mathcal{P}_{\underline{t},\underline{x}}\backslash T) = 0 \tag{3.85}$$

である．次に $X_\omega \in T$ をとり，それが向きを変える時刻を

$$n_1\varepsilon < n_2\varepsilon < \cdots < n_l\varepsilon, \qquad l\in \boldsymbol{N}$$

とおく．$\mathrm{st}(n_i\varepsilon)=t_i$ とおくと

$$t_1 \leqq t_2 \leqq \cdots \leqq t_l$$

で，$\mathrm{st}\,X_\omega$ はこれらの時刻でのみ向きを変える．それ以外では $\mathrm{st}\,X_\omega$ の傾きは $\pm c$ なので，$\mathrm{st}\,X_\omega \in S$ であることがわかる．したがって

$$T \subseteqq \{X_\omega \in \mathcal{P}_{\underline{t},\underline{x}} : \mathrm{st}\,X_\omega \in S\}$$

つまり

$$\{X_\omega \in \mathcal{P}_{\underline{t},\underline{x}} : \mathrm{st}\,X_\omega \notin S\} \subseteqq \mathcal{P}_{\underline{t},\underline{x}}\backslash T \tag{3.86}$$

である．

さて，$\boldsymbol{P}_{t,x}\backslash S$ の $\mathfrak{B}$ の集合による任意の有限分割

$$P = \{A_1, \cdots, A_k\}, \qquad A_i \cap A_j = \emptyset\,(i\neq j),\ \bigcup_{i=1}^{k} A_i = \boldsymbol{P}_{t,x}\backslash S,\ A_i \in \mathfrak{B}$$

を考える．(3.86) から

$$\{X_\omega \in \mathcal{P}_{\underline{t},\underline{x}} : \mathrm{st}\,X_\omega \in A_j\} \subseteqq \{X_\omega \in \mathcal{P}_{\underline{t},\underline{x}} : \mathrm{st}\,X_\omega \notin S\} \subseteqq \mathcal{P}_{\underline{t},\underline{x}}\backslash T$$

が成り立ち，したがって (3.85) から

$$\begin{aligned}
&\|m_L(A_1)\| + \cdots + \|m_L(A_k)\| \\
&\quad = \|\mu_L(\{X_\omega \in \mathcal{P}_{\underline{t},\underline{x}} : \mathrm{st}\,X_\omega \in A_1\})\| + \cdots \\
&\qquad \cdots + \|\mu_L(\{X_\omega \in \mathcal{P}_{\underline{t},\underline{x}} : \mathrm{st}\,X_\omega \in A_k\})\| \\
&\quad \leqq |\mu_L|(\{X_\omega \in \mathcal{P}_{\underline{t},\underline{x}} : \mathrm{st}\,X_\omega \in A_1\}) + \cdots \\
&\qquad \cdots + |\mu_L|(\{X_\omega \in \mathcal{P}_{\underline{t},\underline{x}} : \mathrm{st}\,X_\omega \in A_k\}) \\
&\quad \leqq |\mu_L|(\mathcal{P}_{\underline{t},\underline{x}}\backslash T) \\
&\quad = 0
\end{aligned}$$

がわかる．P は任意なのでこれは $|m_L|(\boldsymbol{P}_{t,x}\backslash S)=0$ を示している．　(証明終り)

この証明からわかるように，定理 5.8 が成立する根拠は $\mathcal{P}_{\underline{t},\underline{x}}\backslash T$ の全変動がゼロであること，つまり無限に多くの回数にわたって向きを変える ∗-経路はスタンダードな測度 m_L には効かないことにある．そしてそれは ∗-測度がポアソン過程の分布になっていることに起因している．

$\mathcal{P}_{\underline{t},\underline{x}}$ 自身は傾きが $\pm c$ の ∗-有限回折れ曲がる ∗-経路の全体だが，第1章で

述べたように $*$-有限回は集合論からみると非可算無限回であり，したがって $X_\omega \in \mathcal{P}_{\underline{t},\underline{x}}$ からつくられる $\mathrm{st}\, X_\omega$ はリプシッツ条件

$$|x(s_2)-x(s_1)| \leqq c|s_2-s_1|$$

をみたすすべての連続関数を表すことができるのである．それにもかかわらず測度 m_L が集合 S に集中しているのは，やはりポアソン過程に起因している．それはさらに遡ると，ディラック方程式に入っている α, β 行列の性質からでてくるといってよい．

経路積分の構成

ノンスタンダードな $*$-測度空間 $(\mathcal{P}_{\underline{t},\underline{x}}, \mathfrak{A}, \mu_0)$ とスタンダードな測度空間 $(\boldsymbol{P}_{t,x}, \mathfrak{B}, m_L)$ が得られたので，それぞれに関する $*$-経路積分とスタンダードな経路積分の関係が明らかにされなければならない．

$*$-経路積分はこれまでずっと扱ってきたもので，具体的には $*$-有限和として (3.61) で定義される．あとの都合のためにこれを次のように書きかえておく．

まず被積分汎関数を

$$G_i[X_\omega] = \prod_{k \in R(X_\omega)} \left\{1-\varepsilon\frac{i}{\hbar}(e^*A_0(\mathrm{P}_k)-e^*A_1(\mathrm{P}_k)\sigma(k))\right\}^* f_i(X_\omega(0)) \tag{3.87}$$

で定義する．ここに $\sigma(k)$ は線分 l_k の傾きの符号である．命題 4.10 の証明で触れたことだが，経路の各頂点に $M(\mathrm{P}_k)$を，線分に $L(l_k)$ を配置し，それらを経路がたどる順に拾っていって掛け合せたものが $\mu(X_\omega)$ であった．このうち線分上で拾う $L(l_k)=P_\pm$ と頂点で拾う $I-i\varepsilon\frac{mc^2}{\hbar}\beta$ を反交換関係 $\alpha\beta+\beta\alpha=0$ を利用しながら，$\mu(X_\omega)$ の一番右側まで移動すると $\mu_0(X_\omega)$ としてまとまって，命題 4.10(1) のようになる．この操作の中で，$P_\pm$ が $M(\mathrm{P}_k)$の中の $\frac{i\varepsilon}{\hbar}e^*A_1(\mathrm{P}_k)\alpha$ をのりこえて移動する際に，$P_\pm\alpha=\pm P_\pm$ から線分 l_k の傾きの符号 $\sigma(k)$ がでてくるのである．

この G_i を用いると (3.61) は次のようになる：

$$\sum_{X_\omega \in \mathcal{P}_{\underline{t},\underline{x}}} \mu_0(X_\omega)\, G_1[X_\omega]\begin{pmatrix}1\\0\end{pmatrix}+\sum_{X_\omega \in \mathcal{P}_{\underline{t},\underline{x}}} \mu_0(X_\omega)\, G_2[X_\omega]\begin{pmatrix}0\\1\end{pmatrix} \tag{3.88}$$

この各項を $*$-積分という意味で

$$ {}^{*}\!\!\int_{\mathcal{P}_{\underline{t},\underline{x}}} G_1[X_\omega]\mu_0(dX_\omega)\begin{pmatrix}1\\0\end{pmatrix}, \qquad {}^{*}\!\!\int_{\mathcal{P}_{\underline{t},\underline{x}}} G_2[X_\omega]\mu_0(dX_\omega)\begin{pmatrix}0\\1\end{pmatrix} $$

という記号で表し，さらにこれらの和を

$$ {}^{*}\!\!\int_{\mathcal{P}_{\underline{t},\underline{x}}} G[X_\omega]\mu_0(dX_\omega) $$

で表すことにする．

一方，スタンダードな積分としては，被積分汎関数として

$$ g_i[x(s)] = \exp\left[-\frac{i}{\hbar}\int_0^t \left\{eA_0(s, x(s))\,ds - eA_1(s, x(s))\frac{dx(s)}{c}\right\}\right] \times f_i(x(0)) \tag{3.89} $$

をとり，その m_L-積分の和

$$ \int_{\boldsymbol{P}_{t,x}} g_1[x(s)]\,m_L(dx(s))\begin{pmatrix}1\\0\end{pmatrix} + \int_{\boldsymbol{P}_{t,x}} g_2[x(s)]\,m_L(dx(s))\begin{pmatrix}0\\1\end{pmatrix} \tag{3.90} $$

を

$$ \int_{\boldsymbol{P}_{t,x}} g[x(s)]\,m_L(dx(s)) $$

で表すことにする．

(3.90) はスカラー関数の行列値測度に関する積分であり，それは N. Dunford & J. T. Schwartz [20] のIV章 10.7 で定義されている．ここでは定義と基本性質を証明なしで列記しておく．

5.9　定義　(1)　m_L の全変動 $|m_L|$ は，$E\in\mathfrak{B}$ の有限分割

$$ P = \{D_1, \cdots, D_l\} \qquad \left(D_k\in\mathfrak{B},\ D_j\cap D_k=\emptyset\ (j\neq k),\ \bigcup_{k=1}^{l} D_k = E\right) $$

に関する上限として

$$ |m_L|(E) = \sup_P \sum_{k=1}^{l} \|m_L(D_k)\| $$

によって定義される．

(2)　$|m_L|(E)=0$ をみたす $E\in\mathfrak{B}$ を m_L-零集合といい，ある性質が m_L-零集合以外で成り立つとき，m_L-a. e. で成り立つという．

(3)　関数 $f:\boldsymbol{P}_{t,x}\longrightarrow\boldsymbol{C}$ がすべてのボレル集合 $B\subseteqq\boldsymbol{C}$ に対して，$f^{-1}(B)\in\mathfrak{B}$ をみたすとき，m_L-可測関数または単に可測関数という．

(4)　有限個の $E_i\in\mathfrak{B}$ の特性関数 χ_{E_i} の一次結合 $\sum_{i=1}^{n}\alpha_i\chi_{E_i}$ $(\alpha_i\in\boldsymbol{C})$ で表される関数を m_L-単関数または単に単関数という．

系　(1)　f が m_L-可測である $\Longleftrightarrow$ f は m_L-単関数列の m_L-a. e. での極限である．

(2)　m_L-可測関数列の m_L-a. e. での極限として定義される関数は m_L-可測である．

5.10　定義　(1)　単関数 $f=\sum_{i=1}^{n}\alpha_i\chi_{E_i}$ の $E\in\mathfrak{B}$ 上での積分は

$$\int_E f(x(s))\,m_L(dx(s)) = \sum_{i=1}^{n}\alpha_i m_L(E\cap E_i)$$

で定義される．これは 2×2 行列値の積分である．

(2)　f が $E\in\mathfrak{B}$ の上で m_L-積分可能とは，次の性質をみたす単関数列 $\{f_n\}$ が存在することである．

(i)　$f_n(x(s))$ は $f(x(s))$ に m_L-a. e. で収束する．

(ii)　列 $\left\{\int_E f_n(x(s))\,m_L(dx(s))\right\}$ は 2×2 行列のノルムに関する収束列である．

このとき (ii) の列の極限でもって f の E 上での積分 $\int_E f(x(s))\,m_L(dx(s))$ を定義する．

可測関数 f に対して，$\{x(s)\in E : |f(x(s))|>A\}$ が m_L-零集合となるような $A\in\boldsymbol{R}$ が存在するとき，f は m_L-ess に有界であるといい，このような A の下限を ess sup$|f(x(s))|$ で表すことにする．このとき次の定理が成り立つ．

5.11　定理　(1)　f が $E\in\mathfrak{B}$ 上で m_L-積分可能なとき，定義 5.10 (2) (ii) の極限値は，単関数列のとり方によらない．

(2)　f と g が m_L-積分可能なら，$\alpha, \beta\in\boldsymbol{C}$ に対して

$$\int_E\{\alpha f(x(s))+\beta g(x(s))\}m_L(dx(s))$$
$$= \alpha\int_E f(x(s))\,m_L(dx(s))+\beta\int_E g(x(s))\,m_L(dx(s))$$

が成り立つ．

(3)　f が m_L-可測で，$E\in\mathfrak{B}$ の上で m_L-ess に有界なら，f は E 上で m_L-積分可能で

$$\left|\int_E f(x(s))\, m_L(dx(s))\right| \leqq (\text{ess sup}\,|f(x(s))|)\,|m_L|(E)$$

が成り立つ．

（4）（ルベーグの有界収束定理）

$\{f_n\}$ が m_L-積分可能で，m_L-a. e. で f に収束するとする．さらに m_L-積分可能関数 g で，すべての n に対して $|f_n(x(s))| \leqq g(x(s))$（$m_L$-a. e.）をみたすものが存在するとする．すると f も m_L-積分可能で

$$\int_E f(x(s))\, m_L(dx(s)) = \lim_{n\to\infty}\int_E f_n(x(s))\, m_L(dx(s))$$

が成り立つ．

要するに行列値測度でも，有界変動性があれば正値測度のときと同じ積分論が展開できるのである．

本論に戻って，この節の最後の定理を述べる．

5.12　定理

$$\mathrm{st}\left({}^*\!\!\int_{\mathcal{P}_{\underline{t},\underline{x}}} G[X_\omega]\mu_0(dX_\omega)\right) = \int_{\boldsymbol{P}_{t,x}} g[x(s)]\, m_L(dx(s)).$$

証明　$*$-測度 $(\mathcal{P}_{\underline{t},\underline{x}}, \mathfrak{A}, \mu_0)$ から，いったん $(\mathcal{P}_{\underline{t},\underline{x}}, L(\mathfrak{A}), \mu_L)$ を経由して，$(\boldsymbol{P}_{t,x}, \mathfrak{B}, m_L)$ に至ったので，まず μ_0-積分と μ_L-積分の関係を明らかにしなければならない．$(\mathcal{P}_{\underline{t},\underline{x}}, L(\mathfrak{A}), \mu_L)$ も行列値の σ-加法的測度空間なので，定義5.9, 5.10に従って μ_L-積分が定義され，定理5.11が成り立つことを注意しておく．

G_i の標準部分を $\mathrm{st}\circ G_i$ とするとき，明らかにこれは μ_L-ess に有界である．B, B_n をそれぞれ a を中心とし，半径が r および $r-\dfrac{1}{n}$ の複素平面 $\boldsymbol{C}$ の開円とするとき，

$$(\mathrm{st}\circ G_i)^{-1}(B) = \bigcup_{n\in\boldsymbol{N}} G_i{}^{-1}({}^*B_n) \in L(\mathfrak{A})$$

が成り立つ．$\boldsymbol{C}$ のボレル集合族は開円の全体を含むような最小の σ-加法族でもあるから，ボレル集合 B に対しても

$$(\mathrm{st}\circ G_i)^{-1}(B) \in L(\mathfrak{A})$$

が成り立つ．よって $\mathrm{st}\circ G_i$ は μ_L-可測である．したがって定理5.11(3) から μ_L-積分可能である．

次に

$$\sum_{X_\omega\in\mathcal{P}_{\underline{t},\underline{x}}} \mu_0(X_\omega)\, G_i[X_\omega] \quad と \quad \int_{\mathcal{P}_{\underline{t},\underline{x}}} (\mathrm{st}\circ G_i)[X_\omega]\,\mu_L(dX_\omega)$$

の値を比べる．$(\mathrm{st}\circ G_i)(\mathcal{P}_{\underline{t},\underline{x}})$ を含むように $\boldsymbol{C}$ の長方形 D を1つ選び，それを n^2 個の小さな長方形 $D_{n,k}$ に分ける．ただし，D のさしわたしを d とするとき，各 $D_{n,k}$ のさしわたしは $\dfrac{d}{n}$ であるように等分割する．$z_{n,k}\in D_{n,k}$ を任意に選び，$E_{n,k}\in\mathfrak{A}$ を

$$|\mu_L|(E_{n,k}\triangle(\mathrm{st}\circ G_i)^{-1}(D_{n,k})) = 0$$

をみたすように選んで，μ_L-単関数の列 $\{G_{i,n}\}$ $(n=1,2,3,\cdots)$ を

$$G_{i,n}[X_\omega] = \sum_{k=1}^{n^2} z_{n,k}\chi_{E_{n,k}}(X_\omega)$$

で定める．このとき

(i) $\displaystyle\lim_{n\to\infty} G_{i,n} = \mathrm{st}\circ G_i \qquad (\mu_L\text{-a. e.})$

(ii) $$\lim_{n\to\infty}\int_{\mathcal{P}_{\underline{t},\underline{x}}} G_{i,n}[X_\omega]\mu_L(dX_\omega) = \int_{\mathcal{P}_{\underline{t},\underline{x}}}(\mathrm{st}\circ G_i)[X_\omega]\mu_L(dX_\omega) \tag{3.91}$$

が成り立つことは明らかであろう．また，X_ω に関して一様に

$$|G_i[X_\omega]-G_{i,n}[X_\omega]| \leqq \varepsilon_n, \qquad \lim_{n\to\infty}\varepsilon_n = 0$$

をみたす $\varepsilon_n\in\boldsymbol{R}^+$ がとれることも明らかである．したがって

$$^*\left\|\sum_{X_\omega\in\mathcal{P}_{\underline{t},\underline{x}}}\mu_0(X_\omega)G_i[X_\omega]-\int_{\mathcal{P}_{\underline{t},\underline{x}}}G_{i,n}[X_\omega]\mu_L(dX_\omega)\right\| \leqq \varepsilon_n|\mu_0|(\mathcal{P}_{\underline{t},\underline{x}})$$

となる．$n\to\infty$ の極限をとって (3.91) を用いると

$$\mathrm{st}\left(\sum_{X_\omega\in\mathcal{P}_{\underline{t},\underline{x}}}\mu_0(X_\omega)G_i[X_\omega]\right) = \int_{\mathcal{P}_{\underline{t},\underline{x}}}(\mathrm{st}\circ G_i)[X_\omega]\mu_L(dX_\omega) \tag{3.92}$$

が得られる．

次に μ_L-積分と m_L-積分を比較する．

$$H_i[X_\omega] = \exp\left[-\frac{i}{\hbar}\int_0^t\left\{e^*A_0(s, X_\omega(s))\,ds \right.\right.$$
$$\left.\left. -e^*A_1(s, X_\omega(s))\sigma(X_\omega)\frac{ds}{c}\right\}\right]{}^*f_i(X_\omega(0))$$

とおくと，(3.85) より

$$(\mathrm{st}\circ G_i)[X_\omega] = (\mathrm{st}\circ H_i)[X_\omega] \qquad (\mu_L\text{-a. e.})$$

がわかり，したがって

$$\int_{\mathcal{P}_{\underline{t},\underline{x}}}(\mathrm{st}\circ G_i)[X_\omega]\mu_L(dX_\omega) = \int_{\mathcal{P}_{\underline{t},\underline{x}}}(\mathrm{st}\circ H_i)[X_\omega]\mu_L(dX_\omega) \tag{3.93}$$

となる．G_i から単関数の列 $\{G_{i,n}\}$ $(n=1,2,\cdots)$ をつくったのと全く同じ仕方で $\mathrm{st}\circ H_i$ に収束する単関数の列

$$H_{i,n}[X_\omega] = \sum_{k=1}^{n^2} w_{n,k}\chi_{F_{n,k}}(X_\omega), \qquad F_{n,k}\in\mathfrak{A},\ \ w_{n,k}\in\boldsymbol{C}$$

を定めると，$G_{i,n}$ のときと同様にして

$$\int_{\mathcal{P}_{\underline{t},\underline{x}}} (\mathrm{st}\circ H_i)[X_\omega]\mu_L(dX_\omega) = \lim_{n\to\infty}\int_{\mathcal{P}_{\underline{t},\underline{x}}} H_{i,n}[X_\omega]\mu_L(dX_\omega) \tag{3.94}$$

が成り立つ．

$$g_{i,n}[x(s)] = \sum_{k=1}^{n^2} w_{n,k}\chi_{\tilde{F}_{n,k}}(x(s)),$$

$$\tilde{F}_{n,k} = \{x(s)\in\boldsymbol{P}_{t,x} : \exists\, X_\omega\in F_{n,k},\ \ \mathrm{st}(X_\omega)=x(s)\}$$

によって m_L-単関数の列 $\{g_{i,n}\}$ $(n=1,2,\cdots)$ を定義すると，定義から

$$\int_{\mathcal{P}_{\underline{t},\underline{x}}} H_{i,n}[X_\omega]\mu_L(dX_\omega) = \int_{\boldsymbol{P}_{t,x}} g_{i,n}[x(s)]m_L(dx(s))$$

が成り立つ．このとき

$$\lim_{n\to\infty} g_{i,n}[x(s)] = g_i[x(s)] \qquad (m_L\text{-a. e.})$$

であって，かつ $|g_{i,n}|$ は n に関して一様に定数で押さえられるから，ルベーグの有界収束定理より

$$\lim_{n\to\infty}\int_{\boldsymbol{P}_{t,x}} g_{i,n}[x(s)]m_L(dx(s)) = \int_{\boldsymbol{P}_{t,x}} g_i[x(s)]m_L(dx(s)) \tag{3.95}$$

となる．

(3.92)，(3.93)，(3.94)，(3.95) から定理が成り立つ．　(証明終り)

3-6 節　シュレーディンガー方程式と ∗-測度

この節では相互作用項をもつシュレーディンガー方程式に対する ∗-測度を構成する．ただし時空は 2 次元である．3-3 節でスタンダードな測度論からの合理化について論じたが，そのときの基本的な方針は

$$\text{熱伝導方程式} \xrightarrow[\text{ついて解析接続}]{t\,(\text{または } m)\text{ に}} \text{シュレーディンガー方程式}$$

であった．ここでは全く違った方向から考え，

$$\text{ディラック方程式} \xrightarrow{\text{光速 } c\to\infty} \text{シュレーディンガー方程式}$$

という方針をとる．つまりディラック粒子の非相対論的極限としてシュレーディンガー粒子の運動をとらえる．

まず次の問題点が浮かび上がってくるであろう．ディラック粒子 $\phi(t,x)$ は 2

成分をもつのに対し，シュレーディンガー粒子 $\phi(t,x)$ は1成分である．2成分をいかにして1成分にするか．いいかえると 2×2 行列値の基本解 $\mathcal{K}$ をいかにして対角化するか．まずポテンシャル $V(x)$ がない場合からはじめよう．

自由シュレーディンガー粒子

(3.49) 式の 2×2 行列値 $*$-測度 $\mu_0(X_\omega)$ の光速 c への依存性を明示するために $\mu_0(X_\omega\,;c)$ と表し，c を適当な無限大数に選んだときに $\sum_{X_\omega}\mu_0(X_\omega\,;c)$ が対角化されるだろうことを見越して，次のように定義する．

6.1　定義　初期関数 $\varphi(x):\boldsymbol{R}\longrightarrow\boldsymbol{C}$ に対して

$$\begin{pmatrix}\Phi_1(\underline{t},\underline{x}\,;c)\\ \Phi_2(\underline{t},\underline{x}\,;c)\end{pmatrix}=\sum_{X_\omega\in\mathcal{P}_{\underline{t},\underline{x}}}\mu_0(X_\omega\,;c)\begin{pmatrix}{}^*\varphi(X_\omega(0))\\ 0\end{pmatrix} \tag{3.96}$$

$$\phi(t,x)={}^\circ\Phi_1(\underline{t},\underline{x}\,;c) \tag{3.97}$$

6.2　定理　無限大数 c と無限小数 ε を適当に選ぶと，$|x-\eta|$ が ct に比べて十分に小さいときは[1] $\mathcal{K}_0(\underline{t},\underline{x}\,;0,\eta)$ は無限小を除いて対角化され，その $(1,1)$ 成分は

$$\sqrt{\frac{m}{2\pi i\hbar\underline{t}}}\exp\left(\frac{im(\underline{x}-\eta)^2}{2\hbar\underline{t}}\right)\exp\left(-i\frac{mc^2}{\hbar}\underline{t}\right) \tag{3.98}$$

となる．

証明　ここから先では c が無限大数なので定理4.7の証明における誤差の評価をより丁寧に行なう必要がある．また，定理4.7では c が有限だったために，$|x-\eta|\leqq ct$ は有限数であった．ここではそうでない点にも留意しなければならない．さらに，のちに無限小数の t を考えるので，誤差の t-依存性も明らかにしておく必要がある．

定理4.7の計算の中で近似した部分について，その誤差を1つ1つ検討しよう．

(i)　X_ω を $\mathcal{P}_{\underline{t},\underline{x}\,;\lambda}=\{X_\omega\in\mathcal{P}_{\underline{t},\underline{x}}:r(X_\omega)<\lambda\}$ に制限したことから生じる誤差は，定理4.7の $\widetilde{\mathcal{K}}^1$ の計算の中では

$$\frac{1}{2c\varepsilon}\sum_{l=\lambda/2}^{N/2}\left(\frac{mc^2}{\hbar}\varepsilon\right)^{2l}\frac{(p-1)!\,(q-1)!}{(p-1-l)!\,(q-l)!}\,\frac{1}{l!\,(l-1)!}$$

1)　たとえば x,η が有限数なら問題ない．

$$\leqq \frac{1}{2c\varepsilon}\sum_{l=\lambda/2}^{N/2}\left(\frac{mc^2}{\hbar}\varepsilon\right)^{2l}p^l q^{l-1}\frac{1}{l!(l-1)!} \tag{3.99}$$

である．$p^l q^{l-1}\varepsilon^{2l-1}=\left(\frac{1}{2c}\sqrt{c^2\underline{t}^2-(\underline{x}-\eta)^2}\right)^{2l-1}\sqrt{\frac{c\underline{t}+(\underline{x}-\eta)}{c\underline{t}-(\underline{x}-\eta)}}$ を用いると

$$(3.99) \leqq \frac{mc}{2\hbar}\sqrt{\frac{c\underline{t}+(\underline{x}-\eta)}{c\underline{t}-(\underline{x}-\eta)}}\sum_{l=\lambda/2}^{*\infty}\left(\frac{z}{2}\right)^{2l-1}\frac{1}{l!(l-1)!} \tag{3.100}$$

$$\left(z=\frac{mc}{\hbar}\sqrt{c^2\underline{t}^2-(\underline{x}-\eta)^2}\right)$$

となる．ここで不等式

$$\frac{(2l-1)!}{l!(l-1)!}\leqq 2^{2l-1} \quad と \quad \sqrt{\frac{c\underline{t}+(\underline{x}-\eta)}{c\underline{t}-(\underline{x}-\eta)}}\leqq 2$$

を用いると[1)]

$$\begin{aligned}(3.100)\ の右辺 &\leqq \frac{mc}{\hbar}\sum_{l\geqq\lambda/2}\frac{1}{(2l-1)!}z^{2l-1}\\ &\leqq \frac{mc}{\hbar}\frac{1}{(\lambda-1)!}e^z\cdot z^{\lambda-1}\end{aligned}$$

となる．最後の不等式ではテイラー展開の剰余項の公式を用いた．以上より(i) の誤差は高々

$$E_1=\frac{mc}{\hbar}\frac{e^z z^{\lambda-1}}{(\lambda-1)!} \tag{3.101}$$

である．

（ii） $\tilde{\mathscr{K}}^1$ の計算の中で A を $p^n q^{n-1}$ におきかえたことからの誤差の限界を E_2 とする．

$$|A-p^n q^{n-1}|\leqq\left(\frac{\lambda}{2}+1\right)^2\left(\frac{1}{p}+\frac{1}{q}\right)p^n q^{n-1}$$

を用いると，このおきかえからの誤差は高々

$$\begin{aligned}&\frac{1}{2c\varepsilon}\sum_{n=0}^{\lambda/2}\left(\frac{mc^2}{\hbar}\varepsilon\right)^{2n+2}\frac{p^{n+1}q^n}{n!(n+1)!}\left(\frac{\lambda}{2}+1\right)^2\left(\frac{1}{p}+\frac{1}{q}\right)\\ &\leqq\left(\frac{mc}{2\hbar}\right)^2\left(\frac{\lambda}{2}+1\right)^2\left(\frac{1}{p}+\frac{1}{q}\right)\sum_{n=0}^{*\infty}\frac{1}{n!(n+1)!}(c\underline{t}+\underline{x}-\eta)\left(\frac{z}{2}\right)^{2n}\end{aligned} \tag{3.102}$$

となる．これに

$$\frac{1}{p}+\frac{1}{q}=\frac{4c^2\underline{t}}{c^2\underline{t}^2-(\underline{x}-\eta)^2}\varepsilon \quad と$$

1) $|\underline{x}-\eta|$ は $c\underline{t}$ よりも十分小さいとしている．

$$\frac{1}{n!(n+1)!} < \frac{1}{(n!)^2} < \frac{2^{2n}}{(2n)!} \quad と \quad \frac{1}{c\underline{t}-(\underline{x}-\eta)} \leqq \frac{2}{c\underline{t}}$$

を用いると

$$(3.102) \leqq \frac{m^2c^3(\lambda+2)^2\varepsilon}{2\hbar^2}\sum_{n\geqq 0}\frac{1}{(2n)!}z^{2n} \leqq \frac{m^2}{2\hbar^2}c^3(\lambda+2)^2e^z\varepsilon$$

が得られる．よってこの場合の誤差は高々

$$E_2 = \frac{2m^2}{\hbar^2}c^3(\lambda+2)^2e^z\varepsilon \tag{3.103}$$

である．

(iii) ベッセル関数の級数展開を無限大数 $\frac{\lambda}{2}$ まででやめたことからの誤差は高々

$$E_3 = \frac{mc}{2\hbar}\frac{z^2e^z}{\lambda!} \tag{3.104}$$

となることが簡単な計算ででてくる．

以上の誤差の範囲内で

$$\tilde{\mathscr{K}}^1 = -\frac{mc}{2\hbar}\sqrt{\frac{c\underline{t}+(\underline{x}-\eta)}{c\underline{t}-(\underline{x}-\eta)}}\,{}^*J_1(z) \tag{3.105}$$

$$\tilde{\mathscr{K}}^2 = -\frac{imc}{2\hbar}\,{}^*J_0(z) \tag{3.106}$$

$$\tilde{\mathscr{K}}^3 = -\frac{imc}{2\hbar}\,{}^*J_0(z) \tag{3.107}$$

$$\tilde{\mathscr{K}}^4 = -\frac{mc}{2\hbar}\sqrt{\frac{c\underline{t}-(\underline{x}-\eta)}{c\underline{t}+(\underline{x}-\eta)}}\,{}^*J_1(z) \tag{3.108}$$

が成り立つ．

さて，$|\underline{x}-\eta|$ を $c\underline{t}$ に比べて無視できるとして，$\sqrt{\frac{c\underline{t}\mp(\underline{x}-\eta)}{c\underline{t}\pm(\underline{x}-\eta)}}$ を 1 におきかえる．そして β が対角行列であるような表示として，とくに

$$\alpha = \begin{pmatrix}0 & 1\\ 1 & 0\end{pmatrix}, \qquad \beta = \begin{pmatrix}1 & 0\\ 0 & -1\end{pmatrix}$$

を選ぶと，

$$\begin{aligned}\mathscr{K}_0(\underline{t}, \underline{x}\,; 0, \eta) &= \tilde{\mathscr{K}}^1P_+ + \tilde{\mathscr{K}}^2P_+\beta + \tilde{\mathscr{K}}^3P_-\beta + \tilde{\mathscr{K}}^4P_-\\ &\simeq \begin{pmatrix}\tilde{\mathscr{K}}^1+\tilde{\mathscr{K}}^2 & 0\\ 0 & \tilde{\mathscr{K}}^1-\tilde{\mathscr{K}}^2\end{pmatrix}\end{aligned}$$

となって，当初の目標である $\mathscr{K}_0$ の対角化が実現される．

さらに $z=\frac{mc}{\hbar}\sqrt{c^2\underline{t}^2-(\underline{x}-\eta)^2}\,(\simeq\frac{mc^2}{\hbar}\underline{t})$ が無限大数であることから，ベッセル関数の漸近展開

$$J_1(z)\sim-\sqrt{\frac{2}{\pi z}}\cos\left(z+\frac{\pi}{4}\right),\qquad J_0(z)\sim\sqrt{\frac{2}{\pi z}}\sin\left(z+\frac{\pi}{4}\right)$$

を用いることができて

$$z=\frac{mc^2\underline{t}}{\hbar}\sqrt{1-\left(\frac{\underline{x}-\eta}{c\underline{t}}\right)^2}\simeq\frac{mc^2\underline{t}}{\hbar}\left(1-\frac{(\underline{x}-\eta)^2}{2c^2\underline{t}^2}\right)$$

および

$$\tilde{\mathcal{K}}^1+\tilde{\mathcal{K}}^2\simeq\sqrt{\frac{m}{2\pi i\hbar t}}\exp\left(\frac{im(x-\eta)^2}{2\hbar t}\right)\exp\left(-i\frac{mc^2}{\hbar}t\right)$$

が得られる．

(iv)　(iii) で用いた近似について，$\sqrt{\frac{c\underline{t}\mp(\underline{x}-\eta)}{c\underline{t}\pm(\underline{x}-\eta)}}$ を1におきかえたことからの誤差は高々 $\frac{2|\underline{x}-\eta|}{ct}$ なので，これに $\frac{mc}{2\hbar}$ と $|{}^*J_1(z)|\leqq\sqrt{\frac{2}{\pi z}}$ を掛けると，その誤差は高々

$$E_4=\sqrt{\frac{2m}{\hbar t}}\frac{|\underline{x}-\eta|}{ct} \tag{3.109}$$

となる．またベッセル関数の漸近展開からの誤差は，簡単な計算から

$$E_5=\frac{1}{ct}\sqrt{\frac{\hbar}{mc^2t}} \tag{3.110}$$

で押さえられる．

以上の E_1 から E_5 までの誤差を無視できるなら (3.98) がいえたことになり，定理6.2の証明が完了する．我々の定式化には c と ε がパラメータとして入っているわけで，それらをうまく選ぶことで E_1 から E_5 までが無視できることを示す作業が要る．しかし，実は定理6.2はポテンシャルが存在する場合のための準備として位置づけており，ポテンシャルが存在する場合にはもう1つ新しいパラメータを追加することになる．したがってそれまでその作業は保留しておくことにする．　（証明終り）

また，(3.98) の右辺の最後の因子 $\exp\left(-i\frac{mc^2}{\hbar}t\right)$ は x,η に依存しないので，エネルギーの原点を変えることで（同じことだがハミルトニアンを変更すること

で）除去することができる．ここではそれを経路の $*$-測度に組みこむことにする．

ポテンシャルの中のシュレーディンガー粒子

ポテンシャル $V(x)$ をもつシュレーディンガー方程式を考える．トロッター公式を利用するために，時間軸方向の格子を 2 重格子構造にする．すなわち格子間隔 ε の細かな格子と，格子間隔 $\tau=\varepsilon\nu$ の粗い格子を考える．ここに ν は $\varepsilon\nu$ が無限小数にとどまる程度の無限大の超自然数とする．

細かな格子 $\boldsymbol{L}=\boldsymbol{T}\times\boldsymbol{X}$ はこれまで使ってきたもので，$\boldsymbol{L}$ 上の zig-zag 経路はディラック粒子の Zitterbewegung（身震い運動）を表している．粗い格子では Zitterbewegung が均らされた結果，粒子は光速よりもずっと遅く動き，定理 6.2 が示すように，シュレーディンガー粒子として振舞う．こうして，図 3-18 の粗い格子における 1 つの経路の中の時刻 $k\tau$ から $(k+1)\tau$ の間の 1 つの線分 $\overline{\mathrm{P}_k\mathrm{P}_{k+1}}$ が，図 3-19 の細かな格子では無数の経路の束になっている．

したがって $\boldsymbol{L}$ 上の経路にわたる和を次の 2 段階に分けてとることになる．

（i） 時刻 $0, \tau, 2\tau, \cdots, N_1\tau\simeq t$ における位置 $x_0, x_\tau, x_{2\tau}, \cdots, x_{N_1\tau}$ を固定し，細かな格子 $\boldsymbol{L}$ において $X_\omega(k\tau)=x_{k\tau}$ であるような経路 X_ω にわたる和をとる．

（ii） 次に，粗い格子において $x_0, x_\tau, x_{2\tau}, \cdots, x_{N_1\tau}$ を変化させて和をとるが，この段階でポテンシャル $V(x)$ の影響を拾っていく．このような手順にすれば，(ii) の和の部分にトロッター公式が適用できるはずである．

以上の話を具体化しようとすると，定理 6.2 の証明の中で保留しておいた件，なかでも $c\tau$ と $\underline{x}-\eta$ の関係が問題になる．E_4 が無視できるほど小さいためには，$\underline{x}-\eta$ が $c\tau$ に比べて十分小さくなければならず，したがって空間軸が切り

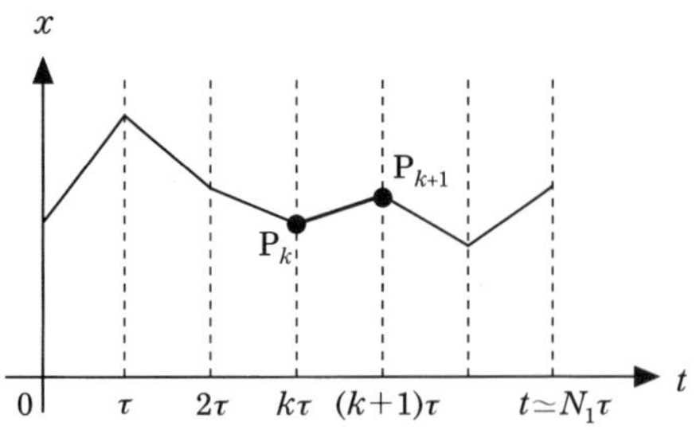

図 3-18　粗い格子

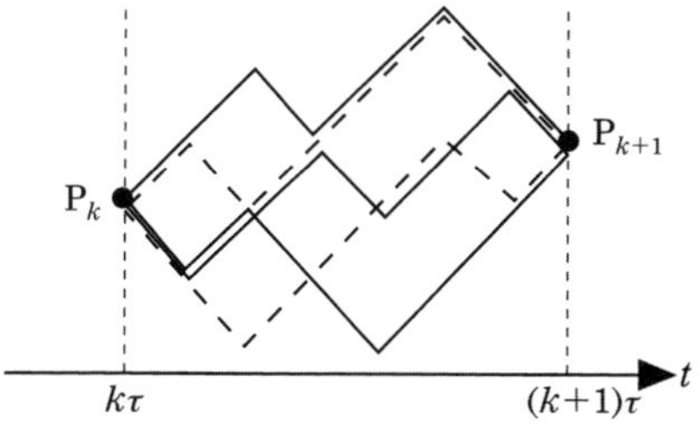

図 3-19　細かい格子でみた図 3-18 の線分 P_kP_{k+1}

落とされ（cut-off）なければならない．しかもその切り落しが初期関数 $\varphi\in L^2(\boldsymbol{R})\cap C(\boldsymbol{R})$ に関して一様にとれなければならない．この問題を解決するために $2^{\aleph_0}$-級飽和定理を用いる．

6.3　定理　$V(x)$ を実数値関数，$\hat{H}_0{}^S=-\dfrac{\hbar^2}{2m}\dfrac{\partial^2}{\partial x^2}$ とし，$\hat{H}^S=\hat{H}_0{}^S+V(\hat{x})$ は $L^2(\boldsymbol{R})$ で自己共役とする．無限小数 $\tau>0$ を 1 つ固定し[1]，$t\in\boldsymbol{R}^+$ に対し $\left[\dfrac{t}{\tau}\right]=n_t$ $(\tau n_t=\underline{t})$ とする．ここに［　］はガウスの括弧式である．このとき次の命題が成り立つ．

$$\begin{aligned}
&\exists A_0\in{}^*\boldsymbol{R}^+\ \ \forall\varphi\in L^2(\boldsymbol{R})\cap C(\boldsymbol{R})\ \ \forall a\in\boldsymbol{R}^+\ \ \forall t\in\boldsymbol{R}^+\ \ \forall A\geqq A_0\\
&{}^*\left\|\exp\left(-\frac{i}{\hbar}\underline{t}\,{}^*\hat{H}^S\right){}^*\varphi(x)\right.\\
&\qquad\left.-\int_{-A}^{A}\cdots\int_{-A}^{A}\exp\left(\frac{i}{\hbar}{}^*S_{\underline{t}}(x,x_{n_t-1},\cdots,x_0)\right){}^*\varphi(x_0)\prod_{j=0}^{n_t-1}\frac{1}{\sqrt{2\pi i}}{}^*\tilde{d}x_j\right\|_2\\
&<a \qquad\qquad (3.111)
\end{aligned}$$

ここに

$$S_t(x_n,x_{n-1},\cdots,x_0)=\sum_{j=1}^{n}\left\{\frac{m}{2}\frac{(x_j-x_{j-1})^2}{(t/n)^2}-V(x_j)\right\}\frac{t}{n},$$

$$\tilde{d}x=\sqrt{\frac{m}{\hbar t/n}}\,dx\ ^{2)}$$

とする．

証明　スタンダードな理論で次のことがわかっている（(3.22) 参照）．

1）　ただし τ は時間の次元をもつとする．

2）　dx は長さの次元をもっているが，$\tilde{d}x$ は無次元である．

任意の $\varphi(x)\in L^2(\boldsymbol{R})\cap C(\boldsymbol{R})$ に対して

$$\left[\exp\left(-\frac{i}{\hbar}\frac{t}{n}V(\hat{x})\right)\exp\left(-\frac{i}{\hbar}\frac{t}{n}\hat{H}_0{}^s\right)\varphi\right](x)$$

$$=\int_{\boldsymbol{R}}\sqrt{\frac{m}{2\pi i\hbar t/n}}\exp\left[\frac{i}{\hbar}\left(\frac{m}{2}\frac{(x-y)^2}{(t/n)^2}-V(x)\right)\frac{t}{n}\right]\varphi(y)\,dy \quad (3.112)$$

である．ただし右辺の積分は l.i.m. (limit in the mean) の意味である．つまり積分区間を $[-K, K]$ に制限しておいて，$K\to\infty$ にしたときの $L^2(\boldsymbol{R})$ の意味での極限である．

(3.112) を n 回くり返して

$$\left(\hat{U}_n\left(\frac{t}{n}\right)\right)^n\varphi(x)=\int_{\boldsymbol{R}}\cdots\int_{\boldsymbol{R}}\exp\left(\frac{i}{\hbar}S_t(x, x_{n-1}, \cdots, x_0)\right)$$
$$\times\varphi(x_0)\prod_{j=0}^{n-1}\frac{1}{\sqrt{2\pi i}}\tilde{d}x_j \quad (3.113)$$

となる．ただし

$$\hat{U}_n\left(\frac{t}{n}\right)=\exp\left(-\frac{i}{\hbar}\frac{t}{n}\hat{V}\right)\exp\left(-\frac{i}{\hbar}\frac{t}{n}\hat{H}_0{}^s\right)$$

とおいた．(3.113) の右辺について l.i.m. の意味から

$$\forall\varphi\in L^2(\boldsymbol{R})\cap C(\boldsymbol{R})\ \ \forall a\in\boldsymbol{R}^+\ \ \forall n\in\boldsymbol{N}\ \ \exists A_0\in\boldsymbol{R}^+\ \ \forall A\geqq A_0$$

$$\left\|\left(\hat{U}_n\left(\frac{t}{n}\right)\right)^n\varphi-\int_{-A}^{A}\cdots\int_{-A}^{A}\exp\left[\frac{i}{\hbar}S_t(x, x_{n-1}, \cdots, x_0)\right]\right.$$
$$\left.\times\varphi(x_0)\prod_{j=0}^{n-1}\frac{1}{\sqrt{2\pi i}}\tilde{d}x_j\right\|_2<a$$

が成り立つので，これに移行原理を用い，さらに $n=n_t$ を代入すると，$\forall\varphi\in L^2(\boldsymbol{R})\cap C(\boldsymbol{R})$ と $\forall a\in\boldsymbol{R}^+$ と $\forall t\in\boldsymbol{R}^+$ に対して $A_0\in{}^*\boldsymbol{R}^+$ が存在して，任意の $A\geqq A_0$ に対し

$${}^*\left\|\left({}^*\hat{U}_{n_t}\left(\frac{t}{n_t}\right)\right)^{n_t}{}^*\varphi(x)\right.$$
$$\left.-\int_{-A}^{A}\cdots\int_{-A}^{A}\exp\left(\frac{i}{\hbar}{}^*S_{\underline{t}}\right){}^*\varphi(x_0)\prod_{j=0}^{n_t-1}\frac{1}{\sqrt{2\pi i}}{}^*\tilde{d}x_j\right\|_2<a$$

が成り立つ．ただし，${}^*\tilde{d}x=\sqrt{\dfrac{m}{\hbar\tau}}{}^*dx$ とする．

この命題を順序対 $\langle\varphi, a, t\rangle$ と A_0 との間の関係 $R(\langle\varphi, a, t\rangle, A_0)$ とすると，R は内的で有限共起的である．したがって $2^{\aleph_0}$-級飽和定理から

$$\exists A_0\in{}^*\boldsymbol{R}^+\ \ \forall\varphi\in L^2(\boldsymbol{R})\cap C(\boldsymbol{R})\ \ \forall a\in\boldsymbol{R}^+\ \ \forall t\in\boldsymbol{R}^+\ \ \forall A\geqq A_0$$

$$
\begin{aligned}
&{}^*\left\|\left({}^*\hat{U}_{n_t}\left(\frac{t}{n_t}\right)\right)^{n_t}{}^*\varphi(x)\right.\\
&\left.\quad -\int_{-A}^{A}\cdots\int_{-A}^{A}\exp\left(\frac{i}{\hbar}{}^*S_{\underline{t}}\right){}^*\varphi(x_0)\prod_{j=0}^{n_t-1}\frac{1}{\sqrt{2\pi i}}{}^*\tilde{d}x_j\right\|_2 < a
\end{aligned}
\tag{3.114}
$$

となる．一方トロッターの公式 $\lim_{n\to\infty}\left(U_n\left(\frac{t}{n}\right)\right)^n\varphi=\exp\left(-\frac{i}{\hbar}t\hat{H}^s\right)\varphi$ より，

$$
{}^*\left\|\left({}^*\hat{U}_{n_t}\left(\frac{t}{n_t}\right)\right)^{n_t}{}^*\varphi(x)-\exp\left(-\frac{i}{\hbar}\underline{t}{}^*\hat{H}^s\right){}^*\varphi(x)\right\|_2 < a \tag{3.115}
$$

が成り立ち，(3.114)，(3.115) から (3.111) が得られる．　(証明終り)

前述べたように，定式化の中に3つのパラメータ τ, c, ε をもっている．これらをうまく選んでシュレーディンガー方程式の解を与えるような $*$-経路積分を定義しようというのがこれからの話である．

まず，第1のパラメータ τ は無限小数を任意に1つ選んでそれにとる．次に定理6.3で存在が保証された $A_0\in{}^*\boldsymbol{R}^+$ をとる．ただし A_0 は無限大数としておく．時間の単位を t_0 として，第2のパラメータ c を

$$
c=\sqrt{\frac{\hbar}{mt_0}}\exp A_1,\qquad A_1=A_0e^{\frac{t_0}{\tau}} \tag{3.116}
$$

で定義する．係数の $\sqrt{\frac{\hbar}{mt_0}}$ は次元合せのために導入したにすぎず，無限大数としての大きさは $\exp A_1$，$A_1=A_0e^{\frac{t_0}{\tau}}$ が与え，

$$
c\Big/\sqrt{\frac{\hbar}{mt_0}}\gg(A_1\text{ の任意のベキ}),\qquad A_1\gg\left(\frac{t_0}{\tau}\text{ の任意のベキ}\right) \tag{3.117}
$$

となっている．定理6.3で dx を無次元化した $\tilde{d}x$ を用いたために A_0 も無次元であることを注意しておく．これまで明記しなかったが，無次元の u に対してのみ指数関数 $\exp u$ を考えることができるわけで，$E_1,\cdots,E_5$ の吟味においてもそのことに注意を払ってきた．またベッセル関数の変数 z も無次元になっている．

ここまでで2つのパラメータ τ と c が定まった．第3のパラメータ ε は，(3.111) の積分を $*$-リーマン和におきかえる作業をとおして，次のように定義される．${}^*\varphi$ と ${}^*S_t$ の $*$-連続性からこの積分は $*$-リーマン和で近似できる．すなわち

$$
\forall\varphi\in L^2(\boldsymbol{R})\cap C(\boldsymbol{R})\ \ \forall a\in\boldsymbol{R}^+\ \ \forall t\in\boldsymbol{R}^+\ \ \exists\varepsilon_0\in{}^*\boldsymbol{R}^+\ \ \forall\varepsilon<\varepsilon_0
$$

$$
{}^*\left\| \int_{-A_1}^{A_1} \cdots \int_{-A_1}^{A_1} \exp\left(\frac{i}{\hbar} {}^*S_{\underline{t}}(x, x_{n_t-1}, \cdots, x_0)\right) {}^*\varphi(x_0) \prod_{j=0}^{n_t-1} \frac{1}{\sqrt{2\pi i}} {}^*\tilde{d}x_j \right.
$$
$$
\left. - \sum_{x_0, \cdots, x_{n_t-1}} \exp\left(\frac{i}{\hbar} {}^*S_{\underline{t}}(x, x_{n_t-1}, \cdots, x_0)\right) {}^*\varphi(x_0) \prod_{j=0}^{n_t-1} \frac{1}{\sqrt{2\pi i}} \tilde{\Delta}x_j \right\|_2 < a \tag{3.118}
$$

が成り立つ．ここに

$$
\tilde{\Delta}x_j = c\varepsilon\sqrt{\frac{m}{\hbar\tau}}
$$

であり，第 2 項の和は

$$
\boldsymbol{X}_{A_1} = \left\{ c\varepsilon k : |c\varepsilon k| < A_1\sqrt{\frac{\hbar\tau}{m}},\ \ k=0, \pm 1, \pm 2, \cdots \right\}
$$

に属するすべての x_j にわたってとるものとする．

(3.118) の左辺の第 2 項は，図 3-20 のような折れ線経路の全体に関する和とみなすことができる．さて，(3.118) を順序対 $\langle\varphi, a, t\rangle$ と ε_0 との間の関係 $R(\langle\varphi, a, t\rangle, \varepsilon_0)$ とみると，R は有限共起性をもつ内的な関係であることがわかる．これに飽和定理を用いると

$$
\exists\, \varepsilon_0 \in {}^*\boldsymbol{R}^+\ \ \forall \varepsilon < \varepsilon_0\ \ \forall \varphi \in L^2(\boldsymbol{R}) \cap C(\boldsymbol{R})\ \ \forall a \in \boldsymbol{R}^+\ \ \forall t \in \boldsymbol{R}^+
$$
$$
{}^*\left\| \int_{-A_1}^{A_1} \cdots \int_{-A_1}^{A_1} \exp\left(\frac{i}{\hbar} {}^*S_{\underline{t}}\right) {}^*\varphi(x_0) \prod_{j=0}^{n_t-1} \frac{1}{\sqrt{2\pi i}} {}^*\tilde{d}x_j \right.
$$

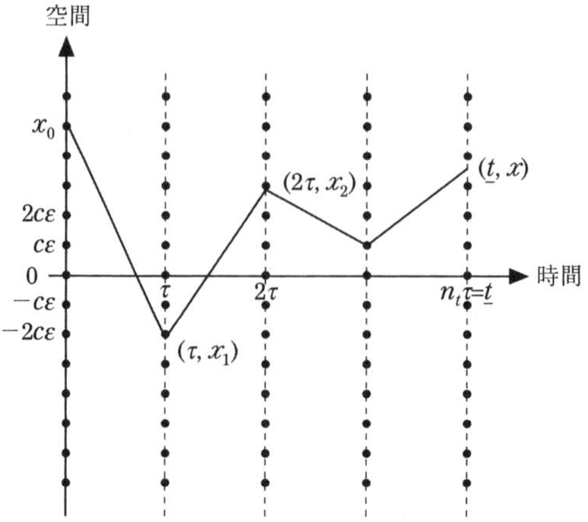

図 3-20

$$-\sum_{x_0,\cdots,x_{n_t-1}}\exp\left(\frac{i}{\hbar}{}^*S_{\underline{t}}\right)^*\varphi(x_0)\prod_{j=0}^{n_t-1}\frac{1}{\sqrt{2\pi i}}\tilde{\Delta}x_j\Big\|_2 < a \tag{3.119}$$

が成り立つ．そこで第3のパラメータ ε を

$$\varepsilon < \min\{\varepsilon_0,\ t_0e^{-k}\},\qquad k=\frac{m^2t_0^{\,2}}{\hbar^2}c^4 \tag{3.120}$$

をみたすように選ぶ．(3.120) の中の t_0 や $\frac{m^2t_0^{\,2}}{\hbar^2}$ はまたも次元合せのための因数にすぎなくて，無限大数の大きさとしては

$$\frac{t_0}{\varepsilon} \gg (k\text{ の任意のベキ}),\qquad k\text{ は }(c/\text{速度の単位})^4\text{ 程度} \tag{3.121}$$

となっている．

以上で，ε が小さい分にはいくら小さくてもかまわないという不定さを除いて，3つのパラメータ τ, c, ε の値を定めることができた．これらを用いてポテンシャル $V(x)$ をもつシュレーディンガー方程式に対する＊-経路積分（＊-経路和）が次のように定義される．

6.4　定義　(1)　$(t,x)\in\boldsymbol{R}^2$ に対して経路の集合 $\mathcal{P}^{A_1}_{t,x}$ を

$$\mathcal{P}^{A_1}_{t,x} = \{X_\omega\in\mathcal{P}_{t,x} : X_\omega(k\tau)\in\boldsymbol{X}_{A_1},\ \ k=0,1,2,\cdots,n_t-1\} \tag{3.122}$$

で定義する．

(2)　初期関数 $\varphi(x)$ と $(t,x)\in\boldsymbol{R}^2$ に対して

$$\begin{pmatrix}\Phi_1(\underline{t},\underline{x})\\ \Phi_2(\underline{t},\underline{x})\end{pmatrix} = \sum_{X_\omega\in\mathcal{P}^{A_1}_{t,x}}\mu_V(X_\omega\,;\,c)\begin{pmatrix}{}^*\varphi(X_\omega(0))\\ 0\end{pmatrix} \tag{3.123}$$

$$\mu_V(X_\omega\,;\,c) = \exp\left(-\frac{i}{\hbar}\sum_{j=1}^{n_t-1}\tau V(X_\omega(j\tau))\right)\mu_0(X_\omega\,;\,c)\exp\left(i\frac{mc^2}{\hbar}t\right) \tag{3.124}$$

$$\phi(t,x) = {}^\circ\Phi_1(\underline{t},\underline{x}) \tag{3.125}$$

とする．

この節の主目標は次の定理である．

6.5　定理　初期関数 $\varphi(x)$ とポテンシャル $V(x)$ が次の条件をみたすとする．

(i)　$\hat{H}^S = -\frac{\hbar^2}{2m}\frac{\partial^2}{\partial x^2}+V(\hat{x})$ は $L^2(\boldsymbol{R})$ の自己共役作用素である．

(ii)　$V(x)$ は連続関数である．

(iii)　$\varphi(x)\in L^2(\boldsymbol{R})\cap C(\boldsymbol{R})$

このとき (3.125) で定義される $\phi(t,x)$ は初期条件 $\phi(0,x)=\varphi(x)$ をみたし，ポテンシャル $V(x)$ をもつシュレーディンガー方程式の解である．

証明 まず (3.119) の左辺第2項の

$$\sum_{x_0,\cdots,x_{n_t-1}} \exp\left[\frac{i}{\hbar}{}^*S_{\underline{t}}(x, x_{n_t-1}, \cdots, x_0)\right]{}^*\varphi(x_0)\prod_{j=0}^{n_t-1}\frac{1}{\sqrt{2\pi i}}\tilde{\Delta}x_j$$

$$(=\tilde{\Phi}_1(\underline{t}, x) \text{ とおく})$$

と (3.123) の $\Phi_1(\underline{t},\underline{x})$ を比較する．ただし，$\tilde{\Phi}_1(\underline{t},x)$ は $|x|\leqq A_1\sqrt{\dfrac{\hbar\tau}{m}}$ をみたすすべての $x\in{}^*\boldsymbol{R}$ に対して定義されているが，$\Phi_1(\underline{t},\underline{x})$ はこれまでは $x\in\boldsymbol{R}$ に対してのみ考えていた．それを次のように拡張する．

（ｉ） 格子点 $x\in\boldsymbol{X}_{A_1}$ に対しては ∗-経路積分 (3.123) で定義する．

（ii） それ以外の $x\in{}^*\left[-A_1\sqrt{\dfrac{\hbar\tau}{m}},\ A_1\sqrt{\dfrac{\hbar\tau}{m}}\right]$ に対しては $\underline{x}\leqq x<\underline{x}+c\varepsilon$ をみたす $\underline{x}\in\boldsymbol{X}_{A_1}$ での値 $\Phi_1(\underline{t},\underline{x})$ とする．

つまり格子点での値を ∗-経路積分で定め，それらのつくる階段関数とするのである．こうして定義された関数を $\Phi_1'(\underline{t},x)$ としよう．

まず，格子点 $x\in\boldsymbol{X}_{A_1}$ での $\tilde{\Phi}_1$ と Φ_1' の値のちがいを考えると，時間間隔 τ での両者の差は定理6.2の証明の中ですでに調べてあって，高々 $E_1,\cdots,E_5$ の和である．ところが (3.116) のように c が定義されているので（次元を無視して少し乱暴だが c が A_1 よりも $\dfrac{1}{\tau}$ よりもはるかに大きいので），$|\underline{x}-\eta|\leqq 2A_1$ は $c\tau$ に比べてはるかに小さい．したがって E_4 と E_5 は $n_t=\left[\dfrac{t}{\tau}\right]$ 回の反復を重ねても $\dfrac{1}{A_1}$ より高位の無限小数である．

次に (3.120) で ε が定義され（またも少し乱暴だが $\dfrac{1}{\varepsilon}$ が e^{c^2} よりはるかに大きいので），E_1, E_2, E_3 は n_t 回の反復を重ねても，やはり $\dfrac{1}{A_1}$ より高位の無限小数である（より正確にいうと，そうなるように無限大数 λ を選ぶことができる）．

したがって，格子点 $x\in\boldsymbol{X}_{A_1}$ での $\tilde{\Phi}_1$ と Φ_1' の値のちがいは，有限の時刻 $\underline{t}$ においても $\dfrac{1}{A_1}$ より高位の無限小である．S_t の x に関する連続性を考慮すると格

子点以外での値のちがいも $\dfrac{1}{A_1}$ より高位の無限小になって，したがって

$$^*\|\tilde{\Phi}_1(\underline{t}, x) - \Phi_1{}'(\underline{t}, x)\|_2 < a \tag{3.126}$$

がすべての $a \in \boldsymbol{R}^+$ に対して成り立つ．

(3.111)，(3.119)，(3.126) より

$$^*\left\|\exp\left(-\frac{i}{\hbar}\underline{t}\,^*\hat{H}^s\right)^*\varphi(x) - \Phi_1{}'(\underline{t}, x)\right\|_2 < a$$

がすべての $a \in {}^*\boldsymbol{R}^+$ に対して成り立つ．つまりこの左辺は無限小である．t と $\underline{t}$ は無限小の差しかなく

$$^*\left\|\exp\left(-\frac{i}{\hbar}\underline{t}\,^*\hat{H}^s\right)^*\varphi(x) - \exp\left(-\frac{i}{\hbar}t\,^*\hat{H}^s\right)^*\varphi(x)\right\|_2 \simeq 0$$

が成り立つので

$$^*\left\|\Phi_1{}'(\underline{t}, x) - \exp\left(-\frac{i}{\hbar}t\,^*\hat{H}^s\right)^*\varphi(x)\right\|_2 \simeq 0$$

となる．

次に $\exp\left(-\dfrac{i}{\hbar}t\hat{H}^s\right)\varphi(x)$ は連続関数と考えてよいから，格子点 $x \in \boldsymbol{X}$ における $\exp\left(-\dfrac{i}{\hbar}t\,^*\hat{H}^s\right)^*\varphi(x)$ の値からつくられる階段関数を $\Phi_1{}''(t, x)$ とすると

$$^*\left\|\exp\left(-\frac{i}{\hbar}t\,^*\hat{H}^s\right)^*\varphi(x) - \Phi_1{}''(t, x)\right\|_2 \simeq 0$$

となって，結局

$$^*\|\Phi_1{}'(\underline{t}, x) - \Phi_1{}''(t, x)\|_2 \simeq 0 \tag{3.127}$$

となる．そこで $e \in \boldsymbol{R}^+$ に対し

$$A_e = \left\{x \in \boldsymbol{R} : \left|{}^\circ\Phi_1(\underline{t}, \underline{x}) - \exp\left(-\frac{it}{\hbar}\hat{H}^s\right)\varphi(x)\right| > e\right\}$$

とおくと，$\Phi_1{}'$，$\Phi_1{}''$ の定め方から

$$A_e \subseteqq \left\{{}^\circ x : x \in {}^*\boldsymbol{R}, |\Phi_1{}'(\underline{t}, x) - \Phi_1{}''(t, x)| > \frac{e}{2}\right\} \ (= B_e \text{ とおく})$$

が成り立つ．そこで通常のルベーグ測度を m とすると

$$m(B_e) \simeq {}^*m\left(\left\{x \in {}^*\boldsymbol{R} : |\Phi_1{}'(\underline{t}, x) - \Phi_1{}''(t, x)| > \frac{e}{2}\right\}\right)$$
$$(= r_e \text{ とおく})$$

となるが，これと (3.127) より

$$\frac{e^2}{4} r_e \leqq {}^*\| \Phi_1'(\underline{t}, x) - \Phi_1''(t, x) \|_2 \simeq 0$$

となるので $r_e \simeq 0$ がわかる．したがって B_e は零集合，よって A_e も零集合となる．$e \in \boldsymbol{R}^+$ は任意なので

$$m\left(\left\{x \in \boldsymbol{R} : {}^\circ\Phi_1(\underline{t}, \underline{x}) \neq \exp\left(-\frac{i}{\hbar} t\hat{H}^s\right)\varphi(x)\right\}\right) = 0$$

が成り立ち，定理 6.5 の証明が完了した．（証明終り）

結果に対するコメント

定理 6.5 から $\mu_0(X_\omega ; c)$ を用いてポテンシャル $V(x)$ の下でのシュレーディンガー粒子に対する ∗-経路積分が定義できることがわかった．これに関して 2 つのことをコメントする．

（i） スタンダードな数学として，2 次元ディラック方程式に対しては（行列値）の測度が存在するが，シュレーディンガー方程式に対しては存在しないことが証明されている．そのあたりの事情がノンスタンダードな測度 $\mu_0(X_\omega ; c)$ によってより明確になる．キーポイントはその有界変動性にある．命題 5.3 から μ_0 の全変動は $2\exp\left[\dfrac{mc^2 t}{\hbar}\right]$ であり，これは $c \to \infty$ とともに無限に大きくなる．

（イ） c が有限の場合…μ_0 は有界変動なのでそのローブ測度がとれて，スタンダードな測度となる．

（ロ） c が無限大の場合…μ_0 の有界変動性が崩れて，そのローブ測度をとることができない．それはスタンダードな世界では振動積分として現象する．

このように，ノンスタンダードな世界では ∗-測度に関する ∗-有限和にすぎないものが，有界変動であるか否かによってスタンダードな世界では測度に関する積分と振動積分に分かれてしまう．

（ii） シュレーディンガー方程式の場合の扱いについては改良の余地が多い．スタンダードな理論，とくにトロッター公式に頼る形でしか定理 6.5 が証明されていない．そのために飽和定理で cut-off したりという技巧を用いなければならなかった．より直接的に ∗-積分の評価ができれば，よりすっきりした証明になるはずで，そのために数値解析のいろいろな手法が役立つかもしれない．

4 次元ディラック方程式に対するコメント

4 次元の場合，運動量空間での＊-経路空間の上の＊-測度が定義され，ポテンシャルがない場合にそれに関する＊-経路積分によってグリーン関数

$$G(t,\vec{x};0,\vec{y})=\left(\frac{1}{c}\frac{\partial}{\partial t}-\vec{\alpha}\cdot\vec{\nabla}-i\frac{mc}{\hbar}\beta\right)\left(\frac{1}{2\pi}\delta(\lambda)-\frac{mc}{4\pi\hbar}\frac{\theta(\lambda)}{\sqrt{\lambda}}J_1\left(\frac{mc}{\hbar}\sqrt{\lambda}\right)\right)$$

が得られること，および，ポテンシャルがある場合でも＊-経路積分の標準部分をとると解となることが証明されている．ただし $\lambda=c^2t^2-|\vec{x}-\vec{y}|^2$ である．

その概要は次のとおりである（138 ページの脚注参照）．

（i）　2 次元のときと同様にハミルトニアンの中の質量項を摂動として扱う．

（ii）　したがって格子化された時刻と次の時刻の間は質量ゼロの粒子（ニュートリノ）として運動し，格子化された各時刻で質量項の影響を拾う．その結果，ポアソン性が生じる．

（iii）（ii）で述べた質量項の影響によって身震い運動（Zitterbewegung）をするが，その運動は本質的に 1 次元的である．

（iv）　＊-測度は，運動量空間上の＊-経路に対して定義される．

（v）　2 次元のときに本質的な役割を果たしたのは，α の固有値 ±1 に属する固有空間への射影 $P_\pm$ であった．4 次元でこれに相当するのはヘリシティ $\dfrac{\vec{p}\cdot\vec{\alpha}}{|\vec{p}|}$ の固有空間への射影 $P_\pm(\vec{p})$ である．

上記のことからも察せられるように，2 次元に対する超準解析を用いた研究の結果（3-4 節）が 4 次元の場合への良い道しるべとなっている．ただし，このようにしてつくられた＊-測度からスタンダードな測度を抽出することはできない．

第 4 章

超準解析からみた ヒルベルト空間と超関数

この章のテーマは 2 つある．第 1 はヒルベルト空間の超準解析による取扱い，とくにスペクトル分解定理であり，第 2 は超関数とくにシュワルツの $\mathscr{D}'(\boldsymbol{R})$, $\mathscr{S}'(\boldsymbol{R})$ の内的な関数による表現である．

前者は主に L. C. Moore [64]，後者は木下素夫 [65]，[66] の紹介である．

ここで用いる超準拡大は，$\varkappa$ を連続体濃度より大きい濃度として，第 1 章の定理 6.9 で述べた $\varkappa$-級飽和モデルとする．

4-1 節　ヒルベルト空間とスペクトル分解

あらすじ

ヒルベルト空間 H における有界エルミート作用素 T のスペクトル分解定理はいろいろな方法で導かれる．たとえば実数 λ に対して射影作用素 $E(\lambda)$ を

$$E(\lambda) = \mathrm{Ker}(T-\lambda I)^{+} \text{ への射影}$$

で定義すると，射影の族 $\{E(\lambda):\lambda\in\boldsymbol{R}\}$ は T に対するスペクトル族となる．これはこれで非常に簡明かつ意味のわかりやすい構成の仕方である．

この節では超準拡大を用いた $\{E(\lambda)\}$ のもう 1 つの構成法を紹介する．基本的なアイデアは次のとおりである．

まず，H の超準拡大 $^*H$ を考えたくなるが，これは大きすぎて扱いにくい．そこで，H を含むような $^*H$ の部分空間で手頃なものを探すことになる．とくに，H を含む $*$-有限次元部分空間 S が存在すれば（実際に存在する），H 上の有界エルミート作用素 T の S 上への拡大 T_S は $*$-有限次元のエルミート作

用素となるはずで，この T_S に対して通常の有限次元の固有値分解

$$T_S = \sum_{k=1}^{n} \lambda_k P_{\lambda_k}$$

をつくり，それを H 上へ制限すれば T のスペクトル分解が得られるはずである．

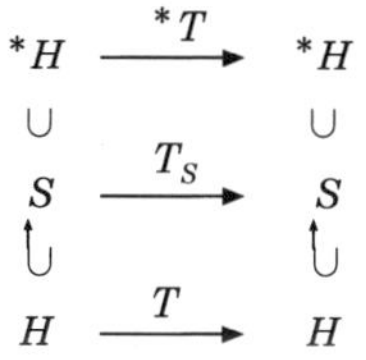

図 4-1

このプログラムを実行する上で，内的集合と外的集合の違いに敏感である必要がある．移行原理に頼って T_S の固有値分解を行なうのだから，S や T_S は内的な集合でなければならない．一方，H は S の外的な部分空間なので，T_S の H への制限は外的である．このようなことが理由となって，実際いま述べたプログラムを少し修正しなければならない．

ヒルベルト空間論からの準備

本論に入る前に，説明の便宜上，ヒルベルト空間に関する基礎的な概念について必要な部分を要約しておく[1]．

［1］　ヒルベルト空間

ここでいう**ヒルベルト空間** H とは，**内積**（ , ）の入った $\boldsymbol{C}$ 上のベクトル空間で，かつ，内積（ , ）から

$$\| x \| = \sqrt{(x, x)}$$

によって導入された**ノルム**$\|\ \ \|$に関して完備なものをいう．さらに可分性を仮定する．したがって［2］で述べる可算個からなる正規直交基底をもつ．

例 1　　$l^2 = \{(\xi_1, \xi_2, \cdots) : \xi_k \in \boldsymbol{C},\ \sum_{k=1}^{\infty} |\xi_k|^2 < \infty\}$

$x = (\xi_1, \xi_2, \cdots)$，$y = (\eta_1, \eta_2, \cdots)$ に対して，内積 $(x, y) = \xi_1 \bar{\eta}_1 + \xi_2 \bar{\eta}_2 + \cdots$．

1)　たとえば加藤敏夫［76］，Reed & Simon［74］に詳しい説明がある．

例 2　$L^2(\boldsymbol{R}^n, d\mu) = \{f(x) : f(x)$ は $\boldsymbol{R}^n$ 上の複素数値可測関数かつ

$$\int_{\boldsymbol{R}^n} |f(x)|^2 d\mu < \infty\}$$

（正確には右辺の集合を測度 0 に関する同値関係で類別したもの）

$$(f, g) = \int_{\boldsymbol{R}^n} f(x)\overline{g(x)}\, d\mu$$

［2］　正規直交基底とパーセバルの等式

H の基底 $\{e_1, e_2, \cdots\}$ で $(e_i, e_j) = \delta_{ij}$（クロネッカーの δ）をみたすものを**正規直交基底**（orthonormal basis）といい，すべての $x, y \in H$ に対して

$$x = \sum_{k=1}^{\infty} (x, e_k) e_k,$$

$$\| x \|^2 = \sum_{k=1}^{\infty} |(x, e_k)|^2 \quad \text{（パーセバルの等式）}$$

$$(x, y) = \sum_{k=1}^{\infty} (x, e_k)\overline{(y, e_k)}$$

が成り立つ．l^2 と $L^2([0, 2\pi], dx)$ については

$$l^2: \quad e_k = (0, \cdots, 0, \underset{(k)}{1}, 0, \cdots) \qquad (k = 1, 2, \cdots)$$

$$L^2([0, 2\pi], dx): \quad e_k = \frac{1}{\sqrt{2\pi}} e^{ikx} \qquad (k = 0, \pm 1, \pm 2, \cdots)$$

が正規直交基底の例となる．

［3］　有界線形作用素とその共役作用素

H 上の線形作用素 T に対して

$$\| Tx \| \leqq c \| x \| \quad (\forall x \in H)$$

をみたす定数 $c \geqq 0$ が存在するとき，T を**有界線形作用素**といい，c の下限（実は最小値）を T の***ノルム***といって $\| T \|$ で表す．具体的には

$$\| T \| = \sup\{\| Tx \| : x \in H,\ \| x \| = 1\}$$

で与えられる．

T を有界線形作用素とするとき，任意の $y \in H$ に対して

$$(Tx, y) = (x, y^\#) \quad \text{（すべての } x \in H \text{ に対して）}$$

をみたす $y^\# \in H$ がただ 1 つに定まる（リースの定理を用いる）．

$y \in H$ に $y^\# \in H$ を対応させる対応を $T^\#$ で表し，T の共役作用素という．通常は T^* の記号で表すことが多いが，この本では $*$ は超準拡大を表すために用

いられているので，記号#を用いることにする．

$T=T^{\#}$ である有界線形作用素を**エルミート作用素**（または**自己共役作用素**）という．

ここでは有界作用素のみ扱うので問題ないが，非有界作用素を扱う場合は $T^{\#}$ の定義域が問題となり，たとえば，[36] の16章では，エルミート，対称，自己共役を区別し，いかなる条件下で自己共役に拡大できるかを L^2 空間で例を上げながら説明してある．

[4]　射　影

K を H の閉部分空間とし，$K^{\perp}$ をその**直交補空間**とする．つまり

$$K^{\perp}=\{x\in H: \text{すべての } y\in K \text{ に対して } (x,y)=0\}$$

とする．任意の $x\in H$ は一意的に

$$x = x_{/\!/}+x^{\perp}, \quad x_{/\!/}\in K,\ x^{\perp}\in K^{\perp}$$

と分解されるので，x に対して $x_{/\!/}$ を対応させる写像 P_K が定義される．

この写像 P_K を K への**射影**といい，

巾　等　　：$P_K{}^2 = P_K$

エルミート性：$P_K{}^{\#} = P_K$

をみたしている．逆に H 上の有界線形作用素 P がこの2つの性質をみたしているなら，$K=\mathrm{range}\,P$ は H の閉部分空間となり，$P=P_K$ が成り立つ．つまり，P が射影であることと，P が巾等かつエルミート的であることとは同値である．

[5]　有界線形作用素の列の収束

H 上の有界線形作用素の列 $T_1, T_2, \cdots$ の収束についてはいろいろな定義がある．T を有界線形作用素として

(i)　$\lim_{n\to\infty}\|T_n-T\|=0$ が成り立つとき，$\{T_n\}$ は T に**一様収束**するといい

$$\operatorname{u-lim}_{n\to\infty} T_n = T$$

で表す．

(ii)　すべての $x\in H$ に対して $\lim_{n\to\infty} T_n x=Tx$ が成り立つとき，$\{T_n\}$ は T に**強収束**するといい

$$\operatorname{s-lim}_{n\to\infty} T_n = T$$

で表す．

(iii) すべての $x, y \in H$ に対して $\lim_{n\to\infty}(T_n x, y) = (Tx, y)$ が成り立つとき，$\{T_n\}$ は T に**弱収束**するといい

$$\mathrm{w}\text{-}\lim_{n\to\infty} T_n = T$$

で表す．

この3つの収束の概念の強弱に関して

$$一様収束 \Longrightarrow 強収束 \Longrightarrow 弱収束$$

が成り立つが，逆は必ずしも成り立たない．簡単な反例として次の例1，例2がある．

例1 l^2 における正規直交基底 $\{e_1, e_2, \cdots\}$ を $e_1 = (1, 0, 0, \cdots)$，$e_2 = (0, 1, 0, 0, \cdots)$，…… にとるとき，

$$T_n(x_1e_1 + x_2e_2 + \cdots + x_ke_k + \cdots) = x_1e_{n+1} + x_2e_{n+2} + \cdots + x_ke_{n+k} + \cdots$$

で T_n を定めると，$\{T_n\}$ は0に弱収束するが強収束しない．

例2 上と同じ設定の下で

$$T_n(x_1e_1 + x_2e_2 + \cdots + x_ke_k + \cdots) = x_ne_n + x_{n+1}e_{n+1} + \cdots$$

で T_n を定めると，$\{T_n\}$ は0に強収束するが，一様収束しない．

［6］ スペクトル

H における有界または非有界な線形作用素 T に対して，複素数 λ を次のように分類する．

(i) $\mathrm{Ker}(T - \lambda I) \neq \{0\}$ [1] となる λ

(ii) $\mathrm{Ker}(T - \lambda I) = \{0\}$（したがって $(T - \lambda I)^{-1}$ が存在する）となる λ

(ii) をさらに3つの場合に分ける．

(ii)の1 $\mathrm{dom}(T - \lambda I)^{-1}$ は H で稠密だが，$(T - \lambda I)^{-1}$ は有界でない場合

(ii)の2 $\mathrm{dom}(T - \lambda I)^{-1}$ は H で稠密でない場合

(ii)の3 $\mathrm{dom}(T - \lambda I)^{-1}$ は H で稠密かつ $(T - \lambda I)^{-1}$ は有界である場合

(i)の場合，λ は T の**点スペクトル**に属する，または T の**固有値**であるといい，その全体を $\sigma_P(T)$ で表す．

(ii)の1の場合，λ は T の**連続スペクトル**に属するといい，その全体を

---

1) 作用素 A に対して $\mathrm{Ker}\,A = \{x \in H : Ax = 0\}$．

$\sigma_C(T)$ で表す．

(ii)の 2 の場合，λ は T の**剰余スペクトル**に属するといい，その全体を $\sigma_R(T)$ で表す．

(ii)の 3 の場合，λ は T の**リゾルベント集合**に属するといい，その全体を $\rho(T)$ で表す．

$\sigma_P(T)$ と $\sigma_C(T)$ と $\sigma_R(T)$ を合せた集合を $\sigma(T)$ と書き，T の**スペクトル**という．

とくに，T が有界であるときは，(ii) の下で

$$\text{(ii)の 1 または (ii)の 2} \Longleftrightarrow \mathrm{range}(T-\lambda I) \neq H$$

となるので，

$$\lambda \in \sigma(T) \Longleftrightarrow \mathrm{Ker}(T-\lambda I) \neq \{0\} \text{ または } \mathrm{range}(T-\lambda I) \neq H$$
$$\lambda \in \rho(T) \Longleftrightarrow \mathrm{Ker}(T-\lambda I) = \{0\} \text{ かつ } \mathrm{range}(T-\lambda I) = H$$

が成り立つ．

この分類と少し異なるが，H の有界線形作用素 T に対して

$$\lim_{n\to\infty} \|(T-\lambda I)x_n\| = 0, \quad \|x_n\| = 1$$

をみたす H の要素の列 $\{x_n\}$ が存在するとき，λ を**近似点スペクトル**に属するといい，その全体を $\tilde{\sigma}(T)$ で表すことにする．

$$\sigma_P(T) \cup \sigma_C(T) \subseteqq \tilde{\sigma}(T) \subseteqq \sigma(T)$$

であるが，剰余スペクトル $\sigma_R(T)$ については近似点スペクトル $\tilde{\sigma}(T)$ に含まれるものもあり，含まれないものもある．証明は省略するが，次の命題が成り立つ．これはあとで利用する．

1.1　命題　$\lambda \in \sigma(T) \setminus \tilde{\sigma}(T)$ のとき，$\mathrm{range}(T-\lambda I)$ は $\{0\}$ とも H とも異なる H の閉部分空間となる．

例 1　$H = L^2([0,1], dx)$ において作用素 T を

$$(Tx)(t) = tx(t)$$

で定義すると，T はエルミート作用素で T のスペクトルはすべて連続スペクトルとなり，

$$\sigma(T) = \sigma_C(T) = [0,1]$$

となる．

例 2　l^2 において，移動作用素 T を

$$T(\xi_1, \xi_2, \cdots) = (0, \xi_1, \xi_2, \cdots)$$

で定義すると，点スペクトルはなくて，

$$\sigma_C(T) = \{\lambda : |\lambda|=1\}, \qquad \sigma_R(T) = \{\lambda : |\lambda|<1\}$$

となる．

［7］ 有界エルミート作用素のスペクトル

1.2 命題 A を H の有界エルミート作用素とするとき，以下が成り立つ．

（1） A のスペクトルはすべて実数，つまり $\sigma(A) \subseteqq \boldsymbol{R}$ が成り立ち，

$$m = \inf\{(Ax, x) : \|x\|=1\}, \qquad M = \sup\{(Ax, x) : \|x\|=1\}$$

とおくとき，$\sigma(A) \subseteqq [m, M]$ となる．とくに，$m \in \sigma(A)$，$M \in \sigma(A)$ である．

（2） $\lambda \in \sigma_P(A)$ のとき，λ に対応する固有空間

$$P(\lambda) = \{x \in H : Ax = \lambda x\}$$

は H の閉部分空間であって，$\lambda_1 \neq \lambda_2$ ならば $P(\lambda_1) \perp P(\lambda_2)$ となる．

（3） 剰余スペクトルは存在しない，つまり $\sigma_R(A) = \emptyset$ である．

［8］ スペクトル族

各実数 λ に対して射影作用素 $E(\lambda)$ が定義されていて，

（i） $\lambda < \lambda'$ ならば，$E(\lambda) \subseteqq E(\lambda')$ [1)]

（ii） $\text{s-}\lim_{\lambda \to -\infty} E(\lambda) = O, \qquad \text{s-}\lim_{\lambda \to \infty} E(\lambda) = I$

（iii） $\text{s-}\lim_{\varepsilon \to +0} E(\lambda + \varepsilon) = E(\lambda)$

をみたしているとき，射影作用素の族 $\{E(\lambda) : -\infty < \lambda < \infty\}$ を**スペクトル族**または**I の分解**という．

1.3 命題 $\{E(\lambda)\}$ をスペクトル族とし，$f(\lambda)$ を $[\alpha, \beta]$ で定義された複素数値連続関数とする．区間 $[\alpha, \beta]$ を分割して

$$\varDelta : \alpha = \lambda_0 < \lambda_1 < \cdots < \lambda_n = \beta$$

とし，$x \in H$ に対して

$$x(\varDelta) = \sum_{k=1}^{n} f(\xi_k)(E(\lambda_k) - E(\lambda_{k-1}))x, \qquad \xi_k \in [\lambda_{k-1}, \lambda_k]$$

をつくると，$|\varDelta| = \max\{\lambda_k - \lambda_{k-1} : k=1, 2, \cdots, n\}$ を 0 に近づけるとき，ξ_k の選

1) 作用素 A が作用素 B の拡大であるとき，すなわち $\mathrm{dom}\, A \supseteqq \mathrm{dom}\, B$ かつ，すべての $x \in \mathrm{dom}\, B$ に対して $Ax = Bx$ が成り立つとき，$A \supseteqq B$ と記す．

び方に無関係に，$x(\varDelta)$ はある $x_0 \in H$ に収束する．この x_0 を $\int_\alpha^\beta f(\lambda)\,dE(\lambda)\,x$ で表す．

各 $x \in H$ に $\int_\alpha^\beta f(\lambda)\,dE(\lambda)\,x$ を対応させる作用素を

$$\int_\alpha^\beta f(\lambda)\,dE(\lambda)$$

で表す．このとき以下が成り立つ．

（1）　$f(\lambda)$ が実数値関数なら，$\int_\alpha^\beta f(\lambda)\,dE(\lambda)$ は有界エルミート作用素である．

（2）　$f(\lambda) \geqq 0$ なら，$\int_\alpha^\beta f(\lambda)\,dE(\lambda)$ は有界な正値エルミート作用素である．

（3）　$|f(\lambda)|=1$，$E(\alpha)=O$，$E(\beta)=I$ なら，$\int_\alpha^\beta f(\lambda)\,dE(\lambda)$ はユニタリー作用素である．

［9］　有界エルミート作用素のスペクトル分解

1.4　定理　H における有界エルミート作用素 A に対して，スペクトル族 $\{E(\lambda) : -\infty < \lambda < \infty\}$ が存在して

$$A = \int_{m-0}^{M} \lambda dE(\lambda), \qquad E(m-0)=O,\ E(M)=I$$

（m，M は命題1.2と同じ）

が成り立つ．このようなスペクトル族 $\{E(\lambda)\}$ は一意的に定まる．さらに，各 $E(\lambda)$ は A と可換な任意の有界線形作用素と可換である．

ヒルベルト空間 H の $*$-有限拡大 $\hat{S}$

この節の冒頭で述べたように H の超準拡大 $^*H$ は次の2点において大きすぎる．

（i）　$*$-ノルム $^*\|x\|$ が無限大数（$^*\boldsymbol{R}_\infty$ の要素）である $x \in {}^*H$ が存在する．

（ii）　$^*H$ の $*$-次元は $*$-無限大である（どの $n \in {}^*\boldsymbol{N}$ より大きい）

(i) を克服するために超準包という概念を導入する．(ii) を克服するためには，H を含む $^*H$ の $*$-有限次元部分空間 S を $^*H$ のかわりに考える．

まず，超準包からはじめよう．

1.5　定義　$(E, \|\ \ \|)$ をノルム空間とする．

$$\mathrm{fin}(^*E) = \{x : x \in {}^*E,\ ^*\|x\| \text{ が有限数}\}$$

$$\mu(0) = \{x : x \in {}^*E,\ {}^*\|x\| \text{が無限小数}\}$$

とし，$\mathrm{fin}({}^*E)$ を $\mu(0)$ の定める同値関係

$$x \sim y \iff x - y \in \mu(0)$$

で同値類別した商空間を $\hat{E}$ で表し，E の**超準包**（nonstandard hull）とよぶ．

$x \in \mathrm{fin}({}^*E)$ に対してこの類別で定まる類を対応させる写像を π とし，$\hat{E}$ にノルム $\|\ \ \|$ を

$$\|\pi(x)\| = {}^\circ({}^*\|x\|)$$

で定義する．

1.6　命題　$\hat{E}$ は完備，したがってバナッハ空間である．

証明　$x_i = \pi(a_i)$ $(a_i \in \mathrm{fin}({}^*E))$ がコーシー列をなすとすると，$k \in \boldsymbol{N}$ に対して

$$(\forall i, j \geqq \varphi(k)\ \|x_i - x_j\| < \frac{1}{k}) \text{ かつ } \varphi(k) \geqq k$$

をみたす $\varphi(k) \in \boldsymbol{N}$ が存在する．

$\boldsymbol{N}$ から $\boldsymbol{N}$ への写像 $\varphi(k)$ とベクトル列 $\{a_n\}$ を第1章の定理6.10によって内的な集合に拡大したうえで，集合

$$E(k) = \left\{n \in {}^*\boldsymbol{N} : \forall i, j \in {}^*\boldsymbol{N}\ (\varphi(k) \leqq i, j \leqq n \to {}^*\|a_i - a_j\| < \frac{1}{k})\right\}$$

を考えると，$E(k)$ は内的で $k \in \boldsymbol{N}$ のとき $\boldsymbol{N}$ を含む．したがって延長定理より

$$\{n \in {}^*\boldsymbol{N} : n \leqq m_k\} \subseteqq E(k)$$

をみたす $m_k \in {}^*\boldsymbol{N}_\infty$ が存在する．$m_{k+1} \leqq m_k$ としてよい．数列 $\{m_k : k \in \boldsymbol{N}\}$ を ${}^*\boldsymbol{N}$ まで拡張しておき，さらにそれを単調減少であるように修正しておくと，$k \in \boldsymbol{N}$ なら $k < m_k$ なので，$\omega \leqq m_\omega$ をみたす $\omega \in {}^*\boldsymbol{N}_\infty$ が存在する．

$\{m_k : k \in {}^*\boldsymbol{N}\}$ が単調に減少するので，$k \in \boldsymbol{N}$ に対して $m_\omega \leqq m_k$ となり，したがって $m_\omega \in E(k)$ が成り立つ．つまり，すべての $k \in \boldsymbol{N}$ に対して

$$\|a_i - a_{m_\omega}\| < \frac{1}{k}$$

が，$\varphi(k) \leqq i$ をみたすすべての $i \in \boldsymbol{N}$ に対して成り立つ．このことは

$$a_{m_\omega} \in \mathrm{fin}({}^*E) \quad \text{かつ} \quad \lim_{i \to \infty} x_i = x_{m_\omega}$$

を意味しており，したがって $\hat{E}$ は完備である．（証明終り）

系　とくに H が複素数体 $\boldsymbol{C}$ 上のヒルベルト空間のとき，$\hat{H}$ も同じ $\boldsymbol{C}$ 上のヒルベルト空間であって，内積は

$$(\pi(p), \pi(q)) = {}^\circ({}^*(p, q))$$

となっている．

次に第2の問題 (ii) を解決する．

1.7　定義　${}^*H$ の内的な $*$-有限次元部分空間の全体を $\mathscr{E}$ とする．$S \in \mathscr{E}$ に対して，その超準包 $\hat{S}$ を

$$\hat{S} = \{\pi(p) : p \in S \cap \mathrm{fin}({}^*H)\} \tag{4.1}$$

で定義する．この $\hat{S}$ が $H \subseteqq \hat{S}$ をみたすとき，$\hat{S}$ は H の **$*$-有限拡大**であるという．

${}^*H$ や S は ${}^*\boldsymbol{C}$ 上の内的な $*$-線形空間であるが，$\hat{S}$ の構成の際に外的集合 $\mu(0)$ を用いて類別しているので，$\hat{S}$ 自身は外的集合である．また $\mathrm{fin}({}^*H)$ に制限しているので係数体は ${}^*\boldsymbol{C}$ でなく $\boldsymbol{C}$ である．線形作用素 T 等に対しても $\hat{T}$ を定義することになるが，以下の議論では $\hat{}$ がついているものは外的な集合であり，ついていないものについては，内的な集合の場合と外的な集合の場合がありうる．スペクトル分解定理の超準解析による証明について，外的な $\hat{E}$ から H への外的な射影を用いて証明を簡潔にしたのは，L. C. Moore [64] である．

我々は H の $*$-有限拡大 $\hat{S}$ という概念を定義したが，実はまだその存在を保証していない．その証明には飽和定理が必要である．

1.8　命題　H の $*$-有限拡大 $\hat{S}$ は存在する．

証明　$\mathscr{E}$ は内的なので2項関係

$$R = \{\langle x, S\rangle : x \in S \text{ かつ } S \in \mathscr{E}\}$$

も内的集合である．しかも R は H 上で有限共起的である．したがって濃度 $\varkappa$ を H の濃度以上にとっておけば飽和定理によって

$$H \subset S \quad \text{かつ} \quad S \in \mathscr{E}$$

をみたす S が存在する．この S から $\hat{S}$ をつくると $\hat{S}$ は H の $*$-有限拡大となる．（証明終り）

$H = l^2$ の場合にはより具体的に $\hat{S}$ を構成することができる：

$$\begin{aligned}{}^*(l^2) = \{(\xi_1, \cdots, \xi_n, \cdots) : \xi_n \in {}^*\boldsymbol{C},\ n \in {}^*\boldsymbol{N},\ (\xi_1, \cdots, \xi_n, \cdots) \text{ は内的,} \\ \text{かつ } \sum_{n \in {}^*\boldsymbol{N}} |\xi_n|^2 < c \text{ をみたす } c \in {}^*\boldsymbol{R} \text{ が存在する}\}\end{aligned}$$

なので，$N\in{}^*\boldsymbol{N}_\infty$ を固定して

$$S_N=\{(\xi_1,\xi_2,\cdots,\xi_n,\cdots):(\xi_1,\xi_2,\cdots,\xi_n,\cdots)\in{}^*(l^2),\ \text{かつ}\ n>N\ \text{なら}\ \xi_n=0\}$$

とおくと，$S_N\in\mathscr{E}$ であり $\hat{S}_N$ は l^2 の $*$-有限拡大になる．

ここで次の点を注意したい．$H=l^2$ の例では $x\in H$ が

$$x=(\xi_1,\xi_2,\cdots,\xi_n,\cdots),\qquad n\in\boldsymbol{N}$$

のとき，

$$^*x=(\xi_1,\xi_2,\cdots,\xi_n,\cdots),\qquad n\in{}^*\boldsymbol{N}$$

であるが，必ずしも $^*x\in S_N$ となっていない．たとえば

$$x=\left(\frac{1}{2},\frac{1}{2^2},\cdots,\frac{1}{2^n},\cdots\right),\qquad n\in\boldsymbol{N}$$

のとき，$^*x$ も

$$^*x=\left(\frac{1}{2},\frac{1}{2^2},\cdots,\frac{1}{2^n},\cdots\right),\qquad n\in{}^*\boldsymbol{N}$$

となって，どこまでいっても成分は 0 にならず，したがって $^*x\notin S_N$ である．しかし

$$^*x\sim{}^*x_N=\left(\frac{1}{2},\frac{1}{2^2},\cdots,\frac{1}{2^N},0,0,\cdots\right)\in S_N$$

が成り立つから，$\pi(^*x_N)=\pi(^*x)$ となって，その意味で $H\subset\hat{S}_N$ が成り立つ．

一方，命題 1.8 の証明で構成した S については ^ をとる前の時点で

$$H=\{^*x\in{}^*H:x\in H\}\subset S,\qquad S\in\mathscr{E}$$

が成り立っている．この点で命題 1.8 の $\hat{S}$ と $\hat{S}_N$ は異なっている．

線形作用素 T の $*$-有限拡大 $\hat{T}_S$

以下，S および $\hat{S}$ は命題 1.8 で構成されたものとする．

H が $\hat{S}$ に $*$-有限拡大されたので，H 上の線形作用素 T も $\hat{S}$ 上の線形作用素 $\hat{T}_S$ に以下のように拡張される．

1.9 定義 S 上の内的な有界 $*$-線形作用素の全体を $\mathfrak{A}(S)$ で表す：

$$\mathfrak{A}(S)=\{A:A\ \text{は}\ S\ \text{上の内的な}\ *\text{-線形作用素かつ}\ {}^*\|A\|\in{}^*\boldsymbol{R}_{\mathrm{fin}}\}\tag{4.2}$$

$A\in\mathfrak{A}(S)$ に対して，$\hat{S}$ 上の有界線形作用素 $\hat{A}$ を

$$\hat{A}(\pi(p))=\pi(A(p))\tag{4.3}$$

で定義する．

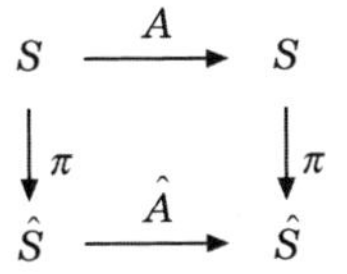

図 4-2

系　$A, B \in \mathfrak{A}(S)$，$\lambda \in {}^*\boldsymbol{C}_{\mathrm{fin}}$ のとき以下が成り立つ．

（1）　$\|\hat{A}\| = {}^\circ({}^*\|A\|)$

（2）　$\widehat{A+B} = \hat{A} + \hat{B}$,　$\widehat{\lambda A} = ({}^\circ\lambda)\hat{A}$,　$\widehat{AB} = \hat{A}\hat{B}$,　$(\hat{A})^\# = \widehat{A^\#}$

（3）　A が S 上の $*$-射影なら $\hat{A}$ は $\hat{S}$ 上の射影となる．

証明はいずれも簡単なので省略する．

1.10　定義　H 上の有界線形作用素 T に対して，$\hat{S}$ 上の有界線形作用素 $\hat{T}_S$ を次のように定義し，T の $\hat{S}$ 上への **$*$-有限拡大**ということにする．

${}^*H$ から S への内的な $*$-射影を P_S とするとき，$P_S{}^*T$ を S 上に制限した $P_S{}^*T|_S$（$={}^*T_S$ と記す）は S 上の有界 $*$-線形作用素つまり $\mathfrak{A}(S)$ の要素となる．したがって定義 1.9 の意味で ${}^*T_S$ から $\widehat{{}^*T_S}$ をつくることができる．$*$ を省略して $\hat{T}_S$ でこれを表すことにする．つまり

$$\hat{T}_S(\pi(p)) = \pi(P_S{}^*T(p)) \tag{4.4}$$

である．$\hat{T}_S$ は $\hat{S}$ 上の有界線形作用素である．

系　$\hat{T}_S$ を H に制限した $\hat{T}_S|_H$ は T と一致し，$\|\hat{T}_S\| = \|T\|$ が成り立つ．

証明　$x \in H$ のとき $Tx \in H$ より ${}^*x \in S$，${}^*T({}^*x) \in S$ となる．したがって

$$P_S{}^*T({}^*x) = {}^*T({}^*x) = {}^*(Tx) \quad \text{から} \quad \hat{T}_S x = \pi({}^*(Tx)) = Tx$$

となる．ノルムについては

$$\|\hat{T}_S\| \simeq {}^*\|P_S{}^*T\| \leqq {}^*\|{}^*T\| = \|T\|$$

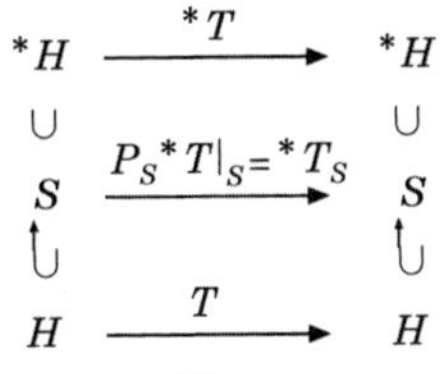

図 4-3

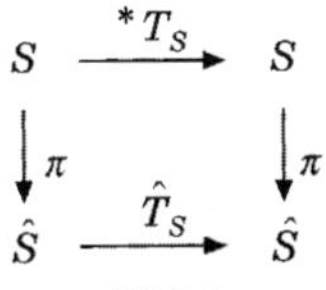

図 4-4

と，$\hat{T}_S$ が T の拡大なので $\|\hat{T}_S\| \geqq \|T\|$ が成り立つことから明らかである．

（証明終り）

T と $\hat{T}_S$ のエルミート性も連動する．

1.11　命題　H 上の有界線形作用素 T について，T がエルミート作用素であるためには，$\hat{T}_S$ がエルミート作用素であることが必要かつ十分である．

証明　十分条件であることは，有界エルミート作用素の不変部分空間への制限が，また有界エルミート作用素となることから明らかである．

逆に T を H 上の有界エルミート作用素とすると，${}^*T_S = P_S{}^*T|_S = P_S{}^*TP_S|_S$ なので

$$({}^*T_S)^\# = P_S({}^*T)^\# P_S|_S = P_S{}^*(T^\#)P_S|_S = P_S{}^*TP_S|_S = {}^*T_S$$

となる．したがって1.9の系(2)より $(\hat{T}_S)^\# = \hat{T}_S$ が成り立つ．　（証明終り）

$*$-有限拡大 $\hat{T}_S$ のスペクトル

S が ${}^*H$ の $*$-有限次元部分空間なので，その商空間 $\hat{S}$ 上の有界線形作用素 $\hat{A}_S$ のスペクトル $\sigma(\hat{A}_S)$ は点スペクトルのみから成ること，つまり $\sigma(\hat{A}_S) = \sigma_P(\hat{A}_S)$ が期待される．また，そうでなくては我々の，

$*$-有限次元の固有値分解定理 $\Longrightarrow$ 無限次元のスペクトル分解定理

という目論見もおぼつかなくなる．したがって次の命題を証明することが重要．

1.12　命題　$A \in \mathfrak{A}(S)$ なら $\sigma(\hat{A}_S) = \sigma_P(\hat{A}_S)$ である．

証明　(i)　$\lambda \in \tilde{\sigma}(\hat{A}_S)$（$=\hat{A}_S$ の近似点スペクトル）のとき，S の要素の列 $\{p_n : n \in \boldsymbol{N}\}$ を

$${}^*\|p_n\| = 1 \quad \text{かつ} \quad {}^*\|Ap_n - \lambda p_n\| < \frac{1}{n}$$

をみたすように選ぶことができる．これを内的な列 $\{p_n : n \in {}^*\boldsymbol{N}\}$ に拡張したうえで，内的な2項関係

$$\langle n, p_n \rangle \in R \iff {}^*\|Ap_n - \lambda p_n\| < \frac{1}{n} \text{かつ} {}^*\|p_n\| = 1$$

に可算級飽和定理を適用して，すべての $n \in \boldsymbol{N}$ に対して

$${}^*\|p\| = 1 \quad \text{かつ} \quad {}^*\|Ap - \lambda p\| < \frac{1}{n}$$

が成り立つような $p \in S$ を選ぶことができる．$Ap - \lambda p \in \mu(0)$ なので

$$\hat{A}_S(\pi(p)) = \lambda\pi(p), \quad \|\pi(p)\| = 1$$

となり，$\lambda \in \sigma_P(\hat{A}_S)$ であることがわかる．

（ii）　$\lambda \in \sigma(\hat{A}_S) \backslash \tilde{\sigma}(\hat{A}_S)$ のとき，$\mathrm{range}(\hat{A}_S - \lambda I)$ は $\hat{S}$ の閉部分空間で $\{0\}$ とも $\hat{S}$ とも異なるから

$$\text{すべての } x \in \hat{S} \text{ に対して} ((\hat{A}_S - \lambda I)x, z) = 0 \text{ かつ } \|z\| = 1$$

をみたす $z \in \hat{S}$ をとることができる．

$$\pi(w) = z, \qquad {}^*\|w\| = 1$$

をみたす $w \in S$ をとると，すべての $p \in \mathrm{fin}({}^*H) \cap S$ に対して

$$((A - \lambda I)p, w) \simeq 0$$

となる．

一方，もし $A - \lambda I$ が S 上で正則でないなら，$*$-有限次元空間 S に通常の線形代数の知識（を移行原理でうつしたもの）を適用して

$$(A - \lambda I)p = 0, \qquad {}^*\|p\| = 1$$

をみたす $p \in S$ が存在するが，これより $\hat{A}_S(\pi(p)) = \lambda\pi(p)$ となって，$\lambda \notin \tilde{\sigma}(\hat{A}_S)$ に矛盾する．したがって $A - \lambda I$ は S 上で正則であり

$$(A - \lambda I)q = w$$

をみたす $q \in S$ が存在する．

（イ）　$q \in \mathrm{fin}({}^*H)$ の場合，

$$1 = (w, w) = ((A - \lambda I)q, w) \simeq 0$$

となって矛盾する．

（ロ）　$q \notin \mathrm{fin}({}^*H)$ の場合，${}^*\|q\|$ が無限大数なので

$$(A - \lambda I)\left(\frac{q}{{}^*\|q\|}\right) = \frac{w}{{}^*\|q\|} \in \mu(0)$$

となり，$(\hat{A}_S - \lambda I)\left(\pi\left(\frac{q}{{}^*\|q\|}\right)\right) = 0$ つまり $\lambda \in \sigma_P(\hat{A}_S)$ となって矛盾する．

以上より（ii）はおこりえないので $\sigma(\hat{A}_S) = \sigma_P(\hat{A}_S)$ である．　　（証明終り）

系　T の $*$-有限拡大 $\hat{T}_S$ について

$$\tilde{\sigma}(T) \subseteqq \sigma_P(\hat{T}_S) \tag{4.5}$$

が成り立つ．

証明　$\hat{T}_S$ は T の拡大であるから $\tilde{\sigma}(T) \subseteqq \tilde{\sigma}(\hat{T}_S)$ であり，命題 1.12 から

$$\tilde{\sigma}(\hat{T}_S) \subseteqq \sigma(\hat{T}_S) = \sigma_P(\hat{T}_S)$$

となって，$\tilde{\sigma}(T) \subseteqq \sigma_P(\hat{T}_S)$ がわかる．　　（証明終り）

この系では近似点スペクトルでない $\lambda\in\sigma(T)$ について何も言えてないが，実は T の剰余スペクトル $\sigma_R(T)$ について系と同じことが成り立つ．ただし，有界エルミート作用素に限れば，もともと剰余スペクトルはないのだから，そのスペクトル分解の構成のためにはこの系だけで十分で，次の命題は不要である．

1.13　命題　$\sigma(T)\subseteqq\sigma_P(\hat{T}_S)$ が成り立つ．

証明　$\hat{T}_S$ が T の拡張なので $\tilde{\sigma}(T)\subseteqq\tilde{\sigma}(\hat{T}_S)$ は自明だが，必ずしも $\sigma(T)\subseteqq\sigma(\hat{T}_S)$ は自明でないことを注意しておく．$\hat{T}_S$ は $\hat{S}$ 上で定義されているので $\mathrm{dom}(\hat{T}_S-\lambda I)^{-1}$ が H で稠密でなくても $\hat{S}$ では稠密な可能性があるからである．

しかし，この場合も命題 1.12 とほぼ同じ議論で解決することができる．

$\lambda\in\sigma(T)\setminus\tilde{\sigma}(T)$ とすると，

すべての $x\in H$ に対して $((T-\lambda I)x, z)=0$ かつ $\|z\|=1$

をみたす $z\in H$ をとることができる．$p\in\mathrm{fin}(^*H)\cap S$ に対して移行原理から

$$((^*T-\lambda I)p, {}^*z)=0$$

となるので，$^*z$ を命題 1.12 の w として同じ議論をすれば，$\lambda\in\sigma_P(\hat{T}_S)$ が得られる．（証明終り）

命題 1.12 から，$\hat{S}$ 上の有界線形作用素のうち，S 上の内的な有界 $*$-線形作用素 A から導かれる $\hat{A}_S$ については，そのスペクトルはすべて点スペクトルであることがわかった．さらに命題 1.13 から，T の点スペクトルのみならず，連続スペクトル，剰余スペクトルまでも，$\hat{S}$ 上での $\hat{T}_S$ の点スペクトルに含まれてしまうことが明らかになった．これは $*$-有限拡大のために $\hat{S}$ が H に比べてベクトル空間として非常に大きくなっていて，よりきめ細かなベクトルをその中にもっていることからおこる現象である．

このことを通して H 上のスペクトル分解を $\hat{S}$ 上の固有値分解に還元することが可能になる．

スペクトル分解定理の証明の前に，$\sigma(T)\subseteqq\sigma(\hat{T}_S)$ における等号は必ずしも成り立たないことを次の例で確かめておこう．ただしこの例では $\hat{S}$ は H の $*$-有限拡大として H を含んでいるが，S 自身は H を含んでいないので，これまでの議論の流れからは若干はずれる．

例　$H=l^2(\boldsymbol{Z})=\{f : f$ は $\boldsymbol{Z}$ から $\boldsymbol{C}$ への写像で $\sum_{n\in\boldsymbol{Z}}|f(n)|^2<\infty\}$

における“ずらし”作用素を T とする．つまり H の基底

$$\{e_k : e_k(n) = \delta_{k,n}\ (\text{クロネッカーの}\ \delta)\}$$

に対して，$T(e_k)=e_{k+1}$ で T は定義される．明らかに T はユニタリー作用素で，したがって $0\notin\sigma(T)$ である．

一方，$N\in{}^*\boldsymbol{N}_\infty$ を固定して，${}^*\boldsymbol{Z}_N = \{z\in{}^*\boldsymbol{Z} : -N\leqq z\leqq N\}$ とし，S を

$$S = \{f : f\ \text{は}\ {}^*\boldsymbol{Z}_N\ \text{から}\ {}^*\boldsymbol{C}\ \text{への内的な写像}\}$$

で定義し，これから H の $*$-有限拡大 $\hat{S}$ をつくる．S の $*$-基底として

$$\{e_k : e_k(n)=\delta_{k,n},\ \ n\in{}^*\boldsymbol{Z}_N,\ \ k\in{}^*\boldsymbol{Z}_N\}$$

がとれて

$$\hat{T}_S(\pi(e_k)) = \pi(e_{k+1}), \qquad \hat{T}_S(\pi(e_N)) = 0$$

となるから，$0\in\sigma_P(\hat{T}_S)$ である．

したがってこの例の場合，$\sigma(T)\subsetneqq\sigma_P(\hat{T}_S)$ である．

有界エルミート作用素のスペクトル分解

T を H 上の有界エルミート作用素，$\hat{S}$ を H の $*$-有限拡大とする．命題1.11と定義1.10の系によって，$\hat{T}_S$ は T の $\hat{S}$ 上への拡大で，それ自身，有界エルミート作用素である．有限次元の線形代数における固有値分解定理に移行原理を適用して，

> S は ${}^*T_S\ (=P_S{}^*T|_S)$ の $*$-実数固有値 $\lambda_1,\cdots,\lambda_\omega$ の $*$-固有ベクトルからなる $*$-正規直交基底 $\{e_1,\cdots,e_\omega\}$をもつ．

${}^*\|{}^*T_S\|\leqq\|T\|$ なので λ_i は有限数である．

$\mu\in\boldsymbol{R}$ と $n\in\boldsymbol{N}$ に対して

$$S(\mu, n) = \left(\left\{e_k : \lambda_k\leqq\mu+\frac{1}{n}\right\}\ \text{を基底とする}\ S\ \text{の}\ *\text{-部分空間}\right)$$

とし，

$$E(\mu, n) = (S\ \text{から}\ S(\mu, n)\ \text{への}\ *\text{-射影})$$

とする．ただし，$\mu<\min\lambda_k-\dfrac{1}{n}$ のとき $E(\mu, n)=0$ とする．

明らかに $\{\hat{E}(\mu, n) : n=1, 2, \cdots\}$ は n に関して単調減少な $\hat{S}$ 上の射影の列であるから，$\hat{S}$ 上の射影 $E(\mu)$ を

$$E(\mu) = \text{s-}\lim_{n\to\infty}\hat{E}(\mu, n) \tag{4.6}$$

で定義することができる．

1.14　定理　$\{E(\mu) : \mu\in\boldsymbol{R}\}$ は $\hat{T}_S$ のスペクトル分解である．すなわち以下の

(i) から (v) が成り立つ.

（i） $E(\mu)=O\ (\mu<-\|\hat{T}_S\|)$, $E(\mu)=I\ (\|\hat{T}_S\|<\mu)$

（ii） $E(\mu)E(\nu)=E(\nu)E(\mu)=E(\min(\mu,\nu))$

（iii） $E(\mu)\hat{T}_S=\hat{T}_S E(\mu)$

（iv） $\alpha<\beta$ のとき $\alpha(E(\beta)-E(\alpha))\leqq\hat{T}_S(E(\beta)-E(\alpha))\leqq\beta(E(\beta)-E(\alpha))$

（v） $\lim_{\mu\to\alpha+0}E(\mu)=E(\alpha)$

証明 （i） $^{\circ}({}^*\|{}^*T_S\|)=\|\hat{T}_S\|$ より明らかである.

（ii） $E(\mu,n)E(\nu,n)=E(\nu,n)E(\mu,n)=E(\min(\mu,\nu),n)$ の両辺において $n\to\infty$ とすればよい.

（iii） $E(\mu,n){}^*T_S={}^*T_S E(\mu,n)$ が成り立つので (ii) と同様である.

（iv）
$$\left(\alpha+\frac{1}{n}\right)(E(\beta,n)-E(\alpha,n))\leqq{}^*T_S(E(\beta,n)-E(\alpha,n))$$
$$\leqq\left(\beta+\frac{1}{n}\right)(E(\beta,n)-E(\alpha,n))$$
が成り立つので, (ii) と同様である.

（v） α と n に対して, μ $(>\alpha)$ を十分 α に近くとると,
$$E(\mu,m)<E(\alpha,n)$$
をみたす $m\in\boldsymbol{N}$ がとれるので明らかである. （証明終り）

1.15 定理 定理1.14の $E(\mu)$ を H に制限したものを $F(\mu)$ とすると, $\{F(\mu):\mu\in\boldsymbol{R}\}$ は T のスペクトル分解となる.

証明 $\hat{S}$ から H への射影を P とすると, H が $\hat{T}_S$ で不変なので $\hat{T}_S$ と P は可換, したがって $E(\mu)$ と P も可換である. つまり $E(\mu)$ は H を不変にする. したがって $\{F(\mu)\}$ は T のスペクトル分解となる. （証明終り）

4-2 節　超関数論からの準備

4-2, 4-3, 4-4 節で超関数の超準解析を用いた表現について述べる. 4-2 節で準備をし, 4-3 節で木下素夫 [65] による $\mathscr{D}'(\boldsymbol{R})$ の表現を, 4-4 節で木下素夫 [66] による $\mathscr{S}'(\boldsymbol{R})$ の表現を説明する.

ここで超関数とはシュワルツ流の位相的双対空間としての超関数を指す. 佐藤超関数についても超準解析の手法を用いて超関数の積を定義しようという試みは

あるが（Li Bang-He [70]），ここでは扱わない．

超関数論からの準備

後の議論のために必要最小限度の知識のみをまとめとして列記する．たとえば Reed & Simon [74]，L. Schwartz [75] などに詳しい説明がある．

［1］　フレシェ空間とその帰納的極限

超関数の空間は，局所凸空間の位相的双対空間として定義される．ここに，局所凸空間 X とは半ノルムの族 $\{\rho_\alpha\}_{\alpha\in A}$ によって位相が導入された位相線形空間のことで，以下にその定義を述べる．

$\rho : X \longrightarrow [0,\infty)$ が**半ノルム**であるとは

（i）　$\rho(x+y) \leqq \rho(x)+\rho(y)$

（ii）　$\rho(\alpha x) = |\alpha|\rho(x), \quad \alpha\in \boldsymbol{C}$

をみたすことをいう．

ただし X は $\{\rho_\alpha\}_{\alpha\in A}$ で分離される，つまり

$$\text{すべての } \alpha\in A \text{ に対して } \rho_\alpha(x)=0 \Longrightarrow x=0$$

が成り立つとする．

局所凸空間 (X, ρ_A) の位相は，0 の近傍基を

$$\{N_{\alpha_1,\cdots,\alpha_n;\varepsilon} : \alpha_1,\cdots,\alpha_n\in A,\ \ \varepsilon>0\},$$
$$N_{\alpha_1,\cdots,\alpha_n;\varepsilon}=\{x : \rho_{\alpha_i}(x)<\varepsilon,\ \ i=1,\cdots,n\}$$

で与えることで定まり，たとえば A が可算集合のとき

$$\rho(x,y) = \sum_{n=1}^{\infty}\frac{1}{2^n}\left[\frac{\rho_n(x-y)}{1+\rho_n(x-y)}\right]$$

を距離の定義として，X は距離空間となる．この距離に関して完備であるとき，X を**フレシェ空間**という．重要な例の多くはフレシェ空間およびその帰納的極限空間（LF 空間）である（帰納的極限空間の説明はフレシェ空間の例のあとで述べる）．

フレシェ空間において，点列 x_n が x に収束するための必要十分条件は，各 ρ_α ごとに $\rho_\alpha(x_n-x)\to 0$ $(n\to\infty)$ が成り立つことである．

バナッハ空間（たとえば $L^p(\boldsymbol{R})$ など）がフレシェ空間であるのは当然であるが，それ以外のフレシェ空間の重要な例を 2 つあげておく．

例 1　$\mathscr{S}(\boldsymbol{R}^n)$（急減少関数の空間）

$$\mathscr{S}(\boldsymbol{R}^n) = \{f(x) \colon f \text{ は } \boldsymbol{R}^n \text{ から } \boldsymbol{C} \text{ への無限回微分可能な写像で}$$

$$\text{すべての}\ \alpha, \beta \in \boldsymbol{N}_0{}^n\ \text{に対して}\ \sup_{x \in \boldsymbol{R}^n} |x^\alpha D^\beta f(x)| < \infty\}$$

ここに多重指数 $\boldsymbol{N}_0{}^n$ は $\boldsymbol{N}_0 = \boldsymbol{N} \cup \{0\}$ の n 個の直積で，$\alpha = (\alpha_1, \cdots, \alpha_n)$，$\beta = (\beta_1, \cdots, \beta_n)$ に対して

$$x^\alpha D^\beta f(x) = x_1{}^{\alpha_1} \cdots x_n{}^{\alpha_n} \frac{\partial^{|\beta|}}{\partial x_1{}^{\beta_1} \cdots \partial x_n{}^{\beta_n}} f(x), \qquad |\beta| = \beta_1 + \cdots + \beta_n$$

を意味する．$\mathscr{S}(\boldsymbol{R}^n)$ における半ノルム $\rho_{\alpha,\beta}$ は

$$\rho_{\alpha,\beta}(f) = \sup_{x \in \boldsymbol{R}^n} |x^\alpha D^\beta f(x)|$$

で定義される．

この空間はフーリエ変換に関して閉じている．

例 2　$\mathscr{D}(K)$

K を $\boldsymbol{R}^n$ のコンパクトな部分集合とする．

$$\mathscr{D}(K) = \{f\colon f(x)\ \text{は}\ \boldsymbol{R}^n\ \text{から}\ \boldsymbol{C}\ \text{への無限回微分可能な写像で，}\ \operatorname{supp} f \subseteqq K\}$$

$$(\operatorname{supp} f = \{x : f(x) \neq 0\}\ \text{の閉包})$$

に半ノルムを

$$\rho_\alpha(f) = \max_{x \in K} |D^\alpha f(x)|, \qquad \alpha \in \boldsymbol{N}_0{}^n$$

で定義する．

シュワルツの $\mathscr{D}$ 空間 $\mathscr{D}(\Omega)$（Ω は $\boldsymbol{R}^n$ の開集合）はフレシェ空間にならず，その帰納的極限空間とよばれるものになる．

ここにフレシェ空間の列

$$\{X_n : X_n\ \text{はフレシェ空間かつ}\ X_n \subseteqq X_{n+1}\ (n = 1, 2, \cdots),\ \text{かつ}\ X_n\ \text{の位相は}\ X_{n+1}\ \text{の位相を}\ X_n\ \text{に制限したもの}\}$$

が与えられたとき，その**帰納的極限空間**（LF 空間）X とは，次の (i)，(ii) で定義される線形位相空間である．

（i）　$X = \bigcup_{n=1}^{\infty} X_n$

（ii）　X における 0 の開近傍基として

$$\mathfrak{A} = \{U : 0 \in U \subseteqq X\ \text{かつすべての}\ n\ \text{に対して}\ U \cap X_n\ \text{は}\ X_n\ \text{の開集合}\}$$

をとり，この $\mathfrak{A}$ から定まる位相を X の位相とする．

このとき X は局所凸空間となる．X の点列 $\{x_n\}$ が $x \in X$ に収束するための必要かつ十分な条件は

“すべての x_n および x が，ある X_m に含まれ，かつ，X_m の位相で $\{x_n\}$ が x に収束すること”

である．

例　$\mathcal{D}(\Omega)$

Ω を $\boldsymbol{R}^n$ の連結開集合とし，$\{K_i\}$ を $\boldsymbol{R}^n$ のコンパクトな単調増加列で $\bigcup_{i=1}^{\infty} K_i = \Omega$ とするとき，$X_i = \mathcal{D}(K_i)$ の帰納的極限空間として $\mathcal{D}(\Omega)$ を定義する．この定義は $\{K_i\}$ のとり方によらない．すぐ前に述べた一般論から次のことがわかる．

列 $f_i \in \mathcal{D}(\Omega)$ が $f \in \mathcal{D}(\Omega)$ に収束するには

（i）　すべての f_i と f の台があるコンパクト集合 K に含まれる

（ii）　多重指数 α ごとに，$D^\alpha f_i$ が $D^\alpha f$ に一様収束する

の 2 つが成り立つことが必要かつ十分である．

［2］　超関数

超関数とは，ある局所凸空間の位相的双対空間の要素のことである．

局所凸空間 X の代数的双対空間とは，X から $\boldsymbol{C}$ への写像 T で

（i）　$T(x+y) = Tx + Ty \quad (x, y \in X)$

（ii）　$T(cx) = cTx \quad (c \in \boldsymbol{C},\ x \in X)$

をみたすものの全体のことであり，位相的双対空間とは (i)，(ii) の上にさらに

(iii)　T は X の位相に関して連続である

をみたす T の全体のことである．X の位相的双対空間を X' で表す．たとえば，$\frac{1}{p}+\frac{1}{q}=1$ ($p \geqq 1$，$q \geqq 1$) のとき

$L^p(\boldsymbol{R}^n)$ の位相的双対空間は $L^q(\boldsymbol{R}^n)$　　($p=1$ のとき $q=\infty$)

となる．

$\mathcal{S}(\boldsymbol{R})$ (functions of rapid decrease) の位相的双対である $\mathcal{S}'(\boldsymbol{R})$ (tempered distributions) の場合，たとえば次のような超関数 $\in \mathcal{S}'(\boldsymbol{R})$ がある．

例 1　デルタ関数

$a \in \boldsymbol{R}$ を定数として $\delta_a \in \mathcal{S}'(\boldsymbol{R})$ は

$$\delta_a(\varphi) = \varphi(a) \quad (\varphi \in \mathcal{S}(\boldsymbol{R}))$$

で与えられる．この関係を形式的な積分核 $\delta(x-a)$ を用いて

$$\int_{-\infty}^{+\infty} \varphi(x)\,\delta(x-a)\,dx = \varphi(a)$$

と表す．

例 2　多項式的に有界な関数 O_M^n

f が無限回微分可能（$f\in C^\infty(\boldsymbol{R}^n)$）で，すべての $\alpha\in\boldsymbol{N}_0{}^n$ に対して

$$|(D^\alpha f)(x)| \leqq a(\alpha)(1+|x|^2)^{b(\alpha)}$$

をみたす正の数 $a(\alpha)$，$b(\alpha)$ が存在するとき，f を多項式的に有界であるといい，その全体を O_M^n で表す．$f\in O_M^n$ に対して $T_f\in\mathcal{S}'(\boldsymbol{R}^n)$ を

$$T_f(\varphi) = \int_{\boldsymbol{R}^n} f(x)\,\varphi(x)\,dx, \qquad \varphi\in\mathcal{S}(\boldsymbol{R}^n)$$

で定めることができる．この意味で $O_M^n\subset\mathcal{S}'(\boldsymbol{R}^n)$ となる．

例 3　コーシーの主値 $\mathcal{P}(1/x)$

コーシーの主値積分 $\mathcal{P}(1/x)\in\mathcal{S}'(\boldsymbol{R})$ は

$$\begin{aligned}\mathcal{P}(1/x)(\varphi) &= \lim_{\varepsilon\to+0}\int_{|x|\geqq\varepsilon}\frac{1}{x}\varphi(x)\,dx \\ &= \int_0^\infty \frac{\varphi(x)-\varphi(-x)}{x}\,dx, \qquad \varphi\in\mathcal{S}(\boldsymbol{R})\end{aligned}$$

で与えられる．

[3]　超関数の演算

超関数は線形汎関数だからそれらの和やスカラー倍は自然に定義されるが，その他にいろいろな演算が超関数に対して定義される．

ここでは $\mathcal{S}'(\boldsymbol{R}^n)$ に話を限って説明する．

（i）　超関数 T に $f\in O_M^n$ をかける

$f\in O_M^n$，$T\in\mathcal{S}'(\boldsymbol{R}^n)$ のとき $fT\in\mathcal{S}'(\boldsymbol{R}^n)$ が

$$fT(\varphi) = T(f\varphi), \qquad \varphi\in\mathcal{S}(\boldsymbol{R}^n)$$

によって定義される．

（ii）　平行移動

$\boldsymbol{R}^n$ における平行移動 $x\longrightarrow x+a$ に対応して，超関数 T の平行移動 $U_aT\in\mathcal{S}'(\boldsymbol{R}^n)$ が

$$(U_aT)(\varphi) = T(U_a\varphi), \qquad (U_a\varphi)(x) = \varphi(x-a)$$

で定義される．

(iii)　座標の一次変換

$A:\boldsymbol{R}^n \longrightarrow \boldsymbol{R}^n$ を正則な一次変換とし，$\mathcal{S}(\boldsymbol{R}^n)$ における変換 $U(A)$ を

$$(U(A)\varphi)(x) = \varphi(A^{-1}x)$$

と定めるとき，$\mathcal{S}'(\boldsymbol{R}^n)$ における変換 $U(A)$ が

$$(U(A)T)\varphi = (\det A)\,T(U(A^{-1})\varphi), \qquad \varphi \in \mathcal{S}(\boldsymbol{R})$$

で定義される．

(iv)　微分

$T \in \mathcal{S}'(\boldsymbol{R}^n)$，$\alpha \in \boldsymbol{N}_0{}^n$ とするとき

$$(D^\alpha T)(\varphi) = (-1)^{|\alpha|}T(D^\alpha\varphi), \qquad \varphi \in \mathcal{S}(\boldsymbol{R}^n)$$

で微分が定義される．この意味で超関数は何回でも微分可能である．

(v)　フーリエ変換

$\mathcal{S}(\boldsymbol{R}^n)$ はフーリエ変換

$$\mathcal{F}\varphi(p) = \int_{\boldsymbol{R}^n} e^{-2\pi ipx}\varphi(x)\,dx$$

に関して閉じているので，$T \in \mathcal{S}'(\boldsymbol{R}^n)$ のフーリエ変換 $\mathcal{F}T$ が

$$\mathcal{F}T(\varphi) = T(\mathcal{F}\varphi)$$

で定義される．

(vi)　合成積

$T \in \mathcal{S}'(\boldsymbol{R}^n)$，$f \in \mathcal{S}(\boldsymbol{R}^n)$ のとき T と f の合成積 $T*f \in \mathcal{S}'(\boldsymbol{R}^n)$ が

$$(T*f)(\varphi) = T(\tilde{f}*\varphi), \qquad \varphi \in \mathcal{S}(\boldsymbol{R}^n),\ \tilde{f}(x) = f(-x)$$

によって定義され，以下が成り立つ．

(a)　$T*f \in O_M^n \cap C^\infty(\boldsymbol{R}^n)$ であり

$$(T*f)(y) = T(\tilde{f}_y), \qquad \tilde{f}_y(x) = f(y-x)$$

が成り立つ．

(b)　$D^\alpha(T*f) = (D^\alpha T)*f = T*D^\alpha f$

(c)　$(T*f)*g = T*(f*g)$

(d)　$\mathcal{F}(T*f) = \mathcal{F}(T)\mathcal{F}(f)$

さらに，$j(x)$ を台が単位球に含まれる無限回微分可能関数で，$\int j(x)\,dx = 1$ をみたす関数とし，$j_\varepsilon(x) = \dfrac{1}{\varepsilon^n}j\left(\dfrac{x}{\varepsilon}\right)$ とおくと $T \in \mathcal{S}'(\boldsymbol{R}^n)$ に対し

$$T*j_\varepsilon \to T \quad (\varepsilon \to 0) \qquad (\text{各 } \varphi \in \mathcal{S}(\boldsymbol{R}^n) \text{ ごとの収束})$$

となる．

［4］ 超関数の列の収束

超関数の空間にはいろいろな位相を導入することができる．ここではよく用いられる2つの位相について述べるにとどめる．

一般に X を線形空間，Y を X 上の線形汎関数のある族とするとき，Y に含まれるすべての線形汎関数を連続にするような X の上の最弱位相を $\sigma(X, Y)$ で表す．

X が局所凸空間で，X' をその位相的双対空間とする．

（i） X' 上の $*$-弱位相とは $\sigma(X', X)$ のことである．

ただし，$x \in X$ を $T \in X'$ に $T(x) \in \boldsymbol{C}$ を対応させる X' 上の線形汎関数とみなす．

（ii） X' 上の強位相 $\beta(X', X)$ とは，X の有界部分集合上で一様収束する位相のこと，すなわち，X' 上の半ノルム系

$$\{\rho_A : A \subset X \text{ は有界}\}, \qquad \rho_A(T) = \sup_{\varphi \in A} |T(\varphi)| \quad (T \in X')$$

によって生成される位相のことである．

これらの位相に関して，たとえば以下のことが成り立つ．

（a） $\mathscr{S}(\boldsymbol{R}^n)$ は $\mathscr{S}'(\boldsymbol{R}^n)$ の中で $\sigma(\mathscr{S}', \mathscr{S})$-位相に関して稠密である．

（b） $\mathscr{S}'(\boldsymbol{R}^n)$ の列 $\{T_i\}$ が $\sigma(\mathscr{S}', \mathscr{S})$-位相で収束することと，$\beta(\mathscr{S}', \mathscr{S})$ 位相で収束することとは同値である．

（c） $\sigma(\mathscr{S}', \mathscr{S})$-位相の意味で，有名な公式

$$\lim_{\varepsilon \to +0} \frac{1}{x - x_0 + i\varepsilon} = \mathscr{P}\left(\frac{1}{x - x_0}\right) - i\pi\delta(x - x_0)$$

が成り立つ．

［5］ $\mathscr{D}'(\Omega)$，$\mathscr{S}'(\boldsymbol{R}^n)$ の構造定理

超関数 $T \in \mathscr{D}'(\Omega)$ は

局所的には連続関数の（超関数としての）導関数

となっている．具体的には次の定理が成り立つ．

2.1 定理 $T \in \mathscr{D}'(\Omega)$，$K = \operatorname{supp} T$ はコンパクトとし，U は K を含む任意の開集合とする．このとき，U に台が含まれるような連続関数の系 $\{f_\alpha : |\alpha| \leqq \alpha_0\}$（$\alpha$ は多重指数）で，

$$T = \sum_{|\alpha| \leqq \alpha_0} D^\alpha f_\alpha \tag{4.7}$$

をみたすものが存在する．

ここに $\mathrm{supp}\, T$ は超関数 T の台とよばれるもので，次のように定義される．

（i）　テスト関数 $\varphi \in \mathcal{D}(\Omega)$ について

$$\mathrm{supp}\,\varphi = (\{x \in \Omega : \varphi(x) \neq 0\} \text{ の } \Omega \text{ での閉包})$$

（ii）　$T \in \mathcal{D}'(\Omega)$ が Ω に含まれる開集合 U 上で零であるとは

$$\varphi \in \mathcal{D}(\Omega) \text{ が } \mathrm{supp}\,\varphi \subset U \text{ をみたすなら } T(\varphi) = 0$$

が成り立つことである．

（iii）　T の台 $\mathrm{supp}\, T$ とは T が零となる最大の開集合 U の補集合のことである．

$\mathcal{D}(\boldsymbol{R}^n) \subset \mathcal{S}(\boldsymbol{R}^n)$ であるから位相的双対の方では $\mathcal{S}'(\boldsymbol{R}^n) \subset \mathcal{D}'(\boldsymbol{R}^n)$ が成り立つ．したがって定理2.1は $\mathcal{S}'(\boldsymbol{R}^n)$ の要素に対しても適用できるわけだが，$\mathcal{S}'(\boldsymbol{R}^n)$ に対しては $\mathcal{D}'(\boldsymbol{R}^n)$ のときのような局所的な構造定理でなく，次に述べるように大域的な構造定理が成り立つ．可測関数 $h(x)$ が

$$h(x) = (1+|x|)^m g(x) \qquad (m \geqq 0,\ g(x) \in L^\infty(\boldsymbol{R}^n))$$

の形に表されるとき緩増加関数ということにする．

2.2　定理　$T \in \mathcal{S}'(\boldsymbol{R}^n)$ に対して，ある緩増加関数 $h(x)$ と多重指数 α で

$$T = D^\alpha h$$

をみたすものが存在する．

［6］　$T \in \mathcal{D}'(\Omega)$ の位数

K を Ω のコンパクトな部分集合として

$$\mathcal{D}^{(m)}(K) = \{f : |\alpha| \leqq m \text{ なる任意の多重指数 } \alpha \text{ に対して } D^\alpha f(x) \text{ が連続かつ } \mathrm{supp}\, f \subseteqq K\}$$

に半ノルム

$$\rho_\alpha(f) = \max_{x \in K} |D^\alpha f(x)|, \qquad \alpha \in \boldsymbol{N}_0{}^n,\ |\alpha| \leqq m$$

を導入する．$\mathcal{D}(\Omega)$ の定義と同様にして $K_1 \subset K_2 \subset \cdots \to \Omega$ なるコンパクト集合列の定める $\mathcal{D}^{(m)}(K_i)$ の帰納的極限空間を $\mathcal{D}^{(m)}(\Omega)$ と定義する．明らかに

$$\mathcal{D}^{(0)}(\Omega) \supseteqq \mathcal{D}^{(1)}(\Omega) \supseteqq \cdots \supseteqq \mathcal{D}(\Omega)$$

であるから，位相的双対空間において

$$\mathscr{D}^{(0)\prime}(\Omega) \subseteqq \mathscr{D}^{(1)\prime}(\Omega) \subseteqq \cdots \subseteqq \mathscr{D}'(\Omega)$$

が成り立つ．そこで，$T \in \mathscr{D}'(\Omega)$ に対して

$$T\text{ の位数} = T \in \mathscr{D}^{(m)\prime}(\Omega)\text{ をみたす } m \text{ の最小値}$$

と定義する．ただし，このような m が存在しないとき，T の位数は $+\infty$ とする．

位数が有限であるような $T \in \mathscr{D}'(\Omega)$ の全体を $\mathscr{D}'_F(\Omega)$，Ω 上の（複素）測度の全体を $\mathfrak{M}(\Omega)$ で表すとき，次が成り立つ．

（i）　supp T がコンパクト $\Longrightarrow$ $T \in \mathscr{D}'_F(\Omega)$

（ii）　$\mathscr{D}^{(0)\prime}(\Omega) = \mathfrak{M}(\Omega)$

位数が有限の超関数に対しては次の構造定理が成り立つ．

2.3　定理　（1）　$T \in \mathscr{D}'_F(\Omega)$ は有限個の $\mu_1, \cdots, \mu_n \in \mathfrak{M}(\Omega)$ を用いて

$$T = D^{\alpha_1}\mu_1 + \cdots + D^{\alpha_n}\mu_n \quad (\alpha_1, \cdots, \alpha_n \text{ は多重指数}) \tag{4.8}$$

と表される．

（2）　$T \in \mathscr{D}'(\Omega)$ は局所的には $\mathscr{D}'_F(\Omega)$ の要素になる．つまり $U \subset \Omega$ をその閉包がコンパクトな開集合とすると，$T \in \mathscr{D}'(\Omega)$ を $\mathscr{D}'(U)$ の要素とみたとき T の位数は有限つまり $T \in \mathscr{D}'_F(U)$ である．

4-3 節　$\mathscr{D}'(\Omega)$ の超準表現

超関数が超準拡大の世界における内的な関数（実は $*$-多項式で十分）で表現できることは，超準解析の誕生の時点ですでにわかっていた（A. Robinson [1]）．超準拡大 $^*\boldsymbol{R}$ は $\boldsymbol{R}$ をさらに細かくみているので，$^*\boldsymbol{R}$ の上の関数といっても，$\boldsymbol{R}$ からみると関数をこえるものを含むのはいわばあたりまえともいえる．しかし，それ以降シュワルツの意味の超関数の超準表現についての研究はあまりなされず，木下素夫 [65]（1988 年），[66]（1990 年）にいたってより微細な構造が明らかにされた．以下にそれを紹介する．

なお，簡単のため $\mathscr{D}'(\boldsymbol{R})$ を扱うが，n 次元 $\mathscr{D}'(\boldsymbol{R}^n)$ の場合も同様にできる．

定義など

無限大自然数 $H \in {}^*\boldsymbol{N}_\infty$ を 1 つ固定し，$\dfrac{1}{H} = \varepsilon$ とする．便宜上 H は偶数とする．

無限小数 ε をその格子間隔とする格子空間 $\boldsymbol{L}$，およびその部分格子空間 $\boldsymbol{X}$ として

$$\boldsymbol{L} = \varepsilon^*\boldsymbol{Z} = \{\varepsilon z : z \in {}^*\boldsymbol{Z}\} \tag{4.9}$$

$$\boldsymbol{X} = \left[x \in \boldsymbol{L} : -\frac{H}{2} \leqq x < \frac{H}{2}\right\} \tag{4.10}$$

を考える．$\boldsymbol{X}$ の格子間隔は無限小 $\varepsilon = \dfrac{1}{H}$ で，格子空間全体のサイズは無限大 H なので，格子点は H^2 個ある．

以下，$\boldsymbol{X}$ から ${}^*\boldsymbol{C}$ への内的な関数空間

$$R(\boldsymbol{X}) = \{\varphi\colon \varphi \text{ は } \boldsymbol{X} \text{ から } {}^*\boldsymbol{C} \text{ への内的写像}\} \tag{4.11}$$

の各種の外的な部分空間を考えるが，$R(\boldsymbol{X})$ の関数 φ はいつでも $\boldsymbol{L}$ から ${}^*\boldsymbol{C}$ への周期 H の周期関数となるように延長しておくものとする．また，$\boldsymbol{R}$ の開集合 Ω から $\boldsymbol{C}$ への関数は Ω の外では値 0 をとるものとして実数 $\boldsymbol{R}$ 全体を定義域にもつように延長しておく．以下，断らない限り Ω は $\boldsymbol{R}$ の開集合とする．

3.1　定義　$R(\boldsymbol{X})$ の外的な部分空間 $A(\Omega)$ を

$$A(\Omega) = \{\varphi \in R(\boldsymbol{X}) : \text{すべての } f \in \mathscr{D}(\Omega) \text{ に対して } \sum_{x \in \boldsymbol{X}} \varepsilon\varphi(x)^*f(x) \text{ が有限数}\} \tag{4.12}$$

で定義し，$\varphi \in A(\Omega)$ と $f \in \mathscr{D}(\Omega)$ に対して

$$P_\varphi(f) = {}^\circ\sum_{x \in \boldsymbol{X}} \varepsilon\varphi(x)^*f(x) \tag{4.13}$$

とする．(4.13) によって $A(\Omega)$ から，$\mathscr{D}(\Omega)$ の代数的双対空間 $\mathscr{D}(\Omega)^*$ への写像

$$P : \varphi \longmapsto P_\varphi \quad (\varphi \in A(\Omega))$$

が定義される．

まず A. Robinson [1] によって明らかにされた古典的な結果の紹介からはじめる．証明は斎藤正彦 [3] と本質的に同じである．

3.2　定理　P は全射である．

証明　$T \in \mathscr{D}(\Omega)^*$ と $f \in \mathscr{D}(\Omega)$ に対して

$$A(f) = \{\varphi \in R(\boldsymbol{X}) : \sum_{x \in \boldsymbol{X}} \varepsilon\varphi(x)^*f(x) = T(f)\}$$

とおくとき，内的な 2 項関係 R を

$$\langle f, \varphi \rangle \in R \iff \varphi \in A(f)$$

で定義する．R が有限共起的であること，つまり有限個の $f_1, \cdots, f_n \in \mathscr{D}(\Omega)$ に

対して

$$\bigcap_{i=1}^{n} A(f_i) \neq \emptyset$$

が成り立つことをいう．これがいえれば $\varkappa$-級飽和定理から

$$\bigcap_{f\in\mathscr{D}(\Omega)} A(f) \neq \emptyset$$

がいえて，φ をその要素にとれば $P_\varphi = T$ となる．

以下，$f_1, \cdots, f_n \in \mathscr{D}(\Omega)$ に対し，$\bigcap_{i=1}^{n} A(f_i) \neq \emptyset$ であることを証明する．

$f_1, \cdots, f_n$ が一次独立でなくたとえば $f_n = \sum_{i=1}^{n-1} c_i f_i$ $(c_i \in \boldsymbol{C})$ なら，$\varphi \in \bigcap_{i=1}^{n-1} A(f_i)$ をとると自動的に $\varphi \in A(f_n)$ が成り立つので，$f_1, \cdots, f_n$ は一次独立であるとして一般性を失わない．一次独立性より

$$\det(f_i(x_j)) \neq 0$$

が成り立つような n 個の $x_1, \cdots, x_n \in \Omega$ が存在する．

$x \in \boldsymbol{R}$ に対して，$u \leqq x < u + \varepsilon$ をみたす $u \in \boldsymbol{X}$ がただ1つに確定するのでこれを $u = \underline{x}$ で表すことにすると f の連続性から

$$\det({}^*f_i(\underline{x_j})) \neq 0$$

が成り立つ．したがって

$$\sum_{j=1}^{n} {}^*f_i(\underline{x_j})\,\alpha_j = T(f_i) \qquad (1 \leqq i \leqq n) \tag{4.14}$$

をみたす $\alpha_1, \cdots, \alpha_n \in {}^*\boldsymbol{C}$ が存在する．$i \neq j$ のとき $\underline{x_i} \neq \underline{x_j}$ であることに注意して，$\varphi \in R(\boldsymbol{X})$ を

$$\varphi(x) = \begin{cases} \dfrac{\alpha_j}{\varepsilon} & (x = \underline{x_j}) \\ 0 & (x \neq \underline{x_1}, \cdots, \underline{x_n}) \end{cases} \tag{4.15}$$

で定義すると，(4.14)，(4.15) から

$$\sum_{x\in\boldsymbol{X}} \varepsilon\varphi(x)\,{}^*f_i(x) = \sum_{j=1}^{n} \varepsilon\frac{\alpha_j}{\varepsilon}\,{}^*f_i(x_j) = T(f_i) \qquad (1 \leqq i \leqq n)$$

となり，$\varphi \in \bigcap_{i=1}^{n} A(f_i)$ が成り立つ．（証明終り）

以下で，$A(\Omega)$ 以外にも $R(\boldsymbol{X})$ の外的な部分空間をいくつか定義して，超関数のいろいろな部分空間を表現する．結論を先取りして表にまとめると次のようになっている．

【結論】[1)]

$A(\Omega) \xrightarrow{P} \mathscr{D}^*(\Omega)$　（$\mathscr{D}(\Omega)$ の代数的双対）は全射

$M(\Omega) \xrightarrow{P} \mathfrak{M}(\Omega)$　（測度つまり位数 0 の超関数）は全射

$M_0(\Omega) \xrightarrow{P} \mathfrak{M}_0(\Omega)$　（有界測度）は全射

$SL^1_{\mathrm{loc}}(\Omega) \xrightarrow{P} \mathscr{L}_{1,\mathrm{loc}}(\Omega)$　（超関数としての局所可積分関数）は全射

$D_F(\Omega) \xrightarrow{P} \mathscr{D}'_F(\Omega)$　（有限位数の超関数）は全射

$D(\Omega) \xrightarrow{P} \mathscr{D}'(\Omega)$　（$\mathscr{D}(\Omega)$ の位相的双対）は全射

【定義】[2)]

$A(\Omega) = \{\varphi \in R(\boldsymbol{X}) : \forall f \in \mathscr{D}(\Omega)$ に対して $\sum_{x\in\boldsymbol{X}} \varepsilon\varphi(x)^* f(x)$ が有限$\}$

$M(\Omega) = \{\varphi \in R(\boldsymbol{X}) : \forall K(\subseteqq \Omega)$ コンパクト集合に対して $\sum_{x\in{}^*K\cap\boldsymbol{X}} \varepsilon|\varphi(x)|$ が有限$\}$

$M_0(\Omega) = \{\varphi \in R(\boldsymbol{X}) : \sum_{x\in{}^*\Omega\cap\boldsymbol{X}} \varepsilon|\varphi(x)|$ が有限$\}$

$SL^1_{\mathrm{loc}}(\Omega) = \{\varphi \in R(\boldsymbol{X}) : \varphi(x)$ は $\Omega\cap\boldsymbol{X}$ 上，局所 S-可積分$\}$

$D_F(\Omega) = \{\varphi \in R(\boldsymbol{X}) : M(\Omega)$ の要素に D_+ を有限回（0 回も含めて）作用させたものの有限和$\}$

$D(\Omega) = \{\varphi \in R(\boldsymbol{X}) : \forall K(\subseteqq \Omega)$ コンパクト集合に対して $\exists\psi \in D_F(\Omega)\ \varphi(x) = \psi(x)\ (\forall x \in {}^*K\cap\boldsymbol{X})\}$

複素測度空間 $\mathfrak{M}(\Omega)$ の表現

はじめに Ω 上の複素測度の全体 $\mathfrak{M}(\Omega)$（前述のように位数 0 の超関数の全体 $\mathscr{D}^{(0)\prime}(\Omega)$ と一致する）を表現するような $R(\boldsymbol{X})$ の外的な部分空間 $M(\Omega)$ からはじめる．これが $\mathfrak{M}(\Omega)$ を表現するなら，定理 2.3 を手掛りとして $\mathscr{D}'_F(\Omega)$ を表現する $D_F(\Omega)$ をみつけることができるであろうし，さらに局所的にみれば（台をコンパクト集合に制限すれば）$T\in\mathscr{D}'(\Omega)$ は $\mathscr{D}'_F(\Omega)$ に入るので，$D_F(\Omega)$ を用いて $\mathscr{D}'(\Omega)$ を表現する外的な部分空間 $D(\Omega)$ を構成することも可

1)　スタンダードな世界の超関数のクラスは $\mathfrak{M}$ や $\mathscr{L}$ のような筆記体で，ノンスタンダードな世界の $R(\boldsymbol{X})$ の外的なクラスは M や L のような活字体で表すことにする．

2)　厳密な定義は以下の話の中で順次なされる．

能であろう．

3.3 定義 Ω に含まれる任意のコンパクト集合 K に対して，$\sum_{x\in{}^*K\cap\boldsymbol{X}}\varepsilon|\varphi(x)|$ が有限数となるような $\varphi\in R(\boldsymbol{X})$ の全体を $M(\Omega)$ とする．

3.4 定理 （1） $M(\Omega)\subseteqq A(\Omega)$

（2） 写像 P による $M(\Omega)$ の像は $\mathscr{D}^{(0)\prime}(\Omega)=\mathfrak{M}(\Omega)$ に一致する．

証明 （1） $f\in\mathscr{D}(\Omega)$ のとき $K=\mathrm{supp}\,f$ にとる．

$$\left|\sum_{x\in\boldsymbol{X}}\varepsilon\varphi(x){}^*f(x)\right| = \left|\sum_{x\in{}^*K\cap\boldsymbol{X}}\varepsilon\varphi(x){}^*f(x)\right|$$

$$\leqq\left(\sum_{x\in{}^*K\cap\boldsymbol{X}}\varepsilon|\varphi(x)|\right)\cdot\sup_{x\in{}^*K}|{}^*f(x)| \tag{4.16}$$

が成り立つので，$\varphi\in A(\Omega)$ である．

（2） $P(M(\Omega))\subseteqq\mathscr{D}^{(0)\prime}(\Omega)$ の証明．$f\in\mathscr{D}^{(0)}(\Omega)$，$\mathrm{supp}\,f=K$ に対して (4.16) より

$$|P_\varphi(f)|\leqq c_K\cdot\sup_{x\in K}|f(x)|,\qquad c_K={}^\circ\sum_{x\in{}^*K\cap\boldsymbol{X}}\varepsilon|\varphi(x)|$$

となるから，$P(\varphi)\in\mathscr{D}^{(0)\prime}(\Omega)$ である．

$\mathscr{D}^{(0)\prime}(\Omega)\subseteqq P(M(\Omega))$ の証明．おおまかには定理3.2の証明と同じであるが，そのときは

$$A(\Omega)=\{\varphi\in R(\boldsymbol{X}):\text{すべての } f\in\mathscr{D}(\Omega) \text{ に対し } \sum_{x\in\boldsymbol{X}}\varepsilon\varphi(x){}^*f(x) \text{ が有限数}\}$$

と定義されていたので，$\varphi\in\bigcap_{f\in\mathscr{D}(\Omega)}A(f)$ をとれば自動的に $\varphi\in A(\Omega)$ が成り立っていた．しかし今回は $M(\Omega)$ の定義が

$$M(\Omega)=\{\varphi\in R(\boldsymbol{X}):\forall K\subseteqq\Omega\ (K\text{ はコンパクト})\ \sum_{x\in{}^*K\cap\boldsymbol{X}}\varepsilon|\varphi(x)|\text{ が有限数}\} \tag{4.17}$$

となっていて，定義がテスト関数の空間 $\mathscr{D}(\Omega)$ の情報によっていない．したがって $\varphi\in\bigcap_{f\in\mathscr{D}(\Omega)}A(f)$ の存在がいえても，そのことからは $\varphi\in M(\Omega)$ であることが直接にはみえてこない．その部分を工夫しなければならないわけで，具体的には $\varphi\in M(\Omega)$ を示すにあたり，コンパクト集合 K に対し K 上で値1をとる $f\in\mathscr{D}(\Omega)$ をとって

$$\sum_{{}^*K\cap\boldsymbol{X}}\varepsilon|\varphi(x)| = \sum_{{}^*K\cap\boldsymbol{X}}\varepsilon\varphi(x) = \sum_{{}^*K\cap\boldsymbol{X}}\varepsilon\varphi(x){}^*f(x)\leqq T(f)=\text{有限数}$$

のような計算ができるようにしたい．そのためには $\varphi(x)$ も $f(x)$ も，さらに T も正値であれば都合が良いことになる（定理 3.2 の証明中に現れる α_j は正とは限らない）．このような理由から次のような分解をする．

$T\in\mathscr{D}^{(0)\prime}(\Omega)$ を

$$T=(T_1-T_2)+i(T_3-T_4),\qquad T_i\in\mathscr{D}^{(0)\prime}(\Omega)\ \text{は正値}$$

と分解し，テスト関数の空間 $\mathscr{D}^{(0)}(\Omega)$ も

$$\mathscr{D}_+^{(0)}(\Omega)=\{f(x)\in\mathscr{D}^{(0)}(\Omega):f(x)\geqq 0\}$$

を用いて，$f\in\mathscr{D}^{(0)}(\Omega)$ を

$$f=(f_1-f_2)+i(f_3-f_4),\qquad f_i\in\mathscr{D}_+^{(0)}(\Omega) \tag{4.18}$$

と分解して考える．各 T_i に対して

$$\sum_{x\in\boldsymbol{X}}\varepsilon\varphi_i(x)^*f_j(x)\simeq T_i(f_j)\qquad(\text{すべての } f_j\in\mathscr{D}_+^{(0)}(\Omega))$$

をみたす $\varphi_i\in M(\Omega)$ の存在がいえれば，

$$\varphi=(\varphi_1-\varphi_2)+i(\varphi_3-\varphi_4)$$

とすると，(4.18) の f に対して

$$\sum_{x\in\boldsymbol{X}}\varepsilon\varphi_i(x)^*f(x)\simeq(T_i(f_1)-T_i(f_2))+i(T_i(f_3)-T_i(f_4))=T_i(f)$$

したがって

$$\sum_{x\in\boldsymbol{X}}\varepsilon\varphi(x)^*f(x)\simeq(T_1(f)-T_2(f))+i(T_3(f)-T_4(f))=T(f)$$

がいえる．もちろん $\varphi\in M(\Omega)$ も成り立つ．

以下，$T\in\mathscr{D}^{(0)\prime}(\Omega)$ は正値汎関数，テスト関数 f は $\mathscr{D}_+^{(0)}(\Omega)$ の要素とする．

f と $e>0$ に対して

$$A(f,e)=\left\{\varphi\in R(\boldsymbol{X}):\varphi(x)\geqq 0\ \text{かつ}\ \left|T(f)-\sum_{x\in\boldsymbol{X}}\varepsilon\varphi(x)^*f(x)\right|\leqq e\right\} \tag{4.19}$$

とおく．内的な 2 項関係 R を

$$\langle(f,e),\varphi\rangle\in R\iff\varphi\in A(f,e)$$

で定義するとき，R が有限共起的であることを証明したい．つまり任意の $f_1,\cdots,f_n\in\mathscr{D}_+^{(0)}(\Omega)$ と $e_1,\cdots,e_r>0$ に対して

$$\bigcap_{i\leqq n}\bigcap_{j\leqq r}A(f_i,e_j)\neq\emptyset$$

を証明したい．これが証明されれば，飽和定理によって

$$\bigcap_{e>0}\Big(\bigcap_{f\in\mathscr{D}_+^{(0)}(\Omega)}A(f,e)\Big)\neq\emptyset$$

となり，φ をこの要素にとれば（4.19）よりすべての $f\in\mathscr{D}_+^{(0)}(\Omega)$ と $e>0$ に対して

$$\left|\sum_{x\in\boldsymbol{X}}\varepsilon\varphi(x)^*f(x)-T(f)\right|\leqq e$$

となり，$\sum_{x\in\boldsymbol{X}}\varepsilon\varphi(x)^*f(x)\simeq T(f)$ つまり $P_\varphi=T$ が成り立つ．

$e_j<e_k$ から $A(f_i, e_j)\subseteqq A(f_i, e_k)$ が従うので，$e=\min\{e_1, \cdots, e_n\}$ に対して

$$\bigcap_{i=1}^{n}A(f_i, e)\neq\emptyset$$

を示せば十分である．

$f_0=f_1+\cdots+f_n$ に対して，$T(f_0)=0$ ならば T の正値性より

$$T(f_1)=T(f_2)=\cdots=T(f_n)=0$$

となるので，$0\in\bigcap_{i=1}^{n}A(f_i, e)$ である．$T(f_0)>0$ のとき，$\boldsymbol{R}^n$ の点

$$\mathrm{P}=\left(\frac{T(f_1)}{T(f_0)}, \cdots, \frac{T(f_n)}{T(f_0)}\right)$$

は，$\boldsymbol{R}^n$ の部分集合

$$\left\{\left(\frac{f_1(x)}{f_0(x)}, \cdots, \frac{f_n(x)}{f_0(x)}\right): f_0(x)\neq0\right\}$$

の閉凸包 C に入ることが次のようにしてわかる．

$\mathrm{P}\notin C$ と仮定すると，点 P と C は $\boldsymbol{R}^n$ のある超平面で真に分離される．つまり，

$$\sum_{i=1}^{n}b_i\left(\frac{T(f_i)}{T(f_0)}\right)>b_0>\sup\sum_{i=1}^{n}b_i\left(\frac{f_i(x)}{f_0(x)}\right)\tag{4.20}$$

をみたす定数 $b_0, b_1, \cdots, b_n\in\boldsymbol{R}$ が存在する．ここに sup は $f_0(x)\neq0$ をみたすすべての x に関する上限である．

$g=\sum_{i=1}^{n}b_if_i\in\mathscr{D}^{(0)}(\Omega)$ とおくと（4.20）は

$$\frac{T(g)}{T(f_0)}>b_0>\sup\frac{g(x)}{f_0(x)}\tag{4.21}$$

となるので右側の不等式から

$$g(x)\leqq b_0f_0(x)$$

となる．この式は $f_0(x)=0$ となる x においても成り立つので T の正値性より

$$T(g)\leqq b_0T(f_0)$$

を得る．これは（4.21）の左側の不等式に矛盾する．

こうして，$\mathrm{P}\in C$ がわかったので，$e>0$ に対して

$$\left|\frac{T(f_i)}{T(f_0)}-\sum_{j=1}^{r}a_j\frac{f_i(x_j)}{f_0(x_j)}\right|\leqq\frac{e}{2T(f_0)}\quad(1\leqq i\leqq n),\qquad a_j>0,\ \sum_{j=1}^{r}a_j=1$$

が成り立つような，$x_1,\cdots,x_r$ と $a_1,\cdots,a_r\in\boldsymbol{R}$ がとれる．$T(f_0)$ を掛けて

$$\left|T(f_i)-\sum_{j=1}^{r}a_j\frac{T(f_0)}{f_0(x_j)}f_i(x_j)\right|\leqq\frac{e}{2}\tag{4.22}$$

としておく．ここで $x_1,\cdots,x_r$ は互いに相異なるとしてよい．もし $j\neq k$ に対して $x_j=x_k$ なら

$$a_j\frac{T(f_0)}{f_0(x_j)}f_i(x_j)+a_k\frac{T(f_0)}{f_0(x_k)}f_i(x_k)=(a_j+a_k)\frac{T(f_0)}{f_0(x_j)}f_i(x_j)$$

として，a_j と a_k を 1 つにまとめることができるからである．

こうして定めた $x_1,\cdots,x_r$ と $a_1,\cdots,a_r$ を用いて $\varphi:\boldsymbol{X}\longrightarrow{}^*\boldsymbol{R}^+$ を

$$\varphi(x)=\begin{cases}\dfrac{a_jT(f_0)}{\varepsilon f_0(x_j)} & (x=\underline{x_j})\\[2ex] 0 & (x\neq\underline{x_1},\cdots,\underline{x_r})\end{cases}$$

で定義すれば，

$$\begin{aligned}\sum_{x\in\boldsymbol{X}}\varepsilon\varphi(x){}^*f_i(x)&=\sum_{j=1}^{r}\varepsilon\varphi(\underline{x_j}){}^*f_i(\underline{x_j})\\&=\sum_{j=1}^{r}a_j\frac{T(f_0)}{f_0(x_j)}{}^*f_i(\underline{x_j})\\&\simeq\sum_{j=1}^{r}a_j\frac{T(f_0)}{f_0(x_j)}f_i(x_j)\end{aligned}$$

であるから，(4.22) と合せて

$$\left|T(f_i)-\sum_{x\in\boldsymbol{X}}\varepsilon\varphi(x){}^*f_i(x)\right|<\frac{e}{2}+\frac{e}{2}=e$$

となる．したがって (4.19) より $\varphi\in\bigcap_{i=1}^{n}A(f_i,e)$ である．

以前述べたとおり，飽和定理から，$\varphi\in\bigcap_{e>0}\Big(\bigcap_{f\in\mathscr{D}_+^{(0)}(\Omega)}A(f,e)\Big)$ をとることができるので，あとはこの φ が $M(\Omega)$ に入ることを確かめることだけが残されている．

$K\subset\Omega$ がコンパクト集合のとき，$0\leqq f(x)\leqq1$ かつ K 上で $f(x)=1$ となる $f\in\mathscr{D}_+(\Omega)$ をとると，$\varphi(x)\geqq0$ なので

$$\begin{aligned}\sum_{x\in{}^*K\cap\boldsymbol{X}}\varepsilon|\varphi(x)|=\sum_{x\in{}^*K\cap\boldsymbol{X}}\varepsilon\varphi(x)&\leqq\sum_{x\in{}^*K\cap\boldsymbol{X}}\varepsilon\varphi(x){}^*f(x)\\&\simeq T(f)\ (=\text{有限数})\end{aligned}$$

となるので，(4.17) より $\varphi \in M(\Omega)$ である．　(証明終り)

$M(\Omega)$ の定義の中の“$K \subset \Omega$ をみたすすべてのコンパクト集合 K に対して”の部分を除いて $M_0(\Omega)$ を

$$M_0(\Omega) = \{\varphi \in R(\boldsymbol{X}) : \sum_{x \in {}^*\Omega \cap \boldsymbol{X}} \varepsilon |\varphi(x)| \text{ が有限数}\}$$

で定義すると，$M_0(\Omega) \subseteqq M(\Omega)$ であるから，$P(M_0(\Omega)) \subseteqq \mathfrak{M}(\Omega)$ であることは明らかである．そして $P(M_0(\Omega))$ が Ω 上の有界測度の全体 $\mathfrak{M}_0(\Omega)$ に一致するであろうことも容易に想像できるであろう．実際，そうなるわけで，定理として次に述べる．

3.5　定理　$P : A(\Omega) \longrightarrow \mathscr{D}^*(\Omega)$ による $M_0(\Omega)$ の像は $\mathfrak{M}_0(\Omega)$ に等しい．さらに，$T \in \mathfrak{M}_0(\Omega)$ が有界な実測度のときは，

$$P_\varphi = T \text{ かつ } \sum_{x \in {}^*\Omega \cap \boldsymbol{X}} \varepsilon |\varphi(x)| \simeq \|T\|$$

をみたす $\varphi \in M_0(\Omega)$ が存在する．一般には $\sum_{x \in {}^*\Omega \cap \boldsymbol{X}} \varepsilon |\varphi(x)| \geqq \|T\|$ である．

証明　$\varphi \in M_0(\Omega)$，$f \in \mathscr{D}^{(0)}(\Omega)$ なら

$$\left| \sum_{x \in \boldsymbol{X}} \varepsilon \varphi(x)^* f(x) \right| \leqq \left(\sum_{x \in {}^*\Omega \cap \boldsymbol{X}} \varepsilon |\varphi(x)| \right) \sup_{x \in \Omega} |f(x)|$$

なので $P_\varphi \in \mathfrak{M}_0(\Omega)$ である．

逆に $T \in \mathfrak{M}_0(\Omega)$ に対して，T の定義域を，Ω 上の複素数値有界連続関数の全体 $\mathscr{C}_B(\Omega)$ に拡張して考える．$T : \mathscr{C}_B(\Omega) \longrightarrow \boldsymbol{C}$ を正値汎関数とするとき，定理 3.4 の証明における $\mathscr{D}^{(0)}(\Omega)$，$\mathscr{D}^{(0)}_+(\Omega)$ を $\mathscr{C}_B(\Omega)$，$\mathscr{C}_{B,+}(\Omega) = \{f \in \mathscr{C}_B(\Omega) : f(x) \geqq 0\}$ に読みかえることができて，

$$\varphi(x) \geqq 0 \quad \text{かつ} \quad T(f) \simeq \sum_{x \in \boldsymbol{X}} \varepsilon \varphi(x)^* f(x)$$

をみたす $\varphi \in R(\boldsymbol{X})$ の存在がわかる．

とくに f として Ω の定義関数をとることで

$$\|T\| \simeq \sum_{x \in {}^*\Omega \cap \boldsymbol{X}} \varepsilon \varphi(x) = \sum_{x \in {}^*\Omega \cap \boldsymbol{X}} \varepsilon |\varphi(x)|$$

を得る．したがって $\varphi \in M_0(\Omega)$ も成り立つ．

定理の最後の部分は定理 3.4 のときと同様である．　(証明終り)

局所可積分関数 $\mathscr{L}_{1,\mathrm{loc}}(\Omega)$ の表現

Ω の任意のコンパクト集合上で積分可能な関数 $\varphi(x)$ を，Ω 上の局所可積分関数といい，その全体を $\mathscr{L}_{1,\mathrm{loc}}(\Omega)$ で表す.

$f\in\mathscr{D}(\Omega)$ に対して，複素数 $\int_\Omega f(x)\varphi(x)\,dx$ を対応させる汎関数 T_φ を

$$T_\varphi : f \longrightarrow \int_\Omega f(x)\varphi(x)\,dx$$

で定義すると，ルベーグの有界収束定理から，T_φ は $\mathscr{D}(\Omega)$ 上の連続な汎関数であることがわかる．つまり T_φ は超関数 $\in\mathscr{D}'(\Omega)$ である．この T_φ と φ を同一視することによって，局所可積分関数の全体 $\mathscr{L}_{1,\mathrm{loc}}(\Omega)$ は超関数の全体 $\mathscr{D}'(\Omega)$ の部分空間であると考えることができる．この部分空間 $\mathscr{L}_{1,\mathrm{loc}}(\Omega)$ を表現するような $R(\boldsymbol{X})$ の外的な部分空間を求めることが，ここの目的である.

そのためには，ローブ測度空間の理論を思い出す必要がある.

（i）　$x\in\boldsymbol{X}$ に対して $\rho(x)=\varepsilon$ と定義し，

$${}^*\mathscr{P}(\boldsymbol{X}) = \boldsymbol{X} \text{ の内的な部分集合の全体},$$

$$m(A) = \sum_{x\in A}\rho(x) = \varepsilon\,{}^\#(A), \qquad A\in{}^*\mathscr{P}(\boldsymbol{X})$$ [1]

で定義される $*$-有限加法的測度空間 $(\boldsymbol{X}, {}^*\mathscr{P}(\boldsymbol{X}), m)$ を考える.

（ii）　$m(\boldsymbol{X})=H=$ 無限大数なので，この $*$-有限加法的測度空間は非有界であり，したがってローブ測度空間を付録1の方法に従って構成することになり煩雑である．しかし，いまの場合にはいずれ，Ω に含まれるコンパクト集合 K をとって ${}^*K\cap\boldsymbol{X}$ の上だけで考えることになるから，$m({}^*K\cap\boldsymbol{X})=$ 有限数より，有界な $*$-有限加法的測度空間に関する議論だけで事足りる.

いずれにしても，$(\boldsymbol{X}, {}^*\mathscr{P}(\boldsymbol{X}), m)$ もしくは $({}^*K\cap\boldsymbol{X}, {}^*\mathscr{P}({}^*K\cap\boldsymbol{X}), m)$ から，ローブ測度空間 $(\boldsymbol{X}, L(\mathfrak{A}), \mu_L)$ もしくは $({}^*K\cap\boldsymbol{X}, L(\mathfrak{A}), \mu_L)$ を構成することができる.

（iii）　もちあげ定理は有界，非有界にかかわらず本論の第2章定理2.8から2.11において証明されていて，それによると次のことが成り立つ.

（1）　$\varphi:\boldsymbol{X}\longrightarrow{}^*\boldsymbol{R}$ が S-可積分とは

（a）　$\sum_{x\in\boldsymbol{X}}\varepsilon|\varphi(x)|$ は有限数

（b）　内的な $A\subset\boldsymbol{X}$ が $m(A)\simeq 0$ をみたすなら，$\sum_{x\in A}\varepsilon|\varphi(x)|\simeq 0$

---

1)　${}^\#(A)$ は集合 A の要素の個数を表す.

(b′)　内的な $A\subset \boldsymbol{X}$ の上で $\varphi(x)\simeq 0$ なら，$\displaystyle\sum_{x\in A}\varepsilon|\varphi(x)|\simeq 0$

をみたすことである．

とくに φ：${}^*K\cap\boldsymbol{X}\longrightarrow{}^*\boldsymbol{R}$ のときは

任意の $N\in{}^*\boldsymbol{N}_\infty$ に対して $\displaystyle\sum_{\substack{x\in{}^*K\cap\boldsymbol{X}\\|\varphi(x)|\geqq N}}\varepsilon|\varphi(x)|\simeq 0$

の条件だけでよい．

（2）　φ が S-可積分なら ${}^\circ\varphi$ は μ_L-積分可能である．

（3）　g：$\boldsymbol{X}\longrightarrow\boldsymbol{R}\cup\{\pm\infty\}$ が μ_L-積分可能なら，適当な S-可積分関数 φ をとって

$$\int_{\boldsymbol{X}}g(x)\,d\mu_L(x)\simeq\sum_{x\in\boldsymbol{X}}\varepsilon\varphi(x),\qquad {}^\circ\varphi(x)=g(x)\quad(\mu_L\text{-a. e.})$$

とできる．

以下，S-可積分関数の全体を $SL^1(m)$ で表すことにする．

このように，μ_L-積分可能関数を表現するのが S-可積分性であったから，それを局所化すれば我々の目的である $\mathscr{L}_{1,\mathrm{loc}}(\Omega)$ を表現する部分空間になるはずである．そこで次のように定義する．

3.6　定義　（1）　$\varphi\in R(\boldsymbol{X})$ が Ω 上局所 S-可積分とは，任意のコンパクト集合 $K\subseteqq\Omega$ と任意の $N\in{}^*\boldsymbol{N}_\infty$ に対して次が成り立つことをいう．

$$\sum_{\substack{x\in{}^*K\cap\boldsymbol{X}\\|\varphi(x)|\geqq N}}\varepsilon|\varphi(x)|\simeq 0 \tag{4.23}$$

（2）　Ω 上局所 S-可積分な関数の全体を $SL^1_{\mathrm{loc}}(\Omega)$ とおく．

上に述べたことから，

$$SL^1_{\mathrm{loc}}(\Omega)\subseteqq M(\Omega)$$

は明らかであろう．この $SL^1_{\mathrm{loc}}(\Omega)$ が $\mathscr{L}_{1,\mathrm{loc}}(\Omega)$ を表現することを証明するために補題を１つ準備する．これは局所的なものを貼り合せて，大域的なものをつくるために有効であり，後の $\mathscr{D}'(\Omega)$ の表現の際にも利用される．

${}^*\boldsymbol{C}$ の要素のうち有限数であるものの全体を ${}^*\boldsymbol{C}_{\mathrm{fin}}$ で表すことにする．これは明らかに可換環をなす．

補題　$R(\boldsymbol{X})$ の ${}^*\boldsymbol{C}_{\mathrm{fin}}$-部分加群である Y が次の性質をみたしているとする．すなわち，$T\in\mathscr{D}'(\Omega)$，$(f_i)_{i\in\boldsymbol{N}}$ を Ω 上の１の分解とするとき，

“$P_{\psi_i}=f_iT$，かつ，K がコンパクトで $K\cap\mathrm{supp}(f_i)=\varnothing$ なら ψ_i は

$\quad\quad ^*K\cap\boldsymbol{X}$ 上で 0"

をみたす $\psi_i\in Y$ $(i\in\boldsymbol{N})$ が存在する．

このとき，次の条件をみたすような内的な写像 $n\longmapsto\varphi_n\in R(\boldsymbol{X})$ と $N\in{}^*\boldsymbol{N}$ が存在する．

（a）　$n\in\boldsymbol{N}$ に対して $\varphi_n=\sum_{i=1}^{n}\psi_i\in Y$

（b）　$P_{\varphi_N}=T$

ただし，(b) の φ_N は $N\in\boldsymbol{N}$ の場合には $\varphi_N\in Y$ となるが，$N\in{}^*\boldsymbol{N}_\infty$ の場合には $\varphi_N\in A(\Omega)$ であることはいえるが $\varphi_N\in Y$ となるか否かはわからない．この場合でも，コンパクト集合 $K\subseteqq\Omega$ が与えられれば $n\in\boldsymbol{N}$ を適当にとることで $^*K\cap\boldsymbol{X}$ 上では $\varphi_N=\varphi_n$ となる．

証明　$n\in\boldsymbol{N}$ に対して $\varphi_n=\sum_{i=1}^{n}\psi_i$ とし，写像 $n\longmapsto\varphi_n\in Y$ $(n\in\boldsymbol{N})$ を内的な写像 $n\longmapsto\varphi_n\in R(\boldsymbol{X})$ $(n\in{}^*\boldsymbol{N})$ に拡張する．

各コンパクト集合 $K\subseteqq\Omega$ に対して，$n(K)\in\boldsymbol{N}$ を

$$i>n(K) \text{ のとき } \mathrm{supp}(f_i)\cap K=\varnothing \text{ （したがって } \psi_i \text{ は } {}^*K\cap\boldsymbol{X} \text{ 上で } 0\text{）}$$

となるように選ぶ．このとき $n\geqq n(K)$ なら $\sum_{i=1}^{n}f_i$ は K 上で 1 である．

$f\in\mathscr{D}(\Omega)$ に対して，$n(f)=n(\mathrm{supp}(f))$ とおき，次の内的な集合を考える．

$$I(f)=\{n\in{}^*\boldsymbol{N}: n\geqq n(f) \text{ かつ任意の } l\in{}^*\boldsymbol{N} \text{ に対して } \\ (n(f)\leqq l\leqq n\to\left|\sum_{x\in\boldsymbol{X}}\varepsilon\varphi_l(x)^*f(x)-T(f)\right|\leqq\frac{1}{l+1})\} \tag{4.24}$$

$n\in\boldsymbol{N}$ なら $n(f)\leqq l\leqq n$ をみたす $l\in{}^*\boldsymbol{N}$ は結局 $\boldsymbol{N}$ の要素となり，$l\geqq n(f)$ より $\sum_{i=1}^{l}f_i$ が $\mathrm{supp}(f)$ 上で 1 に等しいことを考慮すれば

$$\sum_{x\in\boldsymbol{X}}\varepsilon\varphi_l(x)^*f(x)=\sum_{i=1}^{l}\sum_{x\in\boldsymbol{X}}\varepsilon\psi_i(x)^*f(x)\simeq\sum_{i=1}^{l}(f_iT)(f) \\ =T\left(\left(\sum_{i=1}^{l}f_i\right)f\right)=T(f)$$

を得る．以上より

$$\{n\in\boldsymbol{N}: n\geqq n(f)\}\subseteqq I(f)$$

である．このことから内的な集合 $I(f)$ の族 $\{I(f): f\in\mathscr{D}(\Omega)\}$ が有限交叉性をもつことがわかり，飽和定理から

$$\bigcap_{f\in\mathcal{D}(\Omega)} I(f) \neq \emptyset$$

である．したがって $N\in{}^*\boldsymbol{N}$ をこの要素にとると (4.24) よりすべての $f\in\mathcal{D}(\Omega)$ に対して次が成り立つ．

（i） $N \geqq n(f)$

（ii） $n(f)\leqq l\leqq N$ なら $\left|\sum_{x\in\boldsymbol{X}}\varepsilon\varphi_l(x)^*f(x)-T(f)\right| \leqq \dfrac{1}{l+1}$

$N\in\boldsymbol{N}$ のときは $\varphi_N\in Y$ で，すべての $f\in\mathcal{D}(\Omega)$ に対して $N\geqq n(f)$ なので

$$P_{\varphi_N}(f) = \sum_{i=1}^{N}P_{\psi_i}(f) = \sum_{i=1}^{N}(f_iT)(f) = T\left(\left(\sum_{i=1}^{N}f_i\right)f\right) = T(f)$$

が成り立つ．

$N\in{}^*\boldsymbol{N}_\infty$ のときは，このままでは補題の最後の部分が主張できないので N を次のように変更する．まず，$L\in{}^*\boldsymbol{N}_\infty$ が $L\leqq N$ をみたすなら，すべての $f\in\mathcal{D}(\Omega)$ に対して $n(f)\leqq L$ なので

$$\left|\sum_{x\in\boldsymbol{X}}\varepsilon\varphi_L(x)^*f(x)-T(f)\right| \leqq \frac{1}{L+1} \simeq 0$$

となり，したがって

$\varphi_L\in A(\Omega)$ かつ $P_{\varphi_L}=T$

が成り立つことを注意しておく．さて，K が Ω に含まれるコンパクト集合として，これに対して $J(K)$ を

$J(K) = \{n\in{}^*\boldsymbol{N} : {}^*K\cap\boldsymbol{X}$ 上で $\varphi_{n-1}=\varphi_n\}$

とおく．$n\in\boldsymbol{N}$，$n>n(K)$ ならば $\mathrm{supp}(f_n)\cap K=\emptyset$ であるから ψ_n は ${}^*K\cap\boldsymbol{X}$ 上で 0 となり，したがって $\varphi_n=\varphi_{n-1}$ が成り立つ．よって

$$\{n\in\boldsymbol{N} : n>n(K)\} \subseteqq J(K)$$

となり，K に対して

$$\{n\in{}^*\boldsymbol{N} : n(K)<n\leqq N(K)\} \subseteqq J(K)$$

をみたす $N(K)\in{}^*\boldsymbol{N}_\infty$ が存在する．

Ω に含まれるコンパクト集合の基本列 $(K_j)_{j\in\boldsymbol{N}}$ をとって，$M\in{}^*\boldsymbol{N}_\infty$ を

すべての $j\in\boldsymbol{N}$ に対して $M \leqq N(K_j)$

をみたすようにとる．すると，すべてのコンパクト集合 $K\subseteqq\Omega$ に対して

$\forall n\in{}^*\boldsymbol{N}$ $(n(K)<n\leqq M \rightarrow {}^*K\cap\boldsymbol{X}$ 上で $\varphi_n=\varphi_{n-1})$

が成り立つ．

こうして得られた M と以前の N の小さい方を再び N と書けば

$\varphi_N \in A(\Omega)$　かつ　$P_{\varphi_N} = T$　かつ

コンパクト集合 $K \subseteqq \Omega$ に対して $^*K \cap \boldsymbol{X}$ 上で $\varphi_N = \varphi_{n(K)}$

が成り立つ.　(証明終り)

この補題を用いると，我々の目的の定理の証明は簡単にできる.

3.7　定理　(1)　$\varphi \in SL^1_{\mathrm{loc}}(\Omega)$ なら $h \in \mathscr{L}_{1,\mathrm{loc}}(\Omega)$ で $P_\varphi = T_h$ となるものがある.

(2)　$h \in \mathscr{L}_{1,\mathrm{loc}}(\Omega)$ に対して $\varphi \in SL^1_{\mathrm{loc}}(\Omega)$ で $P_\varphi = T_h$ となるものがある.

証明　(1)　$\varphi \in SL^1_{\mathrm{loc}}(\Omega)$，$\varphi \geqq 0$ とするとき，

$\forall g \in \mathscr{D}^{(0)}_+(\Omega)\ \ \forall e > 0\ \ \exists d > 0\ \ \forall f \in \mathscr{D}^{(0)}_+(\Omega)\ (f \leqq g$ かつ $\mu(f) \leqq d$
$\to P_\varphi(f) \leqq e)$

を示す．ただし，ここで μ は $\boldsymbol{R}$ 上のルベーグ測度で $\mu(f)$ とは

$$\mu(f) = \int_\Omega f(x)\,dx \qquad (\text{ルベーグ積分})$$

のことである．したがって上の命題は P_φ の μ-絶対連続性を主張している．これが示されれば，P_φ は μ を基底とする Ω 上の測度となる．すなわち，すべての $f \in \mathscr{D}^{(0)}(\Omega)$ に対して

$$P_\varphi(f) = \int_\Omega h(x) f(x)\,dx$$

が成り立つような $h \in \mathscr{L}_{1,\mathrm{loc}}(\Omega)$ が存在する[1]．

$K = \mathrm{supp}(g)$ とし，$c > 0$ を $c \cdot \sup g \leqq \dfrac{e}{2}$ となるようにとる．$\varphi \in SL^1_{\mathrm{loc}}(\Omega)$ より $n \in {}^*\boldsymbol{N}_\infty$ ならば

$$\sum_{\substack{x \in {}^*K \cap \boldsymbol{X} \\ \varphi(x) \geqq n}} \varepsilon\varphi(x) \leqq c$$

が成り立つので，延長定理からこの不等式をみたす $n \in \boldsymbol{N}$ が存在する．この n を用いて $d > 0$ を，$nd \leqq \dfrac{e}{3}$ をみたすようにとる．この d と g に対して

$f \in \mathscr{D}^{(0)}_+(\Omega)$　かつ　$f \leqq g$　かつ　$\mu(f) \leqq d$

であるならば，$P_\varphi(f) \leqq e$ が成り立つことを示せばよい．

$$\begin{aligned}\sum_{x \in \boldsymbol{X}} \varepsilon\varphi(x)^*f(x) &= \sum_{x \in {}^*K \cap \boldsymbol{X}} \varepsilon\varphi(x)^*f(x) \\ &= \sum_{\substack{x \in {}^*K \cap \boldsymbol{X} \\ \varphi(x) < n}} \varepsilon\varphi(x)^*f(x) + \sum_{\substack{x \in {}^*K \cap \boldsymbol{X} \\ \varphi(x) \geqq n}} \varepsilon\varphi(x)^*f(x)\end{aligned}$$

1)　N. Bourbaki [77] Chap 5. § 5

$$\leqq n \sum_{x \in {}^*K \cap \boldsymbol{X}} \varepsilon\, {}^*f(x) + \sup f \sum_{\substack{x \in {}^*K \cap \boldsymbol{X} \\ \varphi(x) \geqq n}} \varepsilon \varphi(x) \tag{4.25}$$

が成り立つが，

$$(4.25)\ \text{の第 1 項} \simeq n \int_K f(x)\, dx \leqq nd \leqq \frac{e}{3},$$

よって，第 1 項 $< \dfrac{e}{2}$，

$$(4.25)\ \text{の第 2 項} \leqq (\sup f)\, c \leqq (\sup g)\, c < \frac{e}{2}$$

となる．よって $\sum_{x \in \boldsymbol{X}} \varepsilon \varphi(x) {}^*f(x) < e$ つまり $P_\varphi(f) \leqq e$ となる．

（2） $h \in \mathscr{L}_{1,\mathrm{loc}}(\Omega)$ とする．$(f_i)_{i \in \boldsymbol{N}}$ を Ω 上の 1 の分解，$K_i = \mathrm{supp}(f_i)$ とする．

$f_i h : K_i \longrightarrow \boldsymbol{C}$ はルベーグ可積分なので，${}^*f_i {}^*h$ を ${}^*K_i \cap \boldsymbol{X}$ に制限した関数を同じ記号 ${}^*f_i {}^*h$ で表すとき，${}^\circ({}^*f_i {}^*h) : {}^*K_i \cap \boldsymbol{X} \longrightarrow \boldsymbol{C}$ はローブ可積分である．よって $SL^1(m)$ の要素 $\psi_i : {}^*K_i \cap \boldsymbol{X} \longrightarrow {}^*\boldsymbol{C}$ で，${}^*K_i \cap \boldsymbol{X}$ の上で

$$ {}^\circ\psi_i = {}^\circ({}^*f_i {}^*h) \qquad (\mu_L\text{-a. e.})$$

をみたすものをとることができる．K_i の外では値 0 をとるとして ψ_i を延長すると，$\psi_i \in SL^1_{\mathrm{loc}}(\Omega)$ である．

任意の $g \in \mathscr{D}(\Omega)$ に対して

$$\begin{aligned}
\sum_{x \in \boldsymbol{X}} \varepsilon \psi_i(x) {}^*g(x) &= \sum_{x \in {}^*K_i \cap \boldsymbol{X}} \varepsilon \psi_i(x) {}^*g(x) \\
&\simeq \int_{{}^*K_i \cap \boldsymbol{X}} {}^\circ\psi_i(x)\, {}^\circ({}^*g(x))\, d\mu_L(x) \\
&= \int_{{}^*K_i \cap \boldsymbol{X}} {}^\circ({}^*f_i(x) {}^*h(x))\, {}^\circ({}^*g(x))\, d\mu_L(x) \\
&= \int_{K_i} f_i(x)\, h(x)\, g(x)\, dx = (f_i T_h)(g)
\end{aligned}$$

となるから，$P_{\psi_i} = f_i T_h$ である．そこで補題を $Y = SL^1_{\mathrm{loc}}(\Omega)$ の場合に適用すれば $P_{\varphi_N} = T$ をみたす $\varphi_N \in A(\Omega)$ が存在する．

$N \in \boldsymbol{N}$ のときは $\varphi_N \in Y$ つまり $\varphi_N \in SL^1_{\mathrm{loc}}(\Omega)$ であったから，証明は完了している．$N \in {}^*\boldsymbol{N}_\infty$ のときも補題の最後の部分から，コンパクト集合 $K \subseteqq \Omega$ に対して ${}^*K \cap \Omega$ 上で $\varphi_N = \varphi_n$ をみたす $n \in \boldsymbol{N}$ がとれるから

$$\sum_{\substack{x \in {}^*K \cap \boldsymbol{X} \\ |\varphi_N(x)| \geqq M}} \varepsilon |\varphi_N(x)| = \sum_{\substack{x \in {}^*K \cap \boldsymbol{X} \\ |\varphi_n(x)| \geqq M}} \varepsilon |\varphi_n(x)| \simeq 0$$

となって，$\varphi_N \in SL^1_{\mathrm{loc}}(\Omega)$ が成り立つ． （証明終り）

以上で超関数としての局所可積分関数 $\mathscr{L}_{1,\mathrm{loc}}(\Omega)$ の超準表現が $SL^1_{\mathrm{loc}}(\Omega)$ であることの証明が完了した．我々にとって最もなじみ深い関数空間である Ω 上の連続関数の全体 $\mathscr{C}(\Omega)$ も $\mathscr{L}_{1,\mathrm{loc}}(\Omega)$ の部分空間である．したがって，この $\mathscr{C}(\Omega)$ を表現するような $SL^1_{\mathrm{loc}}(\Omega)$ の部分空間を見つけ出しておこう．その結果をのちの $\mathscr{D}'(\Omega)$ の表現定理の証明の中で用いる．

3.8　定義　(1)　$\varphi\in R(\boldsymbol{X})$，$t_0\in\Omega$ のとき，φ が t_0 において標準的とは，ある $s_0\in\boldsymbol{C}$ があって

$$(x\in\boldsymbol{X},\ x\simeq t_0) \text{ ならば } \varphi(x)\simeq s_0$$

が成り立つことをいう．

(2)　$S(\Omega)=\{\varphi\in R(\boldsymbol{X}):\varphi \text{ は } \Omega \text{ の各点で標準的である}\}$

(3)　$\varphi\in S(\Omega)$ に対して，$\tilde{\varphi}:\Omega\longrightarrow\boldsymbol{C}$ を

$$\tilde{\varphi}(t)={}^\circ(\varphi(\underline{t}))\qquad(t\in\Omega)$$

で定義する．ここに，$t\in\Omega$ に対して $\underline{t}\in\boldsymbol{X}$ は

$$\underline{t}\leqq t<\underline{t}+\varepsilon,\qquad \underline{t}\in\boldsymbol{X}$$

をみたすもののことである．

3.9　定理　(1)　$\varphi\in S(\Omega)$ なら $\tilde{\varphi}\in\mathscr{C}(\Omega)$ つまり $\tilde{\varphi}$ は Ω 上の連続関数である．

(2)　$h\in\mathscr{C}(\Omega)$ に対して，(Ω の外で値0で延長して考えて ${}^*h:{}^*\boldsymbol{R}\longrightarrow{}^*\boldsymbol{C}$)，${}^*h$ を $\boldsymbol{X}$ に制限したものを同じ記号 ${}^*h$ で表すと，

$${}^*h\in S(\Omega) \text{ かつ } \widetilde{{}^*h}=h$$

となる．

(3)　$S(\Omega)\subseteqq SL^1_{\mathrm{loc}}(\Omega)$ であって，$\varphi\in S(\Omega)$ のとき $P_\varphi=T_{\tilde{\varphi}}$ が成り立つ．

証明　(1)　$t_0\in\Omega$ で $\tilde{\varphi}$ が連続であることを示す．

$\varphi\in S(\Omega)$ なので $x\in{}^*\Omega\cap\boldsymbol{X}$，$x\simeq t_0$ ならば

$$\varphi(x)\simeq\varphi(\underline{t_0})\simeq\tilde{\varphi}(t_0)\ (=s_0)$$

が成り立つ．ここで $e>0$ をとって

$$A=\{d\in{}^*\boldsymbol{R}^+:\forall x\in{}^*\Omega\cap\boldsymbol{X}\ (|x-t_0|\leqq d\rightarrow|\varphi(x)-s_0|\leqq e)\}$$

とおくと，明らかに A はすべての正の無限小数を含む．したがって延長定理から，ある $d_0\in\boldsymbol{R}^+$ を含む．$|t-t_0|\leqq\dfrac{d_0}{2}$ をみたす任意の $t\in\Omega$ に対して

$$|\underline{t}-\underline{t_0}|\leqq|\underline{t}-t|+|t-\underline{t_0}|\leqq\frac{d_0}{2}+\frac{d_0}{2}=d_0$$

であるから

$$|\tilde{\varphi}(t)-\tilde{\varphi}(t_0)| \leqq |\tilde{\varphi}(t)-\varphi(\underline{t})|+|\varphi(\underline{t})-\tilde{\varphi}(t_0)| \leqq e+e = 2e$$

となり，$\tilde{\varphi}$ は t_0 で連続である．

（2） 第1章の命題7.6より明らか．

（3） $\varphi \in S(\Omega)$，$K \subseteqq \Omega$ をコンパクトとする．第1章の命題8.5から任意の $x \in {}^*K \cap \boldsymbol{X}$ に対して，$t \simeq x$ をみたす $t \in K$ が存在する．一方，(1) より $\tilde{\varphi}$ は Ω 上で連続であるから，すべての $t \in K$ に対して $|\tilde{\varphi}(t)| \leqq \frac{c}{2}$ であるような $c \in \boldsymbol{R}$ が存在する．したがって，すべての $x \in {}^*K \cap \boldsymbol{X}$ に対して

$$|\varphi(x)| \simeq |\tilde{\varphi}(t)| \leqq \frac{c}{2} \qquad \text{よって} \quad |\varphi(x)| \leqq c$$

となる．これより $\varphi \in SL^1_{\mathrm{loc}}(\Omega)$ がわかる．

次に，$f \in \mathcal{D}(\Omega)$，$\mathrm{supp} f = K$ とすると $\tilde{\varphi}$ が連続関数なので

$$P_\varphi(f) = {}^\circ\!\!\sum_{x \in {}^*K \cap \boldsymbol{X}} \varepsilon \varphi(x) {}^*f(x) = \int_K \tilde{\varphi}(t) f(t)\, dt = T_{\tilde{\varphi}}(f)$$

が成り立つ． （証明終り）

超関数 $\mathcal{D}'(\Omega)$ の表現

いよいよ，この節の主目的である $\mathcal{D}'(\Omega)$ の表現空間を定める問題に入る．基本的には

（i） $\mathcal{D}'_F(\Omega)$ は $\mathfrak{M}(\Omega)$ の有限回の導関数である

（ii） $\mathcal{D}'(\Omega)$ は局所的には $\mathcal{D}'_F(\Omega)$ と一致するので，大域的にはそれらの貼り合せとなる

という，超関数の構造定理を忠実にノンスタンダードな関数空間の世界に再現するとの方針に従う．

$\mathfrak{M}(\Omega)$ を表現する空間はすでにみつけてあって，定理3.4の $M(\Omega)$ である．この $M(\Omega)$ の要素の有限回（0回も含む）の「微分」の全体が $\mathcal{D}'_F(\Omega)$ の表現空間となるはずだから

（i） $R(\boldsymbol{X})$ に「微分」すなわち無限小差分を導入する

（ii） (i) の無限小差分に関して安定な（閉じている）$R(\boldsymbol{X})$ の部分空間を求める

の2つの作業をすればよいはずである．

(i) に関して，1階の差分のとり方がいろいろあるうちで，ここでは前進差分

D_+ を考えることにする．超関数 $\mathscr{D}'(\Omega)$ の表現においては，どの差分をとっても結果に影響しないようである．

3.10　定義　（1）　$Z(\Omega)=\{\varphi\in R(\boldsymbol{X}):\forall K\subseteqq\Omega$ コンパクト $\exists m\in\boldsymbol{N}$ $\sum_{x\in{}^*K\cap\boldsymbol{X}}\varepsilon^{m+1}|\varphi(x)|$ が有限数$\}$

（2）　$\varphi\in R(\boldsymbol{X})$ に対して

$$D_+\varphi(x)=\frac{\varphi(x+\varepsilon)-\varphi(x)}{\varepsilon}\tag{4.26}$$

とする．$\varphi\in R(\boldsymbol{X})$ は H を周期として $\varepsilon{}^*Z$ 全体に延長されていたので，すべての $x\in\boldsymbol{X}$ に対して $D_+\varphi(x)$ は定義されている．

補題 1　（1）　$M(\Omega)\subseteqq Z(\Omega)$

（2）　$Z(\Omega)$ は作用 D_+ に関して閉じている．

証明　（1）　定義から明らか．

（2）　コンパクト集合 $K\subseteqq\Omega$ に対して

$$K\subseteqq K_1 \text{ かつ } \forall x\in\boldsymbol{X}(x\in{}^*K\to x\pm\varepsilon\in{}^*K_1)$$

をみたすコンパクト集合 $K_1\subseteqq\Omega$ をとることができる．$\varphi\in Z(\Omega)$ なのでこの K_1 に対して $m\in\boldsymbol{N}$ を $\sum_{x\in{}^*K_1\cap\boldsymbol{X}}\varepsilon^{m+1}|\varphi(x)|$ が有限数であるようにとれて (4.26) より

$$\begin{aligned}\sum_{x\in{}^*K\cap\boldsymbol{X}}\varepsilon^{m+2}|D_+\varphi(x)|&\leqq\sum_{x\in{}^*K\cap\boldsymbol{X}}\varepsilon^{m+1}|\varphi(x\pm\varepsilon)|+\sum_{x\in{}^*K\cap\boldsymbol{X}}\varepsilon^{m+1}|\varphi(x)|\\&\leqq 2\sum_{x\in{}^*K_1\cap\boldsymbol{X}}\varepsilon^{m+1}|\varphi(x)|\ (=\text{有限数})\end{aligned}$$

となるので，$D_+\varphi\in Z(\Omega)$ である．　（証明終り）

補題 2　$\varphi\in A(\Omega)\cap Z(\Omega)$ なら $D_+\varphi\in A(\Omega)\cap Z(\Omega)$ であって，任意の $f\in\mathscr{D}(\Omega)$ に対して，$P_{D_+\varphi}(f)=-P_\varphi(f')$ が成り立つ．

証明　$D_+\varphi\in Z(\Omega)$ であることは補題 1 で示した．

$f\in\mathscr{D}(\Omega)$，$\mathrm{supp}(f)=K$ とし，K_1 を補題 1 のときと同じものとする．$\varphi\in Z(\Omega)$ なので

$$\sum_{x\in{}^*K_1\cap\boldsymbol{X}}\varepsilon^{m+1}|\varphi(x)|=\text{有限数},\qquad m\in\boldsymbol{N}$$

とできる．

${}^*f(x)$ をテイラー展開した式

$$\frac{{}^*f(x-\varepsilon)-{}^*f(x)}{-\varepsilon}$$

$$= \sum_{k=1}^{m+1} \frac{(-1)^{k-1}}{k!} \varepsilon^{k-1}\, {}^*f^{(k)}(x)$$
$$+ \frac{(-1)^{m+1}}{(m+2)!} \varepsilon^{m+1} ({}^*\mathrm{Re}\, f^{(m+2)}(x-\sigma\varepsilon) + {}^*\mathrm{Im}\, f^{(m+2)}(x-\tau\varepsilon))$$
$$(\sigma, \tau \in {}^*\boldsymbol{R},\ \ 0<\sigma, \tau<1)$$

を

$$\sum_{x\in \boldsymbol{X}} \varepsilon (D_+\varphi)(x)\, {}^*f(x) = \sum_{x\in \boldsymbol{X}} \varphi(x+\varepsilon)\, {}^*f(x) - \sum_{x\in \boldsymbol{X}} \varphi(x)\, {}^*f(x)$$
$$= -\sum_{x\in \boldsymbol{X}} \varepsilon\varphi(x) \frac{{}^*f(x-\varepsilon) - {}^*f(x)}{-\varepsilon} \qquad (4.27)$$

に代入したとき

(4.27) の $m+1$ 次までの項の和

$$= -\sum_{k=1}^{m+1} \frac{(-1)^{k-1}}{k!} \varepsilon^{k-1} \sum_{x\in \boldsymbol{X}} \varepsilon\varphi(x)\, {}^*f^{(k)}(x)$$
$$\simeq -\sum_{k=1}^{m+1} \frac{(-1)^{k-1}}{k!} \varepsilon^{k-1} P_\varphi(f^{(k)})$$
$$\simeq -P_\varphi(f')$$

|(4.27)の $m+2$ 次の項|

$$\leqq \frac{\varepsilon}{(m+2)!} \sum_{x\in {}^*K_1 \cap \boldsymbol{X}} \varepsilon^{m+1} |\varphi(x)| \cdot 2 \sup |f^{(m+2)}|$$
$$\simeq 0$$

となる．よって $D_+\varphi \in A(\Omega)$ かつ $P_{D_+\varphi}(f) = -P_\varphi(f')$ である．（証明終り）

以上で $\mathcal{D}'_F(\Omega)$ と $\mathcal{D}(\Omega)$ の表現定理の準備が完了した．

3.11 定義 $M(\Omega)$ の要素に D_+ を有限回（0 回も含める）作用させたものの有限和の全体を $D_F(\Omega)$ とする．

3.12 定理 （1） $D_F(\Omega) \subseteqq A(\Omega) \cap Z(\Omega)$

（2） $\varphi \in D_F(\Omega)$ なら $P_\varphi \in \mathcal{D}'_F(\Omega)$ であり，$P_{D_+\varphi} = (P_\varphi)'$ である．

（3） $T \in \mathcal{D}'_F(\Omega)$ に対して $P_\varphi = T$ をみたす $\varphi \in D_F(\Omega)$ が存在する．

証明 （1） 補題 2 と $M(\Omega) \subseteqq A(\Omega) \cap Z(\Omega)$ から明らか．

（2） $\varphi \in M(\Omega)$ のとき $P_\varphi \in \mathcal{D}^{(0)\prime}(\Omega) \subset \mathcal{D}'_F(\Omega)$ と補題 2 および $\mathcal{D}'_F(\Omega)$ が微分に関して閉じていることから明らか．

（3） $\mathcal{D}'_F(\Omega)$ の構造定理 2.3(1) と上の (2) より明らか．（証明終り）

$\mathscr{D}'(\Omega)$ の構造定理2.3(2) からその表現空間は $\mathscr{D}'_F(\Omega)$ の表現空間 $D_F(\Omega)$ を貼り合せればよいはずである．

3.13　定義

$$D(\Omega) = \{\varphi\in R(\boldsymbol{X}) : \forall K\subseqq\Omega \text{ コンパクト } \exists\psi\in D_F(\Omega)\ \ \forall x\in{}^*K\cap\boldsymbol{X}\ \ \varphi(x)=\psi(x)\} \tag{4.28}$$

3.14　定理　（1）　$\varphi\in D(\Omega)$ のとき，$P_\varphi\in\mathscr{D}'(\Omega)$

（2）　$\varphi\in D(\Omega)$ のとき，$D_+\varphi\in D(\Omega)$ で $P_{D_+\varphi}=(P_\varphi)'$

（3）　$T\in\mathscr{D}'(\Omega)$ に対して，$P_\varphi=T$ をみたす $\varphi\in D(\Omega)$ が存在する．

証明　（1）　$\varphi\in D(\Omega)$ とする．$(f_i)_{i\in\boldsymbol{N}}$ を $\mathscr{D}(\Omega)$ の列で $f_i\to 0$ $(i\to\infty)$ とする．$\mathscr{D}(\Omega)$ の位相の定義からすべての f_i がある1つの $\mathscr{D}(K)$ （$K\subseqq\Omega$ はコンパクト）に属し，$\mathscr{D}(K)$ の位相で $f_i\to 0$ となる．この K に対して，$\psi\in D_F(\Omega)$ で ${}^*K\cap\Omega$ 上で $\varphi=\psi$となるものをとると，$P_\psi\in\mathscr{D}'_F(\Omega)$ より $P_\psi(f_i)\to 0$ である．すべての i について $P_\varphi(f_i)=P_\psi(f_i)$ なので $P_\varphi(f_i)\to 0$ である．したがって $P_\varphi\in\mathscr{D}'(\Omega)$ となる．

（2）　$D(\Omega)\subseqq A(\Omega)\cap Z(\Omega)$ であるから，$\varphi\in D(\Omega)$ のとき補題2から $D_+\varphi\in A(\Omega)\cap Z(\Omega)$ となる．$K\subseqq\Omega$ がコンパクトのとき，補題1のコンパクト集合 K_1 をとり，この K_1 に対して $\psi\in D_F(\Omega)$ を ${}^*K_1\cap\boldsymbol{X}$ 上で $\varphi=\psi$ となるようにとる．$D_+\psi\in D_F(\Omega)$ で ${}^*K_1\cap\boldsymbol{X}$ 上で $D_+\varphi=D_+\psi$ となるから $D_+\varphi\in D(\Omega)$ である．$D(\Omega)\subseqq A(\Omega)\cap Z(\Omega)$ なので，補題2から $f\in\mathscr{D}(\Omega)$ に対して

$$P_{D_+\varphi}(f) = -P_\varphi(f') = (P_\varphi)'(f)$$

となる．

（3）　$T\in\mathscr{D}'(\Omega)$ とする．$(f_i)_{i\in\boldsymbol{N}}$ を Ω 上の1の分解で，$\mathrm{supp}(f_i)=K_i$ がコンパクトであるとする．$f_iT\in\mathscr{D}'(\Omega)$ で $\mathrm{supp}(f_iT)\subseqq K_i$ なので $f_iT\in\mathscr{D}'_F(\Omega)$ である．したがって定理3.12から

$$P_{\psi_i}=f_iT,\qquad \psi_i\in D_F(\Omega)$$

をみたす ψ_i が存在する．とくに $K\subseqq\Omega$ がコンパクトで $K\cap K_i=\emptyset$ なら ψ_i は ${}^*K\cap\boldsymbol{X}$ 上で0であると考えてよい．

そこで定理3.7の直前の補題を $Y=D_F(\Omega)$ に対して用いると，内的な写像

$$n\longmapsto\varphi_n\in R(\boldsymbol{X})\qquad (n\in{}^*\boldsymbol{N}) \text{ と } N\in{}^*\boldsymbol{N}$$

で，

（i）　$N\in\boldsymbol{N}$ のときは $\varphi_N\in D_F(\Omega)$，$P_{\varphi_N}=T$

(ii) $N \in {}^*\boldsymbol{N}_\infty$ のときは，$\varphi_N \in A(\Omega)$，$P_{\varphi_N} = T$ であり，コンパクト集合 $K \subseteqq \Omega$ に対して，${}^*K \cap \boldsymbol{X}$ 上で $\varphi_N = \varphi_n$ をみたす $n \in \boldsymbol{N}$ が存在する

をみたすものが存在する．いずれの場合も $\varphi_N \in D(\Omega)$ となるので φ としてこの φ_N をとればこれが求められるものである． (証明終り)

4-4 節　$\mathscr{S}'(\boldsymbol{R})$ の超準表現

ここでは緩増加超関数の空間 $\mathscr{S}'(\boldsymbol{R})$ の超準解析における表現空間を同定することを目標とする．$\mathscr{D}'(\boldsymbol{R})$ とちがって $\mathscr{S}'(\boldsymbol{R})$ の場合はその構造定理が大域的なので局所的な表現を貼り合せるという手間がいらない分だけ簡単である．一方，$\mathscr{S}'(\boldsymbol{R})$ はフーリエ変換に関して閉じているのでフーリエ解析を展開する場として適しているという特徴をもっている．したがって，表現空間の方でもそれに対応する無限小フーリエ解析の理論を導入しておくべきであろう．したがって $\mathscr{S}'(\boldsymbol{R})$ を表現する $R(\boldsymbol{X})$ の部分空間（それを $T(\boldsymbol{R})$ で表すことにする）を確定することと平行して，$T(\boldsymbol{R})$ における無限小フーリエ変換の理論を準備する必要がある．以上がこの節の概要である．

格子空間 $\boldsymbol{X}$ やその上で定義された内的関数の全体 $R(\boldsymbol{X})$，有界測度空間 $\mathfrak{M}_0(\Omega)$ の表現空間 $M_0(\boldsymbol{R})$ などは前節と同じとする．ただし，$\mathscr{D}(\Omega)$ の代数的双対空間の表現 $A(\Omega)$ は，$\mathscr{S}(\boldsymbol{R})$ の代数的双対空間の表現$A_T(\boldsymbol{R})$ に変えなければならない．

4.1　定義

$$A_T(\boldsymbol{R}) = \{\varphi \in R(\boldsymbol{X}) : \forall f \in \mathscr{S}(\boldsymbol{R}),\ \sum_{x \in \boldsymbol{X}} \varepsilon\varphi(x)^* f(x) \text{ が有限数}\} \tag{4.29}$$

$\varphi \in A_T(\boldsymbol{R})$ に対して

$$P_\varphi(f) = {}^\circ\sum_{x \in \boldsymbol{X}} \varepsilon\varphi(x)^* f(x), \qquad f \in \mathscr{S}(\boldsymbol{R})$$

を考えることで，$A_T(\boldsymbol{R})$ から $\mathscr{S}^*(\boldsymbol{R})$（$\mathscr{S}(\boldsymbol{R})$ の代数的双対空間）への全射が定まることは定理3.2 と同様である．

$R(\boldsymbol{X})$ の無限小フーリエ解析

$R(\boldsymbol{X})$ での無限小フーリエ解析はすべて代数計算である．フーリエ解析にお

いてディラックの δ 関数は重要な役割を果たすはずで，4.3節の結果からこれは $R(\boldsymbol{X})$ の中に関数としてはいっている．もちろん P は単射でないからただ1つには定まらないが，その中で最も簡明であろうと思われるものを選ぶことにする．

4.2　定義

$$\delta(x) = \begin{cases} H & (x=0) \\ 0 & (x\in\boldsymbol{X},\ x\neq 0) \end{cases}$$

H は格子空間 $\boldsymbol{X}$ をつくるときに

$$\boldsymbol{X} = \left\{\varepsilon z : z\in {}^*Z,\ -\frac{H}{2}\leqq \varepsilon z<\frac{H}{2}\right\}, \qquad \varepsilon=\frac{1}{H}$$

として導入した無限大の超自然数で計算の便宜上，偶数としておいたことを念のためくり返しておく．

4.3　定義　$\varphi, \psi\in R(\boldsymbol{X})$ に対し，無限小フーリエ変換 $F\varphi$，その共役フーリエ変換 $\bar{F}\varphi$，合成積 $\varphi*\psi$ を次のように定義する．

$$(F\varphi)(p) = \sum_{x\in\boldsymbol{X}}\varepsilon e^{-2\pi ipx}\varphi(x) \tag{4.30}$$

$$(\bar{F}\varphi)(p) = \sum_{x\in\boldsymbol{X}}\varepsilon e^{2\pi ipx}\varphi(x) \tag{4.31}$$

$$(\varphi*\psi)(x) = \sum_{y\in\boldsymbol{X}}\varepsilon\varphi(x-y)\psi(y) \tag{4.32}$$

$R(\boldsymbol{X})$ を ${}^*\boldsymbol{C}$ を係数体とする H^2 次元のベクトル空間とみると，$F, \bar{F}$ はそれぞれ $H^2\times H^2$ 行列

$$\frac{1}{\sqrt{H^2}}\left(e^{-\frac{2\pi irs}{H^2}}\right)_{0\leqq r,s<H^2}, \qquad \frac{1}{\sqrt{H^2}}\left(e^{\frac{2\pi irs}{H^2}}\right)_{0\leqq r,s<H^2}$$

で表される線形変換にすぎず，$\bar{F}$ の対角和の $\sqrt{H^2}$ 倍はガウスの和になっている．

4.4　命題　（1）　$\delta(x)=\sum_{p\in\boldsymbol{X}}\varepsilon e^{-2\pi ipx}=\sum_{p\in\boldsymbol{X}}\varepsilon e^{2\pi ipx}$ つまり $\delta = F1=\bar{F}1$ である．

（2）　F はユニタリー行列で，$F^4=1$ とくに $F\bar{F}=\bar{F}F=1$

（3）　F の固有値は $1, -1, -i, i$ でその重複度はそれぞれ

$$\frac{H^2}{4}+1,\ \frac{H^2}{4},\ \frac{H^2}{4},\ \frac{H^2}{4}-1$$

である．

（4）　$\varphi*\delta = \delta*\varphi = \varphi, \qquad \varphi*\psi = \psi*\varphi, \qquad F(\varphi*\psi) = (F\varphi)(F\psi),$

$$F(\varphi\psi) = (F\varphi) * (F\psi)$$

（5） $$\sum_{n\in{}^*\boldsymbol{Z},\ 0\leq n<H}\delta(x-n) = \sum_{n\in{}^*\boldsymbol{Z},\ 0\leq n<H} e^{2\pi ixn}$$

（6） $\varphi\in R(\boldsymbol{X})$ が $\varphi(x+1)=\varphi(x)$ をみたすとき，$c_n=\sum_{0\leq x<1}\varepsilon\varphi(x)e^{-2\pi ixn}$ とおくと

$$\varphi(x) = \sum_{n\in{}^*\boldsymbol{Z},\ 0\leq n<H} c_n e^{2\pi ixn}$$

（7） $\varphi\in R(\boldsymbol{X})$ について

$$\varphi(x)\geqq 0 \iff \forall\psi\in R(\boldsymbol{X})\ \sum_{x,\,y\in\boldsymbol{X}}\varepsilon^2(F\varphi)(x-y)\psi(x)\overline{\psi(y)}\geqq 0$$

証明 (3)，(7) 以外はすべてごく初等的な計算である．

（3） $F^4=1$ より F の固有値は $\pm 1, \pm i$ に限られる．H は偶数としたので H^2 は 4 で割り切れ，ガウスの和の定理[1] と移行原理から，$\mathrm{trace}(F)=1-i$．よって F の固有値 $1, -1, -i, i$ の重複度を N_1, N_2, N_3, N_4 とすると

$$N_1-N_2-iN_3+iN_4 = 1-i \tag{4.33}$$

である．他方，

$$F^2 = (a_{rs})_{0\leq r,s<H^2},\qquad a_{rs}=\begin{cases}1 & (r+s\equiv 0\ (\mathrm{mod}\,H^2))\\ 0 & (\text{それ以外})\end{cases}$$

となり，H は偶数だからその固有値は $1, -1$ で重複度はそれぞれ $\dfrac{H^2}{2}+1$, $\dfrac{H^2}{2}-1$ となる．したがって

$$N_1+N_2 = \frac{H^2}{2}+1,\qquad N_3+N_4 = \frac{H^2}{2}-1 \tag{4.34}$$

となる．(4.33)，(4.34) と $N_1+N_2+N_3+N_4=H^2$ から $N_1, \cdots, N_4$ が得られる．

（7） 簡単な計算で

$$\sum_{x,\,y\in\boldsymbol{X}}\varepsilon^2(F\varphi)(x-y)\psi(x)\overline{\psi(y)} = \sum_{z\in\boldsymbol{X}}\varepsilon\varphi(z)\,|(F\psi)(z)|^2 \tag{4.35}$$

となるので，$\sqrt{\delta(z-x)}=\chi(z)$ として $\psi=\overline{F}\chi$ にとると (4.35) の左辺$\geqq 0$ から $\varphi(x)\geqq 0$ が得られる． （証明終り）

当然のことながら微分との関係についても通常のフーリエ変換の場合と同様の公式が成り立つ．ただし，$\mathcal{D}'(\Omega)$ の表現の際には微分のかわりに無限小の前進差分 D_+ のみで話をすませることができたが，ここでは F と $\overline{F}$ の両方を考える

1） E. Landau [78].

ため，自動的に無限小の後退差分 D_- も考えざるを得ない．さらに，微分と無限小差分の誤差が微妙に反映して，結果も少し変更された形になる．

4.5　定義　(1)　$\varphi\in R(\boldsymbol{X})$ に対して

$$(D_+\varphi)(x) = \frac{1}{\varepsilon}(\varphi(x+\varepsilon)-\varphi(x)),$$

$$(D_-\varphi)(x) = \frac{1}{\varepsilon}(\varphi(x)-\varphi(x-\varepsilon)) \tag{4.36}$$

で作用 D_+，D_- を定義する．

(2)　$R(\boldsymbol{X})$ の関数 $\frac{1}{\varepsilon}(e^{2\pi i\varepsilon x}-1)$ を $\lambda(x)$ で表す．

系　$\lambda(x)=2\pi i\left(\frac{\sin\pi\varepsilon x}{\pi\varepsilon}\right)e^{\pi i\varepsilon x}$ であり，$|x|\leqq\frac{H}{2}$ のとき

$$4|x| \leqq |\lambda(x)| \leqq 2\pi|x| \tag{4.37}$$

が成り立つ．

証明　省略．

4.6　命題　$\varphi\in R(\boldsymbol{X})$ のとき，

$$FD_+\varphi = \lambda F\varphi, \quad FD_-\varphi = -\bar{\lambda}F\varphi \tag{4.38}$$

$$F(\lambda\varphi) = -D_-F\varphi, \quad F(\bar{\lambda}\varphi) = D_+F\varphi \tag{4.39}$$

である．

証明　これも初等的な計算でできるから省略する．

$\mathscr{S}'(\boldsymbol{R})$ の表現

4-3節のあらすじは以下のようであった．

まず，測度つまり位数0の超関数の空間 $\mathfrak{M}(\boldsymbol{R})$ は

$$M(\boldsymbol{R}) = \{\varphi\in R(\boldsymbol{X}) : \forall K\subseteqq\boldsymbol{R}\ \text{コンパクト}\ \sum_{x\in{}^*K\cap\boldsymbol{X}}\varepsilon|\varphi(x)|\ \text{が有限}\}$$

で表現され，有界測度の空間 $\mathfrak{M}_0(\boldsymbol{R})$ は

$$M_0(\boldsymbol{R}) = \{\varphi\in R(\boldsymbol{X}) : \sum_{x\in\boldsymbol{X}}\varepsilon|\varphi(x)|\ \text{が有限}\}$$

で表現された．そして $M(\boldsymbol{R})$ の要素に D_+ を有限回作用させたものの有限和の全体 $D_F(\boldsymbol{R})$ が有限位数の超関数の空間 $\mathscr{D}'_F(\boldsymbol{R})$ を表現し，それらを貼り合せてできるものの全体 $D(\boldsymbol{R})$ が超関数の空間 $\mathscr{D}'(\boldsymbol{R})$ を表現した．そしてこのような議論はすべて，$\mathscr{D}'(\boldsymbol{R})$ の構造定理（定理2.3）

$$T\in\mathcal{D}'(\boldsymbol{R})\text{ は局所的には }\mathfrak{M}(\Omega)\text{ の有限階の導関数の和である}$$

に基づいていた．

$\mathcal{S}'(\boldsymbol{R})$ の場合も基本的にはその構造定理（定理 2.2）

$$T\in\mathcal{S}'(\boldsymbol{R})\text{ のとき，}\ T=\frac{d^n}{dx^n}\{(1+x^2)^m g(x)\}\qquad (g(x)\text{ は有界関数})$$

に基づくことになる．この式を念頭においたうえで，$\mathcal{D}'(\boldsymbol{R})$ のときの $M(\boldsymbol{R})$ に相当する空間を探そうというわけで，それが次の $M_T(\boldsymbol{R})$ である．

4.7　定義

$$M_T(\boldsymbol{R})=\left\{\psi\in R(\boldsymbol{X}):\exists\, l\in\boldsymbol{N}\ \sum_{x\in\boldsymbol{X}}\varepsilon\frac{|\psi(x)|}{(1+x^2)^l}\text{ が有限数}\right\}\tag{4.40}$$

注　$x\in\boldsymbol{X}$ のとき $4|x|\leqq|\lambda(x)|\leqq 2\pi|x|$ が成り立つので，定義式の中の $1+x^2$ を $1+|\lambda(x)|^2$ におきかえても同じことである．

系　　$M_0(\boldsymbol{R})\subseteqq M_T(\boldsymbol{R})$

証明　定義より明らか．

4.8　命題　$M_T(\boldsymbol{R})\subseteqq A_T(\boldsymbol{R})$ で，$\psi\in M_T(\boldsymbol{R})$ のとき，$P_\psi\in\mathcal{S}'(\boldsymbol{R})$ である．

証明　$\psi\in M_T(\boldsymbol{R})$，$f\in\mathcal{S}(\boldsymbol{R})$ とすると

$$\sum_{x\in\boldsymbol{X}}\varepsilon\frac{|\psi(x)|}{(1+x^2)^l}\text{ が有限，}\qquad l\in\boldsymbol{N}$$

であるから

$$\left|\sum_{x\in\boldsymbol{X}}\varepsilon\psi(x)^*f(x)\right|\leqq\left(\sum_{x\in\boldsymbol{X}}\varepsilon\frac{|\psi(x)|}{(1+x^2)^l}\right)\cdot\sup_{t\in\boldsymbol{R}}(1+t^2)^l|f(t)|$$

より $\psi\in A_T(\boldsymbol{R})$ と $P_\psi\in\mathcal{S}'(\boldsymbol{R})$ である．　（証明終り）

$\mathcal{S}'(\boldsymbol{R})$ の表現空間 $T(\boldsymbol{R})$ は $M_T(\boldsymbol{R})$ から次のようにして定義される．

4.9　定義[1)]

$$T(\boldsymbol{R})=\left\{\xi=\sum_{i=1}^q D_+{}^{m_i}D_-{}^{n_i}\psi_i:\psi_i\in M_T(\boldsymbol{R}),\ m_i,n_i\in\boldsymbol{N}\cup\{0\},\ q\in\boldsymbol{N}\right\}$$

$T(\boldsymbol{R})$ が $\mathcal{S}'(\boldsymbol{R})$ の表現空間となることを示す前に，$T(\boldsymbol{R})$ が $D_+, D_-, F, \bar{F}$，λ 倍および $\bar{\lambda}$ 倍に関して閉じていることを確かめておかなければならない．

---

1)　この定義は原論文の木下素夫［66］を変更している．

4.10　命題　$T(\boldsymbol{R})$ は $D_+, D_-, F, \bar{F}$ および λ 倍するもしくは $\bar{\lambda}$ 倍するという作用に関して閉じている．

証明　$D_+D_-=D_-D_+$ なので $T(\boldsymbol{R})$ は D_+, D_- の作用に関して閉じている．

$\lambda(x)$ 倍の作用に関して，初等的な計算で

$$\lambda(x)(D_+\xi)(x) = D_+(\lambda(x-\varepsilon)\xi(x))-(D_-\lambda(x))\xi(x),$$
$$\lambda(x)(D_-\xi)(x) = D_-(\lambda(x+\varepsilon)\xi(x))-(D_+\lambda(x))\xi(x)$$

および

$$D_+{}^n\lambda(x) = \frac{1}{\varepsilon}(\lambda(\varepsilon))^n+(\lambda(\varepsilon))^n\lambda(x),$$
$$D_-{}^n\lambda(x) = \frac{1}{\varepsilon}(-\bar{\lambda}(\varepsilon))^n+(-\bar{\lambda}(\varepsilon))^n\lambda(x),$$
$$|\lambda(\varepsilon)|^n \leqq (2\pi\varepsilon)^n$$

が導かれる．したがって $\xi=D_+{}^mD_-{}^n\psi(x)\in T(\boldsymbol{R})$ $(\psi(x)\in M_T(\boldsymbol{R}))$ に $\lambda(x)$ を掛けると，

$$D_+{}^{m_i}D_-{}^{n_i}\psi_i(x)\quad(\psi_i(x)\in M_T(\boldsymbol{R}))$$

の形の項の有限和となる．ここに $M_T(\boldsymbol{R})$ が λ 倍および $\bar{\lambda}$ 倍に関して閉じていることを用いた．こうして $T(\boldsymbol{R})$ が λ および $\bar{\lambda}$ をかける作用に関して閉じていることが分かる．

無限小フーリエ変換 F について閉じていることも，命題4.6と上記のことから明らかである．$\bar{F}$ についても同様．　（証明終り）

4.11　定理　（1）　$\xi\in T(\boldsymbol{R})$ のとき $P_\xi\in\mathscr{S}'(\boldsymbol{R})$ である．さらに

$$P_{D_\pm\xi} = (P_\xi)',\qquad P_{\lambda\xi} = (2\pi ix)P_\xi,\qquad P_{\bar{\lambda}\xi} = (-2\pi ix)P_\xi,$$
$$P_{F\xi} = \mathscr{F}(P_\xi),\qquad P_{\bar{F}\xi} = \bar{\mathscr{F}}(P_\xi)$$

が成り立つ．ここに $(\ \ )'$ は超関数の意味での導関数，$\mathscr{F}$, $\bar{\mathscr{F}}$ も超関数の意味でのフーリエ変換，共役フーリエ変換である．

（2）　$P: T(\boldsymbol{R})\longrightarrow\mathscr{S}'(\boldsymbol{R})$ は全射である．

証明　（1）　（i）　$\xi(x)=D_+{}^mD_-{}^n\psi(x)$ $(\psi\in M_T(\boldsymbol{R}))$ が，ある $l\in\boldsymbol{N}$ に対して

$$\sum_{x\in\boldsymbol{X}}\varepsilon^{m+n+1}\frac{|\xi(x)|}{(1+x^2)^l}\ \text{は有限数}$$

をみたすことをまず示す．

$m=n=0$ のときは $M_T(\boldsymbol{R})$ の定義から明らかである．$\xi(x)=D_+{}^mD_-{}^n\psi(x)$

に対して上記のことが成り立つと仮定すると

$$\sum_{x\in \boldsymbol{X}}\varepsilon^{m+n+2}\frac{|D_+\xi(x)|}{(1+x^2)^l}$$
$$=\sum_{x\in \boldsymbol{X}}\varepsilon^{m+n+1}\frac{|\xi(x+\varepsilon)-\xi(x)|}{(1+x^2)^l}$$
$$\leqq\sum_{x\in \boldsymbol{X}}\varepsilon^{m+n+1}\frac{|\xi(x+\varepsilon)|}{\{1+(x+\varepsilon)^2\}^l}\left(\frac{1+(x+\varepsilon)^2}{1+x^2}\right)^l+\sum_{x\in \boldsymbol{X}}\varepsilon^{m+n+1}\frac{|\xi(x)|}{(1+x^2)^l}$$
$$\leqq(2^l+1)\sum_{x\in \boldsymbol{X}}\varepsilon^{m+n+1}\frac{|\xi(x)|}{(1+x^2)^l}$$

も確かに有限数である．$D_-\xi(x)$ についても同様なので，上記のことがすべての $m, n\in \boldsymbol{N}\cup\{0\}$ に対して証明された．

改めて，上の $\xi(x)$ と $f\in\mathscr{S}(\boldsymbol{R})$ をとる．

$$\sum_{x\in \boldsymbol{X}}\varepsilon\{D_+\xi(x)\}^*f(x)$$
$$=\sum_{x\in \boldsymbol{X}}\{\xi(x+\varepsilon)-\xi(x)\}^*f(x)$$
$$=\sum_{x\in \boldsymbol{X}}\{\xi(x+\varepsilon)^*f(x+\varepsilon)+\xi(x+\varepsilon)^*f(x)-\xi(x+\varepsilon)^*f(x+\varepsilon)$$
$$-\xi(x)^*f(x)\}$$

の最後の行の第 1 項の和と第 4 項の和が相殺して

$$\sum_{x\in \boldsymbol{X}}\varepsilon\{D_+\xi(x)\}^*f(x)=\sum_{x\in \boldsymbol{X}}\xi(x+\varepsilon)\{^*f(x)-{}^*f(x+\varepsilon)\}$$

となる．f が複素数値のときは実部と虚部に分けて考えればよいから，今は実数値関数として $^*f$ に平均値の定理を用いると

$$\sum_{x\in \boldsymbol{X}}\varepsilon\{D_+\xi(x)\}^*f(x)=\sum_{x\in \boldsymbol{X}}\xi(x+\varepsilon)\sum_{k=1}^{m+n+1}\frac{1}{k!}(-\varepsilon)^{k*}f^{(k)}(x+\varepsilon)$$
$$+\sum_{x\in \boldsymbol{X}}\xi(x+\varepsilon)\frac{1}{(m+n+2)!}(-\varepsilon)^{m+n+2*}f^{(m+n+2)}(x-\theta\varepsilon) \qquad (4.41)$$

となる．右辺の第 2 項の和はその絶対値において

$$\frac{\varepsilon}{(m+n+2)!}\sum_{x\in \boldsymbol{X}}\varepsilon^{m+n+1}\frac{|\xi(x+\varepsilon)|}{\{1+(x+\varepsilon)^2\}^l}\{1+(x+\varepsilon)^2\}^l|^*f^{(m+n+2)}(x-\theta\varepsilon)|$$

で押さえられる．$f\in\mathscr{S}(\boldsymbol{R})$ なので

$$\{1+(x+\varepsilon)^2\}^l|f^{(m+n+2)}(x-\theta\varepsilon)|<c \qquad (c\text{ は有限の定数})$$

とすることができて

$$\frac{c\varepsilon}{(m+n+2)!}\sum_{x\in \boldsymbol{X}}\varepsilon^{m+n+1}\frac{|\xi(x+\varepsilon)|}{\{1+(x+\varepsilon)^2\}^l}\simeq 0$$

で押さえられる．また (4.41) の右辺の第 1 項の和についても $k=1$ 以外は

すべて無限小になるので，結局

$$\sum_{x\in X}\varepsilon\{D_+\xi(x)\}^*f(x)\simeq-\sum_{x\in X}\varepsilon\xi(x+\varepsilon)^*f'(x+\varepsilon)$$

となる．$D_-\xi(x)$ についても同様なので，これを $m+n$ 回繰り返すことで命題 4.8 を用いることができて

$$\xi\in T(\boldsymbol{R}) \implies P_\xi\in\mathcal{S}'(\boldsymbol{R})$$

が導かれる．同時に $P_{D_\pm\xi}=(P_\xi)'$ もすでにいえている．

(ii)　$P_{\lambda\xi}$ について，平均値の定理を用いると

$$|\lambda(x)-2\pi ix|\leqq\frac{1}{\varepsilon}\frac{|2\pi i\varepsilon x|^2}{2!}|e^{2\pi i\varepsilon\theta x}|=2\pi^2\varepsilon x^2$$

となるので

$$\left|\sum_{x\in X}\varepsilon(\lambda(x)-2\pi ix)\xi(x)^*f(x)\right|\leqq2\pi^2\varepsilon\sum_{x\in X}\varepsilon|\xi(x)x^{2*}f(x)|\simeq0$$

が成り立つ．したがって

$$P_{\lambda\xi}=2\pi ixP_\xi$$

である．$P_{\bar\lambda\xi}=-2\pi ixP_\xi$ の証明も同様である．

(iii)　$P_{F\varphi}$ について

命題 4.6 と (i)，(ii) より

$$P_{FD_+{}^mD_-{}^n\psi}=P_{\lambda^m(-\bar\lambda)^nF\psi}=(2\pi ix)^{m+n}P_{F\psi}$$

となる．したがって，もし $\psi\in M_T(\boldsymbol{R})$ のとき

$$P_{F\psi}=\mathcal{F}(P_\psi)$$

であることがわかったなら，$\varphi=D_+{}^mD_-{}^n\psi\in T(\boldsymbol{R})$，$f\in\mathcal{S}(\boldsymbol{R})$ に対して

$$\begin{aligned}P_{F\varphi}(f)&=\mathcal{F}(P_\psi)((2\pi ix)^{m+n}f(x))\\&=P_\psi(\mathcal{F}((2\pi ix)^{m+n}f))\\&=P_\psi((-1)^{m+n}(\mathcal{F}f)^{(m+n)})=(P_\psi)^{(m+n)}(\mathcal{F}f)\\&=P_{D_+{}^mD_-{}^n\psi}(\mathcal{F}f)=P_\varphi(\mathcal{F}f)\\&=(\mathcal{F}P_\varphi)(f)\end{aligned}$$

となって求める結論が得られる．したがって $\psi\in M_T(\boldsymbol{R})$ に対して $P_{F\psi}=\mathcal{F}(P_\psi)$ を示せばよい．(ii) のときと同様に $l\in\boldsymbol{N}$ を $\sum_{x\in X}\varepsilon\frac{|\psi(x)|}{(1+x^2)^l}$ が有限数であるようにとる．$f\in\mathcal{S}(\boldsymbol{R})$ に対して

$$\begin{aligned}\sum_{x\in X}\varepsilon(F\psi)(x)^*f(x)&=\sum_{x\in X}\varepsilon\sum_{p\in X}\varepsilon e^{-2\pi ixp}\psi(p)^*f(x)\\&=\sum_{p\in X}\varepsilon\sum_{x\in X}\varepsilon e^{-2\pi ipx}{}^*f(x)\psi(p)\end{aligned}$$

$$= \sum_{p\in \boldsymbol{X}} \varepsilon\psi(p)(F^*f)(p)$$

となるので，あとに述べる補題を用いると

$$\left|\sum_{x\in \boldsymbol{X}} \varepsilon(F\psi)(x)^*f(x) - \sum_{x\in \boldsymbol{X}} \varepsilon\psi(x)^*(\mathscr{F}f)(x)\right|$$

$$= \left|\sum_{x\in \boldsymbol{X}} \varepsilon\psi(x)(F^*f - {}^*(\mathscr{F}f))(x)\right|$$

$$\leqq \sum_{x\in \boldsymbol{X}} \varepsilon\frac{|\psi(x)|}{(1+x^2)^l}(1+x^2)^l|(F^*f - {}^*(\mathscr{F}f))(x)|$$

$$\simeq 0$$

となる．この式は $P_{F\psi} = \mathscr{F}(P_\psi)$ を表している．

（2） P が全射であることの証明を $\mathscr{S}'(\boldsymbol{R})$ の構造定理 2.2 に還元しようとするなら，$M_T(\boldsymbol{R})$ が緩増加関数の良い表現になっているか否かを検討することからはじめなくてはならない．しかし，4-3 節において有界測度の空間 $\mathfrak{M}_0(\boldsymbol{R})$ の表現空間が $M_0(\boldsymbol{R})$ であることを確かめてあり，かつ，定義から $M_T(\boldsymbol{R})$ はこれを含むこともわかっている．したがって 4-3 節の結論を利用することで上記の検討を回避することができる．

$T\in\mathscr{S}'(\boldsymbol{R})$ をとると，定理 2.2 から

$$T = \frac{d^m}{dx^m}((1+x^2)^l g(x)), \qquad g(x)\in L^\infty(\boldsymbol{R})$$

と表せるが，$\dfrac{g(x)}{1+x^2}$ は $\boldsymbol{R}$ 上の有界測度 $S\in\mathfrak{M}_0(\boldsymbol{R})$ を定めるので

$$T = \frac{d^m}{dx^m}((1+x^2)^{l+1}S), \qquad S\in\mathfrak{M}_0(\boldsymbol{R})$$

とも表される．定理 3.5 から

$$P_\psi = S, \qquad \psi\in M_0(\boldsymbol{R}) \ \ (\subseteqq M_T(\boldsymbol{R}))$$

をみたす ψ が存在するので，

$$\xi = D_+{}^m\left(1 - \frac{1}{4\pi}\lambda(x)^2\right)^{l+1}\psi$$

とすると $\psi\in M_T(\boldsymbol{R})$ したがって $\xi\in T(\boldsymbol{R})$ であって，(1) より $P_\xi = T$ が成り立つ．したがって P は全射である．（証明終り）

補題 $f\in\mathscr{S}(\boldsymbol{R})$ のとき，すべての $l\in\boldsymbol{N}$ と $x\in\boldsymbol{X}$ に対して

$$(1+x^2)^l|(F^*f)(x) - {}^*(\mathscr{F}f)(x)| \simeq 0$$

である．

証明　命題4.6から

$$|\lambda|^{2k}(F^*f)=(-1)^k F\{(D_+D_-)^{k\,*}f\}$$

である．したがって

$$|\lambda|^{2k}|F^*f|\leqq|F^*f^{(2k)}|+|F\{^*f^{(2k)}-(D_+D_-)^{k\,*}f\}| \tag{4.42}$$

となる．

$$\begin{aligned}
(4.42)\text{ の第1項}&=\left|\sum_{p\in \boldsymbol{X}}\varepsilon e^{-2\pi ipx\,*}f^{(2k)}(p)\right|\\
&\leqq \sum_{p\in \boldsymbol{X}}\varepsilon|^*f^{(2k)}(p)|\\
&\lessapprox \int_{\boldsymbol{R}}|f^{(2k)}(x)|\,dx\ \ (=\text{有限数})\\
(4.42)\text{ の第2項}&\leqq \sum_{p\in \boldsymbol{X}}\varepsilon|^*f^{(2k)}(p)-(D_+D_-)^{k\,*}f(p)|\\
&\leqq \sum_{p\in \boldsymbol{X}}\varepsilon\frac{2k}{4!}\varepsilon^2\cdot\sup_x|f^{(2k+2)}(x)|
\end{aligned}$$

（テイラー展開と k に関する帰納法）

$$\begin{aligned}
&=\varepsilon\frac{2k}{4!}\cdot\sup_x|f^{(2k+2)}(x)|\\
&\simeq 0
\end{aligned}$$

なので，$|\lambda|^{2k}|F^*f|$ は有限数 $c\in\boldsymbol{R}$ で押さえられる．よって $4|x|\leqq|\lambda(x)|\leqq 2\pi|x|$ と $\mathcal{F}f\in\mathcal{S}(\boldsymbol{R})$ を考慮すると

$$(1+x^2)^{l+1}|(F^*f)(x)|\leqq c$$
$$(1+x^2)^{l+1}|^*(\mathcal{F}f)(x)|\leqq c$$

をみたす有限数 $c\in\boldsymbol{R}$ をとることができる．よって

$$(1+x^2)^l|(F^*f)(x)-{}^*(\mathcal{F}f)(x)|\leqq\frac{2c}{1+x^2}.$$

$x\in\boldsymbol{X}$ が無限大数なら，右辺$\simeq 0$ である．

$x\in\boldsymbol{X}$ が有限数のときは $(1+x^2)^l$ が有限数なので

$$|(F^*f)(x)-{}^*(\mathcal{F}f)(x)|\simeq 0$$

を示せばよいが，

$$\begin{aligned}
|(F^*f)(x)-{}^*(\mathcal{F}f)(x)|&\leqq\left|\sum_{p\in \boldsymbol{X}}\varepsilon e^{-2\pi ipx\,*}f(p)-\int_{\boldsymbol{R}}e^{-2\pi itx}f(t)\,dt\right|\\
&\quad+\left|\int_{\boldsymbol{R}}e^{-2\pi itx}f(t)\,dt-{}^*(\mathcal{F}f)(x)\right|
\end{aligned}$$

の各項は明らかに無限小なので，この場合も明らかに

$$(1+x^2)^l|(F^*f)(x)-{}^*(\mathcal{F}f)(x)|\simeq 0$$

が成り立つ． （証明終り）

以上で格子 $\boldsymbol{X}$ 上の内的な関数空間 $R(\boldsymbol{X})$ のいろいろな外的部分空間によって超関数の空間 $\mathfrak{M}(\Omega)$，$\mathfrak{M}_0(\Omega)$，$\mathscr{L}_{1,\mathrm{loc}}(\Omega)$，$\mathscr{D}'_F(\Omega)$，$\mathscr{D}'(\Omega)$，$\mathscr{S}'(\boldsymbol{R})$ を表現するという，当初のテーマが完了した．蛇足かもしれないが，次の点を注意しておく．

代数的双対空間の表現空間 $A(\Omega)$，$A_T(\boldsymbol{R})$ を除いて，他の $M(\Omega)$，$M_0(\Omega)$，$L^1_{\mathrm{loc}}(\Omega)$，$D_F(\Omega)$，$D(\Omega)$，$M_T(\boldsymbol{R})$，$T(\boldsymbol{R})$ は，その定義においてスタンダードなテスト関数からの情報を一切用いていず，$\varphi \in R(\boldsymbol{X})$ がそれらの表現空間に属するための条件が，内的な関数 φ に関する直接の性質として述べられている．また，そうでなければ同義反復のそしりをまぬがれない．

付 録 1

非有界の場合のローブ測度の構成

X を $*$-有限集合とし，$*$-有限加法的測度空間 $(X, \mathfrak{A}, \mu)$ が重みとよばれる内的な関数 $\rho: X \longrightarrow {}^*\boldsymbol{R}^+ \cup \{0\}$ から次のように構成されているとする．

$$\mathfrak{A} = {}^*\mathcal{P}(X) \quad (= X \text{ の内的な部分集合の全体})$$

$$\mu(A) = \sum_{x \in A} \rho(x) \qquad (A \in \mathfrak{A})$$

$\mu(X)$ が無限大数のときにローブ測度を構成しよう．以下の証明は，K. D. Stroyan & J. M. Bayod [15] による．

X の任意の内的または外的な部分集合 E に対して

$$\overline{{}^\circ\mu}(E) = \inf\{{}^\circ\mu(A) : E \subseteqq A,\ A \in \mathfrak{A}\}$$

$$\underline{{}^\circ\mu}(E) = \sup\{{}^\circ\mu(A) : A \subseteqq E,\ A \in \mathfrak{A}\}$$

で外測度 $\overline{{}^\circ\mu} : \mathcal{P}(X) \longrightarrow [0, \infty]$ と内測度 $\underline{{}^\circ\mu} : \mathcal{P}(X) \longrightarrow [0, \infty]$ が定義されることは，本論 (2.5)，(2.6) 式ですでに述べた．異なる点は $\overline{{}^\circ\mu}$，$\underline{{}^\circ\mu}$ の値のとる範囲に ∞ が入ってくることである．以下，一部分本文と重なる部分もあるが，定義からはじめていこう．以下定理 A 1.10 までは $(X, \mathfrak{A}, \mu)$ が $*$-有限加法的測度空間であるという事実しか用いず，上記のように重み ρ を用いて定義されるということは用いない．

A 1.1 定義 (1) $E \subseteqq X$ が $\underline{{}^\circ\mu}(E) = \overline{{}^\circ\mu}(E) < \infty$ をみたすとき **$\boldsymbol{\mu_L}$-可積分な集合**といい，その全体を $I(\mathfrak{A})$ で表す．

(2) $M \subseteqq X$ について，すべての $E \in I(\mathfrak{A})$ に対して $M \cap E \in I(\mathfrak{A})$ が成り立つとき，M は **$\boldsymbol{\mu_L}$-可測**であるという．μ_L-可測集合の全体を $L(\mathfrak{A})$ で表す．

後に定理として述べるが，外測度 $\overline{{}^\circ\mu}$ を $L(\mathfrak{A})$ に制限したものも，内測度 $\underline{{}^\circ\mu}$ を $L(\mathfrak{A})$ に制限したものも完備な σ-加法的測度となるが，両者は必ずしも一致しない．しかし，両者を $\mathfrak{A}$ を含む最小の σ-加法族 $\sigma(\mathfrak{A})$ にさらに制限すると，そこでは一致してしまう．つまり有限加法的測度空間 $(X, \mathfrak{A}, {}^{\circ}\mu)$ から $\sigma(\mathfrak{A})$ までの拡張は一意的であるが，それからさらに $L(\mathfrak{A})$ にまで拡張しようとすると一意性は失われてしまう．

ここでは $\overline{{}^{\circ}\mu}$ を $L(\mathfrak{A})$ 上のローブ測度として採用しよう．

A 1.2　定 義　$M \in L(\mathfrak{A})$ に対して，$\mu_L(M) = \overline{{}^{\circ}\mu}(M)$ で写像 $\mu_L : L(\mathfrak{A}) \longrightarrow [0, +\infty]$ を定義する．

以下，$(X, L(\mathfrak{A}), \mu_L)$ および $(X, L(\mathfrak{A}), \underline{{}^{\circ}\mu})$（内測度 $\underline{{}^{\circ}\mu}$ の定義域を $L(\mathfrak{A})$ に制限したものを同じ記号 $\underline{{}^{\circ}\mu}$ で表す）が完備な σ-加法的測度空間になることを証明する．

A 1.3　命題　$I(\mathfrak{A})$ と $L(\mathfrak{A})$ は共通部分をとる操作に関して閉じている．つまり，$E, F \in I(\mathfrak{A})$（$\in L(\mathfrak{A})$）ならば $E \cap F \in I(\mathfrak{A})$（$\in L(\mathfrak{A})$）となる．

証明　$E, F \in I(\mathfrak{A})$ とすると，$E \cup F \subseteqq A$ かつ $\mu(A)$ が有限である $A \in \mathfrak{A}$ が存在する．したがって $(X, \mathfrak{A}, \mu)$ の X を A におきかえてできる有界な $*$-有限加法的測度空間

$$(A, \mathfrak{A}_A, \mu)\quad (\mathfrak{A}_A = \{E \in \mathfrak{A} : E \subseteqq A\},\ \mu \text{ はもとの } \mu \text{ の } \mathfrak{A}_A \text{ への制限})$$

の上で考えると本論第 2 章 2-1 節より $E \cap F \in I(\mathfrak{A})$ は明らかである．この論法は以下，くり返し用いられる．

$M, N \in L(\mathfrak{A})$ とし，$E \in I(\mathfrak{A})$ とすると $N \cap E \in I(\mathfrak{A})$ なので $(M \cap N) \cap E = M \cap (N \cap E) \in I(\mathfrak{A})$ となり，$M \cap N \in L(\mathfrak{A})$ であることがわかる．　（証明終り）

A 1.4　命題　（1）　$\{A : A \in \mathfrak{A}$ かつ $\mu(A)$ が有限数$\} \subseteqq I(\mathfrak{A})$

（2）　$\mathfrak{A} \subseteqq L(\mathfrak{A})$

証明　(1)は定義より明らかである．

（2）　$A \in \mathfrak{A}$，$E \in I(\mathfrak{A})$ とすると $\overline{{}^{\circ}\mu}(A \cap E) < +\infty$ なので，$A \cap E \subseteqq B$ かつ $\mu(B)$ が有限である $B \in \mathfrak{A}$ が存在する．$(B, \mathfrak{A}_B, \mu)$ に制限して考えると $A \cap B$，E は μ_L^B-可測なので $A \cap E = A \cap B \cap E$ も μ_L^B-可測，つまり $\overline{{}^{\circ}\mu}(A \cap E) = \underline{{}^{\circ}\mu}(A \cap E) < +\infty$ となる．したがって $A \cap E \in I(\mathfrak{A})$ となり $A \in L(\mathfrak{A})$ となる．

（証明終り）

A 1.5　命題　（1）　$M \in I(\mathfrak{A})$ であるためには $M \in L(\mathfrak{A})$ かつ $\mu_L(M) < +\infty$ であることが必要かつ十分である．

（2）　$M \in I(\mathfrak{A})$ であるためには，$M \in L(\mathfrak{A})$ かつ（$\mu(A)$ は有限数かつ $M \subseteqq A$ をみたす $A \in \mathfrak{A}$ が存在する）ことが必要かつ十分である．

（3）　$M \in L(\mathfrak{A})$ であるためには，任意の $E \in I(\mathfrak{A})$ に対して $M \cap E \in L(\mathfrak{A})$ であることが必要かつ十分である．

証明　（1）　必要性は命題 A 1.3 より明らか．十分性について，$\overline{{}^\circ\mu}(M) < \infty$ なので $M \subseteqq A$ かつ $\mu(A)$：有限数である $A \in \mathfrak{A}$ が存在する．命題 A 1.4(1) から $A \in I(\mathfrak{A})$ なので，$M = M \cap A \in I(\mathfrak{A})$ となる．

（2）　(1)とほぼ同様なので省略する．

（3）　必要性は $I(\mathfrak{A}) \subseteqq L(\mathfrak{A})$ より明らか．十分性について，任意の $E \in I(\mathfrak{A})$ に対して $M \cap E \in L(\mathfrak{A})$ かつ $\overline{{}^\circ\mu}(M \cap E) \leqq \overline{{}^\circ\mu}(E) < \infty$ なので(1)より $M \cap E \in I(\mathfrak{A})$ となり，$M \in L(\mathfrak{A})$ である．（証明終り）

A 1.6　命題　$I(\mathfrak{A})$ と $L(\mathfrak{A})$ は可算個の共通部分をとる操作に関して閉じている．つまり，$E_1, E_2, \cdots\cdots \in I(\mathfrak{A})$ （$\in L(\mathfrak{A})$）なら $\bigcap_{n \in \boldsymbol{N}} E_n \in I(\mathfrak{A})$ （$\in L(\mathfrak{A})$）となる．

証明　$E_n \in I(\mathfrak{A})$ のとき，$\bigcap_{n \in \boldsymbol{N}} E_n = \bigcap_{n \in \boldsymbol{N}} (E_1 \cap E_n)$ なので $(X, \mathfrak{A}, \mu)$ を $(E_1, \mathfrak{A}_{E_1}, \mu)$ に制限して考えると $\bigcap_{n \in \boldsymbol{N}} E_n$ も $\mu_L^{E_1}$-可測となり，したがって $\bigcap_{n \in \boldsymbol{N}} E_n \in I(\mathfrak{A})$ となる．

$M_n \in L(\mathfrak{A})$ のとき，任意の $E \in I(\mathfrak{A})$ をとると $\left(\bigcap_{n \in \boldsymbol{N}} M_n\right) \cap E = \bigcap_{n \in \boldsymbol{N}} (M_n \cap E)$，$M_n \cap E \in I(\mathfrak{A})$ となるから，$\left(\bigcap_{n \in \boldsymbol{N}} M_n\right) \cap E \in I(\mathfrak{A})$ つまり $\bigcap_{n \in \boldsymbol{N}} M_n \in L(\mathfrak{A})$ となる．

（証明終り）

A 1.7　命題　$I(\mathfrak{A})$ と $L(\mathfrak{A})$ は差をとる操作に関して閉じており，さらに $L(\mathfrak{A})$ は補集合をとる操作に関しても閉じている．

証明　$I(\mathfrak{A})$ が差 $E \backslash F$ に関して閉じていることは $E \cup F$ を含む $A \in \mathfrak{A}$ （$\mu(A)$ は有限数）に制限して $(A, \mathfrak{A}_A, \mu)$ で考えればよい．$L(\mathfrak{A})$ について，$M, N \in L(\mathfrak{A})$ のとき，任意の $E \in I(\mathfrak{A})$ に対して $(M \backslash N) \cap E = (M \cap E) \backslash (N \cap E)$，$M \cap E \in I(\mathfrak{A})$，$N \cap E \in I(\mathfrak{A})$ より $(M \backslash N) \cap E \in I(\mathfrak{A})$ となるので $M \backslash N \in L(\mathfrak{A})$ である．$L(\mathfrak{A})$ が補集合をとる操作に関して閉じているのは $X \in L(\mathfrak{A})$ から明らかである．（証明終り）

A 1.8　命題　（1）　$M_n \in L(\mathfrak{A})$ なら $\bigcup_{n\in\boldsymbol{N}} M_n \in L(\mathfrak{A})$ である．

（2）　$E, E_n \in I(\mathfrak{A})$ かつすべての $n\in\boldsymbol{N}$ について $E_n \subseteqq E$ なら $\bigcup_{n\in\boldsymbol{N}} E_n \in I(\mathfrak{A})$ である．

証明　（1）　$\bigcup_{n\in\boldsymbol{N}} M_n = \left(\bigcap_{n\in\boldsymbol{N}} M_n{}^c\right)^c$ なので，命題A 1.6，A 1.7より $\bigcup_{n\in\boldsymbol{N}} M_n \in L(\mathfrak{A})$ である．

（2）　$\bigcup_{n\in\boldsymbol{N}} E_n = E \setminus \left(\bigcap_{n\in\boldsymbol{N}} (E\setminus E_n)\right)$ なので命題A 1.6，A 1.7より $\bigcup_{n\in\boldsymbol{N}} E_n \in I(\mathfrak{A})$ である．（証明終り）

A 1.9　命題　$\{M_n : M_n \in L(\mathfrak{A}),\ n\in\boldsymbol{N}\}$ を互いに素な μ_L-可測集合の列とするとき，次が成り立つ．

（1）　$\mu_L\left(\bigcup_{n\in\boldsymbol{N}} M_n\right) = \sum_{n\in\boldsymbol{N}} \mu_L(M_n)$．

（2）　$\underline{{}^\circ\mu}\left(\bigcup_{n\in\boldsymbol{N}} M_n\right) = \sum_{n\in\boldsymbol{N}} \underline{{}^\circ\mu}(M_n)$．

証明　（1）　もし $\overline{{}^\circ\mu}(M_n) = +\infty$ となる M_n があれば両辺ともに $+\infty$ である．そうでないとき命題A 1.5(1)から，それぞれの M_n は $I(\mathfrak{A})$ に入るが，$M = \bigcup_{n\in\boldsymbol{N}} M_n$ についてはその限りでない．$M \in I(\mathfrak{A})$ のときは M を含む $A\in\mathfrak{A}$（$\mu(A)$ は有限数）をとって $(A, \mathfrak{A}_A, \mu)$ に制限して考えれば有界な測度空間での結論を用いることができる．これは $\underline{{}^\circ\mu}$ に関しても同様である．

$M \notin I(\mathfrak{A})$ のとき $\mu_L(M) = +\infty$ なので $\sum_{n\in\boldsymbol{N}} \mu_L(M_n) = +\infty$ を示せばよい．そうでないと仮定すると実数列

$$(s_n) = \left(\sum_{k=0}^{n} \mu_L(M_k)\right) \quad (n\in\boldsymbol{N})$$

は上に有界である．上界の1つを $c\in\boldsymbol{R}^+$ とする．各 $n\in\boldsymbol{N}$ に対して $A_n \supseteqq M_n$，$\mu(A_n) < \dfrac{1}{2^n} + \mu_L(M_n)$ をみたす $A_n \in \mathfrak{A}$ を選び，外的な列 (A_n)（$n\in\boldsymbol{N}$）を第1章の定理6.10で内的な列 (A_n)（$n\in{}^*\boldsymbol{N}$）に拡張しておく．さらに，スタンダードな実数列 (s_n) も $*$-拡大しておくと，集合

$$\left\{n\in{}^*\boldsymbol{N} : \sum_{k=1}^{n} \mu(A_k) < 1 + s_n,\ \ s_n < c\right\}$$

は内的かつ $\boldsymbol{N}$ を含む．したがって延長定理から，ある $n_0 \in {}^*\boldsymbol{N}_\infty$ を含むが，$\bigcup_{k=1}^{n_0} A_k$ は内的な集合つまり $\mathfrak{A}$ の要素で M を含むから，$\mu\left(\bigcup_{k=1}^{n_0} A_k\right)$ は無限大数で

ある．したがって

$$\mu\left(\bigcup_{k=1}^{n_0} A_k\right) \leqq \sum_{k=1}^{n_0} \mu(A_k) < 1 + s_{n_0}$$

より s_{n_0} も無限大数となる．これは $s_{n_0} < c$ に矛盾する．したがって $\sum_{n\in\boldsymbol{N}} \mu_L(M_n) = +\infty$ である．

（2）　すべての M_n が $I(\mathfrak{A})$ の要素である場合は

$$A_n \subseteqq M_n, \qquad \mu(A_n) > \underline{{}^{\circ}\mu}(M_n) - \frac{\varepsilon}{2^n}$$

をみたす $A_n \in \mathfrak{A}$ を選ぶと，すべての $n \in \boldsymbol{N}$ に対して

$$\begin{aligned} \underline{{}^{\circ}\mu}(M) &\geqq \underline{{}^{\circ}\mu}\left(\bigcup_{k=1}^{n} M_k\right) \geqq {}^{\circ}\left(\sum_{k=1}^{n} \mu(A_k)\right) > \sum_{k=1}^{n} \underline{{}^{\circ}\mu}(M_k) - \varepsilon \\ &= \sum_{k=1}^{n} \overline{{}^{\circ}\mu}(M_k) - \varepsilon \end{aligned}$$

となる．(1)より $\sum_{k=1}^{n} \overline{{}^{\circ}\mu}(M_k) \to \overline{{}^{\circ}\mu}(M)$ $(n \to +\infty)$ だったから，$\underline{{}^{\circ}\mu}(M) > \overline{{}^{\circ}\mu}(M) - \varepsilon$ となり，したがって $\underline{{}^{\circ}\mu}(M) = \overline{{}^{\circ}\mu}(M)$ となる．よって(1)より

$$\underline{{}^{\circ}\mu}\left(\bigcup_{n\in\boldsymbol{N}} M_n\right) = \overline{{}^{\circ}\mu}\left(\bigcup_{n\in\boldsymbol{N}} M_n\right) = \sum_{n\in\boldsymbol{N}} \overline{{}^{\circ}\mu}(M_n) = \sum_{n\in\boldsymbol{N}} \underline{{}^{\circ}\mu}(M_n)$$

となる．

$I(\mathfrak{A})$ の要素でない M_n が存在する場合，$M = \bigcup_{n\in\boldsymbol{N}} M_n$ も一般には $I(\mathfrak{A})$ の要素でない．

まず，$\mathfrak{A}$ の要素の増大列 $\{B_n : \mu(B_n)$ は有限数かつ $B_n \subseteqq M,\ n \in \boldsymbol{N}\}$ で，$n \to +\infty$ のとき $\underline{{}^{\circ}\mu}(B_n) \to \underline{{}^{\circ}\mu}(M)$ となるものが存在する場合は，$(X, \mathfrak{A}, \mu)$ を B_n に制限して $(B_n, \mathfrak{A}_{B_n}, \mu)$ で考えると

$$\begin{aligned} \underline{{}^{\circ}\mu}(B_n) &= \underline{{}^{\circ}\mu}\left(\left(\bigcup_{k\in\boldsymbol{N}} M_k\right) \cap B_n\right) = \underline{{}^{\circ}\mu}\left(\bigcup_{k\in\boldsymbol{N}} (M_k \cap B_n)\right) \\ &= \sum_{k\in\boldsymbol{N}} \underline{{}^{\circ}\mu}(M_k \cap B_n) \end{aligned}$$

となる．したがって，$\underline{{}^{\circ}\mu}(B_n) \leqq \sum_{k\in\boldsymbol{N}} \underline{{}^{\circ}\mu}(M_k)$ となり，$n \to \infty$ として $\underline{{}^{\circ}\mu}(M) \leqq \sum_{k\in\boldsymbol{N}} \underline{{}^{\circ}\mu}(M_k)$ が成り立つ．内測度の場合，逆の不等式はいつでも成り立つので，$\underline{{}^{\circ}\mu}(M) = \sum_{k\in\boldsymbol{N}} \underline{{}^{\circ}\mu}(M_k)$ である．

最後にこのような $\mathfrak{A}$ の要素の増大列 (B_n) が存在しない場合，

$$\underline{{}^{\circ}\mu}(M) = +\infty \quad \text{かつ}$$

$$c = \sup\{{}^\circ\mu(A) : A \in \mathfrak{A},\ A \subseteqq M,\ \mu(A) \text{ は有限数}\} < +\infty \qquad (\text{A }1.1)$$

となる．前者から

$$\mu(B) \text{ が無限大数 かつ } B \subseteqq M \text{ かつ } B \in \mathfrak{A} \qquad (\text{A }1.2)$$

をみたす B をとることができる．$\bigcup_{k=1}^{n} M_k = N_n$ とおくとき，すべての n に対して $\underline{{}^\circ\mu}(B \cap N_n)$ が有限と仮定すると，$C_n \subseteqq B \cap N_n$，$\mu(C_n) > \underline{{}^\circ\mu}(B \cap N_n) - 1$ をみたす $C_n \in \mathfrak{A}$ が存在するので，(A 1.1) より

$$\underline{{}^\circ\mu}(B \cap N_n) < c+1 \qquad (\text{A }1.3)$$

となる．一方，(1) より μ_L は σ-加法性をもち $\bigcap_n (M \backslash N_n) = \emptyset$ なので $\lim_{n\to\infty} \mu_L(M \backslash N_n) = 0$ である．したがって

$$M \backslash N_n \subseteqq B_n \text{ かつ } \lim_{n\to\infty} \mu(B_n) = 0 \text{ かつ } B_n \in \mathfrak{A} \qquad (\text{A }1.4)$$

をみたす列 (B_n) がとれる．もちろん $\lim_{n\to\infty} \mu(B \cap B_n)$ も 0 に収束する．$D_n = B \backslash (B \cap B_n) \in \mathfrak{A}$ とすると $D_n \subseteqq B \cap N_n$ なので，(A 1.3) より $\mu(D_n) < c+1$ である．

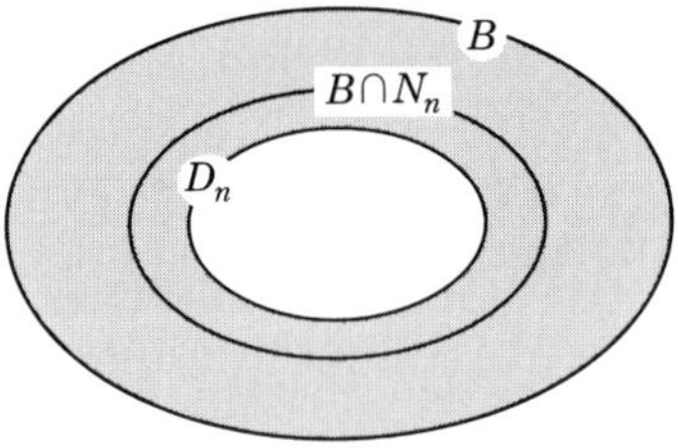

図 A　影の部分が $B \cap B_n$

一方，(A 1.2) と (A 1.4) より

$$\mu(D_n) = \mu(B) \backslash \mu(B \cap B_n) = +\infty$$

となり両者は矛盾する．よってある n に対して $\underline{{}^\circ\mu}(B \cap N_n) = +\infty$ である．これより $\sum_{n \in \boldsymbol{N}} \underline{{}^\circ\mu}(M_n) = +\infty$ となるので，この場合も $\underline{{}^\circ\mu}(M) = \sum_{n \in \boldsymbol{N}} \underline{{}^\circ\mu}(M_n)$ が成り立つ．

（証明終り）

非有界な $(X, \mathfrak{A}, \mu)$ に対して次の 2 つの定理が成り立つ．

A 1.10　定理　(1)　非有界な $(X, \mathfrak{A}, \mu)$ から定義 A 1.1，A 1.2 でつくられる $(X, L(\mathfrak{A}), \mu_L)$ $(\mu_L = \overline{{}^\circ\mu})$ および $(X, L(\mathfrak{A}), \underline{{}^\circ\mu})$ はいずれも完備な σ-加法的測度空間である．

（2）　μ_L $(=\overline{{}^\circ\mu})$ と ${}^\circ\underline{\mu}$ は $\mathfrak{A}$ を含む最小の σ-加法族 $\sigma(\mathfrak{A})$ の上では一致するので，$(X, \mathfrak{A}, {}^\circ\mu)$ の $\sigma(\mathfrak{A})$ への拡張はただ1通りである．

証明　（1）　命題A 1.3からA 1.9までがその証明である．

（2）　集合 $\{M\in L(\mathfrak{A}) : {}^\circ\underline{\mu}(M)=\overline{{}^\circ\mu}(M)\}$ は $\mathfrak{A}$ を含む σ-加法族なので $\sigma(\mathfrak{A})$ を含む．したがって $\sigma(\mathfrak{A})$ の上で ${}^\circ\underline{\mu}$ と $\overline{{}^\circ\mu}$ は一致する．そしてこれらが $\sigma(\mathfrak{A})$ への拡大のうち最小と最大であるから，$\sigma(\mathfrak{A})$ への拡大は一意的である．

（証明終り）

μ が重み ρ から $\mu(A)=\sum_{x\in A}\rho(x)$ $(A\in\mathfrak{A})$ として定義されることは，次の定理でのみ使用される．

A 1.11　定理　（1）　$(X, L(\mathfrak{A}), {}^\circ\underline{\mu})$ は σ-有限でない．しかしすべての $x\in X$ に対して $\rho(x)$ が有限数のときは，次の性質が成り立つ．

${}^\circ\underline{\mu}(M)=+\infty$ である $M\in L(\mathfrak{A})$ と任意の有限数 $c\in \boldsymbol{R}^+$ に対して，
${}^\circ\underline{\mu}(E)>c$ かつ $E\subseteqq M$ をみたす $E\in I(\mathfrak{A})$ が存在する．

（2）　すべての $x\in X$ に対して $\rho(x)\simeq 0$ のとき，${}^\circ\underline{\mu}(M)=0$ かつ $\overline{{}^\circ\mu}(M)=+\infty$ をみたす $M\in L(\mathfrak{A})$ が存在する．したがって $(X, \mathfrak{A}, {}^\circ\mu)$ の $L(\mathfrak{A})$ への拡張は1通りでない．

証明　（1）　$L(\mathfrak{A})$ の要素の列 $\{M_n : M_n\in L(\mathfrak{A}),\ {}^\circ\underline{\mu}(M_n)<+\infty,\ M_n\subseteqq M_{n+1}\}$ を任意に選ぶ．$\mu(X)$ が無限大数なので M_n に対し $\mathfrak{A}$ の要素 A_n で

$$A_n\subseteqq X\backslash M_n \quad かつ \quad \mu(A_n) は無限大数である$$

をみたすものを選び，外的な列 (A_n) を内的な列 $\{A_n : A_n\in\mathfrak{A},\ n\in{}^*\boldsymbol{N}\}$ に拡張する．ただしすべての $n\in{}^*\boldsymbol{N}$ について $A_n\supseteqq A_{n+1}$ が成り立つようにしておく．$n\in\boldsymbol{N}$ では $\mu(A_n)>n$ が成り立つから，延長定理で $\mu(A_N)>N$ をみたす $N\in{}^*\boldsymbol{N}_\infty$ がとれる．このとき

$${}^\circ\underline{\mu}\left(X\Big\backslash\left(\bigcup_{n\in\boldsymbol{N}}M_n\right)\right)\geqq{}^\circ\underline{\mu}\left(\bigcap_n A_n\right)\geqq{}^\circ\underline{\mu}(A_N) = +\infty$$

となるので，${}^\circ\underline{\mu}$ は σ-有限でない．

後半について，${}^\circ\underline{\mu}(M)=+\infty$ をみたす $M\in L(\mathfrak{A})$ に対して，$A\subseteqq M$ かつ ${}^\circ\mu(A)=+\infty$ をみたす $A\in\mathfrak{A}$ をとり，その要素を ρ の値が小さい順に $A=\{a_1, a_2, \cdots, a_n\}$ と並べる．A の内的な部分集合 A_n を帰納的に

$$A_1=\left\{a_k : k\leqq\min\left\{i : \sum_{l=1}^{i}\rho(a_l)>1\right\}\right\}$$

$$A_{n+1}=\left\{a_k : k\leqq \min\left\{i : \sum_{l=1}^{i}\rho(a_l)>\mu(A_n)+1\right\}\right\}$$

で定義すると，すべての $n\in\boldsymbol{N}$ に対して $n\leqq\mu(A_n)$，$A_n\subseteqq M$，$A_n\in I(\mathfrak{A})$ が成り立つ．したがって題意をみたす E が存在する．

（2） $\varkappa=\mathrm{card}(\mathcal{U}(V))$ とし，$\varkappa$-級の飽和定理をみたす $*$-拡大 $\mathcal{U}(^*V)$ をつくり，そこで考えることにする．

第1章では述べなかったが，実は Henson の補題というものがあって[1]，それを用いると次のことがいえる．

「有限集合でない $*$-有限集合を部分集合として含むような内的な集合の濃度はすべて相等しい」 (A 1.5)

いまはこれを鵜呑みにして(2)を証明する．

（i） M の構成．

X の内的な部分集合 A で，${}^\circ\mu(A)<+\infty$ をみたすもののうち，超巾の α 段階（α は順序数）もしくはそれ以前の $\mathcal{U}^{\beta}(V)$ に入っているものの全体を $\mathcal{F}_\alpha$ とする．${}^\circ\mu(X)=+\infty$ なので $\{X\backslash A : A\in\mathcal{F}_\alpha\}$ は有限交叉性をもち，したがって $X\cap\mathcal{U}^{\alpha+1}(V)$ の要素で，どの $A\in\mathcal{F}_\alpha$ にも属さない点 x_α が存在する．

このようにして選んだ x_α の全体を M とする：

$$M=\{x_\alpha : \alpha<\mathrm{card}^+(\mathcal{U}(V))\},\qquad x_\alpha\in X\Big\backslash\Big(\bigcup_{F\in\mathcal{F}_\alpha}F\Big)$$

（ii） $\overline{{}^\circ\mu}(M)=+\infty$ であること．

$\overline{{}^\circ\mu}(E)<+\infty$ をみたす任意の $E\subseteqq X$ に対して ${}^\circ\mu(A)<+\infty$ かつ $E\subseteqq A$ をみたす $A\in\mathfrak{A}$ をとると $\mathcal{F}_\alpha$ の定義から A はある $\mathcal{F}_\alpha$（$\alpha<\mathrm{card}^+(\mathcal{U}(V))$）に属している．したがって

$$\mathrm{card}(M\cap E)\leqq\mathrm{card}(M\cap A)<\mathrm{card}^+(\mathcal{U}(V))$$

である．ところが M の定義から明らかに

$$\mathrm{card}(M)=\mathrm{card}^+(\mathcal{U}(V))$$

なので，$\overline{{}^\circ\mu}(M)=+\infty$ である．

(iii) $M\in L(\mathfrak{A})$ であること．

$E\in I(\mathfrak{A})$ とすると(ii)から

1） C. Ward Henson & L. C. Moore Jr. ［79］参照．

$$\mathrm{card}(M\cap E) < \mathrm{card}^{+}(\mathcal{U}(V))$$

が成り立つ．$\varepsilon\in\boldsymbol{R}^{+}$ と $a\in M\cap E$ に対して

$$\mathfrak{A}_{\varepsilon}(a) = \{A\in\mathfrak{A} : a\in A \text{ かつ } \mu(A)<\varepsilon\}$$

とすると，$\rho(x)\simeq 0$ であったから $a_1,\cdots,a_m\in M\cap E$ $(m\in\boldsymbol{N})$ を要素とする集合 $\{a_1,\cdots,a_m\}$ は $\mathfrak{A}_{\varepsilon}(a_i)$ $(i=1,2,\cdots,m)$ に属する，つまり $\bigcap_{i=1}^{m}\mathfrak{A}_{\varepsilon}(a_i)\neq\emptyset$ である．$\mathrm{card}^{+}(\mathcal{U}(V))$-級飽和定理から $\bigcap_{a\in M\cap E}\mathfrak{A}_{\varepsilon}(a)\neq\emptyset$ となり，したがって $M\cap E\subseteqq A$ かつ $\mu(A)<\varepsilon$ をみたす $A\in\mathfrak{A}$ が存在する．$\varepsilon\in\boldsymbol{R}^{+}$ は任意であったから $\overline{{}^{\circ}\mu}(M\cap E)=0$ であることがいえた．したがって $\underline{{}^{\circ}\mu}(M\cap E)=\overline{{}^{\circ}\mu}(M\cap E)=0$ となり $M\in L(\mathfrak{A})$ となる．

(iv)　$\underline{{}^{\circ}\mu}(M)=0$ であること．

(ii)で述べたように，$A\subseteqq M$ かつ ${}^{\circ}\mu(A)<+\infty$ かつ $A\in\mathfrak{A}$ なら，$\mathrm{card}(A)<\mathrm{card}(M)$ となるので，(A 1.5) 式から A は有限集合となり，$\rho(x)\simeq 0$ より $\mu(A)\simeq 0$ となる．${}^{\circ}\mu(A)=+\infty$ をみたす $A\in\mathfrak{A}$ は次の理由で M の部分集合になることはできない；$A=\{a_1,\cdots,a_n,\cdots\}$ に対し，$A'=\left\{a_j\in A : j\leqq\min\left\{k : \sum_{i=1}^{k}\rho(a_i)>1\right\}\right\}$ とおくと $\mu(A')\simeq 1$ となる．もし $A'\subseteqq M$ なら A' は有限集合でなければならないので $\mu(A')\simeq 0$ となる．したがって $A'\subseteqq M$ でない，つまり $A\subseteqq M$ でない．以上より $\underline{{}^{\circ}\mu}(M)=0$ である．

（証明終り）

付　録　2

ウィナー測度の構成

飛田武幸 [22]，江沢洋 [36] では，コルモゴロフの拡張定理に帰着させる形で，ウィナー測度を一歩一歩構成していく．ここでは E. Nelson [35] に従って別の構成法を説明する．簡単のため，空間の次元を 1 次元にする．

A 2.1　定義

$$p^t(x, dy) = \frac{1}{\sqrt{4\pi Dt}} \exp\left(-\frac{(x-y)^2}{4Dt}\right) dy \tag{A 2.1}$$

とし，$\boldsymbol{R}$ の 1 点コンパクト化を $\dot{\boldsymbol{R}}$ として

$$\Omega = \prod_{0 \leq t < \infty} \dot{\boldsymbol{R}} = \{\omega : \omega \text{ は } [0, \infty) \text{ から } \dot{\boldsymbol{R}} \text{ への写像}\} \tag{A 2.2}$$

とする．チコノフの定理（第 1 章定理 8.11）により Ω はコンパクトである．

A 2.2　定義　（1）　$\mathscr{C}_{\text{fin}}(\Omega) = \{\varphi : \Omega \longrightarrow \boldsymbol{C} : \varphi$ は連続で適当な $t_1 < \cdots < t_n$ と適当な n 変数連続関数 F がとれて，任意の $\omega \in \Omega$ に対し $\varphi(\omega) = F(\omega(t_1), \cdots, \omega(t_n))\}$

（2）　$\varphi \in \mathscr{C}_{\text{fin}}(\Omega)$ に対して

$$I_x(\varphi) = \int \cdots \int p^{t_1}(x, dx_1) p^{t_2 - t_1}(x_1, dx_2) \cdots \cdots p^{t_n - t_{n-1}}(x_{n-1}, dx_n) F(x_1, \cdots, x_n) \tag{A 2.3}$$

（3）　$\mathscr{C}(\Omega) = \{\varphi : \Omega \longrightarrow \boldsymbol{C} : \varphi$ は連続$\}$

定義 A 2.2 で $\mathscr{C}_{\text{fin}}(\Omega)$ とは有限個の t の値のみで定まる連続汎関数の全体であり，その積分 $I_x(\varphi)$ が(A 2.3)式で定義される．たとえば $E_1, \cdots, E_n$ を $\boldsymbol{R}$ のボレル集合とし，

$$F(x_1, \cdots, x_n) = \begin{cases} 1 & (\text{すべての } x_i \in E_i) \\ 0 & (\text{それ以外}) \end{cases}$$

を用いて

$$\varphi(\omega) = F(\omega(t_1), \cdots, \omega(t_n))$$

で定まる $\varphi \in \mathscr{C}_{\mathrm{fin}}(\Omega)$ を考えたとき

$$I_x(\varphi) = \int_{E_1} \cdots \int_{E_n} p^{t_1}(x, dx_1) \cdots p^{t_n - t_{n-1}}(x_{n-1}, dx_n) \tag{A 2.4}$$

となる．(A 2.4)式は時刻0に x を出発し，時刻 t_i に集合 $E_i \subseteqq \boldsymbol{R}$ を通るような経路を選ぶ確率と解釈できる．

$\mathscr{C}(\Omega)$ の要素は $\mathscr{C}_{\mathrm{fin}}(\Omega)$ の要素で一様近似できるし（ストーン-ワイエルストラスの定理），

$$I_x(1) = 1, \qquad \varphi \geqq 0 \Longrightarrow I_x(\varphi) \geqq 0, \qquad |I_x(\varphi)| \leqq \sup_{\omega} |\varphi(\omega)|$$

が成り立つので，バナッハの定理によって $I_x : \mathscr{C}_{\mathrm{fin}}(\Omega) \longrightarrow \boldsymbol{C}$ は $\mathscr{C}(\Omega)$ 上の正値線形汎関数に一意的に拡張される．したがってリースの表現定理から

$$I_x(\varphi) = \int_{\Omega} \varphi(\omega)\, d\mu_x(\omega) \quad (\forall \varphi \in \mathscr{C}(\Omega)) \tag{A 2.5}$$

をみたす Ω 上の正則な確率測度 $\mu_x(\cdot)$ が存在する．定理としてまとめておこう．

A 2.3　定理　Ω 上の正則な確率測度 $\mu_x(\cdot)$ で以下の性質をもつものが存在する．

（i）　$\varphi \in \mathscr{C}(\Omega)$ に対して $I_x(\varphi) = \int_{\Omega} \varphi(\omega)\, d\mu_x(\omega)$ は $\mathscr{C}(\Omega)$ 上の正値線形汎関数である．

（ii）　とくに $\varphi(\omega) = F(\omega(t_1), \cdots, \omega(t_n)) \in \mathscr{C}_{\mathrm{fin}}(\Omega)$ に対しては

$$\int_{\Omega} \varphi(\omega)\, d\mu_x(\omega)$$
$$= \int \cdots \int p^{t_1}(x, dx_1)\, p^{t_2 - t_1}(x_1, dx_2) \cdots p^{t_n - t_{n-1}}(x_{n-1}, dx_n)\, F(x_1, \cdots, x_n)$$

が成り立つ．

Ω の中には無限遠点を通る経路も含まれている（もちろんそれら以外の不連続な経路も含まれている）．しかし，よく知られているようにブラウン運動の経路は連続関数である．つまり，Ω のうちで無限遠点を通る経路も含めて不連続な経路全体の集合を $\mu_x(\cdot)$ で測った測度は0である．このことを以下で証明しよう．

A 2.4　定理　$\Omega_C = \{\omega \in \Omega : \omega$ は連続関数$\}$ とおくと，$\mu_x(\Omega_C) = 1$ である．

(A2.1)式の $p^t(x, dy)$ がガウス関数であることが効いて，この定理が成り立

つ．その証明のためにいくつかの補題を準備する．まず

$$\sup_{t\leqq\delta}\int_{|y-x|>\varepsilon}p^t(x,dy)=\rho(\varepsilon,\delta)\ \text{とおくと}\ \rho(\varepsilon,\delta)=o(\delta) \qquad \text{(A 2.6)}$$

は(A 2.1)式から直ちに得られる（これは ε に依存するが x には依存しない）．

補題 1 $\varepsilon>0$，$\delta>0$，$x\in\boldsymbol{R}$，$0\leqq t_1<\cdots<t_n$，$t_n-t_1\leqq\delta$ とする．このとき

$$A=\{\omega:\text{ある } j \text{ で } |\omega(t_1)-\omega(t_j)|>\varepsilon\}$$

とおくと

$$\mu_x(A)\leqq 2\rho\left(\frac{1}{2}\varepsilon,\delta\right) \qquad \text{(A 2.7)}$$

が成り立つ[1]．

証明 $B=\left\{\omega:|\omega(t_1)-\omega(t_n)|>\frac{1}{2}\varepsilon\right\}$，$C_j=\left\{\omega:|\omega(t_j)-\omega(t_n)|>\frac{1}{2}\varepsilon\right\}$，

$$D_j=\{\omega:|\omega(t_1)-\omega(t_j)|>\varepsilon \text{ かつ } |\omega(t_1)-\omega(t_k)|\leqq\varepsilon \quad (k=1,\cdots,j-1)\}$$

とおくと，明らかに

$$A\subseteqq B\cup\bigcup_{j=1}^{n}(C_j\cap D_j)$$

である．したがって

$$\mu_x(A)\leqq\mu_x(B)+\sum_{j=1}^{n}\mu_x(C_j\cap D_j) \qquad \text{(A 2.8)}$$

が成り立つ．そこで

$$F_{D_j}(\omega(t_1),\cdots,\omega(t_j))=\begin{cases}1 & (\omega\in D_j)\\ 0 & (\omega\notin D_j)\end{cases}$$

$$F_{C_j}(\omega(t_j),\omega(t_n))=\begin{cases}1 & (\omega\in C_j)\\ 0 & (\omega\notin C_j)\end{cases}$$

によって F_{D_j} と F_{C_j} を定義すると

$$\begin{aligned}\mu_x(C_j\cap D_j)&=\int\cdots\int p^{t_1}(x,dx_1)\cdots p^{t_j-t_{j-1}}(x_{j-1},dx_j)\,p^{t_n-t_j}(x_j,dx_n)\\&\qquad\times F_{D_j}(x_1,\cdots,x_j)\,F_{C_j}(x_j,x_n)\\&\leqq\rho\left(\frac{\varepsilon}{2},\delta\right)\int\cdots\int p^{t_1}(x,dx_1)\cdots p^{t_j-t_{j-1}}(x_{j-1},dx_j)\\&\qquad\times F_{D_j}(x_1,\cdots,x_j)\\&=\rho\left(\frac{\varepsilon}{2},\delta\right)\mu_x(D_j)\end{aligned}$$

1) (A 2.7) 式の左辺は n に依存するが，右辺はもはや n に依存しない．

となる．$\{D_j : j=1, \cdots, n\}$ は互いに素なので

$$\sum_{j=1}^{n} \mu_x(C_j \cap D_j) \leqq \rho\left(\frac{\varepsilon}{2}, \delta\right) \sum_{j=1}^{n} \mu_x(D_j) \leqq \rho\left(\frac{\varepsilon}{2}, \delta\right). \tag{A 2.9}$$

$\mu_x(B) \leqq \rho\left(\frac{\varepsilon}{2}, \delta\right)$ なので（A 2.8）と（A 2.9）から $\mu_x(A) \leqq 2\rho\left(\frac{\varepsilon}{2}, \delta\right)$ が得られる．（証明終り）

補題 2　補題1の設定の下で

$$E = \{\omega : ある\ j\ と\ k\ で\ |\omega(t_j) - \omega(t_k)| > 2\varepsilon\}$$

とおくと

$$\mu_x(E) \leqq 2\rho\left(\frac{1}{2}\varepsilon, \delta\right) \tag{A 2.10}$$

が成り立つ．

証明　$E \subseteqq A$ なので補題1から明らかである．（証明終り）

補題 3　$0 \leqq a < b$，$b - a \leqq \delta$ とする．

$$E(a, b, \varepsilon) = \{\omega : ある\ t, s \in [a, b]\ で\ |\omega(t) - \omega(s)| > 2\varepsilon\}$$

とおくと

$$\mu_x(E(a, b, \varepsilon)) \leqq 2\rho\left(\frac{1}{2}\varepsilon, \delta\right) \tag{A 2.11}$$

が成り立つ．

証明　$[a, b]$ の有限部分集合 S に対して

$$E(a, b, \varepsilon, S) = \{\omega : ある\ t, s \in S\ で\ |\omega(t) - \omega(s)| > 2\varepsilon\}$$

とおくとこれは Ω の開集合であり，

$$\bigcup_S E(a, b, \varepsilon, S) = E(a, b, \varepsilon)$$

が成り立つ．$\mu_x(\cdot)$ が正則だから補題2から

$$\mu_x(E(a, b, \varepsilon)) = \sup_S \mu_x(E(a, b, \varepsilon, S)) \leqq 2\rho\left(\frac{1}{2}\varepsilon, \delta\right) \tag{A 2.12}$$

となる[1]．（証明終り）

補題 4　k を正の整数，$\varepsilon > 0$，$\delta > 0$，かつ $1/\delta$ は正の整数とする．

1）　測度 μ が正則のとき，

$$E = \bigcup_{\lambda \in \Lambda} E_\lambda \qquad E_\lambda\ は開集合$$

であり，かつ任意の $\lambda_1, \cdots, \lambda_n$ に対して $E_{\lambda_1} \cup \cdots \cup E_{\lambda_n} = E_\lambda$ をみたす $\lambda \in \Lambda$ が存在するなら

$$\mu(E) = \sup_\lambda \mu(E_\lambda)$$

が成り立つ．

$$F(k, \varepsilon, \delta) \\ =\{\omega : |t-s|<\delta \text{ をみたすある } t, s\in[0, k] \text{ で } |\omega(t)-\omega(s)|>4\varepsilon\}$$

とおくと，

$$\mu_x(F(k, \varepsilon, \delta)) < 2\frac{k}{\delta}\rho(\varepsilon, \delta) \qquad \text{(A 2.13)}$$

が成り立つ．

証明　$[0, k]=[0, \delta]\cup[\delta, 2\delta]\cup\cdots\cup[k-\delta, k]$ であるから，$\omega\in F(k, \varepsilon, \delta)$ なら $|\omega(t)-\omega(s)|>4\varepsilon$ かつ $|t-s|<\delta$ をみたす t, s はこれらの部分区間のうち同一区間に入るか，隣接区間に入る．つまり補題3の記号で $\omega\in E(l\delta, (l+1)\delta, \varepsilon)$ をみたす l がある（$0\leqq l\delta<k$，l は整数）．したがって補題3から補題4が成り立つ．　（証明終り）

ここまで準備すれば，定理A 2.4の証明は非常に短い．

定理 A 2.4 の証明

$$\Omega_C = \bigcap_{k=1}^{\infty}\bigcap_{\varepsilon>0}\bigcup_{\delta>0}(\Omega\backslash F(k, \varepsilon, \delta))$$

であり，一方補題4と(A 2.6)式から k ごとに $\lim_{\delta\to 0}\mu_x(F(k, \varepsilon, \delta))=0$ となるので，$\mu_x(\Omega_C)=1$ となる．　（証明終り）

付　録　3（増補）

超準解析と解が爆発する確率微分方程式

増補改訂版にあたって超準解析の確率微分方程式への一つの応用を付録3として述べる．本論と同様に確率微分方程式の基本概念などを概説することから始める．なお，簡単のため空間の次元を1次元とする．

A-1 節　確率微分方程式の基本知識

ランジュバン方程式

質点の運動に確率的な力を導入して，粒子の不規則な運動の方程式

$$m\frac{dv(t)}{dt} = -\mu v(t) + R(t, \omega) \tag{A 3.1}$$

を設定したのはランジュバン（Paul Langevin）である（1908）．ここに，v は粒子の速度，m はその質量，右辺の第1項は粒子に働く摩擦力で $\mu>0$ は動摩擦係数，そして第2項の $R(t, \omega)$ が確率的な力，揺動力（random force）である．この力に対してランジュバンは

$$\langle R(t, \omega)\rangle_{\text{平均}} = 0 \tag{A 3.2}$$

および共分散

$$\langle R(t', \omega) R(t, \omega)\rangle_{\text{平均}} = a\delta(t'-t) \tag{A 3.3}$$

を仮定した．$a>0$ は定数で，いうまでもなく平均は ω についてとる．確率的な揺動力のために，粒子の速度 $v(t)$ は，したがってその位置 $x(t)$ も時刻 t ごとに確率変数となる．つまりこれらは確率過程である．

他方，拡散係数 $D>0$ のブラウン運動 $B(t, \omega)$ は

$$\langle B(t, \omega)\rangle_{\text{平均}} = 0 \tag{A 3.4}$$

と

$$\left\langle \frac{dB(t',\omega)}{dt'} \frac{dB(t,\omega)}{dt} \right\rangle_{\text{平均}} = 2D\delta(t'-t) \tag{A 3.5}$$

をみたしていた．したがってランジュバン方程式は

$$dv(t) = -\frac{\mu}{m} v(t)\, dt + c dB(t) \tag{A 3.6}$$

の形の確率微分方程式であることが分かる．ただし確率過程としてブラウン運動のほとんどすべての経路は連続ではあるが至るところ微分不可能なので，微分不可能な関数の場合に超関数として微分したのと同じように，確率過程でなく確率超過程として微分することになる．その意味でのブラウン運動の時間微分 $dB(t,\omega)/dt$ をホワイトノイズ（white noise）とよぶ．

確率論では(A 3.6)を一般化した

$$dX(t,\omega) = a(t, X(t,\omega))\, dt + b(t, X(t,\omega))\, dB(t,\omega) \tag{A 3.7}$$

という確率微分方程式もしくはその積分形

$$X(t,\omega) = X_0(\omega) + \int_{t_0}^{t} a(s, X(s,\omega))\, ds + \int_{t_0}^{t} b(s, X(s,\omega))\, dB(s,\omega) \tag{A 3.8}$$

を考える．$a(t,x)$ はドリフト係数，$b(t,x)$ は拡散係数と呼ばれる．

伊藤積分

方程式（A 3.8）の右辺第 3 項の積分の意味が未だ明らかでない．一見，スチルチェス（Stieltjes）積分

$$\int_{t_0}^{t} f(t,\omega)\, dB(t,\omega) := \lim_{n\to\infty} \sum_{k=0}^{n-1} f(\sigma_k,\omega)\{B(t_{k+1},\omega) - B(t_k,\omega)\} \quad (t_k \leqq \sigma_k \leqq t_{k+1}) \tag{A 3.9}$$

とみることができそうだが，実はそうではない．$B(t,\omega)$ が有界変動でないために，$\sigma_k \in [t_k, t_{k+1}]$ の選び方ごとに（A 3.9）の右辺の極限値が異なってしまう．たとえば $f(t,\omega) = B(t,\omega)$ の場合，σ_k を

$$\sigma_k = t_k, \qquad (t_k + t_{k+1})/2, \qquad t_{k+1}$$

の 3 通りに選ぶと，極限値は

$$(\text{(A 3.9)の右辺}) = 0, \qquad D(t-t_0), \qquad 2D(t-t_0)$$

とそれぞれ異なる値になってしまう．

σ_k を分割小区間 $[t_k, t_{k+1}]$ の左端つまり $\sigma_k = t_k$ に選ぶと決めて，確率積分の理論を最初に構築したのは伊藤 清でその名をとって伊藤積分と呼ばれる．

$$\Delta B(t_k, \omega) = B(t_{k+1}, \omega) - B(t_k, \omega)$$

が $t=t_k$ からみて未来に向けて突き出ているため，たとえば $f(t_k, \omega)=g(t_k, B(t_k, \omega))$ の場合，これと $\Delta B(t_k, \omega)$ が確率的に独立となりいろいろ好ましい性質が成り立つ[1)].

以下の簡単な場合には $\sigma_k = t_k$ として(A 3.9)の右辺が初等的に計算できる．結果は

$$\begin{aligned}\int_0^t B(s, \omega)\, dB(s, \omega) &= \frac{1}{2} B(t, \omega)^2 - Dt, \\ \int_0^t B(s, \omega)^2 dB(s, \omega) &= \frac{1}{3} B(t, \omega)^3 - 2D \int_0^t B(s, \omega)\, ds\end{aligned} \tag{A 3.10}$$

などとなって，通常のスチルチェス積分には決してでてこない項が右辺の第2項として現れる．これは平均の意味で

$$dB(t, \omega) \sim \sqrt{2Ddt} \tag{A 3.11}$$

となることに起因している．(A 3.11) は次の伊藤公式により顕著に現れる．

以下，確率過程 $X(t, \omega)$ を $X_t(\omega)$ とか X_t などと略記することにして

$$X_t = X_0 + \int_0^t u(s, \omega)\, ds + \int_0^t v(s, \omega)\, dB_s \tag{A 3.12}$$

の形の確率過程（伊藤過程という）X_t が与えられたとする．このとき

$$dX_t = u(t, \omega)\, dt + v(t, \omega)\, dB_t$$

である．

伊藤公式　t, x について2回微分可能で2階の導関数が連続な $f(t, x)$ から $Y_t = f(t, X_t)$ として Y_t が定められたとき，

$$dY_t = \frac{\partial f}{\partial t}(t, X_t)\, dt + \frac{\partial f}{\partial x}(t, X_t)\, dX_t + \frac{1}{2} \frac{\partial^2 f}{\partial x^2}(t, X_t)\, (dX_t)^2 \tag{A 3.13}$$

が成り立つ．ここに $(dX_t)^2 = dX_t dX_t$ は

$$dtdt = 0, \qquad dtdB_t = 0, \qquad dB_t dB_t = 2Ddt \tag{A 3.14}$$

という規則に従って計算するものとする．

これが伊藤公式とよばれるもので，最後の等式

$$dB_t dB_t = 2Ddt$$

が特徴的である．伊藤公式を用いると，前述の計算例 (A 3.10) はもとよりそ

---

1)　次の伊藤の公式も含めて B. Øksendal [80] に詳しい説明がある．

の一般化

$$\int_0^t B_s{}^n dB_s = \frac{1}{n+1} B_t{}^{n+1} - nD\int_0^t B_s{}^{n-1} ds \tag{A 3.15}$$

とか，部分積分の公式

$$\int_0^t f(s)\,dB_s = f(t)\,B_t - \int_0^t B_s df(s), \tag{A 3.16}$$

さらにその一般化である

$$\int_0^t X_s dY_s = X_t Y_t - X_0 Y_0 - \int_0^t Y_s dX_s - \int_0^t dX_s dY_s \tag{A 3.17}$$

など，さまざまな計算が可能となる．

伊藤積分はブラウン運動の生成する増大 σ-加法族 $\mathfrak{B}_t$ に関するマルチンゲールであり，その逆，$\mathfrak{B}_t$ に関するすべてのマルチンゲールは伊藤積分で表されることを付記しておく．

確率微分方程式の解法例

解が初等的に計算できる例を1つだけであるが，伊藤公式の応用も兼ねて紹介しよう．

例題　a, b を定数とした X_t に関する確率微分方程式

$$dX_t = adt + bX_t dB_t \tag{A 3.18}$$

を解け．ただしブラウン運動の拡散係数を $D=1/2$ とする．

解答　右辺の adt をとりあえず無視すると $dX_t/X_t = bdB_t$ となるので，$\log X_t$ に伊藤公式を用いると

$$d\log X_t = \frac{dX_t}{X_t} - \frac{1}{2X_t{}^2}(dX_t)^2 = bdB_t - \frac{b^2}{2}dt$$

となる．ここまでは“積分因子” $e^{-bB_t+b^2t/2}$ を見つけるための予備計算である．あらためて本来のX_tに対して

$$X_t \exp\left[-bB_t + \frac{b^2}{2}t\right] = Y_t$$

とおく．これに伊藤公式を用いると

$$dY_t = \frac{\partial Y_t}{\partial t}dt + \frac{\partial Y_t}{\partial B_t}dB_t + \frac{\partial Y_t}{\partial X_t}dX_t$$
$$+\frac{1}{2}\left\{\frac{\partial^2 Y_t}{\partial X_t{}^2}(dX_t)^2 + 2\frac{\partial^2 Y_t}{\partial X_t \partial B_t}dX_t dB_t + \frac{\partial^2 Y_t}{\partial B_t{}^2}(dB_t)^2\right\}$$

$$= \frac{b^2}{2} Y_t dt - bY_t dB_t + \exp\left[-bB_t + \frac{b^2}{2}t\right] dX_t$$

$$- b\exp\left[-bB_t + \frac{b^2}{2}t\right] dX_t dB_t + \frac{b^2}{2} Y_t (dB_t)^2.$$

これに（A 3.18）と

$$dX_t dB_t = bX_t dt, \qquad (dB_t)^2 = dt$$

を代入するとほとんどの項が相殺して

$$dY_t = a\exp\left[-bB_t + \frac{b^2}{2}t\right] dt$$

となる．両辺を積分して

$$Y_t = Y_0 + \int_0^t a\exp\left[-bB_s + \frac{b^2}{2}s\right] ds.$$

X_tにもどして

$$(\text{答}) \quad X_t = \exp\left[bB_t - \frac{b^2}{2}t\right]\left\{X_0 + \int_0^t a\exp\left[-bB_s + \frac{b^2}{2}s\right] ds\right\}.$$

解の存在と一意性

確率微分方程式（A 3.8）の解の存在とその一意性を次の条件下で示したのは伊藤 清である．

定理　$a(t, x)$，$b(t, x)$ が可測関数で不等式

$$|a(t, x)| + |b(t, x)| \leqq c(1 + |x|) \tag{A 3.19}$$

と 1 次の Lipshitz 条件

$$|a(t, x) - a(t, y)| \leqq c|x - y| \quad \text{かつ} \quad |b(t, x) - b(t, y)| \leqq c|x - y| \tag{A 3.20}$$

をみたすとする．Z を $\{B_s | s \geqq 0\}$ の生成する σ-加法族と独立な確率変数とするとき，初期条件 $X_0(\omega) = Z$ をみたす（A 3.8）の解がただ一つ存在する．

以来，確率論の世界でドリフト係数 $a(t, x)$ と拡散係数 $b(t, x)$ のみたす条件をいろいろに変えた場合の解の存在と一意性が，とくにブラウン運動がこれらの係数と初期条件に依存しない場合（強い解）と依存する場合（弱い解）に応じて議論されてきた．超準解析を用いてある意味での強い解の存在を証明したものとして，J. Keisler［16］をあげておこう．細かなところまで丁寧に説明してある本である．

A-2 節　有限の時間で解が爆発する確率微分方程式

条件（A 3.19）を外すと，一般には有限の時間で解が爆発する．そのような確率微分方程式に対して，その経路空間上の確率測度を超準解析を用いて構成しよう．方程式としてはランジュバン方程式に戻る．ただしそこにおける $v(t)$ を $X(t,\omega)$ と書くことにして，定数 $-\mu/m$ を関数 $f(x)$ とする．（A 3.7）でいえば，$a(t,x)=f(x)$, $b(t,x)=1$ とした方程式

$$dX_t = f(X_t)\,dt + dB_t \tag{A 3.21}$$

を考える．

フォッカー-プランク方程式

確率微分方程式（A 3.21）に従う X_t が時刻 t' で値 x' をとったとして，それが時刻 $t(>t')$ で値 x をとる確率を $G(t,x\,|\,t',x')$ で表すとする．いわゆる遷移確率である．グリーン（Green）関数ともいう．G は前向きフォッカー-プランク方程式（forward Fokker-Planck equation）と呼ばれる2階の偏微分方程式

$$\frac{\partial}{\partial t}G(t,x\,|\,t',x') = -\frac{\partial}{\partial x}\{f(x)\,G(t,x\,|\,t',x')\} + D\frac{\partial^2}{\partial x^2}G(t,x\,|\,t',x') \tag{A 3.22}$$

をみたす．これはマルコフ過程の遷移確率がみたすチャップマン-コルモゴロフ（Chapman-Kolmogorov）方程式

$$G(t,x\,|\,t',x') = \int_{-\infty}^{\infty} G(t,x\,|\,t'',x'')\,G(t'',x''\,|\,t',x')\,dx'' \quad (t'<t''<t)$$

から導かれるのだが，その説明は割愛する．

$t'=0$ とし，初期分布 $X(0,x')$ をグリーン関数で時刻 t まで運んだ

$$\phi(t,x) = \int_{-\infty}^{\infty} G(t,x\,|\,0,x')\,X(0,x')\,dx'$$

を考えると，この確率分布 $\phi(t,x)$ も前向きフォッカー-プランク方程式

$$\frac{\partial}{\partial t}\phi(t,x) = -\frac{\partial}{\partial x}\{f(x)\,\phi(t,x)\} + D\frac{\partial^2}{\partial x^2}\phi(t,x) \tag{A 3.23}$$

に従う．

経路空間と＊–測度

$\phi(t,x)$ を経路空間上での経路積分が与えるような＊–測度を探すために変数変換

$$\psi(t,x) = \phi(t,x)\exp[-U(x)/(2D)], \qquad U(x) = \int_0^x f(y)\,dy \tag{A 3.24}$$

をすると，$\psi(t,x)$ は

$$V(x) = \frac{f(x)^2}{4D} + \frac{f'(x)}{2} \tag{A 3.25}$$

をポテンシャルにもつ虚数時間のシュレーディンガー方程式

$$-\frac{\partial}{\partial t}\psi(t,x) = \mathcal{H}\psi(t,x), \qquad \mathcal{H} = -D\frac{\partial^2}{\partial x^2} + V(x) \tag{A 3.26}$$

に従うことが分かる．これに対して，収束などの議論を抜きにして形式的であるが，ファインマン–カッツ（Feynman-Kac）公式を用いると

$$\psi(t,x) = \int_{-\infty}^{\infty} dy\,\psi(0,y)\int \exp\left[-\int_0^t V(x(s))\,ds\right] d\mu^{\mathrm{W}}_{x,y}[x(s)]$$

となる．$\phi(t,x)$ に戻せば

$$\phi(t,x) = \int_{-\infty}^{\infty} dy\,\phi(0,y)\int \exp\left[\frac{1}{2D}\{U(x)-U(y)\}\right.$$
$$\left. -\int_0^t V(x(s))\,ds\right] d\mu^{\mathrm{W}}_{x,y}[x(s)] \tag{A 3.27}$$

である．ここに $\mu^{\mathrm{W}}_{x,y}$ は始点と終点を $(0,y)$ と (t,x) に固定したピン止めウィーナー測度である．(A 3.27) を同じ端点をもつ経路の空間 $\mathcal{P}$ 上の測度 μ を構成して

$$\phi(t,x) = \int_{-\infty}^{\infty} dy\,\phi(0,y)\int_{\mathcal{P}} d\mu[x(s)]$$

としたい．

以下しばらくは超準解析で話を進める．まず無限小数 $\varepsilon>0$ を任意に固定し，時間を ε の無限小間隔で

$$\mathbb{T}_\varepsilon = \{n\varepsilon \mid n \in {}^*\boldsymbol{N}\cup\{0\},\ 0 \leqq n \leqq \nu\},$$

空間を $\delta = (2D\varepsilon)^{1/2}$ の無限小間隔で

$$\mathbb{X}_\delta = \{n\delta \mid n \in {}^*\boldsymbol{Z},\ |n\delta| \leqq A\}$$

と離散化する．ν は t/ε を超えない最大の超自然数つまり $\nu = [t/\varepsilon]$（[ ] はガウスの括弧式）であり，空間のカットオフ A は

$$A = (D/\beta)^{1/2}|\log(\beta\varepsilon)| \tag{A 3.28}$$

で定める．β は物理的次元を合わせるために導入した時間の逆数の次元をもつ定数で，次元を気にしなければ $\beta=1$ として差し支えない．比較的小さな無限大のところに吸収壁を設定しようというわけである．

点 $\xi\in\mathbb{X}_\delta$ を出発する時刻 $\nu\varepsilon$ までのジグザグ経路を，集合

$$\Omega_{0,\nu} = \{\omega|\ \omega\text{ は }\{0,1,\cdots,\nu-1\}\text{ から }\{-1,1\}\text{ への内的関数}\}$$

を用いて

$$X_\omega(k\varepsilon) = \xi+\sum_{j=0}^{k-1}\omega(j)\,\delta \qquad (k=1,\cdots,\nu)$$

で定義する．ただし途中の時刻に吸収壁 $\pm A$ に到達したときはそれ以降そこにとどまるとする．こうしてできる $\mathbb{X}_\delta$ 上の経路の全体を $\mathcal{P}(\nu\varepsilon,\cdot|0,\xi)$ で表す．時刻 0 に点 ξ を出発し，$\nu\varepsilon\simeq t$ での到達点は指定しないという意味である．このあたりまでは，カットオフを除いて第 2 章のローブ-アンダーソン（Loeb-Anderson）の無限小酔歩のときと同じである．

（A 3.27）を念頭に置きながら，時刻 0 から $\nu\varepsilon$ までの経路の＊-測度を，途中で吸収壁 $\pm A$ に到達しない経路 X_ω に対しては

$$\mu_{0,\nu}(X_\omega) = \frac{1}{2^\nu}\exp\left[\frac{1}{2D}\{{}^*U(X_\omega(\nu\varepsilon))-{}^*U(\xi)\}\right.$$
$$\left.-\varepsilon\sum_{k=0}^{\nu-1}{}^*V(X_\omega(k\varepsilon))\right] \tag{A 3.29}$$

と定義し，途中の時刻 $\lambda\varepsilon$ で $\pm A$ に到達する場合は

$$\mu_{0,\nu}(X_\omega) = \frac{1}{2^\lambda}\exp\left[\frac{1}{2D}\{{}^*U(\pm A)-{}^*U(\xi)\}-\varepsilon\sum_{k=0}^{\lambda-1}{}^*V(X_\omega(k\varepsilon))\right] \tag{A 3.30}$$

と定義する．

方程式（A 3.21）に現れる $f(x)$ に対して次の 3 つの条件を課す．

（A 1） $f(x)$ は実数値関数で，$f(x)\in C^2(\boldsymbol{R})$ すなわち 2 回微分可能で $f''(x)$ は連続関数である．

（A 2） 定数 $c>0$ と $m\geqq 1$ が存在して，すべての x に対して

$$|f(x)|,|f'(x)|,|f''(x)| \leqq c(|x|+1)^m$$

が成り立つ．つまり高々多項式程度の増大度である．

(A 3)　$V(x)$ は下に有界である．その下限を $V_{\min}$ で表す[1]．

以下にみられるように，(A 3.29) に含まれる $^*U$ と $^*V$ の間に相殺が起こって，そのおかげで次の定理が成り立つ．

A 3.1　定理　f が (A 1)，(A 2)，(A 3) をみたすとき

$$\mathrm{st}(\mu_{0,\nu}(\mathcal{P}(\nu\varepsilon,\cdot\,|\,0,\xi))) = 1$$

が成り立つ．

証明　$k=1,\cdots,\nu-1$ に対して，隣り合う時刻における $\mu_{0,k}(\mathcal{P}(k\varepsilon,\cdot\,|\,0,\xi))$ と $\mu_{0,k+1}(\mathcal{P}((k+1)\varepsilon,\cdot\,|\,0,\xi))$ の間に成り立つ関係を求める．

時刻 0 から $k\varepsilon$ までの間に $\pm A$ に到達しない経路の全体を $\mathcal{Q}(k\varepsilon,\cdot\,|\,0,\xi)$ で表す．$X_\omega\in\mathcal{Q}(k\varepsilon,\cdot\,|\,0,\xi)$ に対して $\omega_\pm$ を

$$\omega_\pm(j) = \omega(j) \quad (0\leqq j\leqq k-1), \qquad \omega_\pm(k) = \pm 1$$

と定義し，$X_{\omega_\pm}\in\mathcal{P}((k+1)\varepsilon,\cdot\,|\,0,\xi)$ を考えると，$X_\omega(k\varepsilon)=x_k$ の略記の下，複号同順で

$$\mu_{0,k+1}(X_{\omega_\pm}) = \frac{1}{2}\mu_{0,k}(X_\omega)\exp\left[\frac{1}{2D}\{^*U(x_k\pm\delta)-{}^*U(x_k)\} - {}^*V(x_k)\varepsilon\right]$$

となる．これに展開式

$$^*U(x_k\pm\delta)-{}^*U(x_k) = {}^*f(x_k)(\pm\delta)+\frac{^*f'(x_k)}{2!}(\pm\delta)^2 + \frac{^*f''(x_k+\theta\delta)}{3!}(\pm\delta)^3$$

から得られる

$$\exp\left[\frac{1}{2D}\{^*U(x_k\pm\delta)-{}^*U(x_k)\}\right] = 1\pm\frac{^*f(x_k)}{(2D)^{1/2}}\varepsilon^{1/2}+\left(\frac{^*f'(x_k)}{2}+\frac{^*f(x_k)^2}{4D}\right)\varepsilon+o(\varepsilon^{1+\gamma}) \quad (0<\gamma<1/2)$$

と

$$\exp[-{}^*V(x_k)\varepsilon] = 1-\left(\frac{^*f'(x_k)}{2}+\frac{^*f(x_k)^2}{4D}\right)\varepsilon+o(\varepsilon^{1+\gamma})$$

を代入すると多くの項が相殺して消えて，

$$\mu_{0,k+1}(X_{\omega_\pm}) = \frac{1}{2}\mu_{0,k}(X_\omega)\left\{1\pm\frac{^*f(x_k)}{(2D)^{1/2}}\varepsilon^{1/2}+o(\varepsilon^{1+\gamma})\right\}$$

---

1)　$f(x)$ が多項式の場合は (A 3) の成立は明らかである．

となる．$0<\gamma<1/2$ はスタンダードな実数である．±について加え合わせると

$$(1-a\varepsilon^{1+\gamma})\,\mu_{0,k}(X_\omega) < \mu_{0,k+1}(X_{\omega+}) + \mu_{0,k+1}(X_{\omega-}) < (1+a\varepsilon^{1+\gamma})\,\mu_{0,k}(X_\omega).$$

ここに $a>0$ はスタンダードな実数で k にも X_ω にも依存しない．この不等式で $X_\omega \in \mathcal{Q}(k\varepsilon, \cdot\,|\,0, \xi)$ にわたって和をとり，さらに時刻 $k\varepsilon$ までに吸収壁 $\pm A$ に到達した経路の＊-測度も加えると

$$1-a\varepsilon^{1+\gamma} < \frac{\mu_{0,k+1}(\mathcal{P}((k+1)\varepsilon, \cdot\,|\,0, \xi))}{\mu_{0,k}(\mathcal{P}(k\varepsilon, \cdot\,|\,0, \xi))} < 1+a\varepsilon^{1+\gamma}.$$

$k=1$ のときの $\mu_{0,1}(\mathcal{P}(\varepsilon, \cdot\,|\,0, \xi))=1$ も考慮して

$$(1-a\varepsilon^{1+\gamma})^{\nu} < \mu_{0,\nu}(\mathcal{P}(\nu\varepsilon, \cdot\,|\,0, \xi)) < (1+a\varepsilon^{1+\gamma})^{\nu}$$

となり，$\nu\varepsilon \simeq t$ が有限数なので最右辺，最左辺ともに $\simeq 1$ となって定理 A 3.1 の等式が成り立つ．（証明終り）

＊-グリーン関数と方程式の解

前節では時刻 0 から $k\varepsilon$ までの経路の集合 $\mathcal{P}(k\varepsilon, \cdot\,|\,0, \xi)$ とその上の＊-測度 $\mu_{0,k}$ を考えたが，ここでは時刻 $k\varepsilon$ に ξ を出発し時刻 $k'\varepsilon$ に ξ' に至る経路を考え，その全体を $\mathcal{P}(k'\varepsilon, \xi'\,|\,k\varepsilon, \xi)$ で表す．その定義およびおのおのの経路に対する＊-測度 $\mu_{k,k'}$ の定義は前節の定義を時間 $k\varepsilon$ だけ平行移動するだけなので改めて述べるまでもないであろう．

2 つの時空点 $(k\varepsilon, \xi)$ と $(k'\varepsilon, \xi')\,(k<k')$ の間の＊-グリーン関数を

$$\mathcal{G}(k'\varepsilon, \xi'\,|\,k\varepsilon, \xi) = \frac{1}{2\delta}\mu_{k,k'}(\mathcal{P}(k'\varepsilon, \xi'\,|\,k\varepsilon, \xi)) \tag{A 3.31}$$

で定義する．$\xi=l\delta, \xi'=l'\delta$ とおくとき，$k'-k$ と $l'-l$ の偶奇性が一致するときのみ 2 点をむすぶ経路が存在するので，スタンダードにおける $G(t, x\,|\,s, y)\,dy$ における dy に相当するのは 2δ である．そのような理由で（A 3.31）の右辺の分母は δ でなく 2δ となっている．

ここで $\mathcal{P}(k'\varepsilon, \xi'\,|\,k\varepsilon, \xi)$ に属する経路の個数（それを ${}^{\#}\mathcal{P}(k'\varepsilon, \xi'\,|\,k\varepsilon, \xi)$ で表す）に関する一つの評価式を準備する．

補題 1 $\quad \nu = k'-k > c\varepsilon^{-3/4}, \quad |\xi|, |\xi'| < rA$

をみたすスタンダードな定数 $c>0$ と $0<r<1/2$ が存在するならば，

$$\frac{1}{2^{\nu}}{}^{\#}\mathcal{P}(k'\varepsilon, \xi'\,|\,k\varepsilon, \xi) = \frac{2\delta}{(4\pi D\nu\varepsilon)^{1/2}}\exp\left[-\frac{(\xi'-\xi)^2}{4D\nu\varepsilon}\right]\{1+o(\varepsilon^{a})\} \tag{A 3.32}$$

が成り立つ．ここに a は $0<a<1/4$ をみたす任意のスタンダードな実数である．

証明 最初に空間のカットオフ $\pm A$ を無視しよう．すると

$$^{\#}\mathcal{P}(k'\varepsilon, \xi' \mid k\varepsilon, \xi) = \frac{\nu!}{\{(\nu+\lambda)/2\}!\{(\nu-\lambda)/2\}!} \qquad (\lambda=(\xi'-\xi)/\delta)$$

において，$\nu > c\varepsilon^{-3/4}, \lambda=\mathcal{O}(|\log\varepsilon|\varepsilon^{-1/2})=o(\nu)$（簡単のため（A 3.28）における次元合わせの β を 1 とした）なので

$$\frac{\lambda}{\nu} = \mathcal{O}(|\log\varepsilon|\varepsilon^{1/4}) = o(\varepsilon^a) \qquad (0<a<1/4)$$

となる．したがってスターリング（Stirling）の公式が適用できて

$$\frac{1}{2^\nu}{}^{\#}\mathcal{P}(k'\varepsilon, \xi' \mid k\varepsilon, \xi) = \frac{2}{(2\pi\nu)^{1/2}}\left(1+\frac{\lambda}{\nu}\right)^{-(\nu+\lambda)/2}\left(1-\frac{\lambda}{\nu}\right)^{-(\nu-\lambda)/2}\{1+\mathcal{O}(\lambda/\nu)\}$$

となる．$\log(1+x)$ の展開を 4 次までとることで

$$\log\left(1+\frac{\lambda}{\nu}\right)^{-(\nu+\lambda)/2}+\log\left(1-\frac{\lambda}{\nu}\right)^{-(\nu-\lambda)/2} = -\frac{\lambda^2}{2\nu}+o(\varepsilon^a)$$

がすべての $0<a<1/4$ に対して成り立つので

$$\begin{aligned}\frac{1}{2^\nu}{}^{\#}\mathcal{P}(k'\varepsilon, \xi' \mid k\varepsilon, \xi) &= \frac{2}{(2\pi\nu)^{1/2}}\exp[-\lambda^2/(2\nu)]\{1+o(\varepsilon^a)\} \\ &= \text{(A 3.32)の右辺} \end{aligned} \qquad \text{(A 3.33)}$$

が得られる．

あとは吸収壁 $\pm A$ に途中で到達する経路が本当に無視できることを示せばよい．そのような経路は $\mathcal{P}(k'\varepsilon, \pm 2A-\xi' \mid k\varepsilon, \xi)$ に属する経路と 1 対 1 に対応するので，それらからの（A 3.32）の右辺への寄与は

$$\begin{aligned}&\frac{2\delta}{(4\pi D\nu\varepsilon)^{1/2}}\sum_{\pm}\exp\left[-\frac{(\pm 2A-\xi'-\xi)^2}{4D\nu\varepsilon}\right]\{1+o(\varepsilon^a)\} \\ &< \frac{2\delta}{(4\pi D\nu\varepsilon)^{1/2}}\exp\left[-\frac{(2-2r)^2A^2}{4D\nu\varepsilon}\right] \\ &< \frac{2\delta}{(4\pi D\nu\varepsilon)^{1/2}}\exp\left[-\frac{(\xi'-\xi)^2}{4D\nu\varepsilon}\right]\exp\left[-\frac{(1-2r)A^2}{D\nu\varepsilon}\right] \end{aligned} \qquad \text{(A 3.34)}$$

となる．A の定義（そこにでてくる β は 1 として）と $\nu\varepsilon \simeq t$ からすべての自然数 n に対して

$$\exp\left[-\frac{(1-2r)A^2}{D\nu\varepsilon}\right]=\varepsilon^{(1-2r)|\log\varepsilon|/\nu\varepsilon} = o(\varepsilon^n)$$

が成り立つので，確かに（A 3.34）は（A 3.32）の $o(\varepsilon^a)$ に吸収されてしまい，無視することができる． （証明終り）

$\mathcal{G}$の定義と補題1から次の系の成立は明らかである．

系1　(1)　$k_1<k_2<k_3$ に対して

$$\mathcal{G}(k_3\varepsilon,\xi_3\,|\,k_1\varepsilon,\xi_1)=\sum_{\xi_2\in\mathbb{X}_\delta}\mathcal{G}(k_3\varepsilon,\xi_3\,|\,k_2\varepsilon,\xi_2)\mathcal{G}(k_2\varepsilon,\xi_2\,|\,k_1\varepsilon,\xi_1)2\delta.$$

(2)　ξ_1 と ξ_2 が有限数なら，$s=k_2\varepsilon-k_1\varepsilon$ とおくとき $\mathcal{G}(k_2\varepsilon,\xi_2\,|\,k_1\varepsilon,\xi_1)$ は不等式

$$\mathcal{G}(k_2\varepsilon,\xi_2\,|\,k_1\varepsilon,\xi_1)\leqq\exp\left[\frac{1}{2D}\{{}^*U(\xi_2)-{}^*U(\xi_1)\}-sV_{\min}\right]$$
$$\times\frac{1}{(4\pi Ds)^{1/2}}\exp\left[-\frac{(\xi_2-\xi_1)^2}{4Ds}\right]\{1+\mathcal{O}(\varepsilon^a)\}\tag{A 3.35}$$

をみたす．ここに a は $0<a<1/4$ をみたす任意のスタンダードな実数である．

＊-グリーン関数ができたので，次は微分方程式（A 3.23）の解を構成する番である．初期値 $\phi(0,y)$ に対して次の条件を課す．

(A 4)　$\phi(0,x)\in C_0^2(\boldsymbol{R})$ つまり2回微分可能で2階導関数が連続であり，かつその台がコンパクトである．さらに

$$\phi(0,x)\geqq 0,\qquad \int_{-\infty}^{\infty}\phi(0,x)\,dx=1$$

をみたす．

台がコンパクトという条件はもっと弱めることもできるが，簡明を期してこのままにしておく．格子空間上の関数 Φ を

$$\Phi(k\varepsilon,\xi)=\sum_{\xi'\in\mathbb{X}_\delta}\mathcal{G}(k\varepsilon,\xi\,|\,0,\xi')^*\phi(0,\xi')2\delta$$

で定義する．(A 3.35)から有限数の ξ に対して

$$|\Phi(k\varepsilon,\xi)|\leqq\exp\left[\frac{{}^*U(\xi)}{2D}-k\varepsilon V_{\min}\right]$$
$$\times\sum_{\xi'\in\mathbb{X}_\delta}\left\{\exp\left[-\frac{{}^*U(\xi')}{2D}\right]\frac{1}{(4\pi Dk\varepsilon)^{1/2}}\exp\left[-\frac{(\xi-\xi')^2}{4Dk\varepsilon}\right]\left|{}^*\phi(0,\xi')\right|\right\}2\delta\tag{A 3.36}$$

が成り立つので，$|\Phi(k\varepsilon,\xi)|$は有限数．したがってその標準部分をとることができる．

スタンダードな実数 x に対して格子点 $\underline{x}$ を

$$\underline{x}\leqq x<\underline{x}+\delta\qquad(\underline{x}\in\mathbb{X}_\delta)$$

によって定義する．

時間に関しては$\mathbb{T}_\varepsilon$でなく，格子間隔が無限小ではあるがεよりもずっと粗い$\tau>0$を

$$\tau = n\varepsilon \quad \text{s.t.} \quad n\varepsilon \leqq \beta^{-3/4}\varepsilon^{1/4} < (n+1)\varepsilon \qquad (n \in {}^*\boldsymbol{N}_\infty)$$

で定義し，これを格子間隔とする時間格子 $\mathbb{T}_\tau$ を新たに導入する．そしてスタンダードな $t>0$ に対して格子点 $\underline{t}$ を

$$\underline{t} \leqq t < \underline{t}+\tau \qquad (\underline{t} \in \mathbb{T}_\tau)$$

によって定義する．粗い無限小時間 τ の間に細かな時間間隔 ε をもつ無限小酔歩が無限に多く繰り返される．(A 3.29)，(A 3.30) に現れる因数 $1/2^\nu, 1/2^\lambda$ は無限小酔歩からくる $*$-測度であるが，無限小酔歩の無限に多くの繰り返しのために，これらの $*$-測度からの $\mathcal{G}$ への寄与がブラウン運動のグリーン関数

$$G(\tau, z) = \frac{1}{(4\pi D\tau)^{1/2}} \exp\left[-\frac{z^2}{4D\tau}\right] \tag{A 3.37}$$

となる．このような理由で時間について $\mathbb{T}_\varepsilon$ と $\mathbb{T}_\tau$ の2重の格子構造を設定する．

以上の設定の下でスタンダードな関数 $\phi(t,x)$ を

$$\phi(t,x) = \text{st}\, \Phi(\underline{t}, \underline{x})$$

で定義すると次の定理が成り立つ．

A 3.2　定理　(A 1) から (A 4) の下で $\phi(t,x)$ は t に関して1回，x に関して2回微分可能で，フォッカー-プランク方程式 (A 3.23) をみたす．

この定理の証明には第3章の (3.54) 式から (3.81) 式までで行ったのと同様の不等式評価を繰り返す必要があり，そのために多くの頁数を要し，この付録にはとても収まらない．ここでは証明の大まかな筋道を明らかにするにとどめ（それでも短くはない），細部は読者に委ねることにする．

証明の概要

（ｉ）　$\phi(t,x)$ の x 微分

一般に，格子空間上の関数 $F(k\tau, \xi)$ に対してその l ステップの空間差分を前進差分

$$\mathcal{D}_{l\delta}^{(x)} F(k\tau, \xi) = \frac{1}{l\delta}\{F(k\tau, \xi + l\delta) - F(k\tau, \xi)\}$$

で定義する．第3章の命題4.12から命題4.18を経て命題4.20 (1) を得たのと同様の計算から，$l\delta$ が無限小ならスタンダードな $t>0$ と x に対して

$$\mathcal{D}_{l\delta}^{(x)} \Phi(\underline{t}, \underline{x}) \simeq \mathcal{D}_{\delta}^{(x)} \Phi(\underline{t}, \underline{x}) = \text{有限数} \tag{A 3.38}$$

が導かれる．スタンダードな$e>0$に対して

$$M_e = \left\{ u \in {}^*\boldsymbol{R}_+ \,\middle|\, \text{すべての} \, |l\delta| < u \, \text{に対して} \, |\mathcal{D}_{l\delta}^{(x)} \Phi(\underline{t}, \underline{x}) - \mathcal{D}_{\delta}^{(x)} \Phi(\underline{t}, \underline{x})| < e/2 \right\}$$

とすると，(A 3.38) よりM_eはすべての正の無限小数を含むので，あるスタンダードな $d>0$ を含む．$|h|<d/2$ をみたす任意のスタンダードな h に対して

$$\underline{x+h} - \underline{x} = m\delta \qquad (m \in {}^*\boldsymbol{Z})$$

とおくと $|m\delta| < d \in M_e$ なので

$$|\mathcal{D}_{m\delta}^{(x)} \Phi(\underline{t}, \underline{x}) - \mathcal{D}_{\delta}^{(x)} \Phi(\underline{t}, \underline{x})| < e/2.$$

したがって

$$\left| \frac{1}{h} \{ \phi(t, x+h) - \phi(t, x) \} - \mathcal{D}_{\delta}^{(x)} \Phi(\underline{t}, \underline{x}) \right|$$
$$\leqq \left| \frac{1}{h} \phi(t, x+h) - \frac{1}{m\delta} \Phi(\underline{t}, \underline{x}+m\delta) \right| + \left| \frac{1}{h} \phi(t, x) - \frac{1}{m\delta} \Phi(\underline{t}, \underline{x}) \right|$$
$$+ |\mathcal{D}_{m\delta}^{(x)} \Phi(\underline{t}, \underline{x}) - \mathcal{D}_{\delta}^{(x)} \Phi(\underline{t}, \underline{x})| < o(1) + o(1) + e/2 < e$$

が成り立つので，$\phi(t, x)$ が x で微分可能かつ

$$\frac{\partial}{\partial x} \phi(t, x) = \mathrm{st}\, \mathcal{D}_{\delta}^{(x)} \Phi(\underline{t}, \underline{x}) \tag{A 3.39}$$

が導かれた．

無限小の 2 階差分についても同様の計算から，$\phi(t, x)$ が x で 2 回微分可能かつ

$$\frac{\partial^2}{\partial x^2} \phi(t, x) = \mathrm{st}\, \{\mathcal{D}_{\delta}^{(x)}\}^2 \Phi(\underline{t}, \underline{x}) \tag{A 3.40}$$

が導かれる．

（ii） $\phi(t, x)$ の t 微分

t に関する微分はもう少し複雑になる．まず時間に関する無限小差分を

$$\mathcal{D}_{l\tau}^{(t)} \Phi(\underline{t}, \underline{x}) := \frac{1}{l\tau} \{ \Phi(\underline{t}+l\tau, \underline{x}) - \Phi(\underline{t}, \underline{x}) \} = S_1 + S_2 + o(1) \tag{A 3.41}$$

のように S_1 と S_2 の和に分けておく．ここに

$$S_1 = \sum_{\xi \in \mathbf{X}_\delta} \frac{1}{l\tau} \{ \Phi(\underline{t}, \xi) - \Phi(\underline{t}, \underline{x}) \} G(l\tau, \xi - \underline{x}) 2\delta, \tag{A 3.42}$$

$$S_2 = \sum_{\xi \in \mathbf{X}_\delta} \Phi(\underline{t}, \xi) \frac{1}{l\tau} \{ \mathcal{G}(\underline{t}+l\tau, \underline{x} \,|\, \underline{t}, \xi) - G(l\tau, \xi - \underline{x}) \} 2\delta. \tag{A 3.43}$$

$\mathcal{G}$ は今考えているフォッカー-プランク方程式の＊-グリーン関数 (A 3.31)，G はブラウン運動のグリーン関数 (A 3.37) である．以下で明らかになるように，S_1 から方程式 (A 3.23) の右辺の第 2 項が，S_2 から第 1 項がそれぞれ出て

くる．

S_1について，(A 3.42) に含まれる $G(l\tau, \xi-\underline{x})$ が $|\xi-\underline{x}|$ の増大とともに急速に 0 に近づくことと時間変化が $l\tau\simeq 0$ であることから，$\xi\in\mathbb{X}_\delta$ の和をとる範囲を無限小にとることができる．具体的にはある $1/3<c<1/2$ をみたすスタンダードな定数 c と $c'>0$ に対して

$$|\xi-\underline{x}| < c'(l\tau)^c =: \rho$$

となる．したがってテーラー展開

$$\Phi(\underline{t}, \xi) - \Phi(\underline{t}, \underline{x}) = (\xi-\underline{x})\mathcal{D}_\delta^{(x)}\Phi(\underline{t}, \underline{x}) + \frac{(\xi-\underline{x})^2}{2\,!}\{\mathcal{D}_\delta^{(x)}\}^2\Phi(\underline{t}, \underline{x}) + \mathcal{O}((l\delta)^{3c})$$

を用いることができる．これを(A 3.42)に代入し，

$$\sum_{|\xi-\underline{x}|<\rho}\frac{\xi-\underline{x}}{l\tau}G(l\tau, \xi-\underline{x})2\delta = 0, \qquad \sum_{|\xi-\underline{x}|<\rho}\frac{(\xi-\underline{x})^2}{l\tau}G(l\tau, \xi-\underline{x})2\delta \simeq 2D$$

を用いると

$$S_1 \simeq D\{\mathcal{D}_\delta^{(x)}\}^2\Phi(\underline{t}, \underline{x}) \simeq D\frac{\partial^2}{\partial x^2}\phi(t, x) \tag{A 3.44}$$

が得られる．

S_2 について，S_1 と同様に和の範囲を $|\xi-\underline{x}|<\rho$ に制限できて

$$\frac{1}{2D}\{{}^*U(\underline{x}) - {}^*U(\xi)\} = -(\xi-\underline{x})\frac{f(x)}{2D} - (\xi-\underline{x})^2\frac{f'(x)}{4D} + \mathcal{O}((l\tau)^{3c})$$

の展開が可能である．(A 3.29) に現れる ${}^*V$ の和の範囲は，今の場合，無限小区間 $j\varepsilon\in[\underline{t}, \underline{t}+l\tau]$ であり，この間に $\underline{x}$ から ρ 以上離れる経路は無視できることが証明できて

$$\sum_{j\varepsilon\in[\underline{t}, \underline{t}+l\tau]}{}^*V(X_\omega(j\varepsilon))\varepsilon = \left(\frac{f(x)^2}{4D} + \frac{f'(x)}{2}\right)l\tau + \mathcal{O}((l\tau)^{c+1}) \qquad (X_\omega(\underline{t}) = \underline{x})$$

が成り立つ．これらを(A 3.29)に代入して $\mu_{\nu,\nu+l}(\underline{t}=\nu\varepsilon)$ を計算し，その結果を (A 3.31) に用いて $\mathcal{G}$ を計算すると

$$\begin{aligned}&\mathcal{G}(\underline{t}+l\tau, \underline{x}\,|\,\underline{t}, \xi) - G(l\tau, \underline{x}-\xi)\\ &\quad = \left\{\frac{\underline{x}-\xi}{2D}f(x) - \frac{(\underline{x}-\xi)^2+2Dl\tau}{4D}f'(x) + \frac{(\underline{x}-\xi)^2-2Dl\tau}{8D^2}f(x)^2\right\}\\ &\qquad \times G(l\tau, \underline{x}-\xi) + o(l\tau)\end{aligned}$$

となる．これを (A 3.43) に代入すると

$$S_2 \simeq -f'(x)\Phi(\underline{t}, \underline{x}) - f(x)\mathcal{D}_\delta^{(x)}\Phi(\underline{t}, \underline{x}) \tag{A 3.45}$$

が得られる．

（A 3.41），（A 3.44），（A 3.45）より $\phi(t,x)$ は t 微分可能で

$$\frac{\partial}{\partial t}\phi(t,x)=\mathrm{st}(\mathcal{D}^{(t)}_{\underline{t}\tau}\Phi(\underline{t},\underline{x}))=-\frac{\partial}{\partial x}\{f(x)\phi(t,x)\}+D\frac{\partial^2}{\partial x^2}\phi(t,x)$$

が成り立つ．（証明終り）

経路の空間 $\mathcal{P}(\underline{t},\cdot|0,\xi)$ の内的な部分集合の全体を $\mathfrak{A}$ とするとき，$*$-有限加法的測度空間 $(\mathfrak{A},\mu_{0,\nu})$ にローブ測度論を用いることで，σ-加法族 $L(\mathfrak{A})$ とその上のスタンダードな σ-加法的ピン止め測度 μ_L^{pin} が構成されて

$$\mu_L^{\mathrm{pin}}(E)=\mathrm{st}\left(\frac{1}{2\delta}\mu_{0,\nu}(E)\right)\qquad(E\subseteqq\mathcal{P}(\underline{t},\eta|0,\xi),\underline{t}=\nu\varepsilon)$$

が成り立ち，

$$\phi(t,x)=\int_{-\infty}^{\infty}\phi(0,y)\mu_L^{\mathrm{pin}}(\mathcal{P}(\underline{t},\underline{x}|0,\{\underline{y},\underline{y}+\delta\}))dy \tag{A 3.46}$$

となることは第 2 章で説明済みである．ここに

$$\mathcal{P}(\underline{t},\underline{x}|0,\{\underline{y},\underline{y}+\delta\})=\mathcal{P}(\underline{t},\underline{x}|0,\underline{y})\cup\mathcal{P}(\underline{t},\underline{x}|0,\underline{y}+\delta)$$

である．2 点 $(\underline{t},\underline{x})$ と $(0,\underline{y})$ をつなぐ経路が存在するためには $\underline{t}/\varepsilon$ と $(\underline{x}-\underline{y})/\delta$ の偶奇性が一致する必要があるためである．

解の爆発と生存確率

ξ を有限数として，経路の集合 $\mathcal{P}(\underline{t},\underline{x}|0,\xi)$ には

（i） 途中の時刻で無限大の値をとったのちに時刻 $\underline{t}$ で $\underline{x}$ に至る経路

（ii） 途中のすべての時刻で有限の値のまま時刻 $\underline{t}$ で $\underline{x}$ に至る経路

の 2 種類の経路が含まれている．前者の集合を $\mathcal{P}_{\mathrm{inf}}(\underline{t},\underline{x}|0,\xi)$，後者の集合を $\mathcal{P}_{\mathrm{fin}}(\underline{t},\underline{x}|0,\xi)$ で表そう．いずれも外的な集合である．我々は途中で無限遠の吸収壁 $\pm A$ に到達してそこに吸収されてしまう経路と $\mathcal{P}_{\mathrm{inf}}(\underline{t},\underline{x}|0,\xi)$ の経路を合わせて爆発する経路，$\mathcal{P}_{\mathrm{fin}}(\underline{t},\underline{x}|0,\xi)$ の経路を爆発しない経路とみなして

$$P(t)=\int_{-\infty}^{\infty}dx\int_{-\infty}^{\infty}\phi(0,y)\mu_L^{\mathrm{pin}}(\mathcal{P}_{\mathrm{fin}}(\underline{t},\underline{x}|0,\{\underline{y},\underline{y}+\delta\}))dy \tag{A 3.47}$$

と定義し，これを少なくとも時刻 t まで爆発せずに生存している確率，簡単に生存確率と呼ぶことにする．このとき次の定理が成り立つ．

A 3.3 定理 （1）

$$P(t) = \int_{-\infty}^{\infty} \phi(t, x)\, dx. \tag{A 3.48}$$

（2） $P(t)$ は広義の単調減少関数つまり

$$0 < t_1 < t_2 \implies P(t_1) \geqq P(t_2) \tag{A 3.49}$$

が成り立つ．

証明 （1） スタンダードな自然数 n に対して

$$\mathcal{P}_n(\underline{t}, \underline{x} | 0, \{\underline{y}, \underline{y}+\delta\}) = \{X_\omega \in \mathcal{P}(\underline{t}, \underline{x} | 0, \{\underline{y}, \underline{y}+\delta\}) | \sup_{0 \leqq s \leqq \underline{t}} |X_\omega(s)| \leqq n\}$$

とおくと，

$$\mu_L^{\text{pin}}(\mathcal{P}_{\text{fin}}(\underline{t}, \underline{x} | 0, \{\underline{y}, \underline{y}+\delta\})) = \lim_{n\to\infty} \text{st}\left\{\frac{1}{2\delta}\mu_{0,\nu}(\mathcal{P}_n(\underline{t}, \underline{x} | 0, \{\underline{y}, \underline{y}+\delta\}))\right\}$$

である．(A 3.32) を導いたのと同様の計算により，不等式

$$\frac{1}{2\delta}\mu_{0,\nu}(\mathcal{P}(\underline{t}, \underline{x} | 0, \{\underline{y}, \underline{y}+\delta\}) \backslash \mathcal{P}_n(\underline{t}, \underline{x} | 0, \{\underline{y}, \underline{y}+\delta\}))$$

$$< \frac{1}{(4\pi Dt)^{1/2}}\left\{\exp\left[-\frac{(2n-\underline{x}-\underline{y})^2}{4Dt}\right] + \exp\left[-\frac{(-2n-\underline{x}-\underline{y}-\delta)^2}{4Dt}\right]\right\}$$

$$\times \exp\left[\frac{1}{D}\{U(x) - U(y) - tV_{\min}\right](1+\mathcal{O}(\varepsilon))$$

が導かれるが，右辺の標準部分は $n\to\infty$ の極限で 0 に収束するので，

$$\mu_L^{\text{pin}}(\mathcal{P}(\underline{t}, \underline{x} | 0, \{\underline{y}, \underline{y}+\delta\})) = \mu_L^{\text{pin}}(\mathcal{P}_{\text{fin}}(\underline{t}, \underline{x} | 0, \{\underline{y}, \underline{y}+\delta\}))$$

が成り立つ．したがって (A 3.46) と (A 3.47) から (A 3.48) が導かれる．

（2） $\underline{t_1} = \nu_1\varepsilon$, $\underline{t_2} = \nu_2\varepsilon$ とおく．(A 3.47) より

$$P(t_2) = \int_{-\infty}^{\infty} dy [\phi(0, y)$$

$$\times \lim_{n\to\infty} \text{st} \sum_{|\xi| \leqq n} \{\mu_{0,\nu_1}(\mathcal{P}_n(\underline{t_1}, \xi | 0, \{\underline{y}, \underline{y}+\delta\})) \sum_{|\eta| \leqq n} \mu_{\nu_1,\nu_2}(\mathcal{P}_n(\underline{t_2}, \eta | \underline{t_1}, \xi))\}]$$

である．定理 A 3.1 の証明にも出てきたように，η に関する和はスタンダードな $a>0$ と $\gamma>0$ を用いて

$$\sum_{|\eta| \leqq n} \mu_{\nu_1,\nu_2}(\mathcal{P}_n(\underline{t_2}, \eta | \underline{t_1}, \xi)) \leqq (1 + a\varepsilon^{1+\gamma})^{t_2 - t_1} \simeq 1$$

と抑えられるので

$$P(t_2) \leqq \int_{-\infty}^{\infty} dy [\phi(0, y) \lim_{n\to\infty} \text{st} \sum_{|\xi| \leqq n} \mu_{0,\nu_1}(\mathcal{P}_n(\underline{t_1}, \xi | 0, \{\underline{y}, \underline{y}+\delta\}))] = P(t_1)$$

が成り立つ． （証明終り）

残念ながら，超準解析を用いて構成した測度から $P(t)$ のより詳しい情報を得るために（A 3.47）の右辺をどう計算すればよいかが今のところ分からない．そこでこれ以降はスタンダードな解析学によって $P(t)$ の時間変化を計算する．

（i） 向心力の場合

虚数時間のシュレーディンガー方程式（A 3.26）に戻ろう．$f(x)$ に（A 1）から（A 3）の代わりに次の条件を課そう．

（B 1） $f(x)$ は実数値関数で微分可能である．

（B 2） ある定数 $m_\pm > 0$ と $c_\pm > 0$ が存在して

$$f(x) \sim \begin{cases} -c_+ x^{m_+} & (x \to \infty) \\ c_- |x|^{m_-} & (x \to -\infty) \end{cases}$$

が成り立つ．つまり $f(x)$ は $x=0$ へ向かう求心力である．

（B 3） $\lim_{x \to \pm\infty} V(x) = \infty$.

初期分布 $\phi(0, x)$ に対してはこれまでと同じ（A 4）を課す．（B 2）のために粒子の運動量 x は $x=0$ の方へ引き寄せられるから，解が無限大に爆発することはないはずである．そのことを確かめよう．

（B 3）からハミルトニアン $\mathcal{H}$ は $L^2(\boldsymbol{R})$ 上の自己共役作用素に拡大され，そのスペクトルは離散スペクトル $\{E_n \mid E_0 < E_1 < \cdots \to \infty\}$ から成り，対応する固有関数の系 $\{u_n(x) \in L^2(\boldsymbol{R}) \mid n = 0, 1, \cdots\}$ は完全正規直交系をなす[1)]．

$$\mathcal{H} u_n(x) = E_n u_n(x) \qquad (E_0 < E_1 < \cdots \to \infty) \tag{A 3.50}$$

における最小のエネルギー固有値 E_0 の固有関数 $u_0(x)$ は

$$e(x) = N \exp\left[\frac{U(x)}{2D}\right] \qquad (N \text{ は規格化定数}) \tag{A 3.51}$$

であり $E_0 = 0$ である．実際

$$\mathcal{H} e(x) = 0$$

であり，$e(x)$ は節（node）（零点のこと）をもたないからである．（B 2）から

$$U(x) \sim -\frac{c_\pm}{m_\pm + 1} |x|^{m_\pm + 1} \qquad (x \to \pm\infty)$$

なので $e(x) \in L^2(\boldsymbol{R})$ も明らかである．$\langle\ ,\ \rangle$ を $L^2(\boldsymbol{R})$ の内積とするとき（A 3.48）から

1） 参考文献 F. A. Berezin & M. A. Shubin ［81］参照．

$$P(t) = \langle e^{-\mathcal{H}t}\psi(0,x), e(x)\rangle = \langle \psi(0,x), e^{-\mathcal{H}t}e(x)\rangle$$

と表せるから，(A 4) より

$$P(t) = \langle \psi(0,x), e(x)\rangle = \int_{-\infty}^{\infty}\phi(0,x)\,dx = 1$$

となる．こうして次の定理が得られる．

A 3.4　定理　$f(x)$ が (B 1), (B 2), (B 3) を，$\phi(0,x)$ が (A 4) をみたすとき

$$P(t) = 1 \tag{A 3.52}$$

が成り立つ．

(ii)　反発力の場合

(B 2) の向心力を反発力に置き換えると，その影響で解が有限の時間で爆発するはずである．ここでは (B 2) を次の (B 2′) に変える．

(B 2′)　ある $x_0>0$ に対して，$|x|>x_0$ で $f(x)$ が

$$f(x) = \sum_{k=-\infty}^{m} c_k|x|^k \qquad (|x|>x_0)$$

と展開できる．ここに $m>1$ かつ $c_m>0$ とする．

$x>x_0$ または $x<-x_0$ の一方のみにこの条件を課し，他方はもっと弱い条件にしても同じ結論を得ることができるが，ここでは簡単のため $|x|>x_0$ で偶関数として両側で反発力とする．結論は，次の定理にあるように生存確率 $P(t)$ が指数関数的な速さもしくはそれ以上の速さで0に近づく．

A 3.5　定理　(1)　基底状態のエネルギー固有値 E_0 は $E_0>0$ である．

(2)　時刻 $t>0$ まで生存する確率 $P(t)$ は不等式

$$P(t) \leqq ce^{-E_0 t} \qquad (c>0 \text{ は定数}) \tag{A 3.53}$$

をみたす．

この定理とくに (2) の証明はかなり長くなりこの付録にはとても収まらないので，証明の筋道を明らかにすることを主眼に置き，細かな不等式評価は省略する．

証明　(1)　条件 (B 2) が (B 2′) に変わったために (A 3.51) の $e(x)$ が $L^2(\boldsymbol{R})$ に属さないので，これは固有関数でなくなり，したがって $E_0\neq 0$ であることを注意しておく．

$$w_0(x) = u_0(x)\exp\left[\frac{U(x)}{2D}\right]$$

とおくと

$$E_0 w_0(x) = \frac{d}{dx}\{f(x)\,w_0(x)\} - D\frac{d^2 w_0(x)}{dx^2}$$

なので，積分すると

$$E_0\int_{-\infty}^{\infty} w_0(x)\,dx = \Big[f(x)\,w_0(x)\Big]_{-\infty}^{\infty} - D\Big[\frac{d^2 w_0(x)}{dx}\Big]_{-\infty}^{\infty} \tag{A 3.54}$$

となる．

$u_0(x)$ は節（node）をもたないので $u_0(x)>0$ つまり $w_0(x)>0$ とすることができる．したがって（A 3.54）の右辺>0が示せたら，この式から $E_0>0$ が結論できる．$u_0(x)$ の代わりにその 0 次の WKB 近似

$$u_0^{\mathrm{app}}(x) = A_{\pm}p(x)^{-1/4}\exp\Big[\mp\int_{\pm x_1}^{x} p(x')^{1/2}dx'\Big] \tag{A 3.55}$$

を用いる．ここに $A_{\pm}>0$ と $x_1>0$ は定数で，複号の上側は $x>x_1$ の場合，下側は $x<-x_1$ の場合であり，

$$p(x) = \frac{1}{D}\{V(x)-E_0\}$$

である．ただし通常の WKB 展開は（ボレル総和可能だが）発散級数なので不等式評価に適さない．そこで第 0 次近似は同じだが後が異なる展開を用いる．それは収束級数なので我々は“収束 WKB 展開”と呼んでいる[1]．

$x>x_1$ の場合に簡単に説明すると，$x=kz$ と変換して $x\to\infty$ の代わりに $k\to\infty$ とする．方程式は

$$\left\{\frac{d^2}{dx^2}-k^2p(kz)\right\}u_0(kz) = 0$$

に変わり，さらにリウヴィル（Liouville）変換

$$\xi = \frac{1}{k}\int_{x_1}^{x}p(x')^{1/2}dx', \qquad \Lambda(\xi) = p(kz)^{1/4}u_0(kz)$$

によって

$$\left\{\frac{d^2}{d\xi^2}-k^2\right\}\Lambda(\xi) = Q(\xi)\Lambda(\xi)$$

に変わる．ここに

$$Q(\xi) := -\frac{5}{16p(kz)^3}\left(\frac{dp(kz)}{dz}\right)^2+\frac{1}{4p(kz)^2}\frac{d^2p(kz)}{dz^2}$$

1）参考文献 H. Ezawa，T. Nakamura，K. Watanabe & T. Irisawa［82］，［83］参照．

とおいた．グリーン関数を用いて積分方程式に直すと

$$\Lambda(\xi) = e^{-k\xi} - \frac{1}{2k}\int_a^\infty e^{-k|\xi-\eta|}Q(\eta)\Lambda(\eta)\,d\eta$$

（$a>0$ は k に依存しない定数）

となるので，逐次代入法

$$\begin{cases} \Lambda^{(0)}(\xi) = Ae^{-k\xi} \\ \Lambda^{(n)}(\xi) = -\dfrac{1}{2k}\displaystyle\int_a^\infty e^{-k|\xi-\eta|}Q(\eta)\Lambda^{(n-1)}(\eta)\,d\eta \end{cases}$$

で解くと，収束級数として解

$$\Lambda(\xi) = \sum_{n=0}^{\infty}\Lambda^{(n)}(\xi)$$

が得られる．さらに（省略するが）引き続く細かな吟味によって

$$|\Lambda(\xi) - \Lambda^{(0)}(\xi)| < \frac{c}{k}|\Lambda^{(0)}(\xi)|,$$

$$\left|\frac{d\Lambda(\xi)}{dx} - \frac{d\Lambda^{(0)}(\xi)}{dx}\right| < \frac{c}{k}\left|\frac{d\Lambda^{(0)}(\xi)}{dx}\right|$$

が得られて，右辺は $k\to\infty$ の極限で0になることも示される．したがって $x\to\infty$ の極限を考える限りは $u_0(x)$ を

$$u_0^{\mathrm{app}}(x) = Ap(x)^{-1/4}\Lambda^{(0)}(\xi) = Ap(x)^{-1/4}\exp\left[-\int_{x_1}^x p(x')^{1/2}dx'\right]$$

に置き換えることが許される．$A>0$ は定数である．

こうして（A 3.54）の右辺の $w_0(x)$ も

$$\begin{aligned} w_0^{\mathrm{app}}(x) &= u_0^{\mathrm{app}}(x)\exp\left[\frac{U(x)}{2D}\right] \\ &= Ap(x)^{-1/4}\exp\left[-\int_{x_1}^x p(x')^{1/2}dx'\right]\exp\left[\frac{U(x)}{2D}\right] \end{aligned}$$

に置き換えることができる．この最後の式に

$$\begin{aligned} \int_{x_1}^x p(x')^{1/2}dx' &\sim \int_{x_1}^x \frac{f(x')}{2D}\left(1+2D\frac{f'(x')}{f(x')^2}\right)^{1/2}dx' \\ &\sim \int_{x_1}^x \frac{f(x')}{2D}\left(1+D\frac{f'(x')}{f(x')^2}\right)dx' \sim \frac{U(x)}{2D} + \frac{1}{2}\log f(x) \end{aligned}$$

$(x\to\infty)$

と

$$p(x)^{-1/4} \sim \frac{\sqrt{2D}}{f(x)^{1/2}}$$

を代入すると，$x \to \infty$の極限で

$$w_0^{\mathrm{app}}(x) \sim \frac{N}{f(x)} \quad \text{したがって} \quad \frac{dw_0^{\mathrm{app}}(x)}{dx} \sim -\frac{Nf'(x)}{f(x)^2}$$

が得られる．$N>0$ は $u_0^{\mathrm{app}}(x)$ の規格化から得られる定数である．

こうして（A 3.54）の右辺について

$$f(x)\,w_0(x)\big|_{x=\infty} - D\frac{d^2 w_0(x)}{dx}\bigg|_{x=\infty} = N > 0$$

が得られる．

同様に

$$f(x)\,w_0(x)\big|_{x=-\infty} - D\frac{d^2 w_0(x)}{dx}\bigg|_{x=-\infty} = -N' < 0 \qquad (N'>0)$$

も得られ，したがって（A 3.54）の右辺は正の定数である．こうして $E_0>0$ が証明される．

（2） 次に不等式（A 3.53）の証明の概略を述べる．

固有関数の完全系 $\{u_n(x)\,|\,n=0, 1, \cdots\}$ で初期関数を展開して

$$\psi(0, x) = \sum_{n=0}^{\infty} a_n u_n(x), \qquad a_n = \langle \psi(0, x), u_n(x) \rangle$$

とおく．

$$\psi(t, x) = e^{-\mathcal{H}t}\psi(0, x) = \sum_{n=0}^{\infty} a_n e^{-E_n t} u_n(x)$$

なので

$$\begin{aligned} P(t) &= e^{-E_0 t}\int_{-\infty}^{\infty}\sum_{n=0}^{\infty} a_n e^{-(E_n - E_0)t} u_n(x) \exp\left[\frac{U(x)}{2D}\right] dx \\ &\leqq e^{-E_0 t}\int_{-\infty}^{\infty}\sum_{n=0}^{\infty} |a_n|\, e^{-(E_n - E_0)t}\, |u_n(x)| \exp\left[\frac{U(x)}{2D}\right] dx \quad \text{(A 3.56)} \end{aligned}$$

である．無限級数

$$c := \int_{-\infty}^{\infty}\sum_{n=0}^{\infty} |a_n|\, e^{-(E_n - E_0)t}\, |u_n(x)| \exp\left[\frac{U(x)}{2D}\right] dx$$

の収束が示されたら(A 3.53)の証明が完了する．コーシー-シュワルツの不等式を用いると

$$c \leqq \|\psi(0, t)\| \left\{ \sum_{n=0}^{\infty} e^{-2(E_n - E_0)t} \left(\int_{-\infty}^{\infty} |u_n(x)| \exp\left[\frac{U(x)}{2D}\right] dx \right)^2 \right\}^{1/2} \quad \text{(A 3.57)}$$

なので，この右辺の無限級数が収束することを証明する．そのために（1）の証明の中で用いた収束 WKB 展開と同様の計算をする．

大きな$|x|$において

$$V(x) \sim ax^{2m} \quad (a = c_m{}^2/(4D),\ m>1)$$

の仮定の下で，展開の変数として$k_n{}^2 := E_n/D$をとると$n\to\infty$で$k_n\to\infty$となって都合がいい．十分大きなnに対して方程式は

$$\frac{d^2}{dx^2}u_n(x) = \begin{cases} k_n{}^2 p_n(x)\,u_n(x) & (|x|>q_n), \\ -k_n{}^2 p_n(x)\,u_n(x) & (|x|<q_n) \end{cases}$$

となる．ここに

$$p_n(x) = \pm\frac{1}{E}{}_n\{V(x)-E_n\}$$

である．$q_n>0$は$p_n=0$の正の解で転移点（turning point）と呼ばれ，その近くではWKB展開は意味をなさない．したがって微小な正の数σをとって，6個の実数

$$x = -q_n-\sigma, \quad -q_n, \quad -q_n+\sigma, \quad q_n-\sigma, \quad q_n, \quad q_n+\sigma$$

で区分けされた7つの区間を小さいほうから順に$I_1, \cdots, I_7$とし，$x=\pm q_n$の近くのI_2, I_3, I_5, I_6では別の近似をし，そうしてできる近似解とI_1, I_4, I_7での収束WKB近似解を連続的に接続することで，エネルギー固有値E_nや固有関数$u_n(x)$の近似式が得られる．その詳細は参考文献［82］，［83］に譲ることにして，結果がどうなるかを述べる．

たとえば$I_7 : x>q_n+\sigma$においてはリウヴィル変換

$$\xi := \int_{q_n+\sigma}^{x} p_n(x')^{1/2}dx', \qquad \Lambda_n(\xi) := p_n(x)^{1/4}u_n(x)$$

によって，方程式が

$$\left\{\frac{d^2}{d\xi^2} - k_n{}^2\right\}\Lambda_n(\xi) = Q_n(\xi)\,\Lambda_n(\xi)$$

ただし

$$Q_n(\xi) := -\frac{5}{16p_n(x)^3}\left(\frac{dp_n(x)}{dx}\right)^2 + \frac{1}{4p_n(x)^2}\frac{d^2p_n(x)}{dx^2}$$

に変わり，漸化式

$$\Lambda_{n,7}^{(j)}(\xi) = \Lambda_{n,7}^{(0)}(\xi) + \int_{b_n}^{\xi}\frac{-1}{2k_n}e^{-k_n|\xi-\eta|}Q_n(\eta)\,\Lambda_{n,7}^{(j-1)}(\eta)\,d\eta$$

から定まる$\Lambda_{n,7}^{(j)}(\xi)$を用いて収束する真の解

$$\Lambda_{n,7}(\xi) = \sum_{j=0}^{\infty}\Lambda_{n,7}^{(j)}(\xi)$$

が得られる．

近似解と真の解の誤差についてはある定数 $\beta>0$ を用いて不等式

$$|\Lambda_{n,j}(\xi)-\Lambda_{n,j}^{(0)}(\xi)|<\text{const.}\,k_n^{-\beta}|\Lambda_{n,j}^{(0)}(\xi)| \qquad (j=1,\cdots,7)$$

が成り立って，$k_n\to\infty$ の極限で右辺が 0 になるので，(A 3.57) の右辺の収束については u_n をその 0 次の WKB 近似

$$u_n^{\text{app}}(x)=p_n(x)^{-1/4}\Lambda_{n,j}^{(0)}(\xi)$$

に置き換えることができる．0 次の WKB 近似は各区間に応じて

$$\Lambda_{n,j}^{(0)}(\xi)=\begin{cases} A_je^{-k_n\xi} & (j=1,7) \\ A_je^{ik_n\xi}+A_j'e^{-ik_n\xi} & (j=4) \end{cases}$$

および

$$\Lambda_{n,j}^{(0)}(\xi)=\xi^{1/2}\times\begin{cases} A_jH_{1/3}^{(1)}(ik_n\xi) & (j=2,6) \\ A_jH_{1/3}^{(1)}(k_n\xi)+A_j'H_{1/3}^{(2)}(k_n\xi) & (j=3,5) \end{cases}$$

である．ここに $H_{1/3}^{(i)}(i=1,2)$ は Hankel 関数である．

これらが具体的な式なので (A 3.57) の右辺の積分の不等式による評価ができて，その結果適当な正の定数 c_1, c_2, μ を用いた不等式

$$\left(\int_{-\infty}^{\infty}|u_n^{\text{app}}(x)|\exp\left[\frac{U(x)}{2D}\right]dx\right)^2<c_1k_n{}^{\mu}\exp[c_2k_n{}^{1+(1/m)}]. \quad \text{(A 3.58)}$$

が導かれる．m は (B 2′) において $m>1$ と仮定されているので，$1+1/m<2$ が成り立つので，(A 3.58) の右辺の $n\to\infty$ での∞への発散は

$$e^{-2(E_n-E_0)t_0}=c_1'\exp[-2Dk_n{}^2]$$

の右辺によって制御されて，(A 3.56) より定理 A 3.5 の (A 3.53) が成り立つ．

（証明終り）

A-3 節　まとめと課題

条件 (B 2′) のように m が 1 より大きい場合は，有限時間で見本経路が無限遠に爆発するわけで，そのような場合における見本経路の空間に確率測度 μ_L^{pin} を，空間次元が 1 ではあるが，超準解析を用いて定義することができた．この方法ならば空間の次元が 2 以上の場合に拡張することに支障は無いように思われる．

途中でもコメントしたが，残念ながら超準解析を用いて構成した測度 $\mu_{0,\nu}$ や μ_L^{pin} を用いて生存確率 $P(t)$ について言えることは，現時点では定理 A 3.3 (2) までである．(A 3.47) の右辺をどう計算するとより詳しい情報が得られるかは

今後の課題として残されている．

A-2節（ii）の反発力の場合に生存確率が時間の指数関数の速さで0に近づくことを，不等式ではあるがスタンダードな議論で証明した．実際の0への近づき方をできれば等式として知りたいが，これも今の段階ではどのようにすればよいか分からない．それが解決されたという話は著者の知る限りない．もしそうならこれも残された課題といえるだろう．

文献・参考書

第1章

超準解析の記念碑的な本としては，創始者の手による

［1］ A. Robinson : *Non-standard Analysis.* North-Holland (1966)

があるが，高階のタイプ理論の下で理論を展開しているので数学基礎論が専門でない人には読みにくい．基礎理論の展開としては

［2］ A. E. Hurd & P. A. Loeb : *An Introduction to Nonstandard Real Analysis.* Academic Press (1985)

がわかりやすい．本書の超準拡大の構成もおおむねこの本に沿っている．

日本語で書かれている本としてまずとりあげるべきは

［3］ 斎藤正彦：『超積と超準解析』．東京図書 (1976)

であろう．日本語で書かれた超準解析の本としてはじめてのものであり，「超準解析」の命名も著者によるものである．本書では省略した善良超フィルターによる $\varkappa$-級飽和モデルの構成および善良超フィルターの存在証明も載っている．なお，増補新版 (1987) には付録にローブ測度が説明されている．

また，

［4］ M. Davis (難波完爾訳)：『超準解析』．培風館 (1982)

は基礎論の知識なしで読めるように構成してあり，本書の第4章で扱ったヒルベルト空間への応用が中心に述べられている．とくにベルンシュタイン-ロビンソンの定理の超準解析による証明は興味深い．

［5］ 竹内外史：『無限小解析と物理学』．遊星社 (1985)

は，超準拡大によるモデルの構成という方向でなく，公理論的に話を展開する．

ローブ測度論を用いた確率微分方程式の扱いに主眼がおかれた本として

［6］ 釜江哲朗：『超準的手法にもとづく確率解析入門』．朝倉書店 (1990)

がある．確率論とくに加法過程論の本質的な部分を露にしたまま議論するという目的のために超準解析を道具として用いている．同じ趣旨の本として

［7］ E. Nelson : *Radically Elementary Probability Theory.* Princeton Univ.

Press (1987)

がある.

物理への応用を本格的に述べた本として

[8] S. Albeverio, J. E. Fenstad, R. Høegh-Krohn & T. Lindstroøm: *Nonstandard methods in stochastic analysis and mathematical physics.* Academic Press (1986)

がある. 包括的ではあるが, ϕ^4-理論まで扱っている.

第1章に関連した論文をあげておく.

[9] E. Nelson: Internal set theory: A new approach to nonstandard analysis. *Bull. Amer. Math. Soc.* **83** (1977) 1165-1193

[10] T. Kawai: Nonstandard analysis by axiomatic method. *Southeast Asian Conference on Logic*, North-Holland (1983) 55-76

[11] F. Wattenberg: $[0, \infty]$-valued translation invariant measures on $\boldsymbol{N}$ and the Dedekind completion of $^*\boldsymbol{R}$. *Pacific J. Math.* **90** (1980) 223-247

[12] S. Kochen: Ultra products in the theory of models. *Ann. of Math.* **74** (1961) 221-261

[9]と[10]は超準解析の公理論的な定式化に関するもの, [11]は $^*\boldsymbol{R}$ の完備化, [12]は ultra limit をそれぞれ扱っている.

第2章

ローブ測度が登場したのは

[13] P. A. Loeb: Conversion from nonstandard to standard measure spaces and applications in probability theory. *Trans. Amer. Math. Soc.* **211** (1975) 113-122

とそれに続く

[14] R. M. Anderson: A non-standard representation for Brownian motion and Itô integration. *Israel J. Math.* **25** (1976) 15-46

である. その結果の確率論への応用をまとめた好著として

[15] K. D. Stroyan & J. M. Bayod: *Foundations of infinitesimal stochastic analysis.* North-Holland (1986)

がある. とくに確率過程の超準解析による扱いを詳しく論じてある. 本書の「付録1. 非有界の場合のローブ測度の構成」もこれによっている.

確率微分方程式へのローブ測度の応用は

[16] J. Keisler : An infinitesimal approach to stochastic analysis. *Amer. Math. Soc. Memoirs* **297** (1984)

が詳しい.

本書の 2-4 節は

[17] T. Kamae : A simple proof of the ergodic theorem using nonstandard analysis. *Israel J. Math.* **42** (1982) 284-290

の紹介である.

ルベーグ積分論の入門書は日本語の本でもわかりやすいものが多数出版されている. ここでは次の 2 冊をあげておく.

[18] 伊藤清三:『ルベーグ積分入門』. 裳華房 (1963)

[19] 溝畑 茂:『ルベーグ積分 (岩波全書)』. 岩波書店 (1966)

本書で引用した有限加法的測度空間での積分理論は

[20] N. Dunford & J. T. Schwartz : *Linear Operators* Part 1. Wiley-Interscience, New York (1988)

にある.

確率論についても多くの好著が出版されているが, その中から

[21] 伊藤 清:『確率論』. 岩波書店 (1953)

[22] 飛田武幸:『ブラウン運動』. 岩波書店 (1975)

の 2 冊をあげておく.

2-5 節ボルツマン方程式への応用は

[23] L. Arkeryd : On the Boltzmann equation in unbounded space far from equilibrium, and the limit of zero mean free path. *Comm. Math. Phys.* **105** (1986) 205-219

[24] L. Arkeryd : The non-linear Boltzmann equation far from equilibrium. *Nonstandard Analysis and its Applications* (N. Cutland 編集), London Math. Soc. Student Texts 10 (1988) 321-340

の紹介である. 本文では次の文献を引用した.

[25] S. Ukai : On the existence of grobal solutions of mixed problem for non-linear Boltzmann equation. *Proc. Japan Acad.* **50** 179-184

[26] A. Zartl : *A Loeb solution of the Korteweg-de Vries equation.* Thesis, Institut für Theor. Phys. der Univ. Wien (1992)

は L. Arkeryd の手法を Korteweg-de Vries 方程式に応用している.

L. Arkeryd の新しい結果は

[27] L. Arkeryd, P. L. Lions, P. A. Markowich & S. R. S. Varadhan : *Nonequilibrium Problems in Many-Particle Systems*. Lecture Notes in Math. 1551, Springer-Verlag (1993)

にまとめられている.

第3章

経路積分は

[28] R. P. Feynman : Space-time approach to nonrelativistic quantum mechanics. *Rev. Modern Phys*. **20** (1948) 367-387

にはじまり, 本としては

[29] R. P. Feynman & A. Hibbs : *Quantum Mechanics and Path Integrals*. McGraw-Hill, New York (1965)

がある.

まず, 関数解析からの合理化について証明をしっかり追うには

[30] B. Simon : *Functional Integration and Quantum Physics*. Academic Press (1979)

が適切であろう. Trotter の公式については

[31] H. Trotter : On the product of semigroups of operators. *Proc. Amer. Math. Soc*. **10** (1959) 545-551

および, より深化した結果として

[32] D. Fujiwara : A construction of the fundamental solution for the Schrödinger equation. *J. D'Analyse Math*. **35** (1979) 41-96

[33] D. Fujiwara : Remarks on convergence of the Feynman path integrals. *Duke Math. J*. **47** (1980) 559-600

がある.

測度論からのアプローチは

[34] M. Kac : On some connections between probability theory and differential and integral equations. *Proc. 2nd Berk. Symp. Math. Statist. Probability*. Univ. Calif. Press, Berkeley (1950) 189-215

にはじまる. この論文ではじめてウィナー測度と基本解の経路積分の関連が指摘

された．

［35］ E. Nelson : Feynman integrals and the Schrödinger equation. *J. Math. Phys.* **5** (1964) 332-343

において，虚数の質量から出発して実数の質量への解析接続が考察され，それが本書の 3-3 節の内容である．

以上の結果をまとめたものとして

［36］ 江沢 洋：『量子力学II』(岩波講座，現代物理学の基礎，第 2 版)．岩波書店 (1978)

がある．本書との関連としては，ウィナー測度空間の構成，ヒルベルト空間の自己共役作用素とそのスペクトル分解なども［36］に詳しい解説がある．

ディラック方程式にうつって，2 次元の実時間ディラック方程式に対する測度空間をはじめて構成したのは

［37］ T. Ichinose : Path integral for the Dirac equation in two space-time dimensions. *Proc. Japan Acad.* **58** (1982) 290-293

であり，改良された形で

［38］ T. Ichinose and H. Tamura : Path Integral Approach to Relativistic Quantum Mechanics. *Suppl. Prog. Theor. Phys. Supplement* **92** (1987) 144-175

にまとめられている．

ポアソン過程との関連をはじめて指摘したのは

［39］ B. Gaveau, T. Jacobson, M. Kac & L. S. Schulman : Relativistic extension of the analogy between quantum mechanics and Brownian motion. *Phy. Rev. Lett.* **53** (1984) 419-422

で，その後

［40］ B. Gaveau & L. S. Schulman : Dirac equation path integral : Interpreting the Grassmann variables. *Nuovo Cimento* D**11** (1989) 31-51

でグラスマン代数値のプロセスとして表現された．

［41］ Ph. Blanchard, Ph. Combe, M. Sirugue & S. Collin : *Probabilistic solution of the Dirac equation, Path integral representation for the solution of the Dirac equation in presence of an electromagnetic field.* Bielefeld BiBos **44** (1985)

では電磁場のある場合が扱われている．

これら以外に

[42]　F. Ravndal: Supersymmetric Dirac particles in external fields. *Phys. Rev.* D**21** (1980) 2823-2832

[43]　A. O. Barut & N. Zanghi: Classical model of the Dirac electron. *Phys. Rev. Lett.* **52** (1984) 2009-2012

[44]　A. O. Barut & I. H. Duru: Path-integral derivation of the Dirac propagator. *Phys. Rev. Lett.* **53** (1984) 2355-2358

などがある.

ディラック粒子のランダムウォーク表現は，古くは

[45]　G. V. Riazanov: The Feynman path integral for the Dirac equation. *Soviet Phys. JETP*, **6** (1958) 1107-1113

があり，

[46]　J. Ambjørn, B. Durhuus & T. Jonsson: A random walk representation of the Dirac propagator. *Nuclear Phys.* B**330** (1990) 509-522

がある．無限小ランダムウォーク表現を超準解析を用いて定式化したのが

[47]　T. Nakamura: A nonstandard representation of Feynman's path integrals. *J. Math. Phys.* **32** (1991) 457-463

[48]　T. Nakamura: Path space measures for Dirac and Schrödinger equations. *J. Math. Phys.* **38** (1997) 4052-4072

であり，これが本書の 3-4 節，3-5 節の内容である．同じ内容が

[49]　中村 徹:『超準解析とファインマン経路積分』．河合出版 (1997)

にまとめられている．

このほか，第 3 章で引用した文献は以下のとおりである．

[50]　P. A. M. Dirac: The Lagrangian in quantum mechanics. *Physik Zeits. Sowjetunion* **3** (1933) 64-72

[51]　R. H. Cameron: A family of integrals serving to connect the Wiener and Feynman integrals. *J. Math. Phys.* **39** (1960) 126-140

[52]　J. v. Neumann (井上 健他訳):『量子力学の数学的基礎』．みすず書房 (1954)

[53]　N. N. Bogolubov (江沢 洋他訳):『場の量子論の数学的方法』．東京図書 (1972)

[54]　九後汰一郎:『ゲージ場の量子論 I』．培風館 (1989)

[55] 竹之内 脩：『函数解析』(近代数学講座 13)．朝倉書店 (1968)

経路積分に関する研究として，さらに以下のものがある．

[56] G. N. Ord & D. G. C. Mckeon : On the Dirac Equation in 3+1 Dimensions. *Ann. of Phys.* **222** (1993) 244-253

[57] T. Zastawniak : The nonexistence of the path-space measure for the Dirac equation in four space-time dimensions. *J. Math. Phys.* **30** (1989) 1354-1358

[58] L. Streit & T. Hida : Generalized Brownian Functionals and the Feynman Integral. *Stochastic Process Appl.* **16** (1983) 55-69

[59] S. Albeverio & R. Høegh-Krohn : *Mathematical theory of Feynman path integrals.* Lecture Notes Math. **523**, Springer-Verlag (1976)

[60] H. Watanabe : Feynman-Kac Formula Associated with a System of Partial Differential Operators. *J. Funct. Anal.* **65** (1986) 204-235

[61] T. Zastawniak : Path Integrals and Probabilistic Representations for the Dirac Equation in Two and Four Space-time Dimensions. *Bull. Pol. Acad. Sci. Math.* **37** (1989)

また，ベクトル値測度に関するローブ測度の構成は

[62] R. T. Živaljević : Loeb completion of internal vector-valued measures. *Math. Scand.* **56** (1985) 276-286

[63] H. Osswald & Y. Sun : On the extensions of vector-valued Loeb measures. *Proc. Amer. Math. Soc.* **111**, No. 3 (1991) 663-675

で一般の場合に対してなされている．

第 4 章

4-2 節は

[64] L. C. Moore : Hyperfinite extensions of bounded operators on a separable Hilbert space. *Trans. Amer. Math. Soc.* **218** (1976) 285-295

の紹介であり，4-3 節は

[65] M. Kinoshita : Non-standard representations of distributions I. *Osaka J. Math.* **25** (1988) 805-824

[66] M. Kinoshita : Non-standard representations of distributions II. *Osaka J. Math.* **27** (1990) 843-861

の紹介である.

超積の物理への応用として最も早いのは

[67]　G. Takeuti : Dirac space. *Proc. Japan Acad.* **38** (1962) 414-418

であろう．超準解析の線形位相空間論への応用は超準解析の誕生直後から数多くなされており

[68]　A. R. Bernstein : The spectral theory—A non-standard Approach. *Z. Math. Logik Grundlagen Math.* **18** (1972) 419-434

[69]　C. W. Henson & L. C. Moore : *Nonstandard analysis and the theory of Banach space.* Springer Lecture Notes in Math. **983** (1983)

などがある.

本書では扱わなかったテーマだが，超関数の積へのアプローチとして超準解析を用いたものでは

[70]　Li Bang-He : Non-standard analysis and multiplication of distributions. *Sci. Sinica* **11** (1978) 561-585

[71]　M. Oberguggenberger : *Multiplication of distributions and applications to partial differential equations.* Longman Scientific & Technical (1992)

がある．スタンダードな理論では

[72]　H. J. Bremermann & L. Durana : On analytic continuation, multiplication and Fourier transformations of Schwartz distributions. *J. Math. Phys.* **2** (1961) 240-258

[73]　B. Fisher : On the products of the multiplicative products of distributions. Quart. *J. Math. Oxford* **22** (1971) 291-298

などがある.

ヒルベルト空間，超関数の標準的教科書はいくらでもあるが，たとえば

[74]　M. Reed & B. Simon : *Methods of modern analysis.* Vol 1, Vol 2, Academic Press (1972)

[75]　L. Schwartz (岩村 聯他訳) :『超関数の理論』. 岩波書店 (1971)

[76]　加藤敏夫 :『位相解析』. 共立出版 (1967 改題)

などはわかりやすいだろう．これら以外に本書で次の本を引用している.

[77]　N. Bourbaki : *Élément de mathématique intégration.* Hermann (1967)

[78]　E. Landau : *Vorlesungen über die Zahlentheorie.* (1927)

[79] C. W. Henson & L. C. Moore Jr. : Invariance of the nonstandard hulls of a locally convex space. *Lecture Note in Math.* **369** (1974) 71-84

[80] B. Øksendal : *Stochastic Differntial Equations*. Fifth Edition, Springer-Verlag (2000)

[81] F. A. Berezin & M. A. Shubin : *The Schrödinger Equation*. Mathematics and Its Applications (Soviet Series), Kluwer Academic Publishers (1991)

[82] H. Ezawa, T. Nakamura, K. Watanabe & T. Irisawa : Convergent Iteration Method for the Anharmonic Oscillator Schrödinger Eigenvalue Problem, *J. Phys. Soc. Jpn*, **81** (2012) 034003

[83] H. Ezawa, T. Nakamura, K. Watanabe & T. Irisawa : Convergent Iteration Method for the Anharmonic Oscillator Schrödinger Eigenvalue Problem II, *J. Phys. Soc. Jpn*, **81** (2012) 124002

事項索引

*-弱位相 236
*-全変動 189
*-測度 166
*-中心極限定理 96
*-有限拡大 223
*-有限集合 31
*-有限分割 189
*-有限和 32

●あ行

I 上の超フィルター 36
I 上のフィルター 35
I 上のフレシェ・フィルター 36
I の分解 220
移行原理 19
位数 238
一様収束 217
一様なもちあげ 90
一般のボルツマン方程式 114
ウィナー過程 94
ウィナー測度 95
Łoś(ウォッシュ)の定理 17
S-可積分関数 82
S-連続性 98
m_L-可測関数 195
m_L-積分可能 196
m_L-単関数 195
m_L-零集合 195
$L(\mathfrak{A})$-可測集合 72
エルゴード仮説 101
エルゴード定理 108
　普遍系に対する—— 102
エルミート作用素 217
演算 13
延長定理 33
遠標準点 54

●か行

χ-級拡大定理 44
χ-級飽和定理 41
外測度 62, 72
外的な元 23
拡大定理 43
　χ-級—— 44
確率過程 93
確率過程の分布 94
確率変数の*-独立性 96
可算級広大化定理 37
可算級飽和定理 39
カラテオドリーの拡張定理 62
関係 12
完全加法族 61
完全加法的測度 61
完全加法的測度空間 61
緩増加関数 237
完備化 63
完備な測度空間 63
期待値 93
基本解 139
基本論理式 10

強位相 236
共役作用素 216
共終 43
強収束 217
極限順序数 42
局所可積分関数 247
局所凸空間 231
極大フィルター 6
虚質量のシュレーディンガー方程式 154
近似点スペクトル 219
近標準点 54
区間塊 63
グリーン関数 139
経路 93
限定論理式 10
高位の無限小数 29
広義一様な定数 180
広大化定理 40
　可算級—— 37
コーシー-ピアノの定理 52
固有値 218
コンパクト性 55

●さ行

時間推進作用素 139
σ-加法族 61
σ-加法的測度 61
事象の独立性 93
射影 217
弱位相 56
　*—— 236
弱収束 218
自由変項 10
シュレーディンガー方程式 138
　虚質量の—— 154
剰余スペクトル 219
衝突の不変量 116
上部構造 8
スタンダードな世界 11
スペクトル族 220
ずらし 105
星雲 29
正規直交基底 216
正則な濃度 43
全変動 195
　*—— 189
測度空間の定備化 63
束縛変項 10

●た行

単関数 66
　m_L-—— 195
　μ-可積分—— 67
値域 37
チコノフの定理 59
超関数 233
超自然数 28
超実数 28
超準包 222
超整数 28
超フィルター 6
　I 上の—— 36
超巾 7
直積位相空間 57
直交補空間 217
筒集合 94, 192
定義域 37
定項 10
ディラック測度 64
ディラック方程式 158
典型的 106
点スペクトル 218

同位の無限小数　29
トロッターの公式　146

●な行
内測度　72
内的な元　23
内的な＊-有限加法的測度空間　70
内的な論理式　26
ニュートン容量　152
ノルム　215, 216
ノンスタンダードな世界　11

●は行
半ノルム　231
標準化写像　30
標準元　23
標準部分　30
ヒルベルト空間　215
φ が標準的　253
フィルター　5
　I 上の——　35
普遍系　102
普遍系に準同型　106
普遍系に対するエルゴード定理　102
ブラウン運動　94
　Loeb-Anderson の——　95
フレシェ空間　231
フレシェ・フィルター　7
　I 上の——　36
平衡分布　114
閉論理式　10
ヘリシティ　213
変項　10
ポアソン過程　170
ボイルの法則　110
飽和定理　39, 41
　χ-級——　41
　可算級——　39
ホップの拡張定理　62
ボルツマンの H 定理　115
ボルツマンの Stosszahlensatz　111
ボルツマン方程式　114

●ま行
マックスウェル-ボルツマン分布　117
見本過程　93
見本関数　93
μ-可積分　67
μ-可積分単関数　67
μ-測度収束　65
μ-零関数　65
μ_L-可積分集合　76, 269
μ_L-可測　269
μ_L-可測集合　76
無限小近傍　54
無限小数　29
無限大数　28
無限に近い　29
もちあげ　79, 90
モナド　29, 54

●や行
$\mathcal{U}(\boldsymbol{R})$ の論理式　10
$\mathcal{U}({}^*\boldsymbol{R})$ の論理式　11
有界収束定理　68
有界線形作用素　216
有界な測度　61
有界な＊-測度　70
有限加法族　60
有限加法的な測度　61
有限共起的　37
有限交叉性　43

有限数　28

●ら行

ランク　8
リーの積公式　145
リウヴィルの定理　101
リゾルベント集合　219
ルベーグ測度空間　64
零集合　65
　m_L-——　195
連続スペクトル　218
Loeb-Anderson(ローブ-アンダーソン)
　のブラウン運動　95
ローブ可測集合　72
ローブ測度空間　71
論理式　10

記号索引

$\| \ \|_{A+B}$ 147
$*$ 15
$\langle \ \rangle_n$ 121
$\circ$ 30
$[\ ]$ 3
$\wedge$ 120
$\triangle$ 74
$\langle \ | \ \rangle$ 140
$\simeq$, $\lesssim$ 29
$A(\Omega)$ 239
$A_T(\boldsymbol{R})$ 258
B^A 4
$\mathfrak{B}^{(t_1,\cdots,t_n)}$ 94
$C(\boldsymbol{X}_t)$ 159
$C_{\mathrm{fin}}(\boldsymbol{X}_t)$ 159
$(C[0,1], \mathfrak{W}, \mu_W)$ 100
$\mathscr{C}(\Omega)$ 278
$\mathscr{C}_{\mathrm{fin}}(\Omega)$ 278
$D(\Omega)$ 257
$D_F(\Omega)$ 256
$\mathscr{D}'_F(\Omega)$ 238
$D_{\boldsymbol{T}}, D_{\boldsymbol{X}}$ 183
$\mathscr{D}(K)$ 232
$\mathscr{D}(\Omega)$ 233
$\mathscr{D}^{(m)}(\Omega)$ 237
$\tilde{d}x$ 205
$\mathrm{dom}\, f$ 31
$\hat{E}$ 222
$\| f \|_\mu$ 65
$f(\boldsymbol{v}, t)$ 111
$f(\boldsymbol{x}, \boldsymbol{v}, t)$ 114
$f_\varepsilon(\boldsymbol{x}, \boldsymbol{v}_1, t)$ 119
$\mathrm{fin}(^*E)$ 221
$G_i[X_\omega]$ 194
$g_i[x(s)]$ 195
$H(t)$ 115
I 20
$I(\mathfrak{A})$ 76, 269
$J_0(s)$ 160
$K_m{}^t$ 153
$(K, \boldsymbol{B}, \mu_L, \varphi)$ 102
$\mathscr{K}_0(\underline{t}, \underline{x} \,;\, 0, \eta)$ 173
$\tilde{\mathscr{K}}^1$ 173
$k(\boldsymbol{v}_1, \boldsymbol{v}_2, u)$ 119
$k_n(\boldsymbol{x}, \boldsymbol{v}_1, \boldsymbol{v}_2, u)$ 120
$L(\mathfrak{A})$ 72, 76, 269
$L(l_k)$ 166
$\boldsymbol{L}$ 165
$\mathscr{T}_{1,\mathrm{loc}}(\Omega)$ 247
$M(B_n, t_1, \cdots, t_n)$ 192
$M(\mathrm{P}_k)$ 176
$M(\Omega)$ 242
$M_0(\mathrm{P}_k)$ 166
$M_0(\Omega)$ 246
M^t 153
$M_T(\boldsymbol{R})$ 262
$\mathfrak{M}(\Omega)$ 238
$|m_L|$ 195
m_L-a.e. 195
$\boldsymbol{N}_0{}^n$ 232
$N_S(^*X)$ 54
O_M^n 234
$O(a)$, $o(a)$ 29
P 20
P_+, P_- 164
$\mathrm{P}_k^\pm$ 180
P_φ 239
$(\boldsymbol{P}_{t,x}, \mathfrak{B}, m_L)$ 191
$\mathscr{P}_F(A)$ 31
$\mathscr{P}_{\underline{t}, \underline{x}; \lambda}$ 172
$\mathscr{P}_{\underline{t}, \underline{x}; 0, \eta}$ 173
$(\mathscr{P}_{\underline{t}, \underline{x}}, \mathfrak{A}, \mu_0)$ 189
$(\mathscr{P}_{\underline{t}, \underline{x}}, L(\mathfrak{A}), |\mu_0|_L)$ 190
$\mathscr{P}^{A_1}_{t,x}$ 209
$p^t(x, dy)$ 278
$\hat{p}_i$ 140
Q 119
Q_n 121
$\tilde{Q}$ 123
$R(\boldsymbol{X})$ 239
$R(X_\omega)$ 166
$\bar{R}(X_\omega)$ 166
$\bar{\boldsymbol{R}}$ 90
$\boldsymbol{R}^+$ 33
$^*\boldsymbol{R}$ 7
$^*\boldsymbol{R}^+$ 33
$^*\boldsymbol{R}_\infty$, $^*\boldsymbol{R}_\infty^+$ 33
$^*\boldsymbol{R}_{\mathrm{fin}}$, $^*\boldsymbol{R}_{\mathrm{fin}}^+$ 33
$(\boldsymbol{R}^I, \mathfrak{B}^I, \Phi)$ 94
$r(X_\omega)$ 166

range f 31
rank(x) 8
S 20
$\hat{S}$ 223
$SL^1_{\mathrm{loc}}(\Omega)$ 248
$SL^1(X)$ 82
$\mathcal{S}(\boldsymbol{R}^n)$ 231
st X_ω 191
${}^{\mathrm{st}}A$ 27
$T(\boldsymbol{R})$ 262
$T^{\#}$ 216
$\hat{T}_S$ 225
$\boldsymbol{T}$ 165
$\boldsymbol{T}_N$ 165
$\underline{t}$ 172
$U_m{}^t$ 153
$\mathcal{U}(\boldsymbol{R})$ 8
$\mathcal{U}({}^*\boldsymbol{R})$, $\mathcal{U}_n({}^*\boldsymbol{R})$ 9
$\mathcal{U}(V)$, $\mathcal{U}_n(V)$ 36
$\widetilde{\mathcal{U}}(\boldsymbol{R})$, $\widetilde{\mathcal{U}}_n(\boldsymbol{R})$ 14
X_ω 165
X_ω^+, X_ω^- 179
$X_{\omega,+}$, $X_{\omega,2+}$ 182
$(X, \mathfrak{A}, \mu)$ 61
$(X, \mathfrak{A}, {}^\circ\mu)$ 71
$(X, L(\mathfrak{A}), \mu_L)$ 71
$\boldsymbol{X}$ 165
$\boldsymbol{X}_{A_1}$ 208
$\underline{x}$ 172
$\hat{x}_i$ 140
$Z(\Omega)$ 255
α 15, 158
β 15, 158
$\beta(X', X)$ 236
$\beta(\theta)$ 119
Γ 62
$\tilde{\Delta}x_j$ 208
$\theta(s)$ 160
$\prod_{\mathcal{F}} V$ 36
$\prod_{\mathcal{F}} \boldsymbol{R}$ 7
$\lambda(x)$ 261
$\mu(X_\omega)$ 176
$\mu(a)$ 29
μ_L 190
$\mu_0(X_\omega)$ 166
$|\mu_0|$ 189
$\bar{\mu}(A)$ 65
$\overline{{}^\circ\mu}(E)$, $\underline{{}^\circ\mu}(E)$ 72
$\rho(T)$ 219
ρ_μ 65
Ω_N 165
$\sigma(X, Y)$ 236
$\sigma(\mathfrak{A})$ 61
$\sigma_C(T)$, $\sigma_R(T)$ 219
$\sigma_P(T)$ 218
$\tilde{\sigma}(T)$ 219

中村 徹（なかむら・とおる）

略歴

1948年　宮崎県に生まれる．

1973年　京都大学理学部数学科を卒業．

元駿台予備学校数学科講師．理学博士．

著書・訳書

『超準解析とファインマン経路積分』，（河合文化教育研究所）

『力学（大学院入試問題から学ぶシリーズ）』，（日本評論社）

『電磁気学（大学院入試問題から学ぶシリーズ）』，（日本評論社）

『だれが量子場をみたか』，（編集，日本評論社）

『A Garden of Quanta』，（編集，World Scientific）

『未知の百科事典』，（共訳，日本ブリタニカ）

超準解析と物理学（増補改訂版）　数理物理シリーズ

1998年6月10日　第1版第1刷発行
2017年9月25日　増補改訂版第1刷発行

著　者	中村　徹
発行者	串崎　浩
発行所	株式会社　日本評論社
	〒170-8474 東京都豊島区南大塚3-12-4
	電話　(03) 3987-8621［販売］
	(03) 3987-8599［編集］
印　刷	中央印刷
製　本	松岳社
装　釘	海保 透

ISBN978-4-535-78838-1